PHYSIOLOGIE UND PATHOLOGIE DER LEBER

NACH IHREM HEUTIGEN STANDE

VON

PROFESSOR DR. FRANZ FISCHLER
MÜNCHEN

ZWEITE AUFLAGE

MIT 5 KURVEN UND
4 ABBILDUNGEN

BERLIN
VERLAG VON JULIUS SPRINGER
1925

ISBN-13: 978-3-642-98677-2   e-ISBN-13: 978-3-642-99492-0
DOI: 10.1007/978-3-642-99492-0

ALLE RECHTE, INSBESONDERE DAS DER ÜBERSETZUNG
IN FREMDE SPRACHEN, VORBEHALTEN.

COPYRIGHT 1925 BY JULIUS SPRINGER IN BERLIN.
Softcover reprint of the hardcover 2nd edition 1925

Vorwort zur ersten Auflage.

Im Juli 1914 lag das Manuskript für die nachstehende Mitteilung druckfertig vor. Aus äußeren Gründen hatte ich mich auf eine mehr skizzenhafte Form der Bearbeitung beschränkt, zumal ich der Ansicht bin, daß auch eine umfänglichere Behandlung des Stoffes für die gezogenen Schlüsse nicht bindender geworden wäre, ich auch wesentlich meinen Standpunkt präzisieren wollte. Da kam der Krieg und mit ihm eine völlig andere Aufgabe für mich wie für jeden. Eine Pause in meiner bisherigen Tätigkeit gestattet mir jetzt die Herausgabe und ich zögere nicht damit, wenn es mir auch jetzt nicht möglich ist, ergänzend und bessernd nochmals an die Arbeit heranzugehen. Sie erscheint also genau so, wie ich sie vor jetzt mehr als anderthalb Jahren fertiggestellt habe. Möge sie auch in dieser Zeit willkommen sein, wo das rein praktische Bedürfnis so sehr überwiegen muß; baut sich doch die Praxis wirklich nutzbringend nur auf die bestbegründeten theoretischen Grundlagen auf. Physiologie und Pathologie der Leber sind noch in den theoretischen Kinderschuhen, und wenn ich auch gewiß nicht meinen darf, mit diesen Beiträgen dieses Maß wesentlich zu verändern, so mag doch manchem dieser kurze Versuch einer Zusammenfassung unseres heutigen Wissens in diesem Gebiete nicht unwillkommen sein.

Den Anhang füge ich an, weil ich oft auf diese Arbeit zurückkomme, die im Buchhandel nicht zu erhalten ist.

Heidelberg, März 1916.

Fischler.

Vorwort zur zweiten Auflage.

Wenn ich jetzt die zweite Auflage der Physiologie und Pathologie der Leber der Öffentlichkeit übergebe, so tue ich dies einmal darum, weil die erste Auflage seit längerer Zeit vergriffen ist, vor allem aber deswegen, weil sich seit der ersten Auflage unser Gebiet bedeutend erweitert und vergrößert hat, eine neue Zusammenfassung daher besonders auch aus diesem Grunde erwünscht erscheint.

Das Buch hat eine völlige Umarbeitung und auch beträchtliche Erweiterung erfahren. Trotzdem bin ich mir vollkommen klar darüber, daß das Thema nach wie vor nicht annähernd erschöpft ist. Die Verknüpfung der Lebertätigkeit mit den Funktionen des Organismus ist eine so überaus vielfältige, daß nur eine souveräne Beherrschung von Physiologie, Pathologie, Chemie und Klinik einer kritischen Gesamtzusammenfassung des vorliegenden Gebietes einigermaßen gerecht werden könnte. Wer aber ist heute dazu einigermaßen imstande, wo jedes Einzelgebiet die rastloseste Arbeit eines ganzen Lebens erfordern muß? Mit einem begreiflichen Zagen biete ich daher die Neubearbeitung dieses Buches der Allgemeinheit dar. Ich bin mir auch des mehr oder minder starken subjektiven Einschlages meiner Auffassung über die Funktionen der Leber wohl bewußt, habe aber versucht sie umfänglich zu stützen. Dagegen bin ich nicht der Meinung, daß die Bedenken, welche von vereinzelten Seiten gegen den Wert der Portalblutableitung für die Möglichkeit der Erkenntnis der Leberfunktionen geäußert wurden, auch nur einigermaßen stichhaltig sind. Die Ausmerzung solcher Urteile glaube ich ruhig der Zeit überlassen zu können.

Den Anhang zur ersten Auflage habe ich diesmal weggelassen, wodurch eine wesentliche Zunahme des Umfanges des Buches gegenüber der ersten Auflage vermieden werden konnte.

München, September 1924.

Fischler.

Inhaltsverzeichnis.

VI. Zur äußeren Sekretion der Leber.

VII. Weitere Beziehungen zur äußeren Sekretion der Leber.
(Inkonstante Gallenbestandteile.)

VIII. Zur sogenannten entgiftenden Funktion der Leber.

IX. Über die praktische Auswertung der Erkenntnisse der Leberfunktionen.

I. Einführung in die Fragestellung der Leberphysiologie und Leberpathologie.

Unsere Kenntnisse auf dem Gebiete der physiologischen und pathologischen Funktionen der Leber haben in den letzten Jahrzehnten zweifellos bedeutende Fortschritte gemacht. Und doch wird jemand, der, sei es auch nur in den wesentlichsten Grundzügen, unser Wissen hierüber zusammenzufassen versucht, von vornherein die Schwierigkeiten und die Größe, ja die teilweise Unlösbarkeit einer solchen Aufgabe ganz besonders hervorheben müssen. Man ist auch heute noch weit davon entfernt eine so klare Vorstellung über die Leberfunktionen zu besitzen, wie z. B. über die Funktionen der Niere. Bei dieser ist ihre wesentlichste Tätigkeit für den Organismus im Sinne einer Konstanthaltung der Blutzusammensetzung und der Ausscheidung verbrauchter Produkte des Stoffwechsels nicht mehr zweifelhaft, wie viel im einzelnen die hierüber gewonnenen Erkenntnisse auch der Ergänzung und Bekräftigung bedürfen. Nicht so bei der Leber, bei der sich auch nicht mit annähernder Sicherheit, ja selbst für ihre augenfälligste Funktion, die Gallenbereitung, eine ähnlich erschöpfende und genaue Antwort auf die Frage nach ihren hauptsächlichsten Funktionen geben läßt.

Dies dokumentiert sich auch schon rein äußerlich sehr deutlich daran, daß in den gebräuchlichen Lehr- und Handbüchern der Physiologie und pathologischen Physiologie die Lebertätigkeit meist nicht in einem eigenen Kapitel besprochen ist, sondern teils bei den Betrachtungen über die Verdauung, teils bei denen über den Stoffwechsel und auch noch an anderen Stellen abgehandelt wird, oder wenn sie ein eigenes Kapitel erhält, sich die Darstellung nur auf die hervorstechendsten Tatsachen des Geschehens in der Leber beschränkt.

Und doch besteht an der ganz überragenden Bedeutung und Mitbeteiligung der Leber an den Funktionen des Gesamtorganismus nicht der mindeste Zweifel. Aber das Gebiet ist so enorm groß, daß schon hierin allein ein Hemmnis für unsere Erkenntnismöglichkeit liegt. Dazu kommt, daß wir über die Organkorrelationen der Leber[1] nur recht dürftig unterrichtet sind, wenngleich sich nicht verkennen läßt, daß

---

[1] v. KREHL: Über chemische Organkorrelation im tierischen Körper. Referat auf der Naturforscherversammlung in Stuttgart 1906.

gewisse Beziehungen der Leber zur Milz und zum Pankreas sich neuerdings als immer sicherer erweisen.

All das ist aber nur ein recht bescheidener Anfang der Erkenntnis. Ja man wird darauf gefaßt sein müssen, daß erst ganz neue Tatsachen uns eine richtige Vorstellung über die **notwendigen** Leberfunktionen ermöglichen werden, wobei unter notwendig all das zu verstehen ist, was mit der Funktion der Leber in einem unlösbaren, daher notwendigen Zusammenhang steht.

Bei dieser Sachlage muß eine Darstellung der physiologischen und pathologischen Vorgänge in der Leber ungewöhnlichen Schwierigkeiten begegnen. Sie kann nur der Versuch einer Vollausdeutung dieses Geschehens sein und wird möglicherweise in wesentlichen Punkten noch Umänderungen erfahren müssen.

Allerdings steht den erwähnten Bedenken die Notwendigkeit gegenüber das gewaltig angewachsene Tatsachenmaterial unseres Gebietes zu sichten und zu ordnen. Und wenn man sich dabei auch mit einer mehr vorläufigen Fassung unserer Kenntnisse über das Verhalten der gesunden und kranken Leber begnügen muß, so ist auch diese nicht wertlos. Auch hat die Funktionsprüfung der Leber gerade in jüngster Zeit eine Reihe von Verbesserungen der klinischen und experimentellen Untersuchungsmethoden erfahren, die eine größere Übersicht über die Vorgänge in der Leber besonders wünschenswert erscheinen lassen. Trotzdem ist es, wie erst kürzlich LEPEHNE[1]) in einer sehr übersichtlichen Zusammenfassung über die klinische Funktionsprüfung der Leber gezeigt hat, einstweilen noch nicht möglich, allzutief in das verwickelte Gebiet einzudringen. Dabei muß auffallen, daß die klinische Beobachtung weniger in der Lage zu sein scheint unsere Kenntnisse auf dem Gebiete der Leberpathologie aufzuklären, als das Experiment. Streng genommen lassen sich nur Leberveränderungen mit einem grob anatomischen Befund, wie die Endstadien der verschiedenartigen Cirrhosen oder aber die Störungen der äußeren Sekretion der Leber, die sich am Icterus manifestieren, in der Klinik nachweisen. Im wesentlichen ist man dabei auf die üblichen Kriterien der klinischen Untersuchungsmethoden angewiesen. Weitaus die Hauptrolle kommt hierbei der Palpation zu, die aber eine ungewöhnliche Übung und Erfahrung voraussetzt, wenn sie zu wirklich bindenden Schlüssen führen soll. Die enge Begrenzung der Perkussionsresultate, sowie die Schwierigkeiten des Nachweises von Veränderungen der Blutverteilung in der Leber, anfänglichen Stauungen usw., sowie die Vieldeutigkeit der Koliksymptome sei nur gestreift.

---

[1]) LEPEHNE, G.: Die Leberfunktionsprüfung, ihre Ergebnisse und ihre Methodik. Albus' Sammlung zwangloser Abhandlungen aus dem Gebiete der Verdauungs- und Stoffwechselerkrankungen. 8, H. 4. 1923.

Allerdings hat sich in der Beurteilung der Mitbeteiligung der Leber an Krankheiten eine bedeutende Wandlung vollzogen, seitdem man der Urobilinurie und der Urobilinogenurie einen größeren diagnostischen Wert beimißt, als dies früher geschah und in ihr den allgemeinsten Ausdruck einer Störung der Leberfunktion sehen gelernt hat. Um die Erkenntnis dieser Verhältnisse haben sich ja in der neueren Zeit sehr viele Autoren bemüht, darunter ich selbst[1]). Die entwickelten und experimentell gestützten Grundlehren von der ausschlaggebenden Bedeutung der Regulierung des Urobilinstoffwechsels durch die Leber dürfen heute als allgemein anerkannt angesehen werden.

Doch zeigt auch dieses so wertvolle diagnostische Hilfsmittel nur das Faktum an, daß das Leberparenchym notgelitten hat, läßt aber über den Grad der Schädigung keine absoluten, sondern nur erfahrungsmäßig zu erfassende und sehr vorsichtig zu verwertende Schlüsse zu, worauf ich in späteren Kapiteln noch ausführlich einzugehen haben werde.

Die Beurteilung des Wertes der neueren klinischen Funktionsprüfungen der Leber, denen wie schon erwähnt, das heutige größere Interesse am Studium der Leberpathologie mit zugeschrieben werden muß, wie z. B. der Probe auf hämoklastische Krise nach WIDAL[2]), der Chromocholoskopie nach ROSENTHAL und v. FALKENHAUSEN[3]), oder der FALTAschen[4]) Gallenprobe und anderen mehr, kann noch nicht als abgeschlossen gelten. An entsprechendem Orte werde ich darauf näher eingehen.

Über die ursächliche Rolle der Leber in krankhaften Prozessen und über ihre sicher in großem Umfange beobachtete Mitbeteiligung daran, läßt sich also, wie diese Stichproben zeigen, durch klinische Beobachtung nur sehr schwierig eine genauere Vorstellung gewinnen. Ja man müßte an dieser Aufgabe fast verzweifeln, wenn nicht eine klassische Lebererkrankung, die akute gelbe Leberatrophie, mit ihrem tiefen Icterus, ihren cerebralen Reiz- und Lähmungserscheinungen, den eigentümlichen Veränderungen des Harns und ihrem infausten Ausgang, gleichsam blitzartig die Funktionen der Leber in ihren vielseitigsten Zusammenhängen mit den Stoffwechselvorgängen und Regulationsmechanismen des Gesamtkörpers beleuchtete. Aber wir können

---

[1]) FISCHLER, F.: Das Urobilin und seine klinische Bedeutung. Hab.-Schrift Heidelberg 1906. Ferner Zusammenfassung in der 1. Aufl. d. Buches 1916.

[2]) WIDAL, F., ABRAMI, P. et JANCOVESCO, M. N.: Cpt. rend. hebdom. des séances de l'acad. des sciences **171**, 74. 1920.

[3]) ROSENTHAL, F. und v. FALKENHAUSEN, M.: Beiträge zu einer Chromodiagnostik der Leberfunktion. Klin. Wochenschr. 1922, Nr. 17. — Dieselben: Untersuchungen über die Möglichkeit einer Funktionsprüfung der Leberfunktion mit gallefähigen Farbstoffen. Berliner klin. Wochenschr. 1921, Nr. 44.

[4]) FALTA, W., HÖGLER, F. und KNOBLOCH, A.: Über alimentäre Urobilinogenurie (Gallenprobe). Münch. med. Wochenschr. **30**, 1250. 1921.

sie noch nicht festhalten, ja wir verstehen sie noch nicht annähernd. So viele Beobachtungen sich dabei darbieten, ebenso viele Rätsel sind auch vorhanden und es bleibt eigentlich nur die Tatsache, daß ein gewisser Grad von Parenchymschwund mit dem Fortbestand des Lebens unvereinbar ist. Aber wir wissen nichts über die Ursachen der Gewebseinschmelzung, nichts über die dafür notwendige Geschwindigkeit ihres Fortschreitens, nichts über die gebildeten toxischen Komponenten, ja wir wissen nicht einmal, ob es die Funktionsunterdrückung oder eine andere Veränderung der Funktionen der Leber ist, welche den Fortbestand des Lebens bedroht, oder rein die Bildung toxischer Zerfallsprodukte des Lebergewebes selbst, oder endlich das Zusammenwirken aller dieser Umstände. Ja auch der so seltene Ausgang dieser Erkrankung in Heilung sagt uns nicht viel. Trotz eines meist oft enormen Parenchymverlustes, als Resultat der Erkrankung, können die Individuen, wenn auch selten genug, genesen und dann offenbar wieder völlig leistungsfähig werden[1]).

Auch das in den letzten Jahren gehäufte Vorkommen der akuten gelben Leberatrophie hat über das Wesen der Erkrankung nichts prinzipiell Neues gebracht. Man hat nur erkannt, daß sehr verschiedene „ursächliche" und „auslösende" Momente dabei eine Rolle spielen können, so die Lues und das Salvarsan oder beide in Kombination, aber auch andere toxische und infektiöse Einflüsse wie Diphtherie, Masern, Scharlach, Cholera, Typhus, Paratyphus usw., von denen ja bekannt ist, daß sie kleine und kleinste Leberzellnekrosen immer einmal im Gefolge haben. Für toxische Momente spricht unter anderem das Vorkommen der Erkrankung bei Schwangerschafts- und Puerperaltoxikosen, wie schon länger bekannt ist. Ich muß mich da der Auffassung von G. B. Gruber[2]) anschließen und verweise auch auf die Ausführungen von G. Herxheimer[3]) und Umber[3]) auf der ersten Tagung südwestdeutscher Pathologen und auf die von Seyfahrt[4]), sowie auf die Zusammenfassung von Dietrich[5]). Warum im einzelnen einmal die Leber in toto, dann aber nur ganz partiell einer Degeneration anheimfällt, bleibt ungelöst. Einen Versuch der Erklärung werde ich im Kapitel über die Beziehungen des Eiweißstoffwechsels mit der Leber vorbringen. Die Heilungsmöglichkeit der Erkrankung, trotz des oft ganz riesigen Parenchym-

---

[1]) Marchand, F.: Über den Ausgang akuter gelber Leberatrophie in multiple knotige Hyperplasie. Zieglers Beiträge **17**, 206. — Meder: Über akute gelbe Leberatrophie mit besonderer Berücksichtigung der Regeneration. Ebenda 143.

[2]) Gruber, B. G.: Zur Frage der toxischen Leberdystrophie (sog. akuten gelben Leberatrophie). Münch. med. Wochenschr. **69**, 1207. 1922.

[3]) Herxheimer, G. und Umber, F.: Über akute gelbe Leberatrophie. Mannheim 1922.

[4]) Seyfahrt: Verhandl. d. dtsch. pathol. Ges. Jena 1921, S. 255.

[5]) Dietrich, A.: Zentralbl. f. allg. Pathol. u. pathol. Anat. 1922 (Referatbericht).

verlustes, beweist aber jedenfalls, daß hierin die letzte Ursache für den infausten Ausgang der Krankheit nicht gesucht werden kann. Ja von anderen oft noch viel weitergehenden Gewebseinschmelzungen, wie sie langsam die atrophische Lebercirrhose (LAENNEC) hervorbringt, leiten wir mit großer Bestimmtheit ab, daß ein verhältnismäßig sehr geringer Teil von funktionstüchtigem Lebergewebe alle Leistungen des Organes ohne Bedrohung des Lebens durchzuführen imstande ist.

Man darf sogar sagen, daß noch geringere Reste von Lebergewebe, wie man sie gelegentlich bei Obduktionen von Lebercirrhotikern findet, genügen würden, die Leberfunktionen noch leidlich aufrecht zu erhalten, weil diese Cirrhotiker der Portalstauung, also der Schwierigkeit der Blutstrompassage, nicht aber einer Funktionsinsuffizienz des Lebergewebes zum Opfer fallen. Ob das mechanische Hindernis dabei ganz allein maßgebend ist, sei noch dahingestellt.

Nach diesen Feststellungen der Klinik und pathologischen Anatomie darf man sagen, daß zu einer genügenden Funktionsfähigkeit der Leber verhältnismäßig geringe Mengen von Parenchym gehören, und daß es bei seinem Verluste offenbar sehr auf die Geschwindigkeit, sicher auch auf die Art und Weise seiner Einschmelzung für etwaige deletäre Folgen ankommen muß.

Diese Erfahrungen stehen in vollkommener Analogie zu sonstigen klinischen Beobachtungen, wobei nur an die Schrumpfniere oder an myokarditisch veränderte Herzen erinnert sei. Bleibt man aber einen Augenblick bei diesen beiden Beispielen stehen, so muß allerdings sofort auffallen, um wieviel leichter und einfacher bei ihnen die klinische Erkenntnis auch nur geringer derartiger Störungen ist, wie eine ebenso frühe und ebenso sichere Erkennung ähnlicher Zustände bei der Leber. Wiederum ergibt sich daraus die Bestätigung für die große Schwierigkeit einer Anstellung klinischer Beobachtungen über Lebererkrankungen.

So kommt es, daß die Auffassungen über die Mitbeteiligung der Leber an verschiedenen Erkrankungen oder die ursächliche Zurückführung von beobachteten krankhaften Störungen auf eine veränderte Lebertätigkeit in der Vorstellung der Ärzte auch heute noch sehr wechseln und im Wandel der Zeiten und medizinischen Erkenntnis so bedeutenden Schwankungen ausgesetzt gewesen ist, wie wohl bei keinem anderen Organe des Körpers.

Das zeigt am einfachsten ein geschichtlicher Rückblick, der allerdings bei dem dieser Abhandlung zur Verfügung stehenden Raume nur in knappstem Ausmaße möglich ist.

Man kann für die Bewertung der funktionellen Leistungen der Leber am einfachsten drei große geschichtliche Perioden unterscheiden, deren Abgrenzung sich allerdings nicht ganz scharf durchführen läßt.

In der ersten Periode werden die Leberfunktionen zweifellos überschätzt, in der zweiten unterschätzt und erst die dritte und neueste Periode, in der wir uns jetzt noch befinden, versucht es, die „richtige" Bewertung (sit venia verbo) der Lebertätigkeit für den Organismus anzustreben.

Die erste Periode reicht von den Zeiten, in denen man sich zum ersten Male in der uns bekannten Geschichte der Medizin eine Vorstellung von Organfunktionen gemacht hat, also vom Altertum bis ins 17. Jahrhundert hinein. Der Ausgangspunkt für die Betrachtungen über die Leberfunktionen scheint der Icterus, die Gelbsucht, gewesen zu sein, der wohl der Farbe wegen mit der Galle in Beziehung gesetzt wurde. Wann dies zum ersten Male geschah, läßt sich nicht sicher feststellen. Eine klare Abhängigkeit der Störung der Gallensekretion von dem Auftreten von Gelbsucht ist allerdings erst viel später erkannt worden, worauf ich noch zurückkomme. Doch läßt sich nicht verkennen, daß in der frühen Annahme eines Zusammenhanges von Icterus und Leberstörung eine jener großen Intuitionen vorliegt, denen der menschliche Geist, wenn auch nicht häufig, so doch um so wichtigere und weittragendere Erkenntnisse zu verdanken pflegt.

Schon bei den Indern war die Gelbsucht ein Zeichen für Lebererkrankungen und auch die griechischen Ärzte der vorhippokratischen Zeit waren sich dieses Zusammenhanges sicher bewußt.

Bei HIPPOKRATES selbst findet sich nun eine Zurückführung der allerverschiedensten krankhaften Störungen auf die Leber, allerdings in bedeutend zu weit gehendem Maße. Nach ihm ist die Leber die Quelle des Blutes, er spricht auch schon von einer Leberpforte zwischen zwei Erhabenheiten (Leberlappen). Die Grundflüssigkeiten des Körpers: Blut, Schleim, gelbe und schwarze Galle in ihrer richtigen Vermischung erhalten die Gesundheit. Die gelbe Galle stammt von der Leber, die schwarze von der Milz. Die Leber ist daher an vielen Krankheiten beteiligt, oder sogar die direkte Ursache dafür. HIPPOKRATES hat aber auch in den Geschwülsten der Leber die tatsächliche Ursache von krankhaften Störungen mit Sicherheit erkannt, da sie Icterus, Wassersucht und Marasmus verursachen, was in vielen Fällen zutrifft. Auch die Milz kann nach HIPPOKRATES so wirken.

In der nachhippokratischen Zeit scheint namentlich unter dem Einfluß von ARISTOTELES ein Rückschritt in der Erkenntnis der Physiologie und Pathologie der Leberfunktionen eingetreten zu sein, was mit der mehr rein philosophisch-spekulativen Einstellung der aristotelischen Auffassungen, im Gegensatz zu den empirischen Erkenntnisversuchen des HIPPOKRATES zusammenhängt. Doch hat der Nachhippokratiker ERISISTRATOS bei Wassersucht „steinähnliche" Lebern gefunden (offenbar schwere Cirrhosen) und vielleicht sogar an Tieren die Chylusgefäße zuerst gesehen. Er soll auch zur besseren Wirksamkeit seiner Medikamente sie nach Eröffnung der Bauchhöhle direkt auf die Leber geträufelt haben, eine für damalige Zeit sicher heroische Behandlungsart.

Erst GALEN hat die Ansichten des HIPPOKRATES wieder in vollem Umfange aufgenommen und weitergebildet. Seine Ansichten wurden nun in der Folgezeit die alleinherrschenden und sind es geblieben bis ins 17. Jahrhundert, ja sie sind auch von den arabischen Ärzten einfach kritiklos übernommen worden.

Auch für GALEN gelten Blut, Schleim, gelbe und schwarze Galle als die Grundflüssigkeiten des Körpers. Die gelbe Galle entstammt der Leber und das Element Feuer tritt in ihr zutage, während im Schleime das Wasser und in der schwarzen Galle die Erde vorherrscht. Das dem Menschen innewohnende Pneuma ist dreifach geteilt. Die Leber und Adern bereiten das Pneuma physicon und sind somit für die vegetativen Prozesse Zentralorgane, wie das Hirn und die Nerven für das Pneuma psychicon und die Arterien und das Herz für das Pneuma zooticon. Die Leber und die Venen der Leberpforte sind Ursprungsstätten für die Blutbildung, da sie den Chylus aus dem Magen-Darmkanal aufnehmen und zu Blut verwandeln. Die Leber ist auch der Sitz der Wärmebildung. Anatomisch werden ihr vier Lappen zugeschrieben, ferner fehlerhaft zwei Gallengänge. Der Mangel anatomischer Kenntnisse entspringt dem Fehlen von Leichenöffnungen an Menschen und die Übernahme einer gelappten Leber den Verhältnissen aus der Tieranatomie. Der Icterus wird nur als Krankheitssymptom aufgefaßt und die gelbe Galle entsteht bei Entzündungen (Fieber). Gerade deswegen ist aber die Beteiligung der Leber an den allerverschiedensten Krankheiten eine so große. Tertianfieber sollen der Leber entspringen.

Die Ansichten GALENS weisen der Leber eine übergroße Stellung in der Physiologie und Pathologie zu, doch behaupten sie sich mit geringen Schwankungen bis zur Entdeckung der Chylusgefäße und des Ductus thoracicus (ASELLI 1622, PECQUET 1647).

Hiermit endet die erste große geschichtliche Periode in der Erkenntnis der Leberfunktionen.

Mit der Entdeckung des Blutkreislaufes durch HARVEY war schon eine bedeutende Erschütterung der Lehren GALENS eingetreten, doch hat HARVEY[1]) GALENS Lehren in bezug auf die Leber sogar noch verteidigt. Erst BARTHOLINUS[2]) zog daraus die notwendigen Konsequenzen und erklärte die Leberherrschaft für tot (hepatis exequiae). Ihm schloß

---

[1]) HARVEY: Exercitatio anatomica de motu cordis et sanguinis in animalibus Francofortensis 1628.

[2]) BARTHOLINUS: Vasa lymphatica in animantibus nuper inventa et hepatis exequiae. Paris 1653.

sich bald darauf GLISSON[1]), der Entdecker der Glissonschen Kapsel, des visceralen Peritonealüberzuges der Leber, an. Verschiedene verdienstvolle Ärzte jener Zeit widersetzten sich zwar den Ansichten BARTHOLINIS und GLISSONS, aber ohne Erfolg. Hatte man doch mit der Wanderung des Chylus in einem eigenen Gefäßsystem die Möglichkeit erkannt, daß die aufgenommene Nahrung nach ihrer Resorption aus dem Darme ihre eigenen Wege geht und sich an der Einmündung des Ductus thoracicus in die Vena anonyma, direkt in das Blut ergießt, ohne die Leber zu berühren. Damit fiel aber auch die Vorstellung der blutbereitenden Tätigkeit der Leber, und die ganze bisherige Lehre über die Funktionen der Leber geriet ins Wanken.

Hiermit leitet sich die zweite große geschichtliche Periode in der Bewertung der Leberfunktionen ein, die sich durch eine zweifellose Unterschätzung der Lebertätigkeit charakterisiert. Die Leber war in der Ansicht der damaligen und nun folgenden Ärzte und Anatomen nur noch der Ausscheidungsort für die Galle, sonst schien sie keine wesentliche Funktion mehr zu besitzen. Auch die Beobachtung am Krankenbette widersprach anscheinend dieser Vorstellung nicht. Denn die großen Ärzte jener Zeitperiode, H. BOERHAVE (1668—1738), E. G. STAHL (1660—1734) und andere, die sich mit der Leberpathologie speziell befaßten, vermochten keine neuen grundlegenden Erkenntnisse für die Physiologie und Pathologie der Leber zu erbringen. Auch der bedeutendste Physiologe jener Zeit, ALBRECHT V. HALLER (1708—1777), hat keine Beiträge zur Leberphysiologie mitgeteilt, welche eine andere Ansicht über die Leberfunktionen veranlaßt hätten. Dagegen hat der große Anatom GIOVAN BATTISTA MORGAGNI (1682—1771) eigentlich die ersten wirklich brauchbaren pathologisch-anatomischen Befunde an der Leber, vor allem auch über Gallensteine, die allerdings schon 1565 von J. KENTMANN in Dresden zuerst beobachtet waren, mitgeteilt. Er darf als der Vater der pathologischen Anatomie auch der Leber gelten. Der Ausbau der Leberpathologie war in der Folgezeit ein wesentlich anatomischer. Die chemische Forschung war noch nicht weit genug fortgeschritten, daß sie mit einiger Aussicht auf Erfolg für die Erkenntnis der Tätigkeit der Leber im Stoffwechsel zur Anwendung gelangen konnte.

Dieser weitere Schritt blieb dem 19. Jahrhundert vorbehalten, das demnach auch die dritte große Periode in der Geschichte der Leberphysiologie und -pathologie einleitet, in der wir uns heute noch befinden.

Die Annahme, daß die gesamte resorbierte Nahrung ganz allein auf dem Wege der Chylusbahnen abgeführt werden sollte, begegnete mit der Zeit ernstlichen Zweifeln. Die Franzosen, unter ihnen MAGENDIE

---

[1]) GLISSON: Anatomia hepatis. Edito nova. Amstelodami 1665, p. 289.

(1783—1855), sprachen dies zuerst aus. Eine Preisaufgabe der Pariser Akademie, welche Fragen aus der Verdauungsphysiologie zum Thema hatte, veranlaßte die deutschen Forscher F. TIEDEMANN und L. GMELIN[1]), zu ihrer berühmten Arbeit, in der sie zu dem Schlusse kamen, daß ein Teil der resorbierten Nahrung durch den Blutstrom der Leber zugeführt werde und von ihr aufgenommen würde. Das war eigentlich die erste Bresche, die in die Vorstellung der alleinigen Resorption der Nahrung auf dem Lymphweg gelegt wurde. GMELIN hat sich ja bekanntermaßen auch mit dem besonderen Studium der Galle befaßt, wovon heute noch die GMELINsche Gallenprobe Zeugnis ablegt.

Aber erst dem Genie eines Experimentators, wie CLAUDE BERNARD[2]), blieb es vorbehalten, der Lebertätigkeit bei der Nahrungsverwertung im Körper wieder eine ausschlaggebende Rolle zuzuweisen. Er kam im Verfolg seiner Arbeiten zu dem Schlusse, daß aller resorbierter Zucker in der Leber als Reservestoff umgewandelt werden müsse, bevor er für den Körper verwertbar wäre. Wenn diese Auffassung CLAUDE BERNARDS auch zu weitgehend war, so besteht doch kein Zweifel, daß seine Experimente zuerst wieder den belebenden Anstoß zu einer exakten Erforschung der Leberfunktionen gegeben haben, die wir heute noch spüren. Man drang nun mit großer Energie in die physiologische und pathologische Tätigkeit der Leber ein und sie wurde, um nur einen Ausspruch C. LUDWIGS anzuführen, „das große Laboratorium" des Körpers, dem man heute zutraut die schwierigsten chemischen Aufgaben in für uns noch völlig unbegreiflicher Weise zu lösen. Auch die Klinik empfing von den Entdeckungen CLAUDE BERNARDS neue Impulse. Ich nenne da nur F. TH. FRERICHS Klinik der Leberkrankheiten, 2. Aufl. 1861 und F. M. CHARKOTS Leçons sur les maladies du foie, Paris 1877. Damit kommen wir aber schon so sehr in die neueste Zeit hinein, daß ein abschließendes Urteil, wie es die Geschichte verlangt, nicht möglich ist, und daß somit zu unserer Materie selbst übergegangen werden muß.

Die bisherigen Betrachtungen zeigen, daß von der klinischen Seite ein Ausbau der Physiologie und Pathologie der Leber noch sehr großen Schwierigkeiten begegnet, und daß eine Förderung eher durch rein experimentelle Forschungen zu erwarten ist. Damit soll nicht etwa gesagt sein, daß die klinische Beobachtung weniger gepflegt werden soll, im Gegenteil, man wird jedes nur denkbare Mittel für die klinische Diagnostik heranziehen müssen, wenn unser Gebiet die so dringend nötige Vervollkommnung erfahren soll.

---

[1]) TIEDEMANN, F. und GMELIN, L.: Versuche über die Wege, auf welchen Substanzen aus dem Magen und Darm ins Blut gelangen. Heidelberg 1826.

[2]) BERNARD, CLAUDE: Leçons sur les propriétés et les altérations pathologiques des liquides de l'organisme. Tome II, p. 112. Paris 1859.

Wie steht es aber mit den experimentellen Möglichkeiten? Ihre Durchmusterung zeigt uns da ebenfalls große Schwierigkeiten, welche auch trotz der bisherigen Hilfe durch das Experiment einer Erkennung der Leberfunktionen entgegenstehen.

Vielleicht am wenigsten gilt dies für das Studium der äußeren Sekretion der Leber, wie die Technik der Gallenfistelanlegung und die Ergebnisse über die Beeinflussung der Gallensekretion zeigen. Von einer abschließenden Übersicht ist man aber auch hier, namentlich was die Verhältnisse am Menschen anlangt, noch weit entfernt. Doch ist zu hoffen, daß das reiche Material, was die Chirurgen hierüber sehen, unsere Kenntnisse bald weiter vervollständigt. Auch von der EINHORNschen Duodenalsondierung dürfte in Kürze eine nicht unwesentliche Bereicherung der physiologischen und pathologischen Verhältnisse der Gallensekretion zu erwarten sein. Eine Förderung ist weiter auch durch vergleichende physiologische Studien möglich, die aber einer ausgedehnteren Bearbeitung bedürften und eigentlich nur durch OLOF HAMARSTEN[1]) gebührend gepflegt wurden.

Die Gallebereitung stellt aber nur einen sehr kleinen Teil der Leberfunktionen dar. Weitaus die Hauptsache liegt in den Blutumsetzungen, also in der inneren Sekretion des Organes. Für das Studium solcher Vorgänge sind die Wege im allgemeinen ja vorgezeichnet. Indessen die Nachweismethoden, die für die Analyse innersekretorischer Tätigkeiten sonst zu Gebote stehen, versagen bei der Leber völlig.

So ist eine wirklich vollkommene Ausschaltung des Organes für experimentell verwertbare Ergebnisse bis jetzt unausführbar, da die Leberexstirpation bisher stets in zu kurzem Intervall zum Tode der Vertuchstiere führte. Daran ändert auch die durch F. C. MANN und TH. B. MAGATH[2]) neuerdings festgestellte Tatsache nichts, daß ein Teil der Symptome, die durch die Entfernung der Leber hervorgebracht werden, sich zeitweise durch Injektion von Traubenzucker aufheben lassen. Ich werde in einem späteren Zusammenhange auf die an und für sich höchst interessante Beobachtung zurückkommen. Auch muß schon hier darauf hingewiesen werden, daß ein auch noch so geringer Rest von zurückgebliebenem Gewebe, nach den Erfahrungen, die man bei der Pankreasexstirpation gemacht hat, zu äußerster Zurückhaltung in der Verwertung der unter solchen Umständen gewonnenen Versuchsergebnisse mahnen muß.

Weiter ist zu sagen, daß weder die Injektion von Leberpreßsaft (GRUND)[3]), noch von Leberbrei, noch die intensive Verfütterung des

[1]) HAMARSTEN, OLOF: Lehrbuch der chemischen Physiologie. 1922.
[2]) MANN, F. C. und MAGATH, TH. B.: Arch. of internal. med. 30, 73 u. 171. 1922.
[3]) GRUND, GEORG: Über organspezifische Praecipitine und ihre Bedeutung. Dtsch. Arch. f. klin. Med. 87, 148. 1906.

Organes zu ungewöhnlichen Erscheinungen führte. Damit sind aber die üblichen Methoden der Prüfung innersekretorischer Drüsenfunktionen erschöpft.

Eine weitere experimentelle Klippe liegt in der Schwierigkeit der getrennten Gewinnung von Lebervenen- und Portalblut, woraus sich Schlüsse auf die Veränderungen ergeben können, welche die Stoffe bei ihrem Wege durch die Leber erfahren. Es gelingt dies bisher mit einiger Sicherheit nur für einen einzigen bestimmten Zeitpunkt. Dieser Experimentation fällt das Versuchstier aber stets zum Opfer. CLAUDE BERNARD[1]) war es, der die Notwendigkeit einer getrennten Untersuchung von Lebervenen- und Portalblut erkannte. Man muß hierfür das Versuchstier auf eine möglichst rasche Art töten, dann die Leibeshöhle durch einen kleinen Einschnitt öffnen und unter Vermeidung jeden Zuges oder Druckes sofort die Portalvene nahe am Leberhilus und die Vena cava inferior oberhalb der Einmündung der Nierenvenen unterbinden. Darauf wird behutsam die Brusthöhle durch einen Schlitz im Zwerchfell eröffnet und die Vena cava inferior jetzt oberhalb des Zwerchfells ligiert. Dann wird der Einschnitt in die Leibeshöhle so weit erweitert, daß die ganze Leber mit den Gefäßen, die unterbunden wurden, freigelegt werden kann. Nun kann organwärts von den Unterbindungsstellen Blut aus den Gefäßen gewonnen werden. Auch hierbei gestattet CLAUDE BERNARD nur einen ganz geringen Druck auf das Lebergewebe, damit sich das Blut der beiden Blutstromkreise der Leber nicht vermischt. So ist Blut vor und nach Durchströmung der Leber in einem nicht unbeträchtlichen Quantum getrennt zu gewinnen.

Mit Hilfe dieser Versuchsanordnung ist CL. BERNARD zwar eine der wertvollsten Feststellungen über die Leberfunktionen geglückt, worauf ich noch ausführlich zurückzukommen haben werde; betrachtet man aber die Methode auf ihre Leistungsfähigkeit, so wird man zugeben müssen, daß sie nach der Art der möglichen Versuchsanordnung eine ausgedehntere Anwendung kaum zuläßt. Noch immer fehlt eine Methode, die wiederholte oder dauernde Beobachtung der Zusammensetzung des Blutes vor und nach seinem Durchgang durch die Leber gestattet. Dafür liegt das Gefäßsystem der Leber viel zu tief verborgen in der Leibeshöhle.

Eine Portalvenenfistel, die eine fast beliebige Blutentnahme aus der Pfortader gestattet, haben allerdings LONDON im Verein mit DOBROWOLSKAJA[2]) anzulegen gelehrt; doch scheint sie, außer durch die

---

[1]) BERNARD, CLAUDE: Neue Funktion der Leber als zuckerbereitendes Organ des Menschen und der Tiere. Deutsch von V. Schwarzenbach 1853, S. 62 u. 63.

[2]) LONDON, E. S. und DOBROWOLSKAJA, N. A.: Zur Chemie des Pfortaderblutes. Eine Pfortaderfistel. Hoppe-Seylers Zeitschr. f. phys. Chem. 82, 415. 1921; ferner ebenda 87, 325. 1913.

Begründer, nicht zu ausgedehnteren Studien Veranlassung gegeben zu haben.

Meine eigenen Vorschläge in der Richtung der beliebig großen getrennten Gewinnung von Portal- und Lebervenenblut am lebenden Tiere haben sich in den letzten schweren Jahren ebenfalls nicht verwirklichen lassen. An geeigneter Stelle werde ich die Methode noch näher auseinandersetzen.

Man muß also bisher noch zugestehen, daß das Experiment an der Leber dauernd großen Hindernissen begegnet. Auch gestattet der enorme Blutreichtum des Organes die partielle Abtragung verschiedener Stücke zum sukzessiven anatomischen und chemischen Studium nur ausnahmsweise, und die Überwindung der Blutung mit rein mechanischen Mitteln ist recht schwierig. Die Anwendung von chemischen Mitteln wie Adrenalin, Eisenchlorid u. dgl. verbietet sich aber oft durch das Experiment an sich; überdies sind sie in ihrer Wirkung häufig auch recht unsicher. Die Thermokauterisation ist gewiß nicht gleichgültig, da sie zur Resorption veränderter Produkte führen kann. Über die Anwendung von Kohlensäureschnee zur Blutstillung fehlen mir persönliche Erfahrungen. Gelatinetampons sind gut wirksam, aber eine gefährliche Infektionsquelle und vom Standpunkt der Resorptionsmöglichkeit unerwünschter Produkte ebenfalls beanstandbar.

So bleibt heute eigentlich nur noch das so oft verwendete Arbeiten am überlebenden Organe um zu experimentellen Resultaten zu kommen.

Den Boden dafür haben bei der Leber speziell die unermüdlichen Arbeiten G. EMBDENs[1]) und seiner zahlreichen Mitarbeiter geschaffen und man verdankt EMBDEN nicht allein eine höchst exakte Ausbildung der Methodik der Durchblutung der überlebenden Leber, sondern auch eine große Reihe der wichtigsten Erkenntnisse von Oxydations-, Reduktions-, Spaltungs- und Synthesevorgängen einer Menge chemischer Körper bei ihrer Durchpassage durch die Leber.

Diese Art der Untersuchung hat unleugbar ihre großen Vorzüge. Man kann beim Bekanntsein von Blutmenge und Lebergewicht annähernd quantitativ arbeiten; man hat die Möglichkeit sukzessiver Beimischung der zu untersuchenden Substanz und damit in gewisser Beziehung eine Nachahmung der Resorption aus dem Darme; der Einfluß der Temperatur ist gegeben und die Durchströmungsgeschwindigkeit in gewissen Grenzen variabel, so daß sich eine Reihe von Veränderungen im Experiment leicht durchführen lassen, welche Schlüsse aus den gewonnenen Resultaten erlauben. Etwas unheimlich ist dabei allerdings stets die mögliche Mitwirkung von Bakterien, da sich ihr Wachstum bei solchen Versuchsanordnungen nicht vermeiden läßt. Unbe-

---

[1]) EMBDEN, G. und Mitarbeiter: s. Hofmeisters Beiträge 6—11 u. Biochem. Zeitschr. (gen. Lit. s. Kap. III u. IV).

wiesen aber ist vor allem, daß die Vorgänge an der überlebenden
Leber notwendig dieselben sind, wie sie im Leben ablaufen. Beim
Studium am überlebenden Organe fehlen die so überaus
wichtigen Einwirkungen und Kontrollen des Nervensystems,
weiter auch die normalen Voraussetzungen für die Resorp-
tions- und Assimilationsvorgänge, kurz für die Austauschbedingungen, die den Stoffwechsel ausmachen. Weiter ist die
Art der Beimischung der aus dem Darme resorbierten Stoffe zum Blute
wohl sicher eine andere, wie die einer einfachen Zufügung im Experiment. Die Vermeidung geringster Schwankungen in der Konzentration,
den osmotischen und Ionisationsbedingen, ist für die Versuchsanordnung
nur äußerst schwierig einhaltbar und die geringsten Änderungen hierin
können ganz ungewöhnliche Beeinflussungen ausüben. Auch die Anwendung verschiedener Blutarten verdient eine prinzipielle Erwägung.

All dies ist mir von meinen Experimenten[1] an der überlebenden
Niere vollkommen geläufig. Es verlohnt einen Moment dabei zu verweilen, um Beispiele dieser Art hier zu geben.

Unter einer recht großen Anzahl — die Vorversuche mit einge-
rechnet — von Versuchen sind mir nur zweimal ganz befriedigende
Resultate einer Synthese von Fett aus oleinsaurem Natrium und Glycerin an der überlebenden Niere geglückt. Man darf offenbar nur das
Blut desselben Tieres benützen und es nur wenig mit isotonischer
NaCl-Lösung verdünnen. Die Zufügung der Grundsubstanzen muß ebenfalls in isotonischer Lösung sehr allmählich erfolgen. Man muß ungeheuer rasch arbeiten, da die Niere nur für Momente nicht durchströmt
sein darf. Äußerst geschulte Assistenz und minutiöse Vorbereitung des
Experimentes ist unumgänglich. Nur so waren Resultate zu erhalten.
Die innerhalb von $3^1/_2$ Stunden durch den Ureter abgelaufenen klaren
hellgelben Flüssigkeitsmengen, welche, wie wir sofort sehen werden,
nur von einer Hälfte einer Kaninchenniere stammen, betrugen fast
12 ccm, woraus sich eine erhebliche Wirksamkeit der Durchströmung
ergibt. Wie oft die ganze Blutmenge zirkuliert hat, läßt sich bei der
angewendeten Versuchsanordnung nicht sagen. Im Blute waren gegen
Ende des Experimentes zahlreiche Bakterien feststellbar, trotzdem versucht wurde möglichst steril zu arbeiten. Um Anhaltspunkte dafür
zu haben, ob die anderen äußeren Einflüsse nicht ausschlaggebend mit-
wirkten, wurde ein Ast der sich unmittelbar am Hilus in zwei gleich-
starke Äste teilenden Nierenarterie fest unterbunden und hiermit nur
die eine Hälfte der Niere wegsam gelassen. Auch in den anderen Experimenten ging ich so vor. So gelang es, beide Hälften der Niere
in vielen Beziehungen ganz den gleichen äußeren Verhältnissen aus-

---

[1] FISCHLER, F.: Über Fettsynthese am überlebenden Organe usw. Virch.
Arch. f. pathol. Anat. u. Physiol. **174**, 338. 1903.

zusetzen (Temperatur, Zeit usw.). Der Unterschied, den sie aufwiesen, war nun ein sehr beträchtlicher. Die durchströmte Seite zeigte zahlreiche fettig umgewandelte Nierenepithelien und auch etwas Fett in den Glomerulis. Das Fett befand sich in granulärer Anordnung in den Zellen, worauf nach J. ARNOLD[1]) ein ausschlaggebendes Gewicht für die Annahme der Vitalität eines Zellvorganges zu legen ist. Die Granula zeigten die typischen Reaktionen auf Fett mit Sudan III-Färbung und Schwärzung mit Überosmiumsäure in schönster Weise. An einer Fettsynthese an dem überlebenden Organe war also nach diesen mikroskopischen Befunden kein Zweifel. Die undurchströmte Seite erschien vollkommen normal, ohne Fettgehalt und ohne sonstige Veränderungen des Nierenepithels, der Glomeruli und der Schleifen. Gleichzeitig war damit auch der Zustand des Organes ohne die Einwirkungen der Durchströmung am gleichen Präparat und unter denselben färberischen Bedingen des Schnittes vollkommen gegeben. Ein anderes Mal hatte ich bei einem solchen Experiment ganz genau dieselben Befunde, ein drittes Mal aber nur andeutungsweise eine beginnende Fettsynthese, trotz sorgsam gewahrter gleicher Versuchsbedingungen. In zahlreichen anderen Versuchen erhielt ich aber kein derartiges Resultat mehr. Selbstverständlich war bei allen diesen Versuchen die größte Sorgfalt auf möglichst gleiche Versuchsbedingungen gelegt worden, die sich in minutiöser Weise auch auf Apparatur, Temperatur und Druckregulierung u. dgl. bezogen und in meinen Versuchen durch den von W. HOFFMANN[2]) konstruierten Apparat den Verhältnissen der Kaninchenniere speziell angepaßt wurden.

Diese Beispiele mögen die ungewöhnlichen Schwierigkeiten dartun, die man bei Anstellung von Versuchen am überlebenden Organe zu überwinden hat.

Aber auch wenn diese Versuche ein greifbares Ergebnis haben, so ist es doch nicht selbstverständlich, daß man solche unter immerhin sehr abnormen Verhältnissen gewonnenen Resultate nun als physiologische Tatsächlichkeiten ansehen darf. Es wäre aber, wie dies geschehen ist, doch zu weit gegangen, im Durchblutungsversuche überlebender Organe nur etwa Fermentwirkungen zu sehen und die Resultate gleichzusetzen den Digestionsergebnissen mit Organbreien. Daß gewisse fermentative Vorgänge am durchströmten überlebenden Organe besonders gut ablaufen, ist nicht zweifelhaft, aber ebenso unzweifelhaft sind auch weitergehende darunter, solche, die wir einstweilen nur als Lebens-

[1]) ARNOLD, J.: Über Fettumsatz und Fettwanderung, Fettinfiltration und Fettdegeneration, Phagocytose, Metathese und Synthese. Virch. Arch. f. pathol Anat. u. Physiol. **171**, 197. 1903.

[2]) HOFFMANN, W.: Zirkulations- und Pulsationsapparat zur Durchströmung überlebender Organe. Pflügers Arch. f. d. ges. Physiol. **100**.

vorgänge bezeichnen können. Gegenüber den Organbreidigestionen ist vor allem hervorzuheben, daß die erhaltene Zirkulation in überlebenden blutdurchströmten Organen für die Austauschbedingungen, die doch den Stoffwechsel integrierend bezeichnen, bei weitem bessere Bedingungen bieten, wie bei einfachen Organbreidigestionen. Immerhin wird die wirklich brauchbare Ausbeute für die Erkenntnis der notwendigen vitalen Vorgänge als Ablauf normaler und pathologischer Tätigkeit solcher Organe, also auch bei der Leber, nicht allzu reich sein und stets an möglichen Unsicherheiten der Deutung leiden.

Wie soll man aber bei solchen Verhältnissen weiterkommen? Die pathologische Physiologie, wie die Klinik, hat das größte Interesse an der Erforschung der inneren Stoffwechselvorgänge der Organe, sowie an ihren spezifischen innersekretorischen Funktionen und man muß schon a priori ganz gewaltige derartige Vorgänge in der Leber, der größten Drüse des Körpers, voraussetzen. Man durchforscht ja heute alle Drüsen, große, kleine, ja fast vergessene nach ihren innersekretorischen und Stoffwechseleinflüssen, um ihre Funktionen und Korrelationen zu erkennen. Diese Bestrebungen knüpfen sich an das Studium des Adrenalins und neuerdings an das durch KENDALL[1]) dargestellte wirksame Prinzip der Schilddrüse, das Thyroxin, die Hydrojodooxindolpropionsäure. Nur bei der Leber bleibt es bis jetzt still mit solchen Erfahrungen.

Keineswegs darf man daraus aber schließen, daß der Leber nicht ebenfalls solche Beziehungen innewohnten. Man hat aber vielleicht zu ausschließlich das Augenmerk auf spezifische derartige Vorgänge gerichtet und darüber die Frage nach dem Ablauf und der Regulation des ganz gewaltigen normalen Stoffwechsels zu wenig berücksichtigt. Irgendein Zentralort für die Regulation der normalen Stoffumsetzungen muß in dem gewaltigen Chemismus des inneren Stoffwechsels doch existieren und es sprechen zahlreiche sehr gewichtige Gründe dafür, daß die Leber dieser Hauptort der Umarbeitung und Umsetzung des durch den Stoffwechsel zugeführten Ernährungsmateriales und seiner Schlacken ist.

Bei unseren mangelhaften Kenntnissen von den notwendigen Funktionen der Leber wird es gut sein, auch den anatomischen Gesichtspunkten Raum zu geben, soweit sie eine Stütze für die hier zur Diskussion gestellte Fragestellung bedeuten. Man kann meines Erachtens solche Betrachtungen gar nicht weit genug fassen, wenn man zu einer einigermaßen vollständigen Übersicht über die Leberfunktionen kommen will. Und auch in den normalen Stoffwechselumsetzungen können organspezifische Funktionen verborgen sein, sind sie doch für die äußere Se-

---

[1]) KENDALL, E. C.: The journal of biological chemistry **39**, 125. 1919.

kretion der Leber, die Gallenabscheidung, mit ziemlicher Sicherheit festgestellt.

Was sagt uns aber nun die anatomische Betrachtung? Da springt vor allem eines in die Augen, das Verbundensein der Leber mit dem Verdauungstractus! Ihre äußere Sekretion, die Galle, wird im Anfangsteil des Darmes genau in der Höhe der Ausmündung des Pankreasganges dem ausgetretenen Mageninhalt beigemischt. Der Anfangsteil des Darmes dient aber ganz vorwiegend der Resorption, erst der Enddarm hat wesentlich exkretorische Funktionen. Die äußere Drüsentätigkeit der Leber ist also schon rein anatomisch mit den Resorptionsvorgängen verknüpft.

Weiter wissen wir aus der Entwicklungsgeschichte, daß die Leberanlage aus dem Darme hervorgeht, also auch hier tritt wieder eine recht beachtenswerte Zusammengehörigkeit mit dem Verdauungsapparat hervor.

Am klarsten geht sie aber aus der ganz eigentümlichen Blutversorgung der Leber hervor, die schon den Ärzten des Altertums aufgefallen ist und wie wir sahen zu den im Grunde nicht in allen Punkten unrichtigen Vorstellungen über die Leberphysiologie von HIPPOKRATES und GALEN geführt haben. Man weiß heute mit aller wünschenswerten Sicherheit, daß das gesamte Blut des Verdauungstractus, vom Magen, Duodenum, Dünn- und Dickdarm und vom Pankreas und der Milz, sich in der Vena portae hepatis, der Pfortader sammelt und vor seinem Übertritt in den allgemeinen Kreislauf die Leber notwendig passieren muß. Die Vena portae spielt, trotz ihres venösen Charakters, für die Leber die Rolle eines funktionellen Hauptgefäßes, wie die Nierenarterie bei der Niere. Es ist auch darauf hinzuweisen, daß die Verästelung der Portalvene den Charakter der sogenannten Endarterien hat, von denen man voraussetzen muß, daß ihre Anordnung einer besonders genauen Siebung des Blutes in bezug auf seine Zusammensetzung dient. Ja selbst im Fötalleben ist bis zu einem gewissen Grade diese Eigenheit der Blutverteilung des Körpers hinsichtlich seiner Kontrolle durch die Leber gewahrt. Stellt doch der Ductus venosus Arantii ein relativ nur enges direktes Verbindungsstück der Nabelvene mit dem allgemeinen Kreislauf unter Umgehung der Leber dar. Weitaus die Hauptmasse des fötalen Blutes muß vor seinem Eintritt in den allgemeinen Kreislauf die Leber ebenso. passieren, wie beim Erwachsenen. Man stellt sich meist die direkte Verbindung durch den Ductus venosus als die wesentliche vor, tatsächlich ist das Umgekehrte richtig. Zieht man aber die relativ viel bedeutendere Größe der fötalen Leber in Betracht, so wird die Möglichkeit, daß beim Fötus Stoffe quasi ohne Kontrolle der Leber in den Kreislauf eintreten, noch mehr verringert, da die Gelegenheit, für diese Stoffe mit dem allgemeinen Kreislauf doch noch mit der großen fötalen Leber nachträglich in Berührung zu kommen, bedeutend größer sein muß, als beim Erwachsenen, wenn bei diesem, bei seiner relativ kleinen Leber, Stoffe unter Umgehung der Leberpassage einmal in den allgemeinen Kreislauf gelangt sind. Die Leber nimmt zeitweise im Fötalleben fast die ganze Leibeshöhle ein. Über das Gewicht der fötalen Leber in bezug auf das Gewicht des Fötus habe ich leider keine Daten auffinden können, doch genügt ein Blick auf die Größe der embryonalen Leber um zu sehen, welch kolossale Größe ihr schon etwa von der vierten Woche ab bis nahe ans Ende der Gestationsperiode relativ zukommt.

Man darf sich daher wohl vorstellen, daß sowohl beim Fötus, wie namentlich beim Erwachsenen die Leber eine Art „Kontrollstation" für die Zusammensetzung des mit Nährmaterial beladenen Blutes vor seinem Eintritt in die allgemeine Zirkulation ist. Ja es erscheint nicht ausgeschlossen, daß gewisse Schwangerschaftstoxikosen einer relativen Insuffizienz dieses Mechanismus in der Fötalperiode ihre Entstehung verdanken, da es wohl gestattet ist, dann auch auf abnorme Zusammensetzung des fötalen Blutes schließen zu dürfen, was seinerseits nun den mütterlichen Organismus wieder schädigen kann.

Die arterielle Blutversorgung der Leber im Vergleich zur venösen durch die Vena portae ist dagegen eine nur sehr geringe und kommt für die „Blutkontrolle" der Leber auch gar nicht mehr in Betracht, da das Blut der Arteria hepatica diese Kontrolle schon hinter sich hat.

Aus den sorgsam gewahrten Zirkulationsverhältnissen des mit Resorptions- und wohl auch Incretstoffen des Pankreas, der Milz und des Darmes beladenen Blutes des gesamten Verdauungstractus, gegenüber der Leber, ergibt sich meines Erachtens der deutlichste Hinweis auf eine unlösbare Verknüpfung der Leber mit dem Verdauungstractus und damit also auch den Verdauungsvorgängen, deren Existenz zwar allgemein angenommen wird, über deren Begründung und Ablauf die Vorstellungen aber noch keineswegs allgemeingültig sind.

Zuerst muß man nun fragen, wie weit diese Beziehungen stets gewahrt sind und dann, ob ihre Lösung oder Durchbrechung geeignet ist, besondere Hinweise zu geben.

Von der Abgeschlossenheit des Portalkreislaufes gegenüber dem allgemeinen Kreislauf überzeugen uns am besten die pathologischen Beobachtungen, welche sich bei einer Unwegsamkeit oder Erschwerung der Blutstrompassage in der Leber oder dem Stamme der Pfortader ergeben.

Die vollständige Pfortaderthrombose führt, wenn sie rasch eintritt, in kurzer Zeit beim Menschen und den Tieren unter dem Bilde schwerster Stase des Magen-Darmtractus zum Tode, dessen eigentliche Ursache damit allerdings noch nicht völlig erklärt ist (WHIPPLE)[1]. Bei der Obduktion findet man blutig-seröse Exsudationen ins Peritoneum, blauschwarze Farbe des ganzen Verdauungstractus, schwere Magen-Darmblutungen, enorme Anschwellung der Milz und aller Venen, Blutungen ins subseröse Gewebe. Alle diese Erscheinungen sind aber streng auf das Gebiet der Pfortaderzuflüsse beschränkt, nirgends besteht ein Übergreifen auf andere Gebiete. Selbst in der Nähe der geringen venösen Anastomosen am unteren Abschnitte des Ösophagus und an den Venae hämorrhoidales pflegen wenigstens bei akuter Thrombose keine besonderen Gefäßschwellungen oder Blutungen in der Umgebung aufzutreten. Man wird zugeben müssen, daß ein weitgehender Beweis für die Abgeschlossenheit des Portalblutkreislaufes in alledem gesehen werden darf.

In gleichem Sinne spricht die Entwicklung des Hydrops ascites bei Cirrhosis hepatis oder langsamer unvollständiger Pfortaderthrombose. In solchen Fällen sieht man aber jeden nur möglichen anderen Weg in der Ausbildung der natürlichen oder zufälligen, mitunter auch absichtlich hervorgerufenen (TALMAsche Operation) Gefäßanastomosen enorm ausgenützt, woraus sich wiederum eine weitere Beweisführung für die Abgeschlossenheit des Pfortaderstromgebietes ergibt, da ja normalerweise diese Wege nicht benützt werden. Diese Feststellungen gelten aber nur für den Menschen und die höheren Tiere. Schon bei den Vögeln findet man eine Durchbrechung des Prinzips des abgeschlossenen Pfortaderstromgebietes. Es besteht bei ihnen durch die Vena Jacobsonii eine Anastomose zwischen dem Pfortaderkreislauf und der unteren Hohlvene.

Unwillkürlich drängt sich bei einer derartigen Betrachtung die Frage nach dem Sinn und Zweck dieses Prinzips auf. Obwohl teleologische Fragestellungen zurzeit in den Naturwissenschaften nicht beliebt sind und auch kritischer Erwägungen bedürfen, so sind sie mitunter heuristisch von ausschlaggebendem Wert und sollten daher berücksichtigt werden. Man wird in der Annahme wohl nicht fehlgehen, wenn man in dem Abgeschlossensein des Leberpfortadergebietes eine ganz überwiegend funktionelle Grundlage sieht. Denn da der Magen-Darmtractus im Chyluslymphsystem ein nur sehr kleines und auf gewisse Stoffe beschränktes eigenes Resorptionssystem besitzt, muß man in den Blutgefäßen, die ihn in so zahlreichem Maße umspinnen, die eigentlichen Abfuhrwege für den weitaus überwiegenden Teil der Resorptionsprodukte sehen. Und da, wie schon hervorgehoben, die Pfortader für die Leber das eigentliche funktionelle Hauptgefäß bildet, ist sie die nächste Station für die Umsetzungen der resorbierten Bestandteile.

---

[1] WHIPPLE, STONE und BERNHEIM: Intestinal obstruction I—IV. III. The defensive mechanisme etc. The journal of exp. Med. 19, 114. 1914.

Leider ist es bei dem heutigen Stande unseres Wissens noch nicht möglich, die Verdauungsprodukte alle als chemische Individuen zu verfolgen. Gerade für die wichtigsten Substanzen, die aufgenommenen Eiweißkörper oder ihre Bausteine, fehlt ein genauerer Einblick in ihre qualitativen, vornehmlich aber ihre quantitativen Umsetzungen, wodurch allein die wirklichen Gesetzmäßigkeiten in ihren Beziehungen zur Leber auffindbar würden. Damit wird eigentlich zugestanden, daß eine exakt wissenschaftliche Lösung des Problems und somit vielleicht die Festlegung eines sehr großen Teiles der Leberfunktionen zurzeit noch nicht möglich ist. Es werden sich nur Hinweise auf solche Möglichkeiten im Laufe dieser Untersuchung ergeben können. Unmöglich darf man aus diesen Gründen aber von dem Problem abstehen, wenn irgend die Absicht vorhanden ist, in der Erkenntnis der Leberfunktionen weiterkommen zu wollen. Leidet doch auch heute noch die gesamte Eiweißchemie, soweit sie sich an physiologische Probleme macht, an demselben Vorwurf. Und was hat sie nicht dennoch schon erreicht! Ich nenne da nur zwei Namen: A. KOSSEL[1]) und E. FISCHER[2]). Weiter muß man bedenken, daß unserer nahezu totalen Unkenntnis des Leberanteils für das Gebiet der Eiweißresorption immerhin eine nicht unbeträchtliche Erkenntnis dieser Vorgänge für die Klasse der Kohlenhydrate gegenübersteht, woraus die Vermutung, daß die Leber an allen Resorptionsumsetzungen einen wesentlichen Anteil hat, eine erhebliche Bekräftigung erfahren muß.

In allen diesen Dingen stehen wir aber einstweilen noch ganz im Anfang wirklichen Wissens. Um so mehr muß man fragen, ob der Mangel eines abgeschlossenen Pfortaderstromkreislaufes auf unmittelbare Verschiedenheiten zweier so differenzierter Individuen hinweist, im speziellen, ob es erlaubt ist, gewisse prinzipielle Unterschiede im Stoffwechsel der Säuger und der Vögel darauf beziehen zu dürfen.

Es wäre dies erlaubt, wenn der Mangel eines von der übrigen Zirkulation abgeschlossenen Pfortaderstromgebietes den wesentlichsten Unterschied dieser beiden Tierklassen in anatomischer und physiologischer Hinsicht bedeutete. Aber je mehr Verschiedenheiten im Stoffwechsel schon einander sehr nahestehender Tiere von der vergleichenden Physiologie aufgedeckt werden, desto weniger werden wir einige prinzipielle Abweichungen des physiologischen Stoffumsatzes dieser beiden Tierklassen auf die Abgeschlossenheit oder die offene Verbindung des Portalkreislaufes mit dem allgemeinen Körperkreislauf in einfacher Weise beziehen dürfen. Allerdings wird man solche Hinweise auch

---

[1]) KOSSEL, ALBRECHT: Nobelpreisrede. 1910.

[2]) FISCHER, EMIL: Untersuchungen über Aminosäuren, Polypeptide und Proteine. Julius Springer, Berlin. 1906.

nicht ganz aus den Augen verlieren sollen. Ich werde daher an entsprechender Stelle (Fett, Harnsäure) darauf zurückkommen.

Viel sicherer bekommen wir eine Antwort auf unsere Frage, wenn es gelingt, den abgeschlossenen Portalkreislauf bei damit begabten Geschöpfen zu durchbrechen.

Von diesen Überlegungen aus habe ich daher eine Untersuchung in größerem Stile angestrebt, zumal die Möglichkeit dazu seit den Experimenten v. Ecks[1]) vorlag, der erstmals den kühnen Gedanken einer Gefäßanastomose zwischen Vena portae und Vena cava inferior zur Beseitigung der Lebensbedrohung durch Pfortaderthrombose faßte und ausführte.

Die Anlegung einer Vena portae-Vena cava-Anastomose setzt uns instand, eine Antwort auf obige Fragen zu erhalten. Theoretisch ist man damit sogar in der Lage, die Veränderungen, welche die einzelnen Nahrungsbestandteile nach ihrer Resorption bei der Leberpassage erleiden, zu erfahren. Die Unterschiede nach und vor Anlegung der Gefäßanastomose müssen mit großer Bestimmtheit die Veränderungen ergeben, die bei Verfütterung bestimmter chemischer Individuen oder eines Gemisches davon bei der Portalableitung des Blutes in die Vena cava auftreten. Hiermit ist aber auch der Leberanteil an solchen Vorgängen gekennzeichnet. Welche Schwierigkeiten in praxi dabei auftreten und wie sie zu überwinden sind, wird später besprochen werden, wenn solche Versuche mit ihren Ergebnissen behandelt werden.

Allein nicht nur praktische Schwierigkeiten sind zu beseitigen, es gilt auch noch einige theoretische Bedenken zu würdigen. Sie bestehen darin, daß die Vena portae nicht die einzige Blutversorgung der Leber darstellt, da die Arteria hepatica ebenfalls dafür noch in Betracht kommt. Mit dieser zweiten Blutversorgung könnten resorbierte Anteile doch noch in die Leber gelangen und im Laufe vieler Zirkulationen schließlich die Umwandlungen erfahren, die sie sofort erlitten hätten, wenn sie bei Fehlen der Portalblutableitung direkt nach der Resorption in die Leber gelangt wären. Das scheint auf den ersten Blick ein ernster Einwand, der daher näher geprüft werden muß, um so mehr, als auch in jüngster Zeit von Magnus-Alslebfn[2]) diese Bedenken erneut geäußert wurden und die Gefahr besteht, daß eine gute Forschungsmethode so ohne genügenden Grund diskreditiert wird.

Wie steht es nun mit solchen Einwänden? Es soll die Ableitung des gesamten Blutes der Venae portae für die Funktion der Leber darnach nahezu gleichgültig sein, einer Blutmenge, die mindestens das zehnfache derjenigen beträgt, die durch die Arteria hepatica der Leber

<hr>

[1]) v. Eck: Militär-medizinisches Journal. St. Petersburg 1877. Nr. 132.

[2]) Magnus-Alsleben, E.: Über die Bedeutung der Eckschen Fistel für die normale und pathologische Physiologie der Leber. Ergebn. d. Physiol. 18. 1920

zugeführt wird, und eines Blutes, das mindestens zeitweise, nämlich bei der Resorption, nachgewiesenermaßen eine vom übrigen Körperblute recht abweichende Zusammensetzung hat, worauf in späteren Kapiteln zurückzukommen ist. Es soll ferner die Funktion der Leber nahezu gleich sein ihrer normalen Tätigkeit, wenn das funktionelle Hauptgefäß, die Pfortader, überhaupt keine Arbeit mehr zuläßt, da es völlig ausgeschaltet ist! Es soll weiterhin durch die dünne Arteria hepatica all das Material wieder in die Leber zurückgeführt werden, was unter ihrer Umgehung in den allgemeinen Kreislauf gelangt ist, dort naturgemäß eine sehr starke Verdünnung erfährt und sicher auch anderweitig gebunden oder umgesetzt wird. Der Rest soll nun nach dieser Verdünnung durch die Zufuhr auf dem Wege der mindestens zehnmal schwächeren Leberarterie doch genau dieselben quantitativen Umsetzungen erfahren, wie wenn er direkt mit dem Portalblut der Leber zugeführt worden wäre. Es soll ferner all dies ausgeführt werden von Zellen, die auf einen sehr großen Blutreichtum angewiesen sind durch die Versorgung mit dem Blute nicht nur der Leberarterie, sondern des ganzen Verdauungstractus, der zeitweise den größten Teil des Körperblutes überhaupt aufzunehmen imstande ist. Und all dieses Blut geht durch die Leber, und eine Blutung aus ihr oder dem Stamm der Pfortader bringt das erst recht zum Bewußtsein! Wenn weiterhin die Ableitung der Portalblutversorgung der Leber von einer sehr großen Reihe von pathologischen Veränderungen gefolgt ist, die sich in der Hand vieler Experimentatoren wiederholten, bei anderen aber nicht, so kann ich es der kritischen Überlegung der Fachgenossen überlassen, die Ursachen für solche Mißerfolge aufzufinden. Für mich ist der hohe Wert des Studiums der Leberfunktionen mittels der Portalblutableitung ja nicht zweifelhaft und ich werde immer nicht nur daran festhalten, sondern möchte sie nur dringend weiterempfehlen, die Resultate werden sich für die Erkenntnis der notwendigen Leberfunktionen damit nur vertiefen. Die Beurteilung der Einwände gegen die Methodik überlasse ich aber in aller Ruhe der Zeit.

Mit großer Bestimmtheit darf man annehmen, daß unter normalen Verhältnissen das Vorhandensein der weiteren Blutversorgung der Leber durch die Arteria hepatica für die Resorption in der Leber insofern nicht gleichgültig ist, als sie offenbar für die Ernährung des Leberparenchyms unumgänglich ist. Unterbindungen der Arteria hepatica oder Thrombosierung, Infarzierung oder sonstige Verschlüsse bewirken nämlich beim Menschen und einigen Tieren mehr oder minder ausgedehnte Leberinfarkte und Nekrotisierungen. Ob daher die Funktion der Leberarterie einfach derjenigen der Lebervene in bezug auf Resorptionsvorgänge gleichgesetzt werden kann, ist noch gar nicht ausgemacht. Um so weniger darf man aber ein gleichwertiges Eintreten der Leberarterie an Stelle des funktionellen Hauptgefäßes, der Vena portae, so ohne Weiteres annehmen. Denn über die Bedeutung der Leberarterie für die funktionelle Tätigkeit der Leber ist man durchaus noch nicht im Klaren. A. NARATH jun.[1]) hat in neuerer Zeit eine umfassendere Experimentalstudie darüber angestellt und ist teils in Übereinstimmung mit früheren Forschern, teils auf Grund seiner eigenen Versuche zu dem Resultate gelangt, daß die Leberarterie für das Organ vital nötig ist und daß sich bei völligem Ausfall der Blutversorgung der Arteria hepatica propria ihre Funktion nur durch Implantierung oder Anastomosierung einer anderen Arterie mit der Vena portae ersetzen läßt. An zwei Tieren ist ihm auch der einwandfreie Nachweis gelungen, daß ein Weiterleben dieser Tiere mit der neuen arteriellen Blutversorgung der Leber möglich ist, und daß sich eine Nekrotisierung der Leber solcher Tiere nach Unterbindung der Arteria hepatica propria so vermeiden läßt. Doch zeigten die Lebern dieser Tiere Veränderungen cirrhotischer Art. Die funktionelle Bedeutung der Arteria hepatica scheint also weniger auf dem Gebiete der besonderen Ernährung des interstitiellen Bindegewebes und der Vasa vasorum zu liegen, wie die bisherige allgemeine Annahme lautet, als in einer gewissen notwendigen Arterialisierung des Lebergewebes selbst. Das wirft natürlich auf die spezielle Funktion der Leberarterie ein ganz neues Licht, ist biologisch aber nicht unverständlich, wenn man bedenkt, daß die eigentliche Hauptversorgung der Leber mit Blut einen exquisit venösen Charakter trägt. NARATH konnte auch zeigen, daß durch temporäre Absperrung der arteriellen Blutversorgung der Leber das Parenchym des Organes sehr rasch deutliche Schädigungen zeigt und zwar viel früher, als eine solche im Zwischengewebe nachweisbar ist. Meines Erachtens sind über diese Verhältnisse weitere Untersuchungen dringend erforderlich. Für die richtige Funktion der Leber scheint ein Zusammenwirken von arteriellem und venösem Kreislauf wohl das Wahrscheinlichste. Konnte ich[2]) doch mit CUTLER zeigen, daß eine temporäre völlige Absperrung der Arteria hepatica bei gleichzeitig bestehender Eckscher Fistel die Leber viel rascher zu schädigen pflegt, als dies ohne das Bestehen der Portalblutableitung geschieht, worauf ich in anderem Zusammenhange noch zurückkomme.

Nach den bisherigen Feststellungen scheint die Annahme daher nicht berechtigt, daß die Leberarterie einfach für die Funktion der Por-

---

[1]) NARATH, ALFRED: Über Entstehung der anämischen Lebernekrose nach Unterbindung der Art. hep. und ihre Verhütung durch arterio-portale Anastomose. Dtsch. Zeitschr. f. Chirurg. 135, 1. 1916.

[2]) FISCHLER, F., und CUTLER, E. C.: Die Rolle des Pankreas bei der zentralen Läppchennekrose. Arch. f. exp. Path. u. Pharmakol. 75, 1. 1913.

talvene eintritt. Ihr scheinen vielmehr viel spezifischere Aufgaben für die Erhaltung des Lebergewebes zuzukommen, als der Portalvene. Sie liegen wohl hauptsächlich auf dem Gebiete der Erhaltung des Leberparenchyms vorweg. Denn nur nach der völligen Ausschaltung der Leberarterie tritt mit Sicherheit eine Nekrose des Leberparenchyms auf, nicht aber nach der Ausschaltung der Vena portae, wie das sich sicher an Hunden, die bei bestehender Eckscher Fistel jahrelang leben können, nachweisen läßt. Dabei kann es durchaus möglich sein, daß nach der rein funktionellen Seite der Vena portae eine weit größere Bedeutung zukommt, wie der Leberarterie. Meines Erachtens kommt es hierbei weniger auf qualitative als auf quantitative Verhältnisse an. Da man weiß, daß sehr geringe Mengen von Leberparenchym die Funktionen der Leber aufrecht zu erhalten vermögen, so liegt darin nichts Wunderbares, daß für die gewöhnlichen Beanspruchungen der Lebertätigkeit die Versorgung der Leber mit dem Blute der Leberarterie allein genügen kann. Bei außergewöhnlichen Beanspruchungen der Lebertätigkeit treten aber Störungen auf, wie im Kapitel Leber und Eiweißstoffwechsel an der Fleischintoxikation, als dem offensichtlichsten Beispiel, erörtert werden wird. Und dabei genügt eben die rein arterielle Versorgung der Leber nicht mehr. Man hat noch keine exakte Vorstellung darüber, welche Stoffe in der Leber, wenn sie mit dem Portalblut zugeführt werden, sofort von ihr verarbeitet oder wenigstens fixiert werden. Mit einiger Sicherheit ist dies bis jetzt nur von den Urobilinkörpern und Gallensäuren bekannt. Gewiß gibt es aber noch eine sehr große Reihe anderer Substanzen, auf die das Leberparenchym ähnlich wirkt. Ganz gewiß passieren aber auch die normale Leber eine ganze Reihe von Substanzen, ohne aufgehalten oder umgesetzt zu werden. Dies gilt namentlich dann, wenn die Zufuhr auch normaler Bestandteile eine übergroße ist. Für den Traubenzucker weiß man das ganz bestimmt. Umsetzungen, welche auf die Leber spezifisch lokalisiert sind, werden dort aber auch sehr vollkommen und vermutlich auch rasch ablaufen, mindestens fixiert werden. Wenn Stoffe mit derartigen Eigenschaften aber einmal mit Umgehung der Leber in den großen allgemeinen Blutkreislauf gelangt sind, wird es für den Stoffwechsel schwierig sein, das Versäumte auf einfache Art und Weise nachzuholen. Und gerade darin muß ich die ausschlaggebende Bedeutung der Eckschen Fistel für die Erkenntnis der notwendigen Leberfunktionen erblicken.

Das Ideal wäre für solche Untersuchungen freilich die vollkommene Ausschaltung der Leber. Der Exstirpation des ganzen Organes folgt aber in sehr kurzer Zeit unabwendbar der Tod und der gleichzeitigen oder sukzessiven Anlegung einer Eckschen Fistel im Verein mit der Unterbindung der Leberarterie, eine Versuchsanordnung, die praktisch einer Ausschaltung der Leber gleichkommt, ist bis jetzt das gleiche Schicksal beschieden. Daher muß man sich einstweilen mit der Portalblutableitung allein begnügen und den Blutzufluß der Arteria hepatica stets mit in Rechnung stellen.

Tatsächlich erreicht man mit der Anlegung einer Porta-Cava-Anastomose nur eine partielle, wenn auch recht weitgehende Ausschaltung der Leberfunktionen, eine mehr oder minder starke Drosselung derselben, deren Wirkung aber nicht zweifelhaft ist und erfreulicherweise mit dem Leben des Tieres noch vereinbar bleibt. Darin liegt meines Erachtens gerade die Stärke der Methodik und es wird von der kritischen Überlegung des Experimentators abhängen, wie viel oder wie wenig er bei dieser Versuchsanordnung für die Erkenntnis der Leberfunktionen zu eruieren vermag. Eine Kritik, ohne die Möglichkeit etwas Besseres an die Stelle des Gegebenen zu setzen, ist aber von vornherein unfruchtbar und · braucht uns daher nicht länger zu beschäftigen. Eine weitere Stärke der Methodik liegt darin, daß sie unter Erhaltung der physiologischen Zusammenhänge des Organes weitgehende Beeinflussungen an ihm gestattet. Hierin ist sie der Methodik am überlebenden Organe zweifellos überlegen. Auf diese Weise ergänzen sich aber die Versuchsergebnisse für beide Methoden sehr erfreulich. Und nur auf solche Art wird man dem so schwierigen Ziele der Erkennung der Leberfunktionen tatsächlich näher kommen können.

Eine quantitative Vorstellung über den Grad der partiellen Leberausschaltung durch die Portalblutableitung ist bis jetzt noch nicht möglich. Aber man besitzt z. B. in dem stets nachweisbaren Auftreten von Urobilin und Urobilinogen im Harne von Eckschen Fistelhunden einen vollgültigen Beweis für eine dauernde Funktionsstörung infolge der Portalvenenfistel. Diese beiden Substanzen werden, wie wir später noch genauer hören werden, nach ihrer Resorption aus dem Darme auf dem Blutwege der Leber zugeführt und von ihr stets fast vollkommen absorbiert, so daß sie normalerweise nur in Spuren über die Leber hinaus in den allgemeinen Kreislauf gelangen können. Infolgedessen können sie auch im Urin nicht in großer Menge auftreten. Bei der Portalblutableitung ist dieser Mechanismus aber durchbrochen, sie gelangen daher reichlich in den Körperkreislauf und werden jetzt auch ständig im Urin ausgeschieden. Daher zeigen Hunde mit Eckscher Fistel regelmäßig Urobilinurie, die sonst nur recht schwierig bei Hunden zu erzielen ist. Wie diese beiden im Kote entstehenden Stoffe, gibt es aber noch eine Reihe anderer, welche sonst in der Leber umgesetzt oder festgehalten werden, Stoffe, die wir kurz „hepatotrop" nennen können, und denen nach der Venenfistelanlegung der Weg in den allgemeinen Körperkreislauf offen steht. Aber auch körperfremde Stoffe, wie z. B. Alkaloide, die per os gegeben werden, wirken bei solchen Tieren fast ebenso stark, wie wenn sie subkutan einverleibt werden, da sie in der Leber nicht mehr abgefangen werden können.

Diese Beobachtungen leiten von selbst zur Frage der Toxizität resorbierter Substanzen hin, die im Darme entstehen und von der Leber gewöhnlich unschädlich gemacht werden sollen. Es wäre zu erwarten, daß bei stetiger normaler Einwirkung solcher Produkte, wie sie vor allem durch die Fäulnis entstehen, die Möglichkeit einer Einwirkung beim Verluste der Abgeschlossenheit des Portalkreislaufes auf den Körper sofort gegeben wäre und unmittelbar schwere Störungen entstehen sollten. Das ist aber nicht der Fall. Nach meiner Ansicht ist es noch nicht bewiesen, daß die toxischen Produkte, welche normaliter im Darme gebildet werden, in größerem Umfange überhaupt zur Resorption gelangen. Es ist kein Zweifel an ihrer Bildung, aber sicher schützt sich der Gesamtorganismus gegen ihre Wirkung ganz vorwiegend durch Nichtresorption. Man stelle sich auch nur einmal die fabelhafte Arbeit vor, die der Leber erwachsen müßte, wenn ihr stets wechselnde Mengen von Fäulnisprodukten zugeführt würden, die sie dauernd zu neutralisieren hätte, wenn die Voraussetzung richtig wäre, daß ihre Resorption direkt proportional ihrer Bildung stattfindet. Eine so einfache Bedingtheit erscheint nicht wahrscheinlich. Denn es sind meist Darmstörungen, z. B. bei Vorhandensein vermehrter Ätherschwefelsäureausscheidung im Urin, vorhanden (s. Darmocclusion). Namentlich ist die Leberarbeit in dieser Beziehung noch nicht zu übersehen. Denn Tiere mit Eckscher Fistel, also mit erheblicher Ausschaltung funktionellen Vermögens der Leber, können lange Zeit vollkommen wohl bleiben, trotzdem in ihrem Darme dauernd bedeutende Fäulnisvorgänge ablaufen. Eine Erklärung für dieses nach den geläufigen heutigen Vorstellungen unerwartete Ergebnis des Experimentes kann meines Erachtens nur darin gesucht werden, daß bisher zu vorwiegend die Wirkung körperfremder Substanzen betont wird, ohne daß man sich über die Grenzen und Mischungsverhältnisse der Zuträglichkeit der normalen Resorption klar ist. Also es kommen in dieser Hinsicht quantitative Verhältnisse normaler Resorptionsbestandteile in Betracht, nicht allein qualitative Änderungen der resorbierten Bestandteile überhaupt. Man sucht also zu sehr die qualitativen Verschiedenheiten auf und vergißt darüber wohl die möglichen quantitativen. Denn Ecksche Fistelhunde bleiben nur bei einer bestimmten Art der Ernährung gesund, erkranken aber mehr oder minder sicher, wenn dieses Nahrungsregime verlassen wird. Darauf habe ich noch recht ausführlich zurückzukommen. Ich wollte nur von vornherein dem Einwande begegnen, daß die Leber, welche nach allgemeiner Anschauung der Ort der Entgiftung normalerweise im Darme entstehender toxischer Produkte sein soll, nun nach Anlegung der Eckschen Fistel anscheinend entweder für diese Funktion nicht nötig ist, oder sie auf dem Umwege über die arterielle Zufuhr solcher Substanzen durch die Leberarterie erledigt. Dieser Anschauung widerspricht eben ganz sicher die Tatsache, daß Tiere mit Eckscher Fistel gegen wirklich im Darme resorbierte Gifte, wie z. B. künstlich zugeführte Alkaloide, besonders empfindlich sind, oder weniger empfindlich gegen spezifisch hepatotrope Gifte, wie Phosphor u. a. (s. später).

In Summa darf man also sagen, daß vollgültige Beweise für die **Wirksamkeit der funktionellen Drosselung der Leber durch die Anlegung der Portalblutableitung** vorhanden sind und daß scheinbare Widersprüche gegen eine solche Auffassung mit Vorstellungen über die Leberfunktionen zusammenhängen, die erst noch auf ihre Richtigkeit zu prüfen wären.

Leichter ist es, Einwänden zu begegnen, die darauf beruhen, daß nicht selten kleinere Blutgefäße bei der Anlegung der Porta-Cava-Anastomose leberwärts von der Unterbindung bestehen bleiben. Dagegen hilft nur saubere Technik. Auch die Verhütung von Verwachsungen und die Möglichkeit der Ausbildung neuer Gefäßbahnen auf dieser Basis ist durch geübte Operationstechnik wohl vermeidbar.

Endlich muß noch ein Einwand erwähnt werden, der in der Möglichkeit einer Beimengung von Leberanteilen durch das Lymphgefäßsystem erwächst. Man darf nicht vergessen, daß die Chylusgefäße mit ihrer Sammlung im Ductus thoracicus auch aus der Leber selbst Bahnen aufnehmen, und daß ferner direkte Leberlymphgefäße im Gebiete der rechten Vena anonyma einmünden. Im Chylus marschieren die meisten Stoffe allerdings schon vom Beginn ihrer Resorption an getrennte Wege von den Stoffen, die auf dem Blutweg abtransportiert werden, und sie können sich, wenn überhaupt, erst jenseits der Leber miteinander vermischen.

Das auffälligste Produkt, welches die Chylusgefäße führen, ist das Fett, doch handelt es sich nicht darum allein, da albuminöse Anteile und namentlich auch Zucker nachgewiesen sind. Cl. BERNARD[1]) meint zwar, daß dieser aus der Leber stamme, der aus ihren eigenen Lymphgefäßen sich dem Chylusstrom beimische. Dem ist wohl so, Zucker wird aber auch direkt aus dem Darme resorbiert und dem Chylusstrom zugeführt. Diese Verhältnisse sind noch nicht völlig geklärt. Sie spielen aber in unserer Fragestellung insofern keine Rolle, als ja stets ein quantitativ und qualitativ nicht vollkommen bekannter Anteil der Resorption, an der Leber auch unter ganz normalen Bedingungen vorbeizieht, ohne sie in ihren Funktionen zu gefährden, oder

---

[1]) BERNARD, Cl.: Leçons sur les propriétés physiologiques et les altérations pathologiques des liquides de l'organisme. Paris 1859. T. 2, S. 120 ff.

ihre Tätigkeit zu ihrer Verarbeitung nötig zu haben. Offenbar wird hierdurch das Prinzip der Abgeschlossenheit des Pfortaderkreislaufes nicht berührt, denn sonst müßte es ja immer der Fall sein. Am klarsten beweist dies die Tatsache, daß man nichts von einem vikariierenden Eintreten des Lymphsystems bei Pfortaderblutstromerschwerung weiß. Somit ist die funktionelle Leberdrosselung durch Portalblutableitung auch nicht durch das Lymphsystem gefährdet. Ferner habe ich bei Tieren, die sehr lange Zeit — bis zu zwei Jahren — Ecksche Fisteln hatten, auch keine Hypertrophie oder sonstige Veränderungen des Lymphsystems des Magen-Darmtractus gesehen. Aus alledem resultiert eine sehr große Unabhängigkeit beider Systeme voneinander, die für die vorliegende Fragestellung ja nur wünschenswert ist. Immerhin wird es gut sein, die Aufmerksamkeit mehr als bisher diesen noch nicht vollkommen übersehbaren Verhältnissen zuzuwenden.

Überblickt man nun nochmals zusammenfassend alle diese Verhältnisse, so geht daraus hervor, daß das Problem einer Funktionsstörung der Leber und zwar eine weitgehende Drosselung ihrer Funktionen mit Hilfe der Portalblutableitung wohl angreifbar ist. Freilich hat man es dabei mit sehr komplizierten Vorgängen zu tun, die wegen der großen praktischen Schwierigkeiten noch besonderer Aufmerksamkeit bedürfen.

Ganz besonders möchte ich aber hervorheben, daß die gewählten Versuchsbedingungen weit davon entfernt sind, auch nur einigermaßen erschöpfend für die Betrachtung und Erkenntnis der Leberfunktionen zu sein. Sie scheinen mir aber deshalb so wichtig, weil in ihrem Verfolg sich notwendig neue und verschiedene Fragestellungen ergeben müssen, welche einen weiteren Einblick in die Leberfunktionen gestatten. Ich bin nicht in der Lage, die damit angeschnittenen Gebiete auch nur einigermaßen zu umgrenzen, und man muß sich immer klar darüber bleiben, daß mit Hilfe der partiellen funktionellen Leberausschaltung nur ein kleiner Ausschnitt aus ihrer Gesamttätigkeit zu erhalten sein wird. Auch muß man die makroskopischen anatomischen Verhältnisse hierbei stets durch die mikroskopische Kontrolle ergänzen, auf die ich im Verlaufe der Besprechung der Ergebnisse jeweils genauer eingehen werde.

Daher will ich die anatomischen Betrachtungen nicht verlassen ohne wenigstens in Kürze auch auf die mikroskopischen Befunde hinzuweisen, die im Sinne einer nächsten Verknüpfung der Lebertätigkeit mit Nahrungsumsetzungen sprechen. Da ist vor allem der mikroskopische Nachweis von Glykogen in den Leberparenchymzellen zu nennen, der in strenger Abhängigkeit von der Aufnahme zuckerhaltigen Nährmateriales steht. Es gelingt leicht, durch bestimmte Fütterung die Leber von Tieren außerordentlich mit Glykogen anzureichern und das Glykogen dann auch mikroskopisch in den Leberzellen in großer Menge darzustellen. Ein Verschwinden des Glykogens bis auf geringe Reste wird aber bei starkem Hunger beobachtet. Die Aufnahme zuckerhaltigen Materiales durch die Leber und seine Umwandlung zu Glykogen läßt sich also augenfällig beweisen.

Weniger gut gelingt das mit Fett. Dagegen läßt sich zeigen, daß die Leberzellen insofern auch anatomisch eine Verknüpfung mit dem Fettstoffwechsel nachweisen lassen, als das Auftreten von massenhaften Fetteilchen in den Leberzellen bei gewissen intermediären Fettumsetzungen im Gefolge toxischer Einwirkungen gefunden werden kann. Auf diese Vorgänge muß ich später noch ausführlich eingehen.

Der mikroskopische Nachweis spezifischer Eiweißkörper ist der Anatomie bisher noch nicht geglückt, infolgedessen ist es auch nicht möglich, vom anatomischen Standpunkte zu der Frage einer Verknüpfung der Lebertätigkeit mit der Resorption spezifischer Eiweißumsetzungen Stellung zu nehmen. Doch ist durch die Untersuchungen Affanasiews, Ashers und seiner Schüler, Bergs, Stübels u. A. die Nahrungsanreicherung der Leber mit „Eiweiß" auch anatomisch sichergestellt, worauf ich ausführlich zurückzukommen habe.

Auch läßt sich nachweisen, daß die Aufnahme von Eisen in den Leberzellen unter bestimmten Fütterungsverhältnissen mit eisenhaltiger Nahrung wohl gelingt. Ferner hat die Leberzelle die Fähigkeit, im Körper zur Auflösung gelangtes Hämoglobin in sich aufzunehmen und den Eisenanteil daraus abzuspalten und aufzustapeln. Auch dieser Vorgang weist auf intermediäre Umsetzungen hin, die in der Leber vor sich gehen und ihre Fähigkeit zur Aufnahme von Nährmaterial beweisen. Es ließen sich noch weitere Beispiele anführen, doch nehme ich davon Abstand, weil ich an entsprechender Stelle ausführlich auf diese Dinge einzugehen habe.

So viel geht aber auch aus den kurzen der mikroskopischen Anatomie entnommenen Beweisen hervor, daß die Leberzelle die Beteiligung an resorptiven und anderen Umsetzungen auch sinnfällig gestattet.

Ich glaube mit allen diesen Feststellungen so weit in die Fragestellung der Leberphysiologie und Leberpathologie eingedrungen zu sein, um nun auf die eigentliche Besprechung der Physiologie und Pathologie der Leber übergehen zu können.

Eine Anlehnung an die Betrachtungen des stofflichen Umsatzes wird nach dem Vorausgehenden wohl die Form sein müssen, von der aus eine Einteilung sich am einfachsten und übersichtlichsten ermöglichen läßt.

Es sei daher das Verhältnis der Leber zu den drei großen Nahrungsklassen, den Kohlenhydraten, Fetten und Eiweißstoffen zu skizzieren versucht, woraus man ein Bild für die Inanspruchnahme der Leber bei der Verdauungstätigkeit gewinnen kann, sowie auch über intermediäre

Umsetzungen. Ergänzende Betrachtungen über die äußere Lebersecretion sollen folgen, weiteres über einige Spezialfunktionen, ferner ein Auswertungsversuch dieser Erkenntnisse für die Praxis.

Auf Grund einer solchen Übersicht wird sich ein Aufschluß über Funktion und Stellung der Leber im Körperhaushalt unter normalen und pathologischen Verhältnissen wenigstens in Umrissen ermöglichen lassen und damit auch eine Einsicht in ihre innersecretorische Wirksamkeit.

Bevor ich in diese Besprechungen eintrete, sei aber des Methodischen gedacht, da ein großer Teil der Vorarbeiten der Ausbildung der Technik und der Ausschaltung ihrer Gefahren galt, wobei sich allein schon sehr wichtige Anhaltspunkte für die funktionelle Leistung der Leber ergaben. Eine Schilderung der Technik, wie ich sie heute übe, sei daher vorausgeschickt mit einer gleichzeitigen Betrachtung der unmittelbaren Wirkungen auf das Organ und den sich daraus ergebenden Experimentationsmöglichkeiten.

II. Methodisches zur funktionellen Änderung der Lebertätigkeit. Verminderung und Vermehrung der funktionellen Lebertätigkeit.

Wir hörten im vorigen Kapitel, daß v. Eck[1]), ein baltischer Chirurg, zuerst den Gedanken faßte, die deletären Folgen der Pfortaderthrombose durch Ableitung des Blutstromes unterhalb der Verstopfung in das Gebiet der Vena cava auszuschalten, und daß er diesen Gedanken auch zur Ausführung brachte.

Die experimentelle Verwertung durch Weiterausbildung der Methode verdanken wir aber hauptsächlich Pawlow[2]), dem großen Meister in der Auffindung und Vervollkommnung operativer Maßnahmen zum Studium des Ablaufes der Lebensvorgänge in ihren feinsten Äußerungen.

In der Anordnung der Gefäßnaht hielt er sich an v. Ecks Vorschriften. Für die Herstellung der Anastomose schlug er aber durch Konstruktion eines feinen scherenartigen Instrumentes neue Wege ein. Es besteht aus zwei feinen Messerchen, die an ihrem einen Ende je in einen langen dünnen biegsamen Silberdraht auslaufen, am anderen Ende aber durch eine Art Gelenk verbunden werden können, so daß die Scherenform resultiert. Die Drähte, die angelötet sind, dienen dazu, nach Anlegung der hinteren Wand der Anastomosenstelle jeweils für die Strecke der beabsichtigten Anastomose in das Lumen des Gefäßes eingeführt zu werden. Die Einführung der spitzen feinen Drähte

[1]) v. Eck: a. a. O. S. 20.

[2]) Hahn, Massen, Nencki und Pawlow: Die Ecksche Fistel zwischen unterer Hohlvene und Pfortader. Arch. f. exp. Pathol. u. Pharmakol. 32, 161. 1893.

verursacht keine starke Blutung aus den Gefäßen, und ihre Enden ragen unten aus dem Operationsgebiet heraus. Ihre Biegsamkeit und Feinheit gestattet die Vernähung der Venenwände zu einer künftigen Anastomosenstelle ohne allzu große Schwierigkeiten. Nur oben und unten muß aus dem Wandgebiet der Anastomosenstelle so viel Raum ausgespart bleiben, daß die beiden Messerchen nach ihrer gelenkigen Verbindung zur Schere an den Silberdrähten hinein und durchgezogen werden können. Hierbei werden die Gefäßwände durchschnitten und die Anastomose hergestellt. Vor dem eigentlichen Durchschneiden müssen aber vorsorglich eine Reihe von Seidenfäden oben und unten im Gebiete der Anastomosenstelle gelegt werden, damit durch ihre Knüpfung die im Momente des Durchschneidens erfolgende starke Blutung beherrscht werden kann. Es ist klar, daß man dazu sehr geschulter Assistenz bedarf, und daß die vielen Fäden bei der durch die Blutung fast momentan eintretenden Unübersichtlichkeit des Operationsgebietes leicht verwirrt und unvollständig geknüpft werden könnten. Auch der Blutverlust ist bei der ohnehin schweren und lange dauernden Operation nicht gleichgültig; endlich ist PAWLOW mit seinen Anastomoseninstrumenten oft unzufrieden gewesen, da die Drähte an der Verlötungsstelle leicht abbrachen u. dgl. mehr.

Die Überwindung aller dieser Schwierigkeiten kann eine technisch so feine Hand, wie die PAWLOWs, durchführen, sie stehen aber einer allgemeinen Einführung der Methode hinderlich im Wege.

Tatsächlich ist auch eine relativ lange Zeit vergangen, bis man sich allgemein an das Studium der Porta-Cava-Anastomose gemacht hat, weil ihre operative Ausführung zu schwierig war.

Als ich 1909 vor die Notwendigkeit gestellt war, die Fistel anzulegen, konnte sie mir niemand vormachen, und auch das Instrumentarium fehlte.

Nach reiflicher Durchdenkung der Methode PAWLOWs waren mir ihre Schwierigkeiten sehr klar und ich versuchte sie zu umgehen, vor allem das Instrumentarium wegen der dadurch bedingten Blutung. Die Schere mußte durch ein Instrument ersetzt werden, das bei kleinstem Raumumfange in besonderem Maße Biegsamkeit und Festigkeit besitzen mußte. Es schwebte mir vor allem die GIGLIsche Drahtsäge vor, die einen Ersatz geben konnte, natürlich nur bei sehr viel dünnerem Kaliber, als man sie gewöhnlich zum Gebrauch hat. Aber Metall hat bei dieser Dünne nicht die genügende Festigkeit und bei größerer Dicke nicht die geforderte Biegsamkeit. Diese mußte vollkommen sein. Haare erwiesen sich als viel brauchbarer, litten aber durch die Sterilisation. Endlich kam ich dazu, in einem ganz dünnen Seidenfaden den einfachsten Ersatz des gesamten PAWLOWschen Instrumentariums zu finden, da er alle geforderten Qualitäten vereinigt und bei richtiger Anspannung starke Gefäßwände, wie die Aorta, oder die Wände des Magen-

Darmtraktus spielend durchschneidet. Man schneidet sich ja auch leicht in den Finger, wenn man einen solchen Faden angespannt rasch darüber hinwegzieht. Endlich verbürgt die Feinheit des angewendeten Fadens die leichte Möglichkeit seiner völligen Umnähung und seiner Hindurchziehung im Zwischenraum zweier Nähte. Die Anastomosenstelle kann also völlig umnäht werden, ohne daß man befürchten muß, daß eine Blutung eintritt, wenn der Faden die Gefäßwände durchschneidet.

Meine ersten Operationen gelangen über alles Erwarten gut. Ich hatte mich dabei der Assistenz von W. SCHRÖDER[1]) zu erfreuen. Seither haben mir sehr viele Mitarbeiter geholfen und eine Reihe von ihnen hat die Operation leicht und sicher erlernt, so daß sie in der angegebenen Form auch eine allgemeine Brauchbarkeit haben dürfte. Überdies hat sich die Methode A. NARATH[2]) für eine arterioportale Anastomose sehr gut bewährt, ist also allgemeiner Anwendung fähig.

Im ganzen habe ich etwa 250 derartige Operationen ausgeführt und dabei manchen Fingerzeig für ihre Erleichterung und Verbesserung gewonnen. Die letzten Jahre haben ja mehrere Abänderungsvorschläge für die Fistelanlegung gezeitigt. Keiner derselben war so, daß ich mich genötigt gefühlt hätte, von meiner Methodik abzugehen. Ihre Sicherheit und Gefahrlosigkeit ist eine sehr große, sie garantiert eine möglichst natürliche Lagerung der Gefäße, weil kein Instrumentarium im Gefäßgebiet liegt, das durch seine Schwere oder seinen Zug eine Lageverzerrung der Venenwände hervorbringen könnte, wodurch, wenn sie eintritt, leicht eine Passageerschwerung des Blutstromes an der Anastomosenstelle hervorgerufen werden kann. Die Gefäßwände werden nicht gequetscht, wie bei Anlegung von Instrumenten, und jede Stauung und Blutstromerschwerung im Gebiete der Vena cava und portae völlig vermieden, obwohl man dauernd an den blutdurchströmten Gefäßen arbeiten muß. Überdies ist bei richtiger Ausführung der Blutverlust bei dieser Operationsart ein minimaler. Dies alles stellen sehr erhebliche Vorzüge der Methodik dar.

Was mich an meiner Methode noch immer nicht befriedigt, ist die verhältnismäßig lange Dauer, die ihre Ausführung erfordert. Das teilt sie aber mit anderen Methoden in derselben Weise und etwas Besseres habe ich noch nicht gefunden. Weiter ist lästig, daß die Methode nur bei größeren Tieren anwendbar ist. Kaninchen und Meerschweinchen sind der Operation in dieser Weise nicht zugänglich, aber auch bisher nicht in einer anderen. Von der QUEIROLOschen[3]) Modifikation sehe

---

[1]) FISCHLER, F. und SCHRÖDER, R.: Eine einfachere Ausführung der Eckschen Fistel. Arch. f. exp. Pathol. u. Physiol. 61, 428. 1909.

[2]) NARATH, A.: a. a. O. S. 22.

[3]) QUEIROLO: Über die Funktion der Leber als Schutz gegen Intoxikation vom Darm aus. MOLESCHOTTS Untersuchungen zur Naturlehre 15, 233. 1893.

ich ab, da sie durch die gleichzeitige Unterbindung der Vena cava eine vollkommene Änderung in der ganzen Blutströmung in Form der Entwicklung eines Kollateralkreislaufes bewirkt und damit so große Änderungen im Gesamtorganismus setzt, daß ihre Resultate nur sehr bedingt verwertbar erscheinen, abgesehen davon, daß sich dieser Collateralkreislauf nicht regelmäßig entwickelt.

Meine Untersuchungen habe ich nur an Hunden ausgeführt und darauf beziehen sich meine methodischen Mitteilungen.

Da ich erst kürzlich eine Zusammenfassung meiner Erfahrungen hierüber im Abderhaldenschen Handbuch der biologischen Arbeitsmethoden gegeben habe[1]), darf ich mich hier kurz fassen.

Zur Operation wählt man am besten mittelgroße weibliche Hunde mit breitem Thorax; Windhundarten mit tiefem schmalem Thorax sind für die Ausführung der Operation bedeutend ungeeigneter, weil man dann sehr in der Tiefe und bei engem Raume arbeiten muß. Morphium-Äthernarkose ist die beste Betäubungsart. Chloroform darf man nur unter Vorsichtsmaßregeln anwenden, worauf ich später noch eingehen werde. Morphium ist in der Dosis von 0,006 g pro Kilo Tier subcutan einzuverleiben. Das Tier muß vorher 24 Stunden ohne Nahrung gelassen werden. Wasser ist aber zu gestatten. Nachdem man die alsbaldigen üblichen Wirkungen des Morphiums abgewartet hat (Erbrechen, Defäcation), erfolgt bald der Grad von Betäubung, welcher das Aufbinden des Tieres ohne allzu großen Widerstand gestattet. Unter die untere Thorax- und in die Lendengegend legt man Kompressen, damit die ganze Lebergegend nach vorn in die Höhe gedrückt wird und man so dem Operationsgebiet näher ist. Das Aufbinden geschehe lose und mit dicken weichen Stricken (Schutz der Pfoten) zur Vermeidung späterer Schmerzen oder Lähmungen. Dann wird das Operationsgebiet ausgiebig rasiert, mit lauem Wasser, Seife, Alkohol und 1⁰/₀₀ iger Sublimatlösung nacheinander gründlich gewaschen und endlich mit dünner Jodtinktur gut eingepinselt. Eine möglichst exakte Desinfektion der Haut des Tieres ist zum Gelingen der Operation dringend erforderlich, das Tier wird womöglich vor der Operation auch noch gebadet. Die durch die Operation in ihrer Zirkulation gestörte Leber ist nämlich sehr leicht infizierbar, wobei das Tier dann rettungslos eingeht. Nach denselben genauesten Regeln der Aseptik verfahre man auch sonst. Gesichtstücher und Mützen für den Operateur und Assistenten halte ich — abgesehen von der übrigen aseptischen Bekleidung — nicht für überflüssigen Luxus.

Das Operationsfeld wird in üblicher Weise mit aseptischen Tüchern

---

[1]) FISCHLER, F.: Die Anlegung der Eckschen Fistel beim Hunde. Handbuch der biochem. Arbeitsmethoden von E. ABDERHALDEN (im Erscheinen). — Ferner: Ebenda. I. Auflage 1912. Bd. 6, S. 529.

abgedeckt, die man mit ein paar Stichen an die Haut des Tieres fest-
näht, damit sie nicht verschoben werden können. Die Äthernarkose
beginnt gleichzeitig und muß tief sein bis zur völligen Erschlaffung
der Muskulatur. Der Operateur steht auf der rechten Seite des Tieres,
dessen Fußende der Lichtquelle zugekehrt ist. Der Hautschnitt erfolgt vom Processus xiphoideus abwärts parallel dem Rippenbogen etwa
15 cm lang. Die Durchtrennung der Muskulatur, Fascien usw. in
üblicher Weise.

Jetzt hat man das eigentliche Operationsfeld herzurichten. Man
drängt dazu mit der rechten Hand Magen und Därme möglichst weit
in die linke Seite des Peritonealraumes und läßt sie, sorgfältig mit
Kochsalzkompressen geschützt, von einem Assistenten dort festhalten.
Er braucht dazu beide Hände. Mit der linken Hand drängt jetzt der
Operateur Leber und Niere nach oben und außen. Häufig muß dabei
das Ligamentum hepatorenale eingeschnitten werden; auf die Leber-
fläche lege man ebenfalls feuchte dicke Kochsalzkompressen und ver-
meide jeden Druck und Zug, da das Lebergewebe leicht einreißt.

Meist ist mit der genauen Befolgung dieser Vorschriften die Lage
der Gefäße schon für die Operation völlig richtig, die Vena portae die
linke Seite des Gesichtsfeldes einnehmend, die Vena cava die rechte.
Häufig muß man die Vena portae etwas kaudalwärts anziehen und fast
stets sagittal nach unten verschieben, damit sie mit der Vena cava in
eine Ebene zu liegen kommt, eine wichtige Maßregel, die sehr zur Erleichterung der Operation beiträgt. Därme, die sich namentlich leicht
an der unteren Circumferenz des Operationsgebietes hereindrängen,
werden mit Kochsalzkompressen zurückgestopft und so festgehalten.

Im Notfalle kann man den Assistenten durch breite, beweglich
konstruierte und dann feststellbare Sperrklammern ersetzen. Sie müssen
exakt über den Mullkompressen befestigt werden, ihre Handhabe sehe
nach oben, damit man nicht beim Zugang zum Operationsfeld, der
von unten erfolgt, gehemmt wird. Zwei menschliche Hände sind aber
eigentlich unersetzlich. Zwar gilt für den Assistenten als oberste Regel,
ein fast unverrückbares Verharren in der ihm angewiesenen Position,
eine Forderung, die von einem Instrument besser geleistet werden
kann, wie von ermüdbaren Händen. Voraussetzung dafür ist aber, daß
der festzuhaltende Gegenstand selbst unbeweglich bleibt. Das gilt aber
nicht für den Magen und die Därme, die häufig eine lebhafte peristal-
tische Unruhe aufweisen, welche eben nur die lebende Hand richtig
ausgleicht. Sehr gut ist es, wenn man noch jemand zur Instrumen-
tation zur Verfügung hat, und notwendig ist ein Narkotiseur. Vier
Menschen sind also für die beste Ausführung der Operation notwendig;
der Assistent sei eine besonders ruhige Persönlichkeit, die sich absolut
unterzuordnen versteht.

Die Vena portae wird nun stumpf vom umgebenden Fett- und Bindegewebe befreit bis hinauf zu ihrer Teilung in die einzelnen Leberlappen. Man muß den Pfortaderstamm ganz übersehen können. All das muß rasch geschehen. Lymphgefäße schone man dabei so weit als möglich. Sorgfältig ist auf die Einmündung der Vena pancreaticoduodenalis zu achten, damit die Unterbindungsstelle der Vena portae leberwärts von ihr zu liegen kommt. Mittels eines Aneurysmahakens wird ein doppelter Seidenfaden von je 60—70 cm Länge um den Portastamm gelegt und sorgfältig getrennt gehalten. Geknüpft wird er nicht. Die Enden werden von einem Péan festgehalten.

Durch Knopfnähte mit feinster Seide, Nr. 00, und feinsten halbkreisförmig gebogenen, seitlich nicht geschliffenen Augennadeln vereinige ich nun die beiden Venen nahe ihrer Hinterseite auf einer Strecke von etwa 3 cm je nach der Größe des Tieres und bilde so die Hinterwand der künftigen Anastomosenstelle in Form eines leichten nach hinten ausgebogenen Ovals. Die Fäden werden im Abstand von etwa 2 mm angelegt und bis auf den obersten und untersten kurz abgeschnitten. Die Enden der langen Fäden lege ich an einen feinen Péan fest. Diese Fäden dienen später zur Anspannung der Venenwände im Operationsgebiete, wodurch der Schneidefaden dann leichter durchsägt. Dann steche ich eine mindestens 2 cm lange sehr feine gebogene Darmnadel, die einen 1,50 m langen Faden derselben feinen Seide trägt, mit der die Knopfnähte gemacht wurden, nahe der untersten dieser Nähte zuerst in das Lumen der Vena portae ein, führe die Nadel im Lumen des Gefäßes bis nahe an die oberste Knopfnaht heran, steche dort aus der Vene aus und ziehe behutsam die Nadel und die Hälfte ihres Fadens nach. Ein- und Ausstich liegen innerhalb des halben Nahtovales. Die kleine Blutung, welche bei dieser Manipulation stets erfolgt, steht in wenig Augenblicken durch ziemlich fest angedrückte Kompressen. Nun steche ich mit derselben Nadel, diesmal in umgekehrter Richtung von oben nach unten — korrespondierend den Stellen des Ein- und Ausstiches an der Porta — in die Cava ein und wieder aus und ziehe den Faden, bis er sich straff oben zwischen beiden Gefäßen anspannt, nach. Die Enden liegen lang im unteren Wundwinkel und darüber hinaus und werden ebenfalls an einen Péan festgelegt. Dieser Faden, der Schneidefaden, liegt also in der Strecke zwischen seinem Ein- und Ausstich in beiden Gefäßen innerhalb des Lumens derselben. Es ist klar, daß man bei sägenden Bewegungen an den Enden der Fäden, diese Strecken gleichzeitig an beiden Gefäßen durchschneiden kann.

Soweit sind wir aber noch nicht, denn zuerst muß die vordere Seite der Anastomosenstelle gebildet werden, damit sie ganz abgedichtet wird. Die Vorderwand wird genau so gebildet wie die Hinterwand, und besser als jede Beschreibung wird ein Blick auf die beigegebenen Abbildungen 1—4 der Tafel I lehren, wie man bei den Nähten vorzugehen hat. Wenn dann die vom Schneidefaden zu durchtrennende Strecke ganz in dem Oval durch Nähte allseitig abgedichtet ist, prüft man nochmals mit einer Sonde die Zwischenräume auf ihre Abschlußfähigkeit und übernäht, falls man noch eine undichte Stelle findet, sie nochmals mit einer feinen Knopfnaht. Man muß achtgeben, den Schneidefaden nicht in eine Knopfnaht mit einzunähen, im übrigen gestattet die enorme Feinheit des Fadens, daß man ihn leicht nach dem Durchsägen zwischen zwei Knopfnähten herausziehen kann.

Wir kommen nun zum Akt der Durchsägung. Dazu muß zunächst die ganze Anastomosenstelle etwas angespannt werden, was durch Anziehen der Fäden des lang gelassenen obersten und untersten Fadens der Knopfnähte geschieht. Dann wird der Schneidefaden gefaßt, sorgfältig entwirrt, da beide Enden sich häufig spiralig umeinander schlingen, wodurch die Sägebewegungen unmöglich werden können und die Gefahr besteht, daß der Faden sich an sich selbst durchsägt und reißt. Beide Fadenenden müssen sich daher spielend und ohne jede Störung hin- und herbewegen lassen, sonst reiben sie sich bei den Sägebewegungen eben durch, oder das Sägen ist überhaupt unmöglich. Zum Durchsägen faßt man nun beide Fadenenden fest an, zieht sie straff nach unten fest und macht nun lange scharfe sägende Bewegungen, dabei die Enden des Fadens dicht aneinander parallel vorbeibewegend. Er schneidet in wenigen Zügen durch und man hat ihn plötzlich ganz und frei in den Händen, da er sich sofort nach dem Durchschneiden zwischen den zwei Nähten des Ovals, die seine Schenkel begrenzten, herauszieht. Ein Reißen des Fadens passiert so nie. Er darf allerdings nur in Kochsalzlösung sterilisiert werden, da Sodalösung auf Seide hydrolytisch wirkt und der Faden brüchig wird. Ein solch feiner Seidenfaden schneidet messerscharf und ist entschieden besser, als alle angegebenen Instrumente.

Nun bleibt nur noch übrig, die Spannfäden kurz abzuschneiden und die um die Porta schon angelegten Seidenfäden zu knüpfen und die Vena portae dazwischen durchzuschneiden. Die Anastomose ist jetzt fertig, das Portalvenenblut ergießt sich nun in die Vena cava inferior und kann die Leber nicht mehr durchströmen.

Es bleibt noch übrig, auf einige Gefahrmomente bei der Operation hinzuweisen. Vorweg die Blutungsgefahr. Am leichtesten ereignet sich eine Blutung nach dem Durchschneiden des Schneidefadens. Das ist aber stets die Folge einer unrichtigen Ausführung der Nähte bei der Herstellung der Anastomosenstelle, oder eines spreizenden Zuges an den Enden des Sägefadens oder Veränderung der Richtung seiner Lage beim Sägen. Durch alle diese Fehler können die Knopfnähte gelockert

werden. Blutet es, so setze man sofort den Zeigefinger der linken
Hand auf die Stelle und tamponiere sie so. Dann wird das Blut ab-
getupft und nun die Stelle rasch und doch schonend knapp mit einem
feinen Péan gefaßt. Dicht ober- und unterhalb des Péans lege man
wieder feine Knopfnähte, deren Enden lange gelassen werden. Man
schürze die Enden zum Knoten, lasse den Péan entfernen und knüpfe
in diesem Moment die Enden der Fäden. Die Blutung wird in den
meisten Fällen dann sofort stehen oder doch zum mindesten stark
vermindert werden und durch Kompressen, die man längere Zeit an-
preßt, zum Stehen kommen. Ist die Übersicht durch Blutung stark erschwert, so hilft gelegentlich noch für längere Zeit fortgesetzte Tamponade.

Recht wichtig ist die Reinigung des Operationsfeldes nach Beendi-
gung der Operation von Blut und Gerinnseln, weil sie bei ihrer Or-
ganisation später zur Ausbildung von neuen Gefäßverbindungen führen
können, die die Wirksamkeit der Portalableitung gefährden. Ein wiedor-
holtes Abtupfen des ganzen Operationsfeldes mit feuchten NaCl-Tupfern
oder Abrieselung mit warmer physiologischer Kochsalzlösung ist dafür
sehr brauchbar. Endlich ist auch die Wiederherstellung einer möglichst
normalen Lagerung der Organe, die oft gedrückt sind und kleinere
Einrisse zeigen, sehr nötig. Dabei ist vor allem auf das Pankreas zu
achten, das auch gegen sehr geringen Druck leicht mit partieller Pankreasfettgewebsnekrose reagiert. Aus demselben Grunde muß schon
von Beginn der Operation an darauf gesehen werden, daß keine raum-
beengenden Faktoren, wie voller Magen oder überfüllte Blase, Schwangerschaft u. dgl. bestehen, die alle durch Druckmöglichkeit zu Läsionen führen
können und so das Operationsresultat erschweren, ja verunmöglichen.

Eine weitere Gefahr droht dem Tiere durch nachträgliches Auf-
gehen der Bauchnaht. Nie verwende man hierzu Katgut, es erweicht
im Hundeorganismus zu rasch. Ich habe stets mit Seide vier Etagen-
nähte gemacht und so die frühere Gefahr des Platzens der Bauch-
nähte vermieden, der namentlich große schwere Tiere mit gutem Heil-
verlauf ausgesetzt sind, weil sie zu frühe aufstehen und sich zu viel
Bewegung machen. Bei großer Unruhe der Tiere gebe man ruhig am
nächsten oder übernächsten Tage noch einmal eine große Dosis Morphium, sie schadet weniger, als eine zu große Beweglichkeit der Tiere.
Vor allem wichtig ist aber ein sehr gut sitzender Verband mit Mull
und Watte und breiten langen Cambricbinden, die sehr sorgfältig um
den ganzen Leib und den Hals gelegt werden müssen, damit er nicht
abrutscht. Er muß anfangs täglich erneuert werden. Die Fäden können
etwa vom 5. bis 7. Tage ab entfernt werden und meist ist es möglich, die Tiere etwa vom 10. Tage an ohne Verband zu lassen. Nicht
selten kommen später noch Fäden aus der Tiefe zum Vorschein, namentlich wenn es den Tieren weniger gut geht. Sie sind möglichst

herauszuziehen und abzuschneiden, damit das Tier nicht selbst daran zerrt und sich so beschädigt. Tiere, welche ihren Verband abnagen, müssen einen sicheren Maulkorb tragen, bis die Wunde geheilt ist.

Am Tage nach der Operation erhält das Tier nur Wasser, dann Milchreis und Brötchen. Später können zu einer fast ausschließlich vegetabilen Nahrung einige Knochen, etwas Fleisch oder Hundekuchen gesetzt werden.

Noch habe ich zu begründen, warum die Chloroformnarkose bei der Operation nur unter besonderen Vorsichtsmaßregeln angewendet werden darf. Ohne diese tritt nämlich fast regelmäßig die so rätselhafte und unter anderen Verhältnissen beim Hunde fast nie zu beobachtende sogenannte Spätwirkung des Chloroforms ein, das ist eine ausgedehnte zentral in den Acinis gelagerte schwerste Coagulationsnekrose der Leberzellen. Die notwendigen Beziehungen zum Pankreas und die Einwirkung dieses Organes beim Zustandekommen der ganzen Erscheinungen haben mir ausgedehnte Versuche ergeben, aus denen sich aber unmittelbar funktionelle Betätigungen der Leber ableiten lassen, die später besprochen und begründet werden sollen. Bei der Methodik genügt es zu erwähnen, daß man die Chloroformnarkose nur anwenden soll nach einer vorhergehenden Trypsinimmunisierung der Tiere, die mit 1,0 Trypsin Grübler in physiologischer NaCl-Lösung an verschiedenen Stellen subcutan im Abstand von 2—3 Tagen ausgeführt wird. Die Hautstelle ist vorher durch Novocaininjektionen zu anästhesieren, da Trypsin sehr starke Schmerzen hervorruft. Man muß einige Tage nach den letzten Trypsininjektionen bis zur Operation abwarten, um die Trypsinimmunisierung voll wirksam werden zu lassen.

Bei Äthernarkose sind solche Vorbereitungen nicht nötig, da die Lebernekrose bei ihr viel seltener ist, wie nach Chloroform; sie ist also trotz ihrer sonstigen Gefahren hier vorzuziehen.

Man muß jetzt noch einen Blick auf das Resultat werfen, das man unmittelbar mit der Ableitung des Portavenenblutes in die Cava erhält, um möglichst sichere Beweise für die Beeinträchtigung des Organes, die ja erstrebt wird, zu erhalten. Zwar habe ich die Gründe, welche dafür sprechen, schon im vorhergehenden Kapitel teilweise angeführt, doch ergeben sich aus der unmittelbaren Beobachtung des Organes noch eine Reihe von weiteren Momenten, die mit denkbarer Sicherheit unsere obigen Gründe bestätigen. Ein Fortschreiten auf diesem Gebiete muß aber die ausgedehnteste Sicherung erfahren, wenn man nicht vom Wege abkommen will, was stets eine Verzögerung der Erkenntnis der notwendigen Funktionen eines Organes zur Folge haben wird.

Sicher ist, daß man mit der Porta-Cava-Anastomose den Blutresorptionsanteilen des Darmes ganz neue Bedingungen für ihren Eintritt in den Körper geschaffen hat. Weiter, daß man sie der Leber fast gänzlich entzieht. Man hat aber auf diese noch besonders gewirkt, indem man einerseits ihren Blutreichtum bedeutend vermindert, andererseits die Zusammensetzung des in ihr kreisenden Blutes stark verändert, darunter dauernd die Venosität. Bei der Einschaltung der Leber zwischen zwei Kapillarsystemen ist klar, daß sie normalerweise ein Ort hoher Venosität ist, da ihr arterieller Zufluß einen sehr geringen Anteil des in ihr zirkulierenden Gesamtblutes darstellt, der arterielle Anteil nun aber allein übrig bleibt, um das Organ zu versorgen. Man wird ein Augenmerk darauf haben müssen, ob davon besondere Störungen abhängen, etwa Veränderungen der reduzierenden Eigenschaften oder dgl.

Vor allem wird man sich klar darüber sein müssen, daß die dauernde Verminderung der Blutmenge, die durch das Organ geht, sowohl für es selbst, als auch für die Zusammensetzung des Blutes unmittelbare Einwirkungen hat.

Einen deutlichen anatomischen Ausdruck für die Einwirkung der Blutableitung findet man sofort im Moment ihres Eintrittes, wo die Leber sichtlich erschlafft und blässer wird; noch viel deutlicher wird eine Veränderung aber durch den nach einiger Zeit eintretenden Größen- und Gewichtsschwund des ganzen Organes und die derbere Beschaffenheit seines ganzen Gewebes bewiesen, die auch mit einer sichtbaren Veränderung seiner Oberflächenbeschaffenheit einhergeht. Sie macht einen fein granulierten Eindruck. Auch die Farbe nimmt nicht selten einen anderen Ton an, etwas bräunlicher und grünlicher mit eingesprengten weißlichen Punkten. Man könnte an leicht cirrhotische Veränderungen denken. Auf dem Durchschnitt zeigt das Organ dieselben Veränderungen.

Mikroskopisch findet man die Vermutung einer cirrhösen Beschaffenheit nicht bestätigt. Dagegen ist eine Verkleinerung der einzelnen Zellen des Parenchyms deutlich, die Kerne sitzen näher aneinander, wie sonst. Die Zahl der einzelnen Zellelemente erscheint nicht wesentlich verringert, nur an einzelnen Stellen, den makroskopisch weißen Punkten, ist ein vollkommener Ersatz der Leberzellen durch Fettgewebszellen eingetreten. In einzelnen Zellen liegt wenig Pigment, das icterischen Ursprunges ist. Das Zwischengewebe tritt deutlicher hervor, wie sonst, ohne daß man von cirrhotischen Zuständen sprechen kann. Die KUPFFERschen Zellen treten nicht so deutlich hervor, wie sonst.

Diese wohlcharakterisierten makroskopischen und mikroskopischen Veränderungen beweisen mit Sicherheit, daß in dem Organe bedeutende funktionelle Störungen aufgetreten sein müssen, die zunächst bei der Verminderung der Größe des Organes und derberen Beschaffenheit wohl kaum anders, als durch Verminderung seiner Tätigkeit zu erklären sind.

Die Art. hepatica zeigt keine kompensatorische Erstarkung ihres Kalibers, so daß nach diesen Beobachtungen kaum mit einem Eintreten der Leberarterie für den Ausfall der Blutversorgung durch die Vena portae gerechnet werden kann. Überdies stimmen die beobachteten Veränderungen an der Leber mit anderen pathologischen Erfahrungen von Organschwund bei Nichtgebrauch oder Gebrauchsverminderung überein, ich erinnere an die Atrophie der Muskulatur, wie sie am schönsten bei den seltenen Fällen reiner Mitralstenose in einer Verkleinerung und Wandatrophie des linken Ventrikels zu sehen ist. Dieser Teil des Herzens, dem sonst die Hauptarbeit zufällt, schwindet unter den Bedingungen der reinen Stenosierung des Mitralostiums, weil die Blutmenge, die er von da erhält, eine dauernd zu kleine ist, ihm also ein zu geringes Maß von Arbeit zufällt. Mikropskopisch zeigen auch in diesen Fällen die Zellelemente einen Schwund und die Kerne sind näher aneinander gerückt. Beispiele dieser Art ließen sich leicht vermehren. Es genügt an einem die wesentliche Übereinstimmung festzulegen, das ist die Herabminderung der funktionellen Ansprüche und ihre zwangsläufige Folge, die Atrophie des Organes.

Hierin sehe ich eine sehr wertvolle Bestätigung der angestellten Überlegungen und hiermit scheint mir auch das Wesen der Portalblutableitung am schärfsten charakterisiert.

Doch darf die Überlegung nicht einfach lauten Verminderung der Blutzufuhr — also Verminderung der Funktion. Um dies festzustellen und wissenschaftlich exakt zu begründen, ist es nötig gleichzeitig erhöhte funktionelle Ansprüche an das unter die Bedingungen der Eckschen Fistel gebrachte Organ zu stellen und diese an solchen Substanzen zu messen, deren Veränderung oder Bildung notwendig an die Leberfunktion geknüpft ist.

Noch viel sicherer werden diese Schlußfolgerungen, wenn es gelingt, durch Blutstromvermehrung in der Leber solche funktionelle Veränderungen zu erzielen, die ins Gegenteil ausschlagen.

Das sind Überlegungen, welche mich veranlaßten, die Ecksche Fistel in einer modifizierten Form zur Anwendung zu bringen. Alle geforderten Bedingungen wären erfüllt, wenn es gelänge, das Blut der Vena cava inferior vollkommen in die Leber abzuleiten und ihm den direkten Weg nach dem Herzen zu verlegen.

Das hat aber PAWLOW schon getan. Ihm gebührt das Verdienst der ersten Ausführung dieser Operation, wenn er auch aus ganz anderen Gründen dazu kam. Er wollte dem Vorwurf begegnen, daß die Operation der Eckschen Fistel an sich die Ursache der von ihm und seinen Mitarbeitern beobachteten Folgezustände der Portalblutableitung wäre. In der Tat sah er sie auch dann nie auftreten, wenn das Cavablut in die Vena portae abgeleitet wurde. Seine Mitteilungen sind aber ganz beiläufige, so daß es verständlich wird, wenn diese so wichtige Operationsmethode damals und in der Folgezeit gänzlich übersehen wurde und fast in Vergessenheit geraten wäre.

Ich selbst[1]) bin unabhängig von PAWLOW und aus den oben angeführten ganz anderen Ideen heraus auf diese Modifikation der Eckschen Fistel gekommen und habe vorgeschlagen, sie umgekehrte Ecksche Fistel (u. E. F.) zu nennen. Auch habe ich gezeigt, daß sie sehr weitausschauende Fragestellungen in der experimentellen Leberpathologie eröffnet. Aus diesen Gründen muß ich sie auch dem einführenden Kapitel anreihen. Ich verstehe unter der Bezeichnung „umgekehrte Ecksche Fistel" die vollkommene Ableitung des gesamten Blutes der Vena cava inferior zentralwärts vom Abgang der Ven. ren. und suprarenales in die Vena portae mit völliger Unterbindung der Vena cava zentralwärts von der Anastomosenstelle. Wenn die Anastomose groß genug gemacht wird, so fließt das gesamte Blut der hinteren Körperhälfte so operierter Tiere nun durch die Leber, womit sie dauernd eine bedeutend größere Blutmenge erhält, als unter normalen Verhältnissen. Selbstverständlich habe ich niemals behauptet, daß diese Blutstromüberlastung der Leber nun auch eine erhöhte Arbeitsleistung der Leber an sich nach sich zieht, wie dies MAGNUS-ALSLEBEN[2]) anzunehmen scheint. Seine Darstellung ist in diesem Punkte, auf den ich noch zurückkommen werde, direkt irreführend. Schlüsse über die Leberfunktion können natürlich nur gewonnen werden, wenn an die spezifische Leberfunktion erhöhte Ansprüche gestellt werden, sei es, daß die Leber nun unter den Bedingungen der E. F. oder der u. E. F. steht, s. S. 39. Die Differenzen, die sich bei diesen Versuchsanordnungen ergeben, lassen aber mit großer Sicherheit die spezifischen Leberfunktionen unter physiologisch-pathologischen Bedingungen erkennen und darin besteht der Wert der Methode, wie ich in Anbetracht so irreführender Interpretationen meiner Versuche doch noch einmal betonen muß. Neuerdings hat die Anlegung der umgekehrten Eckschen Fistel durch MANN und MAGATH[3]) ein weiteres Anwendungsgebiet erfahren, worauf ich noch zurückkommen werde.

Zur Ausführung der umgekehrten Eckschen Fistel muß man die künftigen Ligaturfäden statt um die Vena portae, um die Vena cava

---

[1]) FISCHLER, F. und KOSSOW, H.: Vorläufige Mitteilung über den Ort der Acetonkörperbildung usw. Dtsch. Arch. f. klin. Med. 111, 479. 1913 und FISCHLER, F.: Erste Auflage dieses Buches 1916. S. 27.
[2]) MAGNUS-ALSLEBEN, E.: l. c. S. 20.
[3]) MANN, F. C. und MAGATH, TH. B.: l. c. S. 10, Nr. 2.

herumführen. Weiter ist es ratsam, die Anastomosenstelle recht groß zu machen, damit sich der starke Blutstrom der Vena cava leicht in die Porta ergießen kann. Im übrigen bleibt die Anordnung der Operation ganz die gleiche, wie bei der Eckschen Fistel (E. F.) Im Moment der Unterbindung der Vena cava sieht man nun im Gegensatz zur Anlegung der E. F. die Leber anschwellen und röter werden, auch fühlt sie sich nach Ausführung der Operation etwas derber an, wie normal. Stauungen sah ich aber in der Folge weder im Portalkreislauf, noch im Cavagebiet.

Ganz besonders muß auffallen, wie leicht die Tiere den an sich ja ebenfalls sehr schweren Eingriff überstehen, entgegen dem bei E. F.-Anlegung. Nach diesem sind die Tiere sehr schwach und elend, nach jenem überraschend munter und in kurzem wieder anscheinend völlig wohl. Bald fällt ihre besondere Munterkeit und Freßlust auf. Fell und Muskulatur sind prächtig entwickelt, während E. F.-Hunde leicht abmagern und struppig aussehen. Niemand käme auf den Gedanken, daß Tiere mit u. E. F. dauernd unter ganz anderen physiologischen Verhältnissen stehen, als normale, da sie keinerlei krankhafte Symptome darbieten. Bei der Obduktion bestätigt sich der gute Allgemeinzustand. Die Leber ist größer und schwerer als normal, hat aber ganz normale Farbe und Konsistenz. An der Galle fällt ebenfalls nichts Besonderes auf.

Mikroskopisch zeigen die Leberzellen eine erhebliche Größe und die Kerne sind weiter voneinander entfernt, wie bei normalen Lebern, also gerade das entgegengesetzte Verhalten, wie die Lebern E. F.-Hunde. In mehreren Fällen fiel mir der enorme Reichtum an eingelagertem Glykogen auf. Die Anastomosenstelle bleibt im Gegensatz zu Tieren mit E. F., bei denen sie leicht etwas narbig schrumpft, groß und gut durchgängig. Eine Kollateralkreislaufentwicklung sah ich bei Tieren mit u. E. F. sich nicht entwickeln, wenn die Anastomosenstelle genügend groß ist. Die Wände der Vena portae sind häufig etwas verstärkt, doch bleibt abzuwarten, ob dies ein regelmäßiger Befund sein wird. Das interstitielle Gewebe der Leber läßt keine Veränderungen erkennen.

Was ist nun mit Anlegung der u. E. F. erreicht?

Als Nächstes eine dauernde Blutstromüberlastung des Organes, die bei dem wesentlich größeren Kaliber der Vena cava, wohl über die doppelte bis dreifache Menge gegenüber der normalen Blutmenge betragen dürfte. Es ist ja keine Frage, daß damit allein eine funktionelle Überlastung nicht bewirkt wird. Immerhin weist die Zunahme der Größe und Schwere der Leber mit großer Bestimmtheit darauf hin, daß Veränderungen in dem Organe bestehen. Sieht man doch auch bei Verlust einer Niere die Blutstromüberlastung mit einer

Vergrößerung und Zunahme der restierenden Niere einhergehen. Auch hier ließen sich noch mehr Beispiele ähnlicher Art anführen. Diese Analogien sowohl, wie die soeben bei der E. F. vorgebrachten gegensätzlichen Beobachtungen an ein und demselben Organe, erlauben die funktionelle Bedeutung einer vermehrten oder verminderten Blutmenge im Sinne einer Arbeitsvermehrung oder Verminderung auffassen zu dürfen.

Um aber in diesen Anschauungen ganz sicher zu gehen, muß man leberspezifische Produkte quantitativ verfolgen; sie allein werden einen brauchbaren und sicheren Aufschluß über den Grad einer Funktionsstörung gewähren. Ich werde an geeigneter Stelle auf eigene und fremde derartige Versuche zu sprechen kommen.

Das Anwendungsgebiet der umgekehrten Eckschen Fistel ist aber ein bei weitem größeres und, wie mir scheint, zudem äußerst wichtiges.

Man ist nach Ausführung der Operation in der Lage, beliebige Substanzen auf dem Blutwege fast ganz direkt auf das Leberparenchym wirken zu lassen, da ja das gesamte Gebiet der unteren Hohlvene jetzt zum Quellgebiet der Pfortader mit dazugehört. Oberflächlich gelegene Venen der hinteren Extremitäten gestatten mittels einfacher Infusionen in sie diese Einwirkung. Eine Reihe kontroverser Punkte, wie z. B. die praktisch wichtige Frage, ob der Alkohol auf das Lebergewebe eine mehr oder minder spezifische Wirkung entfaltet, lassen sich auf diese Art leicht in Angriff nehmen, da solche Injektionen bei einigermaßen geschickter Hand lange Zeit fortgesetzt werden können. Vergleichende Untersuchungen durch Injektionen unter Umgehung der Leber, also im Gebiet der oberen Hohlvenen, lassen eine Sicherung der Befunde in weitgehendem Maße zu. Weiter gestattet diese Versuchsanordnung eine umfassende Inangriffnahme der Resorptionsvorgänge. Für gewisse Fälle werden sich Veränderungen von Substanzen, die auf dem Blutwege der Leber beigebracht sind, also möglichst direkt, oder aber erst den Verdauungskanal passiert haben, d. h. die Darmwände (denn die Einwirkung der Verdauungssäfte ist ja davon zu isolieren), ergeben. Die Vergleichung der Resultate läßt einerseits Schlüsse auf Veränderungen durch die Leber, andererseits durch die Darmwand, oder endlich durch beide zu. Eine ganze Reihe von Problemen der Resorption werden damit einer genaueren Analyse zugänglich.

Endlich gestattet die Ausführung der Operation die Möglichkeit einer direkten Blutentnahme unmittelbar vor und nach seinem Durchfluß durch die Leber, worüber ich ja schon Vorschläge versprach. Eine Gefäßkatheterisation von der Vena femoralis aus führt durch die Anastomose direkt in die Vena portae; dasselbe Experiment von der Vena jugularis aus führt durch die rechte Vorkammer in die untere Hohl-vene, die jetzt nur Blut führt, das die Leber passiert hat. Es ist also möglich bei Injektion einer Substanz vom Blutwege aus, oder bei ihrer Resorption vom Darme her, die direkte Einwirkung der lebenden und im Körper befindlichen Leber, somit ihre notwendige Funktion unter bestimmten Bedingungen zu erfahren, oder aber eine Blutgas-analyse bei verschiedenen Funktionszuständen auszuführen.

Man sieht leicht ein, daß eine Unmenge von Problemen mit Hilfe der genannten Vorschläge angreifbar werden, was übrigens PAWLOW gewiß nicht entgangen sein kann. Da er sie aber nicht besonders anführt und auch keine Untersuchungen von ihm in dieser Richtung vorliegen, so scheint es mir nicht unwichtig, die Aufmerksamkeit ganz besonders hierauf zu lenken.

Schließlich sei noch der Kombination der E. F. und der u. E. F. mit Gallenfisteln gedacht, woraus sich Beziehungen zu Funktions-zuständen der äußeren Secretion gewinnen lassen werden, Möglich-keiten, die ich hier nur ganz kurz streifen will.

So eröffnet das methodische Kapitel noch eine Reihe neuer Ge-sichtspunkte für das Studium der Leberfunktionen und es gilt im fol-genden zu zeigen, daß man sehr wertvolle Hilfsmittel dafür in der Hand hat, die Funktionszustände der Leber unter recht verschiedenen Bedingungen der Analyse zu unterwerfen.

Ein ungeahnter Reichtum von Ergebnissen bestätigt die vorstehen-den Überlegungen.

III. Leber und Kohlenhydrat-Stoffwechsel.

Es war dem Genie eines CLAUDE BERNARD[1]) vorbehalten, die ersten feststehenden Beziehungen der Leber mit der Aufnahme und Verwer-tung der Kohlenhydrate als unumstößliche wissenschaftliche Tatsache zu erkennen.

Diese Tat ist um so größer und bewundernswerter, wenn man sich erinnert, daß seine Feststellungen sich in diametralem Gegensatz zu den damals herrschenden Ansichten von der Verwendung der Kohlen-hydrate im Tierkörper befanden, dem einzig ihre Zerstörung zukommen sollte, wie der Pflanze einzig ihre Bildung; sie wird es noch mehr, wenn man sich den Stand des damaligen Wissens über die Chemie der Kohlenhydrate vorstellt und die Schwierigkeiten ihrer Identifizie-rung in Betracht zieht. Allerdings war gerade hierbei CL. BERNARD — ohne daß ihm dies voll bewußt war — sehr begünstigt, als er es im Körper ganz vorwiegend nur mit reiner Dextrose zu tun hatte, für

---

[1]) BERNARD, CL. und BARRESWIL: De la présence du sucre dans le foie. Cpt. rend. hebdom. des séances de l'acad. des sciences **27**, 514. 1848.

deren Nachweis die Vergärung als einzige ihm zu Gebote stehende
Nachweismethode ja ungemein fein und sicher ist.

Unter allen Umständen bleibt aber immer erstaunlich, wenn man
sich sagen muß, daß das, was er damals erreichte, heute nicht allein
noch fast in vollem Umfange gültig ist, sondern auch die Hauptmenge
dessen darstellt, was man über die Leberfunktion überhaupt exakt weiß.

Zunächst verdanken wir ihm die Kenntnis, daß das Lebervenenblut
stets eine beträchtliche Menge von Zucker (Traubenzucker) enthält, in
einer Menge von etwa 0,5—2,0 %. Es war dies bei einer gemischten
Nahrung, die größtenteils aus zuckerhaltigem Material bestand, an sich
nicht gerade verwunderlich. Als aber CL. BERNARD bei einem Hunde,
der 7 Tage ausschließlich mit Fleisch ernährt war, das ja nicht direkt
Dextrose enthält, einen ebenso beträchtlichen Gehalt an Traubenzucker
im Lebervenenblut fand wie bei dem Tiere, welches mit gemischter
zuckerhaltiger Nahrung gefüttert war, wurde ihm die Wichtigkeit und
Tragweite eines solchen Befundes sofort klar.

Eine Wiederholung des Experimentes ergab das gleiche Resultat.
Dabei konnte er bei Prüfung des Darminhaltes des mit Fleisch gefütterten Tieres mit keiner Methode Zucker nachweisen und auch im
Blute der Milzvene, das gleichzeitig untersucht wurde, fiel jede Zucker-
reaktion negativ aus. Ebenso ergab das Blut des Pankreas und Dünn-
darmes, endlich das des Stammes der Vena portae ebenfalls keine Zucker-
reaktion.

Es war somit unabweislich die Leber selbst für die Entstehung des Zuckers heranzuziehen. Tatsächlich konnte CL. BER-
NARD im Dekokt ihres Parenchyms beträchtliche Mengen von Zucker entdecken, während sonstige Dekokte von anderen Organen davon frei waren.

Die Leber produziert also tatsächlich Zucker[1]) und der tierische Organismus unterscheidet sich hierin nicht mehr prinzipiell vom
pflanzlichen. Sie produziert ihn aus Stoffen, welche sicher zuckerfrei
sind, denn CL. BERNARD fütterte seine Tiere mit Material, in welchem
für ihn auf keine Art und Weise Zucker nachzuweisen war, und das
auch durch die Verdauungsvorgänge keinen entwickelte, wie sich aus
der Unmöglichkeit des Zuckernachweises im Darme ergab.

Durch möglichst lange Ausdehnung solcher Versuche suchte sich
BERNARD vor Irrtümern zu schützen, die durch Anhäufung zuckerhaltigen Materiales im Tierkörper aus früherer Zeit etwa entstehen konnten.
Einen Hund fütterte er 8 Monate lang ausschließlich mit in heißem
Wasser gut abgewaschenen Schafs- und Rindermagen und fand trotzdem nach so langer Zeit sehr beträchtliche Mengen von Zucker in
der Leber. Dieselben Resultate erhielt er bei Lebern von Hunden,

---

[1]) BERNARD, CL.: De l'origine du sucre dans l'économie animale. Arch.
gén. de Méd. Octobre 1849. Mémoires de la soc. de biol. 1, 21. 1849.

die bis zu 2 Jahren nur mit ausgekochtem Fleische ernährt wurden, was er in späteren Versuchen nachwies.

Vorerst legte er sich aber die Frage vor, wie Nahrungsentziehung und Ernährung mit verschiedenen aber gut charakterisierten Nahrungsmitteln wirken[1]). Trotz längeren Hungerns fand er stets Zucker in der Leber, wenn auch in geringerer Menge. Bei ausschließlicher Fettnahrung und Wasserzufuhr in genügendem Maße fand er ähnliche Werte. Dieselbe Versuche mit Leimmasse ergaben reichlichen Zuckergehalt der Leber und bei reiner Amylaceennahrung stieg der Leberzuckergehalt nur unwesentlich an, jedenfalls wurde die Norm nicht überschritten. Immerhin fiel auf, daß die Abkochungen der Leber bei reiner Amylaceenfütterung ein eigentümlich opaleszierendes lakteszentes Aussehen hatten und er vermutete darin den Ausdruck einer Umwandlung des überschüssig zugeführten Zuckermaterials, allerdings in Form einer Fett-Eiweißverbindung; er dachte noch nicht an tierische Stärke.

Ein Zufall sollte ihn weiterbringen. Die Ausführung der Zuckerbestimmung im Lebergewebe hatte BERNARD bisher stets wenige Stunden nach dem Tode der Tiere vorgenommen und zwar immer Doppelbestimmungen an zwei gleichschweren Stücken. Zeitmangel zwang ihn eines Tages von dieser Gewohnheit abzugehen. Er machte die Zuckerbestimmung des einen Stückes sofort nach dem Tode des Tieres[2]), die nächste mußte er auf den folgenden Tag verschieben. Bei der sofort nach dem Tode vorgenommenen Bestimmung fand er sehr wenig Zucker, viel weniger, als er bisher als Norm angesehen hatte. Bei der aufgeschobenen Zuckerbestimmung überschritt der Zuckergehalt aber dieses Normalmaß bedeutend.

Beide Resultate waren so auffällig, daß er ihre Verfolgung beschloß. Nun kam er zu der so überaus wichtigen Feststellung, daß das Lebergewebe sich beim Liegen an der Luft mit Zucker anreichert[3]). BERNARD konnte zeigen, daß es gelingt, die Leber mittels Wasserdurchspülung von der Vene aus zuckerfrei zu waschen. Überließ er nun das Organ bei gemäßigter Temperatur sich selbst, so konnte er schon nach wenigen Stunden wieder Zucker in ihm nachweisen. Da BERNARD die Zuckerproduktion, d. i. die Produktion des zuckererzeugenden Materiales, als Lebensvorgang der Leber auffaßte — er nennt sie direkt Zuckersekretion[4]) — so konnte er nicht annehmen, daß die postmortale Bildung von Zucker dazu zu rechnen wäre, sondern folge-

---

[1]) BERNARD, CL.: l. c. s. S. 9, Nr. 2.
[2]) BERNARD, CL.: Introduction à la Méd. exp. S. 291ff.
[3]) BERNARD, CL.: Leçons sur les propriétés physiologiques etc. l. c. S. 9, T. II, S. 109.
[4]) BERNARD, CL.: Ebenda S. 113.

richtig fermentativen Einflüssen zukommen müsse[1]). Kochte er Stücke einer eben dem Tiere entnommenen Leber und ließ sie unter denselben äußeren Bedingungen liegen, wie die ungekochten, so bildeten nur letztere Zucker, nicht aber die gekochten. Hiermit hatte er bewiesen, daß die eigentliche Zuckerbildung in der Leber fermentativer Natur war.

Er konnte aber auch noch das Schlußglied zu dieser Entdeckungsreihe fügen, indem er den Nachweis der Substanz führte, auf welche die diastatische Materie einwirkt[2]). Er fand sie in dem Bestandteil, welcher bei Abkochungen der Leber dem Kochwasser das eigentümlich lakteszente Aussehen gibt. Es verschwindet ziemlich rasch, wenn man ihm filtrierten Speichel zusetzt, also Diastase. Das ganze Gemisch wird damit hell und klar. Gleichzeitig läßt sich nun aber in der Flüssigkeit eine große Menge Zucker nachweisen, ohne daß vorher etwas davon vorhanden gewesen wäre.

BERNARD verdanken wir also auch die Entdeckung des tierischen Amylums, des Glykogens[3]), wie er es nannte.

Er lehrte aber auch seine chemische Reindarstellung[4]). Die dazu dienenden Grundprinzipien gelten auch heute noch und sind von ihm zuerst angegeben worden, was PFLÜGER[5]) ausdrücklich anerkennt.

Man sollte diese wundervollen Entdeckungen CL. BERNARDs immer wieder bis in die Einzelheiten festhalten nicht nur wegen ihrer fundamentalen Wichtigkeit überhaupt, sondern als eines der klassischen Beispiele exakter und kritischster Experimentation.

Die Feststellungen über den Zuckergehalt der Leber dehnte er auch auf die menschliche Leber aus, sowie auf die einer sehr großen Anzahl von Säugetieren, Carnivoren sowohl wie Herbivoren, weiter von Vögeln, Reptilien, endlich auch von Wirbellosen. Überall fand er Zucker in der Leber und schließt daraus auf eine Unumgänglichkeit dieses Stoffes für den Ablauf der vitalen Vorgänge.

Weiterhin wurde von ihm und einer großen Anzahl Mitarbeitern dem Glykogengehalt der Leber besondere Aufmerksamkeit geschenkt. Die Abhängigkeit des Glykogengehaltes der Leber von der Ernährung speziell mit Zucker, wobei sie reich daran wird, ihre Verarmung daran bei Hunger, ließen keine Zweifel an dem direkten Zusammenhang zwischen Aufnahme zuckerhaltigen Nährmateriales und Glykogenanreicherung zu. So kam CL. BERNARD zu der Vorstellung, daß aller resorbierter

---

[1]) BERNARD, CL.: Leçons sur les propriétés physiologiques etc. l. c. S. 9, Nr. 2, T. II, S. 111.

[2]) BERNARD, CL.: Ebenda S. 112.

[3]) BERNARD, CL.: Leçons (Cours d'hiver 1854—1855). S. 250.

[4]) BERNARD, CL.: Leçons sur la phys. et path. du système nerveux. T. I, S. 467.

[5]) PFLÜGER, E.: Das Glykogen. Bonn 1905. S. 1—14.

Zucker in der Leber zuerst als Reservestoff umgewandelt werden müsse, bevor er für den Körper verwertbar wäre.

Seine Ansichten faßt er dahin zusammen, daß aller im Körper angetroffener Zucker in letzter Instanz von der zuckerbereitenden Tätigkeit der Leber stammt[1]), vor allem, weil die Gegenwart von Zucker in diesem Organe nicht die Ernährung mit zuckerhaltigem Materiale zur Voraussetzung hat, sondern, wie die Hungerversuche und Ernährungsversuche mit zuckerfreiem Materiale beweisen, völlig unabhängig davon ist.

War mit allen diesen Feststellungen die Beziehung der Leber mit dem Kohlenhydratstoffwechsel schon als eine sehr enge erkannt, so erfährt sie noch eine Befestigung durch nervöse Beeinflussungen, deren Erkennung man ebenfalls Cl. Bernard verdankt[2]).

Er konnte zeigen, daß die elektrische Reizung der zentralen Stümpfe der Nervi vagi nach ihrer Durchschneidung im mittleren Drittel des Halses eine Glykosurie hervorruft. Die Reizung der peripheren Stümpfe blieb ohne Einwirkung, die Durchschneidung der Nerven macht die Leber aber zuckerfrei. Daraus geht hervor, daß der Vagus die Zuckerassimilation beherrscht. Es laufen auf seinen Bahnen zentripetale Erregungen, die sich zunächst auf ein Zentrum übertragen, das Zuckerzentrum, das an der Basis der Rautengrube liegt und ebenfalls durch Bernard entdeckt wurde[3]). Er konnte es direkt durch Verletzung reizen und nennt diese Operation, wofür er die genauesten Vorschriften ausgearbeitet hat, Piqûre, d. h. Zuckerstich. Nach der Verletzung des Zuckerzentrums nimmt das Blut und die Leber an Zuckergehalt beträchtlich zu und so kommt es zur Ausscheidung des Zuckers durch die Nieren. Aber auch der Nachweis der zentrifugalen Übermittelung des Reizes, der die Ausschüttung des in der Leber angehäuften Zuckers und seiner Vorstufe veranlaßt, gelang Bernard. Sie läuft auf den Bahnen der N. sympathici, bzw. auf dem Splanchnikusast dieser Nerven[4]). Nach ihrer Durchschneidung kommt die Glykosurie beim Zuckerstich nicht mehr zustande. Doch tritt sie noch ein, wenn man gleichzeitig damit die N. vagi durchtrennt, oder die Sympathici nur am Halse durchschneidet[5]).

Die Leber ist bei der Durchschneidung der Splanchnikusäste mit dem von ihnen beherrschten Gebiete diejenige Körperregion, auf welche der Reiz des verletzten Zuckerzentrums nicht mehr wirken kann. Tritt also, bei sonst regelmäßiger Hervorrufung von Glykosurie durch die Verletzung, jetzt keine Zuckerausscheidung mehr ein, so muß man die Ursache dafür in dem Gebiete, das durch die Durchschneidung von

---

[1]) Bernard, Cl.: l. c. s. S. 9. T. II, S. 117.
[2]) Bernard, Cl.: Leçons (Cours d'hiver 1854—55). S. 325.
[3]) Bernard, Cl.: Ebenda S. 289.
[4]) Bernard, Cl.: Leçons sur le diabète 1877. S. 371.
[5]) Eckard, C.: Beitr. z. Anat. u. Physiol. 4, 138.

Nerveneinflüssen frei ist, suchen. Es kommt noch hinzu, daß das Experiment nur bei gut gefütterten Tieren gelingt, aber versagt, wenn die Tiere ausgiebig gehungert haben.

E. W. Dock[1]) und B. Naunyn[2]) haben in ausgedehnten Experimentaluntersuchungen gezeigt, daß der Zuckerstich nur bei reichlichem Glykogengehalt der Leber regelmäßig eine Glykosurie hervorruft und haben damit Bernards Feststellungen ergänzt. Endlich ist zu erwähnen, daß Moos[3]) den Zuckerstich bei Unterbindung der Lebergefäße unwirksam fand und daß M. Schiff[4]) zeigte, daß sich bei Fröschen, denen die Lebergefäße unmittelbar nach dem Zuckerstich unterbunden wurden, alsbald eine Verminderung und später sogar ein Verschwinden des Zuckers aus dem Blute nachweisen ließ.

Cl. Bernard[5]) spricht sich über die Erklärung aller beobachteten Tatsachen recht vorsichtig aus und sucht sie am ehesten in einer Lockerung des Sympathikustonus mit konsekutiver Blutstrombeschleunigung in der Leber und den dadurch gesteigerten Umsetzungen, ein Punkt, auf den ich später zurückkommen werde.

Es sei noch erwähnt, daß Bernards Feststellungen durch C. Eckard[6]) ausgedehnte Nachprüfungen und Bestätigungen erfahren haben, so daß heute unsere Kenntnisse über diese Punkte als gesichert angesehen werden können. Da die Beobachtungen über den fermentativen Glykogenabbau in der Hauptsache aus der vorbakteriologischen Zeit stammen, so ist es vielleicht nicht überflüssig, darauf hinzuweisen, daß schon aus dieser Zeit sichere Belege für den nichtbakteriellen Vorgang der Umwandlung des Glykogens in Traubenzucker durch Experimente v. Wittichs[7]) und Pavys[8]) vorliegen. Sie konnten nämlich aus alkoholgehärteten, feuchten oder trockenen Lebern mittels Glycerin oder Wasser ein glykogenspaltendes Ferment ausziehen. Endlich hat Salkowski[9]) in darauf speziell bezüglichen Versuchen ganz bestimmt die Mitwirkung von Bakterien ausgeschaltet, indem er bakterielle Verunreinigungen durch den Zusatz von Chloroform zu Leberbreien verhinderte

---

[1]) Dock, F. W.: Über die Glykogenbildung in der Leber usw. Pflügers Arch. f. d. ges. Physiol. 5, 571. 1872.

[2]) Naunyn, B.: Beiträge zur Lehre vom Diabetes mellitus. Arch. f. exp. Pathol. u. Pharmakol. 3, 85. 1874.

[3]) Moos: Arch. f. Heilk. 4, 37.

[4]) Schiff, M.: Untersuchungen über die Zuckerbildung in der Leber. Würzburg 1859. S. 76.

[5]) Bernard, Cl.: Leçons sur le diabète 1877. S. 338.

[6]) Eckard, C.: Beitr. z. Anat. u. Physiol. 4, 11ff. und 8, 77ff.

[7]) v. Wittich: Über Leberferment. Pflügers Arch. f. d. ges. Physiol. 7, 28. 1873.

[8]) Pavy, F. W.: The physiology of the carbohydrates. An epicriticism. London 1895. S. 76.

[9]) Salkowski, E.: Über fermentative Prozesse in Geweben. Arch. f. Phys. 1890. S. 554 und Dtsch. med. Wochenschr. 1888. Nr. 16.

und sie der Digestion unterwarf. Der vorher gekochte Leberbrei entwickelte unter diesen Umständen keinen Zucker, während der ungekochte, unter gleichzeitigem Schwund von Glykogen, Zucker in Menge produzierte. Der Glykogenabbau vollzieht sich also sicher durch ein in den Leberzellen selbst vorhandenes Ferment, nicht durch von außen aufgenommene fermentative Substanzen bakterieller Genese.

Wenn ich in dem Kapitel über Leber und Kohlenhydratstoffwechsel den Forschungen CL. BERNARDS eine Sonderstellung einräume und sie gewissermaßen hier im Zusammenhang behandle, so geschieht dies einmal wegen der prinzipiell neuen Bewertung, die die Leberphysiologie damit erfuhr (sie wurde von ihrer Bedeutungslosigkeit, zu der sie durch die Entdeckung des Chylussystems verurteilt schien, damit wieder mit den Verdauungsvorgängen auf experimentell bewiesener Basis in Zusammenhang gebracht), andererseits sind BERNARDS Untersuchungen so bedeutungsvoll und ergebnisreich für die Erkenntnis der Leberphysiologie und -pathologie geworden, wie die keines Forschers vor ihm und bisher nach ihm. Die zentrale Stellung der Leber im intermediären Kohlenhydratstoffwechsel erschien damit fest begründet.

Sehen wir zu, ob noch weitere Gründe vorhanden sind, diese Anschauungen zu befestigen, oder ob Revisionen dafür notwendig werden.

Hat die Leber im Kohlenhydratstoffwechsel tatsächlich eine Zentralstellung? Der schwerwiegendste Grund hierfür scheint mir im Verschwinden des Blutzuckers nach Exstirpation der Leber zu liegen, denn die organspezifischen Funktionen erkennt man ja am sichersten, wenn das Organ entfernt oder ausgeschaltet wird. Schon MOLESCHOTT[1]) und JOHANNES MÜLLER[2]) haben an Fröschen, die bekanntlich die Leberexstirpation einige Zeit überleben, den Blutzuckerverlust danach nachgewiesen. Da Froschlebern zu bestimmten Zeiten Glykogen enthalten, sowie auch Zucker, ihr Blut ebenfalls Zucker, so darf man die Entleberung mit dem Ausfall dieser Substanzen in ursächlichen Zusammenhang bringen. Bei Gänsen hat MINKOWSKI[3]) (1886) nach Exstirpation der Leber den Blutzucker verschwinden sehen und auch PAVY und SIAU[4]), sowie TANGL und VAUGHAN HARLEY[5]) berichten über völliges Verschwinden des Blutzuckers nach Entfernung der Leber. Auf die neueren ab-

---

[1]) MOLESCHOTT, J.: Untersuchungen über die Bildungsstätte der Galle. Arch. f. phys. Heilkunde 11, 479. 1852.

[2]) MÜLLER, JOHANNES: Handbuch der Physiol. d. Menschen. IV. Aufl. 1, 131. Koblenz 1844.

[3]) MINKOWSKI, O.: Über den Einfluß der Leberexstirpation auf den Stoffwechsel. Arch. f. exp. Pathol. u. Pharmakol. 21, 41. 1886.

[4]) PAVY und SIAU: The influence of ablation of the liver on the sugar contents of the blood. Journ. of physiol. 1903. Nr. 29, S. 357.

[5]) TANGL und VAUGHAN HARLEY: Beiträge zur Physiologie des Blutzuckers. Pflügers Arch. f. d. ges. Physiol. 61, 551. 1895.

solut bestätigenden Experimente von MANN und MAGATH[1] komme ich in einem ganz anderen Zusammenhang zurück, möchte hier nur nochmals feststellen, daß eine der wesentlichsten Folgen der Leberexstirpation offenbar in der Unmöglichkeit der Aufrechterhaltung des Blutzuckerspiegels liegt. Es erhebt sich daher die Frage, in welcher Weise diese Fähigkeit der Leber begründet ist und ob sie eine leberspezifische Funktion darstellt.

Daß die Leber mit der assimilatorischen Verwertung von Kohlenhydraten zu tun hat, ist nach CL. BERNARDS Feststellungen und den vielen inzwischen erfolgten Bestätigungen nicht mehr zweifelhaft, und daß Kohlenhydrat im wesentlichen auf dem Blutwege in die Leber geschafft wird, ebenfalls nicht mehr.

Eine Stütze für die Anschauung der Unentbehrlichkeit der Leber bei der assimilatorischen Kohlenhydratverwertung schien darin zu liegen, daß die parenterale Einverleibung dieser Nahrungsstoffe zur Glykosurie führt, daß sie also mindestens teilweise von den Körperzellen nicht verwertet werden können. So erklärt sich die Laktosurie der Stillenden daraus, daß der in der Brustdrüse entstehende Zucker, wenn er mit der Milch nicht nach außen gelangt, in der Drüse selbst resorbiert wird und so ins Blut kommt, dort oder sonst im Körper offenbar unvollkommen oder nicht verbrannt werden kann und nun im Urin ausgeschieden wird. Wenn aber Milchzucker auf dem gewöhnlichen Nahrungsweg vom Körper aufgenommen wird, so sieht man keine Glykosurie auftreten. Das Gleiche gilt vom Rohrzucker, von dem CL. BERNARD[2] selbst zuerst zeigte, daß seine subkutane oder intravenöse Einverleibung zu seiner unveränderten Ausscheidung im Urin führt, Versuche, die von F. VOIT[3] in weiteren ausgedehnten Experimenten eine Bestätigung und Ergänzung durch den Nachweis seines quantitativen Wiedererscheinens im Urin erfuhren. Andererseits ist darauf hinzuweisen, daß andere Zuckerarten, wie z. B. Lävulose, noch viel mehr aber Dextrose, parenteral beigebracht, einer partiellen Verwertung im Organismus verfallen. Für Dextrose ist dies ja nicht weiter wunderbar, da sie ja normalerweise stets im Organismus bzw. Blute vorhanden ist, für Lävulose muß es aber auffallen.

Zwar konnte E. PFLÜGER[4] nachweisen, daß die Leberzellen aus

---

[1] MANN und MAGATH: Arch. of internal med. **30**, 73 und 171. 1922. — Desgl. MANN, F. C. und WILLIAMSEN, C. S.: The hepatic function in Chloroform and Phosphorus poisoning. The american journal of physiolog. **65**, 267. 1923.

[2] BERNARD, CL.: Journ. de la physiol. 1859. T. II, S. 335.

[3] VOIT, F.: Untersuchungen über das Verhalten verschiedener Zuckerarten im menschlichen Organismus nach subkutaner Injektion. Dtsch. Arch. f. klin. Med. **58**, 523. 1897.

[4] PFLÜGER, E.: Über die Fähigkeit der Leber die Richtung der Zirkumpolarisation zugeführter Zuckerstoffe umzukehren. Sein Archiv **121**, 559. 1908.

Lävulose Dextrose bilden, ein Befund, der von S. ISAAK[1]) bei der künstlich durchströmten Leber wiederholt und bestätigt wurde. EMBDEN, SCHMITZ und WITTENBERG[2]) stellten ferner fest, daß die Leber befähigt ist aus Dioxyaceton und d-l-Glycerinaldehyd bei der künstlichen Durchströmung Dextrose und d-Sorbose zu bilden. Daraus geht hervor, daß die Tätigkeit der Leber bei der Assimilation verschiedener Arten von Kohlenhydraten nicht nebensächlich sein kann. Aber die Erfahrungen, welche man bei Ernährungsversuchen auf parenteralem Wege gemacht hat, zeigten, daß die Zuckerverwertung eine weitaus zu geringe war, als daß man Lebereinflüssen dabei eine ausschlaggebende Rolle hätte zuerkennen können.

Die Erklärung liegt tatsächlich auf einem anderen Wege. BERNARD[3]) selbst hat sie erkannt und zuerst auf die Umwandlung verschiedener Zuckerarten im Darme hingewiesen, die in der Weise vor sich geht, daß der Rohrzucker z. B. unter Mitwirkung der Salzsäure des Magensaftes, sowie unter dem Einflusse der Dünndarmverdauung und des Pankreassaftes in Monosacharide gespaltet wird, die der Verwertung zugänglich sind. BERNARD hat damit den Faktor klar erkannt und bezeichnet, der die Assimilation verschiedener Zuckerarten ohne Störung ihrer Verwertbarkeit erst ermöglicht. Doch ist damit noch nicht alles aufgeklärt. Denn Lävulose wird z. B. im Darme nicht mehr verändert, erfährt also keine Verdauungsumwandlung; ihre parenterale Einverleibung führt aber, wie schon erwähnt, wenn auch nicht regelmäßig, zur Ausscheidung eines gewissen Teiles im Urin, während die enterale Resorption selbst großer Mengen ohne Ausscheidung im Urin einhergeht. Ob und inwieweit die resorbierte Lävulose, wie PFLÜGER es fand und spätere Untersucher bestätigten, allein von den Leberzellen zu Dextrose umgewandelt wird, oder ob auch noch sonstige unbekannte Einflüsse mitspielen, ist noch unentschieden. Den Einfluß des Erhaltenseins der Zellstruktur haben ISAAK und ADLER[4]) nachgewiesen, da Leberbrei Fruktose nicht mehr zu Dextrose umwandeln kann.

Auf einen Punkt möchte ich hiermit die spezielle Aufmerksamkeit lenken, da er noch immer nicht genügend beachtet wird, d. i. die fortlaufend mit solchen Experimenten vorzunehmende Blutzuckerbestimmung. Nur so dürfen gesicherte Vorstellungen über die Frage erwartet werden, ob ein parenteral einverleibter Zucker tatsächlich verwertet wird oder nicht. Man weiß, daß für Dextrose eine ganz be-

---

[1]) ISAAK, S.: Über Umwandlung von Lävulose in Dextrose in der künstlich durchströmten Leber. Hoppe-Seylers Zeitschr. f. physiol. Chem. 89, 78. 1914.

[2]) EMBDEN, G., SCHMITZ, E. und WITTENBERG, M.: Über synthetische Zuckerbildung in der künstlich durchströmten Leber. Ebenda 88, 210. 1913.

[3]) BERNARD, CL.: Du suc gastrique et de son rôle dans la nutrition. Tèse. Paris 1843. — [4]) ISAAK, S. und ADLER, E.: Hoppe-Seylers Zeitschr. f. physiol. Chem. 115, 105. 1921.

stimmte Höhe ihrer Konzentration im Blute nicht überschritten werden darf, wenn es nicht zu ihrer Ausscheidung im Urin kommen soll. Diese Nierenausscheidung des Zuckers ist aber in offenbar ganz bestimmter Weise unabhängig von der Möglichkeit seiner Verwertung im Körper. Beobachtungen von Unverwertbarkeit von Zucker ohne Blutzuckerbestimmungen erlauben daher überhaupt keinen Schluß in dieser Richtung. Besonders ist zu beachten, daß wir nicht mit Sicherheit wissen, ob für den Zuckerspiegel anderer Zuckerarten eine Regulation in derselben, oder in einer davon verschiedenen Art, für ihre Nierenausscheidung besteht, wie für Dextrose, was durchaus möglich ist. Es mangeln da die Erfahrungen, welche allein gestatten, eine Entscheidung in solchen Fragen herbeizuführen. Ihre Inangriffnahme ist auch recht schwierig, da unter den Bedingungen, unter welchen sie erfolgen kann, die quantitative Trennung so kleiner Mengen verschiedener Zuckerarten auch für die heutige Chemie noch recht schwierig ist. Ob z. B. bei der Lactosurie der Stillenden dieser Versuch gemacht ist, ist mir höchst zweifelhaft, ich habe nichts davon entdecken können[1]). Nur bei BARRENSCHEEN[2]) fand ich Angaben über den Blutzuckergehalt bei Lävulosurie. BARRENSCHEEN nimmt nach den Versuchen bei einer Patientin an, daß der Schwellenwert für die Ausscheidung der Fruktose für die Niere bei einem Blutzuckerwert von $0,154-0,138\%$ liegt, also höher wie bei Dextrose. Den ungeheuer hohen Wert des Blutzuckers bei dem Falle von ROSIN und LABAND[3]), den sie mit $1,5\%$!! angeben, muß man füglich bezweifeln.

Die so interessanten Versuche von HENRIQUES[4]), welcher die Konzentration der intravenös zugeführten Ernährungsmittel auch auf den Zuckergehalt ausdehnte, zeigen, daß keine Glykosurie eintritt, wenn der normale Blutzuckerspiegel nicht überschritten wird, woraus sich die genaue Beobachtung solcher Versuchsbedingungen als sehr wichtig herausstellt. Erwägungen derselben Art gelten aber für andere Zuckerarten wie für die Dextrose, genau in gleicher Weise. Es geht daraus hervor, daß man die parenterale schwierigere oder unmögliche Umsetzung solcher Zucker nur sehr bedingt für die Notwendigkeit der Leber beim Ablauf des Kohlenhydratstoffwechsels heranziehen darf.

Die Entscheidung über diese Fragen erbrachten nun Versuche an der Eckschen Fistel. Wenn man BERNARDs Lehren als zu recht bestehend annimmt, müßte man erwarten, daß nach der Anlegung einer

---

[1]) FRANK: Der renale Diabetes des Menschen und der Tiere. Verhandl. d. dtsch. Kongr. f. inn. Med. **31**, 166. 1914.

[2]) BARRENSCHEEN, H. K.: Über Fruktosurie. Biochem. Zeitschr. **127**, 222. 1912.

[3]) LABAND und ROSIN: Zeitschr. f. klin. Med. **47**, 182.

[4]) HENRIQUES, V. und ANDERSON: Die parenterale Ernährung usw. Hoppe-Seylers Zeitschr. f. physiol. Chem. **88**, 357. 1913.

Eckschen Fistel ungeheuer leicht Glykosurie einträte. Denn jetzt ergießt sich ja der gesamte vom Magen-Darmtractus in der Vena portae gesammelte und mit Zucker und sonstigen Ernährungsstoffen beladene Blutstrom nicht mehr in die Leber, sondern umgeht sie und gelangt direkt in das allgemeine Körperblut. Bestünde die notwendige Funktion der Leber beim Kohlenhydratstoffwechsel in einer Zurückhaltung des Zuckers und in seiner Umprägung zu Glykogen, so müßte unter den Umständen der Portalblutableitung eine Zuckerüberschwemmung des Organismus mindestens bei reichlichem Resorptionsangebot an Zucker mit einer gewissen Regelmäßigkeit eintreten. Dem ist aber nicht so.

Nur POPIELSKI[1]) berichtet, daß 12—24% des aufgenommenen Zuckers bei Hunden mit E. F. wieder ausgeschieden würden. Er ist mit dieser Angabe aber bisher allein geblieben. Alle anderen Autoren, welche sich mit dieser Frage noch beschäftigt haben, konnten keine Glykosurie konstatieren, so STOLNIKOW[2]), PAWLOW, HAHN, MASSEN, NENCKI[3]), PAWLOW, NENCKI und ZALESKI[4]), BIELKA VON KARLTRFU[5]), QUEIROLO[6]), ROTHBERGER und WINTERBERG[7]), HAWK[8]), BERNHEIM und VÖGTLIN[9]), BERNHEIM, HOMANNS und VÖGTLIN[10]), FISCHLER[11]), MICHAUD[12]), MAGNUS-ALSLEBEN[13]), FRANKE und RABE[14]), u. a.

---

[1]) POPIELSKI: Zit. nach HERRMANNS Handbuch der Physiologie.

[2]) STOLNIKOW: Pflügers Archiv. **28,** 266. 1882.

[3]) HAHN, MASSEN, NENCKI und PAWLOW: l. c. S. 29, Nr. 2.

[4]) NENCKI, PAWLOW und ZALESKI: Über den NH_3-Gehalt des Blutes und der Organe und die Harnstoffbildung der Säugetiere. Arch. f. exp. Pathol. u. Pharmakol. **37,** 26. 1895.

[5]) KARLTREU, BIELKA VON: Über die Vereinigung der unteren Hohlvene mit der Pfortader. Arch. f. exp. Pathol. u. Pharmakol. **45,** 56.

[6]) QUEIROLO: Über die Funktion der Leber als Schutz gegen Intoxikationen vom Darme aus. Moleschotts Untersuchungen z. Naturl. **15,** 233. 1893.

[7]) ROTHBERGER und WINTERBERG: Über Vergiftungserscheinungen bei Hunden mit Eckscher Fistel. Zeitschr. f. Pathologie. **1,** 312. 1900.

[8]) HAWK: On an series of feeding and injection experiments following establishment of the Eck-Fistula in dogs. Americ. journ. of physiol. **21,** 295. 1908.

[9]) BERNHEIM and VÖGTLIN: Is the anastomosis between the portal vein and ven. cav. inf. compatible with life? Bull. of Johns Hopkins Hosp. **23,** 1912.

[10]) BERNHEIM, HOMANS and VÖGTLIN: Anastomosis between the portal vein and ven. cav. inf. (Eck-Fistula). Journ. of pharmacol. a. exp. therap. **I,** 463, 1910.

[11]) FISCHLER, F.: Zur Physiol. und Pathol. der Leber. Verhandl. des Naturforsch.-Kongr. Karlsruhe. II. 81. 1911. — Derselbe und GRAFE, E.: Das Verhalten des Gesamtstoffwechsels bei Tieren mit Eckscher Fistel. Dtsch. Arch. f. klin. Med. **104,** 321. 1911. — Derselbe und BARDACH: Über Phosphorvergiftung am Hunde mit partieller Leberausschaltung (E. F.). Hoppe-Seyler, **76,** 435. 1912.

[12]) MICHAUD: Über den Kohlenhydratstoffwechsel bei Hunden mit E. F. Verhandl. d. Kongr. f. inn. Med. **28,** 561. 1911.

[13]) MAGNUS-ALSLEBEN: Über die Ecksche Fistel. Ebenda, **29,** 577. 1912.

[14]) FRANKE und RABE: Untersuchungen über das Verhalten der Leberfunktion bei Hunden mit E. F. Sitzungsber. u. Abhdl. d. nat. Ges. Rostock 1912.

Aber auch wenn man E. F.-Tiere den Proben der alimentären Glykosurie unterwirft und ihnen 100 g Dextrose in konzentrierter wässeriger
Lösung auf nüchternen Magen verabreicht, wird man selten über Mengen
von Zucker im Urin kommen, die einen quantitativen Nachweis gestatten. Auch für Lävulose habe ich[1]) dies in einigen Fällen festgestellt
und denselben Befund erhoben. Wichtig ist dabei stets die Verfolgung
des Blutzuckers, der meist nur eine geringe Erhöhung um $0{,}02 - 0{,}04\%$
(Methode BERTRAND in der Modifikation von FRANK-MÖCKEL[2]) aufweist.
Auch MICHAUD[3]) hat, wenn er Dextrose in großen Mengen nüchtern verabreichte, bei E. F.-Tieren keine Glykosurie auftreten sehen und nur einmal
eine pathologische Steigerung $(0{,}170\%)$ des Blutzuckergehaltes erhalten.
Glykosurie nach Anlegung der Eckschen Fistel, ist also nicht die Regel.

Das gilt sogar noch für stärkere Grade von Schädigung der Leber,
als sie durch die Ecksche Fistel allein schon verursacht wird, nämlich
wenn man E. F.-Tiere gleichzeitig auch noch einer Phosphorvergiftung
unterwirft. Im Verein mit BARDACH habe ich[4]) solche Versuche unternommen und dabei nie Zucker im Urin auftreten sehen; zwar sind
E. F.-Tiere gegen Phosphorintoxikation resistenter als normale und unterliegen ihr weit später, endlich sterben sie aber unter den gleichen Zeichen
der Phosphorintoxikation, wie diese. Doch gelang es uns nicht, auch
in fortgeschrittenen Fällen von Phosphorintoxikationen bei diesen Tieren
Zucker im Urin aufzufinden trotz kohlenhydratreicher Nahrung. Es zeigt
sich also, daß auch eine Kombination von E. F. mit starker ander-
weitiger Leberschädigung ohne Einfluß auf die Verwertbarkeit von Zucker
bleibt, wenn er in gewöhnlicher Weise dem Körper angeboten wird.

Hervorheben möchte ich noch, daß der Harn bei E. F.-Tieren allerdings mit großer Regelmäßigkeit die sogenannte Nachreduktion bei
Trommerschen Proben zeigt und zwar in einem höheren Maße, als man
das sonst zu sehen gewohnt ist.

Stoffwechselversuche, die ich[5]) im Verein mit E. GRAFE anstellte, ergaben bei Verabreichung von Dextrose eine Vermehrung der CO_2-Pro-
duktion, so daß man annehmen muß, daß bei E. F.-Tieren eine abnorm
rasche Verbrennung der Kohlenhydrate eintritt. Auch Temperatur-
erhöhungen konnten wir in einigen Fällen feststellen. Doch sind sie
nie ganz gleichmäßig eingetreten und haben daher nicht zu bindenden
Schlüssen geführt. Nun könnte man ja noch an eine abnorme Verwertung des Zuckers im Darme denken. Dieser Auffassung steht aber

---

[1]) FISCHLER, F.: l. c. S. 53 Nr. 11.

[2]) FRANK, E. und MOECKEL, K.: Ein einfacheres Verfahren der Blutzuckerbestimmung: Hoppe-Seyler. 65, 323. 1910.

[3]) MICHAUD: l. c. S. 53, Nr. 12.

[4]) FISCHLER und BARDACH, s. S. 53, Nr. 11.

[5]) FISCHLER, F. und GRAFE, E.: l. c. S. 53, Nr. 11.

entschieden die Vermehrung der CO_2-Ausscheidung entgegen. Die Möglichkeit einer vollen Kohlenhydratverwertung im Körper trotz weitgehender funktioneller Ausschaltung der Leber muß daher zugegeben werden.

Betrachtungen über den Zuckerstoffwechsel in seinen Beziehungen zur Leber müssen aber auch die andere physiologische Komponente des Vorkommens von Zuckermaterial im Körper, das Glykogen in den Bereich dieser Fragen mit einbeziehen. Nachdem die nach der Fistelanlegung zu erwartende Glykosurie nicht zustande kommt, war die nächste Frage die nach dem Glykogengehalt von Lebern und Organen unter den Verhältnissen der E. F. Die engen Verknüpfungen der Leber mit der Glykogenbildung im Körper ist ja nach BERNARDS Untersuchungen feststehend. Überdies konnte KÜLZ[1] Glykogen in der Cicatricula des Hühnereies erst nach Anlage der Leber auffinden, so daß auch ein entwicklungsgeschichtlicher Beweis für diese enge Beziehung beigebracht ist. Doch konnte BERNARD[2] eine glykogene Funktion der Leber erst um die Mitte des Fötallebens konstatieren, fand aber in anderen Organen schon früher Glykogen.

Für eine weitgehende Unabhängigkeit der Zuckeranhäufungen im Körper von der glykogenbildenden Tätigkeit in der Leber fanden BERNARD und BOULEY[3] noch einen Beweis. Bei Pferden, die an einer bestimmten fieberhaften Erkrankung litten, fanden sie bei Aufnahme einer kohlenhydratreichen Kost in der Leber kein Glykogen mehr, wohl aber „dextrinartige" Stoffe in Muskulatur und Blut in Masse.

KÜLZ[4] zeigte dann weiterhin, daß bei Fröschen trotz Exstirpation der Leber der Glykogengehalt der Muskulatur zunehmen kann. Am überlebenden Muskel, der also gewiß frei von Lebereinflüssen ist, haben HATSCHER und CH. G. L. WOLF[5] eine Anreicherung an Glykogen gesehen.

Eine erhebliche Stütze erhielten diese chemischen Feststellungen durch Ergänzungen auf mikroskopischem Wege. Nachdem BARFURTH[6] sowie BEST[7] elektive Färbungen für Glykogen angegeben hatten, womit es gelingt die kleinsten Mengen davon in aller Deutlichkeit sichtbar zu machen, haben sich insbesondere die pathologischen Anatomen daran gemacht, das Studium über Glykogen aufzunehmen. Es liegt darüber

---

[1] KÜLZ, E.: Pflügers Arch. 24, 1. 1886.

[2] BERNARD, CL.: Journ. de la physiol. T. II, 335. 1859.

[3] BERNARD, CL. und BOULEY: Leçons sur les propriétés physiologiques et les altérations pathologiques des liquides de l'organisme. T. II, 118, Paris 1859.

[4] KÜLZ, E.: Bildet der Muskel selbständig Glykogen? Pflügers Arch. 24, 64. 1881.

[5] HATSCHER und WOLF, CH. G. L.: The formation of Glykogen in muskle. The journ. of biol. chem. 3, 25. 1907.

[6] BARFURTH: Arch. f. mikroskop. Anat. 25. 1885.

[7] BEST: Karminfärbung des Glykogens und der Kerne. Zeitschr. f. wiss. Mikroskopie 23. 1906.

eine außerordentlich große Literatur vor, die hier nicht im Einzelnen angeführt werden kann. Ich möchte nur JULIUS ARNOLD[1]) und E. v. GIERKE[2]) nennen, ersteren, weil er in seinen groß angelegten Studien über die Zellstruktur wohl die umfassendste Kenntnis über das normale und pathologische Vorkommen chemisch genauer differenzierter Substanzen in der Zelle hatte, letzteren, weil er eine erschöpfende Übersicht über das Vorkommen von Glykogen unter normalen und pathologischen Verhältnissen in der Zelle gegeben hat. J. ARNOLD hat in dem hier interessierenden Zusammenhange namentlich im Epithel des Magen-Darmtractus, wo von Leberwirkung ja noch nicht direkt gesprochen werden kann, beim Zusammenbringen dieser Gewebe mit Dextroselösung, ausgedehnte Glykogenbildung eintreten sehen. Also schon der Resorptionsprozeß im Magen-Darmkanal geht mit Bildung von Glykogen einher, es wird dort schon, bevor es in die Leber gelangt, durch die Umwandlung von Zuckermaterial sicher gebildet. Quantitativ konnten solche Versuche allerdings nicht gestaltet werden, aber es genügt die eben angeführte Tatsache der Glykogenbildung, um ihre mindestens teilweise Unabhängigkeit von der Leber darzutun. Dasselbe Ergebnis zeigen nun die umfassenden Studien E. v. GIERKES. Glykogen wird fast in allen Geweben und Organen gefunden, der Transport dahin findet in Analogie zu den Versuchen, die ich für das Auftreten von Fett am Infarktrande der Niere[3]) nachweisen konnte, nur bei bestehender Zirkulation statt. Dagegen tritt im Gegensatz zu der Verfettung von durch nur temporäre Absperrung der Zirkulation geschädigten Nierenepithelien, Glykogen unter diesen Umständen in den Nierenzellen nicht auf. Die glykogenbildende Fähigkeit der Zelle scheint also bedeutend labiler zu sein, als z. B. die fettbildende. Auf die Leichtigkeit des mikroskopischen Nachweises von Glykogen speziell in der Leber, habe ich ja schon im ersten Kapitel (S. 27) hingewiesen, so daß alle diese Verhältnisse sich leicht ad oculos demonstrieren lassen. In Summa kann man sagen, daß auch nach den histologischen Forschungen eine große Selbständigkeit des Glykogenstoffwechsels in fast allen Organen unter normalen und pathologischen Verhältnissen besteht, die sich in guter Übereinstimmung mit den auf chemischem Wege gewonnenen Ergebnissen befindet.

Aus den wenigen hier angeführten Tatsachen geht also hervor, daß **es eine Glykogenbildung ohne Mitwirkung der Leber gibt,** was zu zeigen mir notwendig schien.

---

[1]) JULIUS ARNOLD: Das Plasma der somatischen Zellen. Anat. Anz. **43,** 437. 1913. — Derselbe: Plasmastrukturen. Jena 1914.

[2]) v. GIERKE, E.: Das Glykogen etc. Hab.-Schrift. G. Fischer, Jena 1905.

[3]) FISCHLER, F.: Über den Fettgehalt von Niereninfarkten usw. Virchows Arch. **170,** 100. 1902.

Zu einer weiteren Aufklärung dieser Fragen ist das Experiment am E. F.-Tier auch hier sehr geeignet geworden. Nachdem die nach der Fistelanlegung zu erwartende Glykosurie nicht eintritt, muß dem Glykogengehalt der Leber und der anderen Organe unter den Verhältnissen der E. F. besondere Beachtung geschenkt werden.

Man verdankt DE FILIPPI[1][2] ausgezeichnete Versuche in dieser Richtung. Er fand, daß bei Tieren mit E. F. trotz reichlicher Ernährung mit Kohlenhydraten der Glykogengehalt der Leber ein sehr geringer war und ungefähr dem von Tieren im Inanitionszustand glich. Im Gegensatz dazu wies die Muskulatur einen sehr reichlichen Glykogengehalt auf, wie man ihn nur in der Ruhe und bei guter Ernährung anzutreffen pflegt. Da man in diesen Feststellungen den Ausdruck eines dauernden Zustandes sehen darf, wie aus dem regelmäßigen Ausfall der Experimente hervorgeht, so ergibt sich aus diesem Punkte aufs deutlichste die große Unabhängigkeit des Glykogenansatzes der Organe von der direkten Mitwirkung der Leber und bestätigt auch den Befund der ungestörten Kohlenhydratverwertung beim E. F.-Tier, wie sie die Fütterungsversuche mit Dextrose ergaben.

Mindestens für die Verwertung von Zuckerarten, wie sie gewöhnlich in der Nahrung vorhanden sind, hat man nach dem Ausfall aller dieser Versuche nicht mehr die Berechtigung, die Lebertätigkeit dabei als eine unumgängliche anzusehen. Der so unvorhergesehene Ausfall dieser Experimente läßt also keinen anderen Schluß zu, als den, von der Lehre CL. BERNARDS abzugehen oder sie wenigstens einzuschränken und der Verwertung der Kohlenhydrate im Körper eine größere Selbständigkeit einzuräumen.

Ich stehe daher nicht an zu sagen, daß unter gewöhnlichen Ernährungsverhältnissen ein Einfluß der Portalblutableitung auf den Ablauf des Zuckerstoffwechsels nicht vorhanden ist.

Doch werden hiermit die so festgefügten Beziehungen der Leber zum Kohlenhydratstoffwechsel nicht gelöst. Man muß sie nur enger umgrenzen und die notwendigen Bedingungen zu eruieren versuchen, welche diesen Beziehungen zugrunde liegen. Es ist mehr wie wahrscheinlich, daß man eine Differenzierung nach Art des Zuckers und nach dem Funktionszustand der Leber für die endgültige Vorstellung von der Verwertbarkeit der Zuckerarten im Körper zur Erklärung wird heranziehen müssen.

---

[1] FILIPPI, DE: Der Kohlehydratstoffwechsel bei den mit Eckscher Fistel nach Pawlowscher Methode operierten Hunden usw. Zeitschr. f. Biol. **49**, 511. 1907.

[2] FILIPPI, DE: Zweite Mitteilung. Untersuchungen über die amylogenetische Tätigkeit der Muskeln. Zeitschr. f. Biol. **50**, 38. 1907.

Im Verfolg solcher Vorstellungen sei erwähnt, daß für Dextrose und Lävulose festgestellt ist, daß sie die besten Glykogenbildner für die Leber sind. Offenbar finden sie aber auch sonst, beim Hunde wenigstens sicher, auch durch andere Zellarten des Körpers, als die Leberzellen Verwertung und können im Stoffwechsel auch ohne ihre Mithilfe verbraucht werden. Ja man darf sich wohl überhaupt diese Fähigkeiten der Zellen im ganzen Körper für verschiedene Tierarten und verschiedene Zucker nicht different genug vorstellen und auch auf die Mitwirkung verschiedener Funktionszustände der Leber weisen eine Reihe klinischer und experimenteller Feststellungen hin.

Da ist zunächst die von H. Strauss[1]) in die funktionelle Leberdiagnostik eingeführte Lävuloseprobe zu nennen. Sachs[2]) konnte auf Veranlassung von Strauss nachweisen, daß beim entleberten Frosch die Verwertung der Lävulose notleidet. Seitdem ist die Toleranz für Lävulose bei Leberkrankheiten häufig untersucht worden. In einer Zusammenfassung der Ergebnisse hat Strauss[3]) für eine Reihe von Lebererkrankungen seine Probe als zuverlässig bezeichnet. Von Lebercirrhose sind etwa 80% positiv gegen 10% anscheinend gesunder Personen, bei Icterus catarrhalis und syphiliticus etwa 70%. Auch Hohlweg[4]) hat bei seinen Versuchen ähnliche Resultate erhalten.

R. Bauer[5]) hat analog der Lävuloseprobe eine Galaktoseprobe eingeführt und auch hierüber liegen heute viele klinische Beobachtungen vor. Bauer[6]) selbst berichtet über 320 Fälle mit 100% positivem Ausfall bei katarrhalischem Icterus, Icterus infectiosus und Laennecscher Cirrhose. Auch Reiss und Jehn[7]) und Wörner und Reiss[8]) berichten über viele positive Ausschläge der Probe bei Leberkranken. Die vieldeutigen klinischen Befunde werden nun am besten durch das Experiment ergänzt und ich habe es mir angelegen sein lassen, experimentelle Unterlagen für solche Befunde erneut und erweitert zu geben. Da offenbar der Grad der Schädigung des Leberparenchyms bei dem positiven Ausfall der Proben ausschlaggebend mitbeteiligt ist, wurde, um die Kohlenhydrattoleranz zu prüfen, die Leber außer durch E. F.

---

[1]) Strauss, H.: Berl. klin. Wochenschr. Nr. 51. 1898.

[2]) Sachs: Zeitschr. f. klin. Med. 38, 87. 1899.

[3]) Srauss, H.: Internat. med. Kongreß London 1913. Zur Funktionsprüfung der Leber.

[4]) Hohlweg, H.: Zur funktionellen Leberdiagnostik. Dtsch. Arch. f. klin. Med. 97, 443. 1909.

[5]) Bauer, R.: Wien. med. Wochenschr. Nr. 1 u. 52. 1906.

[6]) Bauer, R.: Ebenda Nr. 24. 1912.

[7]) Reiss, E. und Jehn, W.: Alimentäre Galaktosurie bei Leberkranken. Dtsch. Arch. f. klin. Med. 108, 127. 1912.

[8]) Wörner, H. und Reiss, E.: Alimentäre Galaktosurie und Laktosurie. Dtsch. med. Wochenschr. 1914. S. 907.

noch durch Phosphorvergiftung geschädigt. Ich habe im Verein mit BARDACH[1]), wie schon erwähnt, solche Versuche unternommen, aber nie Zucker im Urin auftreten sehen. Auf Lävulose und Galaktose sind diese Befunde bei phosphorvergifteten E. F.-Tieren von uns nicht ausgedehnt worden. Dagegen hat ROUBITSCHEK[2]) bei Phosphorvergiftung normaler Tiere eine Verminderung der Galaktosetoleranz festgestellt. Bei direkter Einführung von Galaktose in die Pfortader konnte WÖRNER[3]) diese Befunde bestätigen. Die Toleranz war dabei bis auf das 10fache geschädigt. DRAUDT[4]) hat auf meine Veranlassung die Verwertung von Laktose und Galaktose bei Hunden mit E. F. untersucht und fand, daß die Anlegung einer Portalblutableitung die völlige Ausnützung dieser Zuckerarten erheblich stört. Bei einem Tiere konnten 79% der zugeführten Galaktose im Urin wiedergefunden werden, während vor Anlegung der Fistel nur 4—10% ausgeschieden wurden. Die Laktose wies nie so hohe Verlustziffern auf, doch war auch ihre Verwertung gestört. Aus dem gleichzeitig mitbeobachteten Anstieg des Blutzuckergehaltes konnte mit aller Sicherheit die schwerere Verwendung dieser Zuckerarten im Gewebe festgestellt werden. Galaktose wurde als solche im Harn identifiziert.

Dabei wurde die Möglichkeit individueller Unterschiede in der Zuckerverwertung durch Verwendung derselben Tiere einmal vor und dann nach der Operation ausgeschieden. Weiter wurde stets eine Fütterungsperiode gleicher Art den eigentlichen Experimenten bei allen Tieren vorausgeschickt, damit die Lebern alle annähernd gleiche Funktionszustände darböten. Die Tiere waren stets wohl. Wenn mit solchen Vorsichtsmaßregeln auch nicht notwendig alle Voraussetzungen des Experimentes gleich gestaltet werden konnten, so sind sie doch geeignet, die Schlußfolgerungen bedeutend sicherer zu gestalten.

Man darf daher ungezwungen annehmen, daß die Leber beim Hunde für eine möglichst vollständige Ausnützung von Laktose und Galaktose eine notwendige Rolle spielt, während sie für die Ausnützung von Dextrose und Lävulose offenbar weitgehend entbehrlich ist.

FRANK und ISAAK[5]) haben bei forcierter Phosphorvergiftung Verminderung und Schwankungen des Blutzuckergehaltes gesehen und

---

[1]) FISCHLER, F. und BARDACH, K.: l. c. S. 53.

[2]) ROUBITSCHEK, R.: Alimentäre Galaktosurie bei experimenteller Phosphorvergiftung. Dtsch. Arch. f. klin. Med. 108, 225. 1912.

[3]) WÖRNER, H.: Toleranz gegen Galaktose bei direkter Einführung in die Pfortader. Ebenda 110, 295. 1913.

[4]) DRAUDT, L.: Über die Verwertung von Laktose und Galaktose nach partieller Leberausschaltung (Ecksche Fistel). Arch. f. exp. Pathol. u. Pharmakol. 72, 457. 1913.

[5]) FRANK und ISAAK: Über das Wesen des gestörten Stoffwechsels bei Phosphorvergiftung. Ebenda 64, 34. 1911.

sie auf die Herabsetzung bzw. Unmöglichkeit der Glykogenbildung in der Leber bezogen, doch dürften solche Versuche nur dann als beweisend angesehen werden können, wenn tatsächlich nachgewiesen ist, daß die Leber wirklich in ihrer Funktion versagt hat. Inwieweit die Versuche von Frank und Isaak an diese Forderung heranreichen, muß ich in einem späteren Zusammenhang besprechen.

Wir gingen von der Fragestellung aus, ob die Leber tatsächlich im Kohlenhydratstoffwechsel eine zentrale Stellung einnimmt und ich habe sie zunächst dahin beantwortet, daß mir der schwerwiegenste Beweis hierfür in der Unmöglichkeit der Aufrechterhaltung des Blutzuckerspiegels zu liegen scheint. Wir haben aber an Hand der bisherigen Besprechung gesehen, daß die Leber für den resorptiven Anteil der Zuckerversorgung des Körpers weitgehend entbehrlich erscheint, und daß ihre Mitwirkung nur in der Verwertung von selteneren Zuckerarten wahrscheinlich gemacht werden kann. Die geforderte Zentralstellung der Leber im Zuckerhaushalt des Körpers muß also noch andere Voraussetzungen haben wie die, welche im Anteil der Leber an der resorptiven Verwertung der zuckerartigen Substanzen liegen. Denn diese hat offenbar mit der Aufrechterhaltung des Blutzuckerspiegels keine unmittelbaren Verknüpfungen.

Ein zweiter schwerwiegender Grund, der für die supponierte Zentralstellung der Leber im Zuckerhaushalt des Körpers spricht, liegt meines Erachtens aber darin, daß der Blutzuckerspiegel auch aufrecht erhalten wird, wenn die Tiere Nahrung erhalten, die gar keinen Zucker enthält, oder wenn sie hungern. Ein Verlust des Blutzuckers wird nahe bis an den Hungertod im Körper vermeidlich gemacht und da man weiß, daß beim schweren Hunger zuerst die Kohlenhydratvorräte aufgebraucht werden, dann das Fett und zuletzt das Eiweiß, daß aber der Blutzuckerspiegel bis zuletzt hochgehalten wird, so frägt es sich, welche Einrichtungen im Körper diese höchst auffallenden Vorgänge vermitteln oder bewirken.

Wiederum hat Cl. Bernard[1]) zuerst gezeigt, daß die Leber imstande ist, aus zuckerfreiem Material Zucker zu produzieren. Man muß anerkennen, daß ihm die Beweisführung dafür tatsächlich geglückt ist. Die lange Zeit fortgesetzte Fütterung von Hunden mit Fleisch, das ausgekocht war und Glykogen sicher nur in minimaler Menge enthielt und seine Hungerversuche mit dem nachgewiesenen fortdauernden Glykogen- und Zuckergehalt der Leber, können keine andere Interpretation erfahren, als die, daß die Leber selbst durch eigene Tätigkeit aus dem zugeführten Materiale Zucker frei macht, d. h. produziert. Das Restglykogen der Pflügerschen Argumentation genügt für die Aufrecht-

---

[1]) Bernard, Cl.: Neue Funktion der Leber als zuckerbereitendes Organ des Menschen und der Tiere. Würzburg 1853. Deutsch von V. Schwarzenbach.

erhaltung gewisser Glykogenvorräte im Hungerstoffwechsel nicht. Wissen wir doch mit aller Bestimmtheit, daß die im Körper angehäuften Zuckermaterialien stets zuerst verbraucht werden. Wenn sich Glykogen und Zucker in der Hungerleber bis kurz vor dem Hungertode erhält, so heißt dies eben, daß Zucker immer wieder neu gebildet wird, und da BERNARD nur in der Leber wesentliche Anteile davon fand, ist sein Schluß, daß er dort gebildet wird, sicher schon aus diesem Grunde berechtigt. Er wird es noch mehr durch den Nachweis, daß der Zuckergehalt der großen Extremitätenvenen geringer ist, als der der entsprechenden Arterien. Der Zucker kann daher nicht vom Muskelglykogen stammen. Er muß bei Mangel an Nahrungszufuhr irgendwo eine Quelle haben, die wohl nur in der zuckerproduzierenden Tätigkeit der Leber liegen kann.

All dies mit dem Restglykogen erklären zu wollen, wie es PFLÜGER tat, dürfte kaum angängig sein.

Man weiß heute mit aller Bestimmtheit, daß die Leber jederzeit mit Glykogenumwandlung zu Zucker bei Bedarf an Dextrose einspringt. Sie selbst bedarf offenbar Glykogen bzw. Traubenzucker nur in einem geringen Umfange zu ihrer eigenen Verwertung, da sie auch bei einem sehr geringen Bestand daran arbeiten kann. Man weiß ferner, daß für gewöhnlich die Muskulatur bei ihrer Tätigkeit auf Traubenzucker angewiesen ist und in dem Maße seines Verbrauches Glykogen abbaut. Die Leber liefert Nachschub und man muß ganz besondere Hilfsmittel anwenden, z. B. Strychninkrämpfe, um die Leber ihres Glykogenvorrates völlig zu berauben, so rasch bildet sie Traubenzucker wieder.

Aus diesem Verhalten der Leber geht klar hervor, daß sie integrierend an der Kohlenhydratproduktion teilnimmt, da sie es bildet, wenn es nicht mit der Nahrung zugeführt wird.

Um weitere Einblicke in diese Leberfähigkeit zu gewinnen, schien es mir daher überaus wichtig, an diese Leberfunktion erhöhte Ansprüche zu stellen unter Bedingungen, unter denen ihr der Nachschub der Zuckerbildung bei erhöhtem Verbrauch möglichst erschwert wird. Und hierfür schien mir das Experiment am Eckschen Fisteltiere hervorragend geeignet.

Man weiß heute aus sehr vielen Untersuchungen, mit welcher Zähigkeit das Blut seinen Zuckergehalt festhält (J. BANG)[1]. Beim normalen gesunden Hunde schwanken die Grenzen dafür nach eigenen Feststellungen zwischen 0,09—0,12%. Beim Menschen sind diese Werte ganz ähnlich eng begrenzt.

Daß die Leber an der Aufrechterhaltung des normalen Blutzuckerspiegels integrierend beteiligt ist, habe ich schon ausführlich an den

---

[1] BANG, J.: Der Blutzucker. Wiesbaden-Bergmann 1913.

Folgen der Leberexstirpation hervorgehoben. Ferner weiß man, daß die Leber einen Einfluß auf die Erhöhung des Blutzuckerspiegels durch Reizung des von BERNARD entdeckten Zuckerzentrums hat. Weitere Experimente haben dargetan, daß eine Reizung des Zuckerzentrums auch auf chemischem Wege erfolgen kann. Man kann z. B. durch Injektion stärkerer NaCl-Lösungen in die Arteria vertebralis eine Glykosurie hervorrufen (KÜLZ)[1]. Die Einrichtung eines Zuckerzentrums, welches unmittelbar auf die Leber wirkt, ist aber eine in der Tierreihe verbreitete, und der Mensch ist ebenfalls damit ausgestattet, wie Glykosurien nach Verletzung dieser Teile, speziell Blutungen nach Commotio cerebri im Boden der Rautengrube bewiesen haben.

Sieht man in solch gewaltsamen Einwirkungen die Übertreibung gewisser normaler Einrichtungen, so ergibt sich ungezwungen die Vorstellung ganz bestimmter regulatorischer Einflüsse der Leber auf den Blutzuckergehalt. Erhöhung oder Fehlen des Blutzuckers dürfte daher einen direkten Schluß auf die Lebertätigkeit zulassen.

Man muß sich aber darüber klar werden, auf welche Weise die Leber zur Zuckerproduktion bewegt wird, ob die nervöse Beeinflussung dafür allein ausreicht oder ob auch noch sonstige Einflüsse mitwirken. Und da dürfte es kaum zweifelhaft sein, daß der chemische Bedarf ebenfalls dafür maßgebend ist; weiß man doch, daß die Adrenalinglykosurie, die durch BLUM[2] entdeckt wurde, auch bei der vom Körper getrennten Leber, die den Nerveneinflüssen nicht mehr unterliegt, gelingt (MASING[3], FRÖHLICH und POLLAK[4]). Auch MICHAUDS[5] Feststellungen, daß die Adrenalinglykosurie bei Tieren mit Eckscher Fistel ausbleibt, sprechen für eine hormonale Beeinflussung des Kohlenhydratgehaltes der Leber. Ferner hatte A. VELICH[6] schon früher festgestellt, daß nach Leberexstirpation bei Fröschen die Adrenalinglykosurie ausbleibt. Das Adrenalin greift also in der Leber an. Es müssen daher hormonale Einflüsse für die Glykogenmobilisation maßgebend sein. WATERMANN und SMIT[7] stellten nun ferner fest, daß während der Wirkungsdauer des Zuckerstiches eine Erhöhung des Adrenalingehaltes des Blutes zu finden ist.

---

[1] KÜLZ, E.: Kochsalzdiabetes durch Injektion von NaCl-Lösung in die Art. vertebralis. Eckards Beiträge 6, 177. 1872.

[2] BLUM, F.: Über Nebennierendiabetes. Dtsch. Arch. f. klin. Med. 71, 146. 1901.

[3] MASING, E.: Arch. f. exp. Pathol. u. Pharmakol. 69, 431. 1912.

[4] FRÖHLICH und POLLACK: Ebenda 77, 263. 1914.

[5] MICHAUD: l. c. S. 53, Nr. 12.

[6] A. VELICH: Beitrag zum exp. Studium von Adrenalinglykosurie. Virchows Arch. f. pathol. Anat. u. Physiol. 184, 345. 1906.

[7] WATERMANN, N. und SMIT, H.: Nebenniere und Sympathikus. Pflügers Arch. f. d. ges. Physiol. 124, 198, 1908.

Keineswegs dürfte sonach die Vorstellung BERNARDS, der die Zucker-mobilisation und Hyperglykämie mit der Beschleunigung des Blutstromes in der Leber unter Wirkung des gereizten Sympathikus erklären will, dafür ausreichen. Ich konnte diese Vorstellung an meinen Tieren mit umgekehrter Eckscher Fistel widerlegen, da sie niemals Glykosurie zeigen, obwohl dauernd eine sehr viel größere Blutmenge wie unter normalen Verhältnissen durch ihre Leber geht, also auch eine dauernde Beschleunigung des Blutstromes vorhanden sein muß. Nur in einem Falle habe ich einmal unmittelbar nach der Operation Glykosurie auftreten sehen, kann dies aber nicht als Folge einer Wirkung der u. E. F. ansehen, sondern muß es auf die Operationseinwirkung (vielleicht zufällige Nervenverletzung?) ganz im allgemeinen beziehen. Schon am nächsten Tage war die Glykosurie wieder verschwunden und trat auch später nicht wieder auf. Mit der Blutstrombeschleunigung muß noch etwas verbunden sein, was man noch nicht genau kennt und worin wahrscheinlich die Ursache der Zuckermobilisation und vermutlich auch ihrer Produktion liegt.

Man darf also mit großer Bestimmtheit außer rein nervösen Regulationen auch noch rein chemische annehmen im Sinne eines Ausgleichs entsprechend dem Verbrauch. Auf die Existenz rein chemischer Einflüsse auf die Glykolyse weist ja auch vor allem der postmortale Glykogenabbau hin. Wie der chemische Ausgleich aber vor sich geht, ob gleichzeitig mit der fermentativen Mobilisation auch Fermente zur Befreiung des Zuckers aus Eiweiß oder Umwandlungen aus Fett gebildet werden, entzieht sich einstweilen der Vorstellung. Immerhin darf ein naher Zusammenhang zwischen Glykogenabbau und Zucker-nachschub aus anderem Materiale durch die Lebertätigkeit vermutet werden. Die den Blutzucker erhöhende Wirkung stärkerer Blutentziehung, die SCHENK[1]) näher untersucht hat, sowie die im Fieber beobachtete Steigerung (BANG)[2]), legt den Gedanken an die Mitwirkung erhöhter Umsetzungen nahe. Auch BERNARD[3]) kannte die Aderlaßhyperglykämie schon und SCHENK fand, daß nach Abbindung aller zur Leber führender Gefäße die Aderlaßhyperglykämie ausblieb.

Wenn auch der so komplizierte Mechanismus der Entstehung der Hyperglykämie noch weit von einer endgültigen Klärung entfernt ist, so geht doch eines mit Sicherheit aus dem, was wir davon wissen, hervor, daß die Mitwirkung der Leber dabei wohl stets vorausgesetzt werden muß, und daß eine Verminderung des Blutzuckergehaltes sofort Gegenreaktionen der Leber im Sinne der Glykogenmobilisation

---

[1]) SCHENK: Pflügers Arch. f. d. ges. Physiol. **57**. 1894.
[2]) BANG, J.: l. c. S. 61.
[3]) BERNARD, CL.: Leçons sur le diabète etc. Paris 1877.

hervorruft, oder daß beim Mangel an Glykogen andere weitere Mechanismen der Zuckerbildung in der Leber in Tätigkeit treten.

Es war daher höchst interessant, Tiere mit Eckscher Fistel unter Bedingungen zu bringen, welche einen großen Verlust von Blutzucker hervorrufen. Seit der Entdeckung der glykosurischen Wirkung des Phlorrhizins durch v. MERING[1]) hat man ja diesem Stoffe viel Arbeit gewidmet. MINKOWSKI[2]) fand, daß der Blutzuckergehalt dabei vermindert wird, weil der Zucker unaufhaltsam durch die Nieren ausgeschieden wird und der Körper unter dieser Verschleuderung des Zuckers rapid daran verarmt. Überdies wird die Leber dabei glykogenarm oder glykogenfrei. Hunger wirkt ähnlich, wenn auch lange nicht so intensiv. Unter gleichzeitiger Wirkung von Phlorrhizin und Hunger fand ich[3]) dann, daß es sehr rasch zu einem völligen Schwund des Blutzuckers bei Eckschen Fisteltieren kommen kann, während bei Tieren ohne Ecksche Fistel es nur sehr schwierig gelingt, das Blut völlig zuckerfrei zu machen.

Beim E. F.-Hund wirkt schon Hunger an sich auf den Blutzuckergehalt beträchtlich erniedrigend, so daß Werte von 0,05% erreicht werden. Die Vereinigung von Hunger und Phlorrhizin führen aber leicht zu viel niedereren Werten und in einigen Fällen zum Verluste des Blutzuckers. Einige Tiere verhielten sich allerdings refraktär, ohne daß ich den Grund hierfür angeben kann. Weit überwiegend waren aber die positiven Befunde.

Ich glaube nun nicht in der Annahme fehl zu gehen, daß die partielle Ausschaltung der Leber durch die Portalblutableitung daran schuld ist, daß der Blutzucker in solchen Fällen so leicht zum Verschwinden gebracht werden kann. Das beruht auf der durch die verminderte Zirkulation in der Leber geschaffenen Schwierigkeit für das Organ, Zucker aus den Gewebssäften wieder neu zu bilden. Die Leber kommt bei ihrer funktionellen Drosselung, die sie durch die Portalblutableitung erfährt, mit der Zuckerproduktion einfach nicht mehr nach, da durch die Phlorrhizinwirkung die Nieren den im Blute zirkulierenden Zucker unaufhaltsam ausscheiden. Bei gefütterten Tieren gelingt es nicht, auch wenn sie eine Portalblutableitung haben, das Blut frei von Blutzucker zu machen. Aus diesem Ausfall der Versuche darf meines Erachtens die ausschlaggebende

---

[1]) v. MERING, J.: Über Diabetes melitus. Zeitschr. f. klin. Med. 14, 405. 1888; 16, 431. 1889.

[2]) MINKOWSKI, O.: Diabetes mellitus nach Pankreasexstirpation. Arch. f. exp. Pathol. u. Therap. 31, 85. 1892.

[3]) FISCHLER, F.: Diskussionsbemerkungen auf dem 17. internat. med. Congr. London 1913. Abteilung f. physiol. Chemie; und ferner Vortrag im naturhistorisch-med. Verein Heidelberg. 2, XII. 1913. Münch. med. Wochenschr. 61, 101. 1914.

Tätigkeit der Leber bei der Zuckerproduktion mit aller Sicherheit erschlossen werden.

Um ganz sicher zu gehen, daß keine Fermentveränderungen für den Ausfall der Versuche maßgebend waren, habe ich gleichzeitig Glykogenbestimmungen durch BURGHOLD[1]) ausführen lassen. Die Leber und die wahllos verarbeiteten Muskeln der Hinterbeine ergaben nun beim phlorrhizinierten E. F.-Tier nur noch minimalste Spuren von Glykogen. Die Muskulatur des Herzens hielt aber einen, wenn auch äußerst verminderten Glykogengehalt (0,02%) noch aufrecht. Somit beruht der Verlust des Blutzuckers in diesen Fällen auf einer fast vollkommenen Erschöpfung der Glykogenvorräte, nicht etwa auf einer Fermentstörung.

In letzter Instanz muß für die Unzulänglichkeit der Blutzucker- und Glykogenbereitung aber die durch alle genannten Umstände (Hunger, Phlorrhizinwirkung und Ecksche Fistel) bedingte Erschöpfung der Wiederersatztätigkeit der Leber für Zucker verantwortlich gemacht werden.

Diese Befunde geben von der **notwendigen** Lebertätigkeit erst ein richtiges Bild. Sie zeigen, daß die Leber der Ort ist, an dem beim Fehlen der Kohlenhydrate aus zugeführtem anderen Materiale (Eiweiß, Fett) Zucker freigemacht oder gebildet wird, der dann zur direkten Verwertung kommt oder zur Glykogenaufstapelung in ihr und anderen Organen dient.

Man erkennt also in der Lebertätigkeit den Faktor zur Aufrechterhaltung des Blutzuckerspiegels, da er sofort bei ihrem Verluste (Exstirpation) sinkt und endlich verschwindet, ebenso wie bei einer funktionell erschöpfenden Inanspruchnahme (E. F.-Hunger-Phlorrhizin).

Die Hauptfunktion der Leber dem Kohlenhydratstoffwechsel gegenüber ist also die Schaffung und Erhaltung des notwendigen Blutzuckergehaltes.

Für eine Überschreitung ihrer Tätigkeit ist aber das Ventil der Nierenausscheidung bei zu hohem Blutzuckergehalt da. Damit scheint mir, teleologisch betrachtet, die blutzuckererhaltende Fähigkeit der Leber eigens begrenzt zu sein.

Um ihre Funktionen im Kohlenhydratstoffwechsel aber richtig ausüben zu können, muß die Leber gleichzeitig Reservoir und Bildungsort für Kohlenhydrat sein. Nur so ist zu verstehen, warum sie Kohlenhydrate so leicht aufnimmt und bei nicht momentanem Bedarf aufstapelt. Konnte doch SCHÖNDORFF[2]) zeigen, daß der Glykogengehalt der Leber

---

¹) BURGHOLD, F.: Über toxische Zustände bei Phlorrhizinanwendung und ihre Beziehung zur völligen Kohlenhydratverarmung des Organismus. Hoppe-Seylers Zeitschr. f. physiol. Chemie. 90, 32. 1914.

²) SCHÖNDORFF, B.: Über den Maximalwert des Gesamtglykogengehaltes von Hunden. Pflügers Arch. f. d. ges. Physiol. 99, 191. 1903.

eines Hundes bis auf 18,69% ihres Gewichtes anstieg, was allerdings einen vollkommenen Ausnahmezustand darstellt, da der Glykogengehalt der Leber in der Norm nur etwa 3,3% beträgt.

Für die Reservoireigenschaft der Leber spricht auch der Umstand, daß das Reservoir gelegentlich überlaufen kann. Das ist bei der sogenannten alimentären Glykosurie der Fall, d. h. nach Aufnahme übergroßer Zuckermengen, und man weiß, daß es schließlich fast immer gelingt, zu einer Grenze der alimentären Zufuhr von Zucker zu gelangen, deren Überschreitung zur Zuckerausscheidung in den Nieren führt, das Ventil tritt dann dort in Tätigkeit. Weiter spricht der von E. KÜLZ[1] erhobene Befund dafür, daß nämlich die Leber bei Anstrengung und körperlicher Arbeit ihren Glykogengehalt rasch stark verringert, während z. B. der Glykogengehalt der Muskulatur noch „sehr bedeutende Zahlen" aufweist.

Wenn die Leber aber regulierend und ausgleichend im Zuckerhaushalt wirken soll, so müssen nicht nur Vorräte in ihr vorhanden sein, sondern sie müssen auch leicht abgegeben werden können. Nun versteht man auch, warum das Organ in der von BERNARD zuerst erkannten Weise mit der Fähigkeit des Glykogenabbaues so hervorragend ausgestattet ist.

Nicht minder verständlich ist es dann aber auch, daß sie die Fähigkeit besitzen muß, Glykogen bzw. Zucker aus zugeführtem zuckerfreiem Materiale zu bilden, oder aus Material, das anderen Zellen des Körpers zu spröde dazu ist, so z. B. aus Laktose und Galaktose, die ja von den Leberzellen verwertet werden können. Der erste der beiden Punkte ist besonders wichtig, da er, wie ich später zeigen werde, das Verständnis für eine weitere Funktion der Leber eröffnet.

Endlich wird mit einer solchen genaueren Umgrenzung der Leberfunktion auch klar, daß die Ableitung des Portalvenenblutes in die untere Hohlvene nicht notwendig zu der nach der Lehre BERNARDS mit Sicherheit zu erwartenden Glykosurie führt. Es steht heute fest, daß die Fähigkeit der Zuckeraufspeicherung nach Zufuhr zuckerhaltigen Materiales unter Bildung von Glykogen eine allgemeinste und nicht nur auf die Leberzellen beschränkte Zelleigenschaft ist, wie BARFURTHS[2] umfassende histochemische Studien erstmals bewiesen. Dazu bedürfen die Zellen nicht der eigentlichen Mitwirkung der Leber und insofern ist sie für den Kohlenhydratstoffwechsel nicht unbedingt erforderlich. Steht den Zellen genügendes Zuckermaterial zur Verfügung, so brauchen sie nicht auf die Fähigkeit der Leber es unter Umständen sogar aus zuckerfreien Stoffen zu bilden, zurückzugreifen. Man darf in dem allgemeinen Bedürfnis sozusagen sämtlicher Zellen des Körpers nach Zucker eine genügende Erklärung für die Verwertung

---

[1] KÜLZ, E.: Beiträge zur Kenntnis des Glykogens. Marburg 1891. S. 41.

[2] BARFURTH: Vergleichende histochemische Untersuchungen über das Glykogen. Arch. f. mikroskop. Anat. 25, 259. 1885.

des vom Darme unter Umgehung der Leber bei Eckschen Fisteltieren unmittelbar ins Gesamtblut ziehenden Zuckerstromes sehen, wodurch es natürlich nicht zur Glykosurie kommen kann. Und dies um so weniger, als die Zellen bei Tieren mit Eckscher Fistel sicher einen großen Bedarf an Zucker haben, da ja die zuckerbildende Funktion der Leber teilweise durch die Fistel gedrosselt ist und wie Filippis Versuche dargetan haben, die Leber E. F.-Tiere an sich sehr wenig Glykogen enthält und darin Lebern im Inanitionszustand gleicht.

Wenn man die Bedingtheiten des Zuckerstoffwechsels so betrachtet, so ist der Ausfall der guten Ausnützung von Dextrose, zum Teil auch von Lävulose, sowie die schlechte Verwertung von Laktose und Galaktose bei Tieren mit E. F. dem Verständnisse erschlossen. Die letzteren beiden Zuckerarten bedürfen offenbar der Mitwirkung der Leber bei ihrer Ausnützung im Körper, dagegen stehen sie in ihrer Ausnützung den übrigen Körperzellen ferner.

Ich muß aber hier ganz besonders betonen, daß man trotz dieser Erkenntnisse noch weit von einem totalen Überschauen der Bedingungen entfernt ist, welche beim Zuckerstoffwechsel für die Relationen der Leber zu den Organen und von diesen zu ihr maßgebend sind. BERNARD sagte in einer seiner letzten Vorlesungen einmal, daß er 30 Jahre zuvor gehofft habe, den Zuckerstoffwechsel verhältnismäßig leicht in seinen notwendigen Beziehungen festlegen zu können und daß er jetzt nach 30 Jahren noch immer an eben dieser Arbeit sei. Seitdem sind fast weitere 50 Jahre verflossen und noch immer sehen wir mit Bewunderung, daß seine Leistungen auch heute noch den weitaus beträchtlichsten Teil unseres Wissens in diesen Dingen bilden.

Will man eine möglichste Aufklärung über alle diese Punkte versuchen, so ist es nötig, die einzelne Zuckerart bis in jedes Organ zu verfolgen und das Organindividuum überdies noch den verschiedensten Zuständen zu unterwerfen, krankhaften sowohl, wie solchen, die noch in physiologische Breiten fallen, unter der Voraussetzung eines gleichen oder doch bekannten Funktionszustandes der Leber. So werden sich z. B. die von PFLÜGER stets mit Recht gegen die Vorstellung einer absolut zentralen Stellung der Leber herangezogenen Befunde verschiedenen Glykogenbildungsvermögens einzelner Zuckerarten aufklären lassen, sowie auch die Rolle des Restglykogens, dem er in seiner Argumentation wohl sicher einen zu großen Spielraum gewährt hat. Das tun ja heute schon die Untersuchungen von PAVY[1]), KÜLZ[2]), C. und E. VOIT[3]),

<hr>

[1]) PAVY: The physiology of the carbohydrates. London 1894.
[2]) KÜLZ: Beiträge zur Kenntnis des Glykogens. Marburg 1891.
[3]) VOIT, CARL: Über die Glykogenbildung nach Aufnahme verschiedener Zuckerarten. Zeitschr. f. Biol. **28**, 245. 1891. — VOIT, ERNST: Die Glykogenbildung aus Kohlenhydraten. Zeitschr. f. Biol. **25**, 551. 1899.

SEEGEN[1]), OTTO[2]), LUSK[3]), CREMER[4]), v. MERING[5]), LÜTHJE[6]) und vielen anderen dar. Das Restglykogen kann also die wirkliche Zuckerbildungsfähigkeit der Leber nicht in Frage stellen. Man darf es jetzt für sichergestellt ansehen, daß Dextrose, Lävulose, Galaktose, Laktose, Maltose, Rohrzucker, Triosen, Pentosen, die Dextrine, Amylumarten, Glykoside, Gummistoffe, Glyzerin, die Proteine und noch manche andere Stoffe sichere Glykogenbildner sind. Nicht wenig haben die Durchblutungsversuche an der überlebenden Leber, denen namentlich EMBDEN sich zuwandte, zur Festigung dieser Ansichten beigetragen.

KARL GRUBE[7]) hat als Erster unter Leitung von T. G. BRODIE bei Durchströmung von Katzenlebern eine beträchtliche Zunahme des Leberglykogens unter Abnahme des Zuckergehaltes des Durchströmungsblutes festgestellt und bei Durchblutung von Schildkrötenlebern fand er[8]) Glykogenansatz bei Zusatz von Dextrose, Lävulose, Galaktose, Glyzerin, ja Formaldehydlösungen. Rohrzucker verursachte aber keine Glykogenbildung, auch Aminosäuren, Glykokoll, d-Alanin, d-Leucin verhielten sich negativ, obwohl LUSK[9]) den Übergang von Glutaminsäure in Zucker beim Phlorrhizindiabetes und EMBDEN und SALOMON[10]) beim Pankreasdiabetes für d-Alanin das Gleiche nachweisen konnten. Daraus ergibt sich, daß man mit der Deutung solcher Versuche immerhin sehr vorsichtig sein muß, zumal G. EMBDEN[11]) schon in seiner ersten Arbeit über diesen Gegenstand festgestellt hat, daß sogar die glykogenfreie überlebende Leber von sich aus aus unbekanntem Materiale bei der Durchleitung von Blut Zucker zu bilden imstande ist. Den Beweis führte er in der Weise, daß er Blut, das zur Durch-

<hr>

1) SEEGEN: Die Glykogenbildung im Tierkörper. Berlin 1900.
2) Siehe S. 67, Nr. 3 (CARL VOIT hat OTTOS Versuche publiziert).
3) LUSK: Über Phlorrhizindiabetes. Zeitschr. f. Biol. **42**, 31. 1901.
4) CREMER, M.: Ebenda **29**, 250. 1892.
5) v. MERING, J.: Verhandl. d. dtsch. Kongr. f. inn. Med. 1886.
6) LÜTHJE, H.: Die Zuckerbildung aus Eiweiß. Dtsch. Arch. f. klin. Med. **79**, 499. 1904. Ferner: Zur Frage der Zuckerbildung aus Eiweiß. Pflügers Arch. f. d. ges. Physiol. **106**, 160. 1904.
7) GRUBE, KARL: On the formation of sugar in the artificially perfused liver. Journ. of physiol. **29**, 276. 1903.
8) GRUBE, KARL: Weitere Untersuchungen über Glykogenbildung in der überlebenden Leber. Pflügers Arch. **107**, 490. 1905; ferner Untersuchungen über die Bildung des Glykogens in der Leber. Ebenda, **118**. 1907. — Derselbe: Über die kleinsten Moleküle usw. Ebenda, **121**. 1908. Kann die Leber aus direkt zugeführten Aminosäuren Glykogen bilden? Ebenda, **122**, 451. 1908.
9) LUSK: The production of sugar from glutamic acid ingested in phlorrhizin diabetes. Americ. journ. of physiol. **22**, 174. 1908.
10) EMBDEN, G. und SALOMON H.: Fütterungsversuche am pankreaslosen Hunde. Hofmeisters Beiträge. **6**, 63. 1905.
11) EMBDEN, G.: Über Zuckerbildung bei künstlicher Durchblutung der glykogenfreien Leber. Ebenda, **6**, 44. 1905.

strömung einer überlebenden Leber gedient hatte und in dem ein weiterer Anstieg von Zucker nicht mehr stattfand, nun durch eine zweite glykogenfreie Leber durchleitete. In allen drei Fällen, wo er dies tat, stieg innerhalb von 30—45 Min. der Durchleitung der Blutzucker noch weiter an, einmal nur gering von 0,081 auf 0,087, in den anderen beiden Fällen aber von 0,092 auf 0,131 und von 0,118 auf 0,137. EMBDEN sagt selbst, „daß neben dem Blute auch die Leber als Quelle der Blutzuckervermehrung bei der Durchleitung in Betracht kommen kann", wonach eigentlich sogar Versuche an der glykogen- und zuckerfreien Leber nicht streng beweisend sind. Auch konnte es EMBDEN in hohem Grade wahrscheinlich machen, daß nicht etwa durch eine Art Gleichgewichtszustand die Zuckerbildung unterblieb, da Zusatz von Zucker zum Durchströmungsblut eine Neubildung nicht verhinderte. Man darf diesen Teil der Versuche EMBDENs als Beweis der Zuckersecretion der Leber im Sinne BERNARDs ansehen und die Fähigkeit der Leber von sich aus Glykogen zu bilden aus solchen Gründen sehr hoch anschlagen.

Alle möglichen Organe stellen fortwährend an die zuckerbildende Fähigkeit der Leber Ansprüche (Muskeln), denen sie bis aufs äußerste genügt (Hunger), wenn nicht vom Darme her Zucker neu aufgenommen wird. Ja, man weiß, daß sie mit eigenem Gewebe einspringt und beim Hunger oft beträchtlich an Gewicht abnimmt (JUNKERSDORF[1])), um den Kohlenhydratstoffwechsel aufrecht zu erhalten. JUNKERSDORF gibt an, daß es nach Durchschnittsversuchen beim Hunde um 18,18 % tiefer liegt, als in der Norm, nämlich nur 2,7 % des Körpergewichts beträgt, gegen 3,3 % als Normalwert. Diese neuern Untersuchungen stehen in guter Übereinstimmung mit früheren Befunden. So hat E. KÜLZ[2]) bei Karenz und starker Anstrengung nur 2,1 % Lebergewicht feststellen können und nur Spuren von Glykogengehalt in ihr, während PAVY[3]) bei Kohlenhydratnahrung der Tiere ein mittleres Lebergewicht von 6,4 % fand, Befunde, die JUNKERSDORF[4]) bei Glykogenmast bestätigte, da er ebenfalls das mittlere Lebergewicht auf 6,58 % ansteigen sah. Allerdings war in seinen Versuchen auch noch eine Eiweißmast ausgeführt worden, Verhältnisse, die ich in einem anderen Zusammenhange noch ausführlich zu besprechen haben werde.

Wie weit die Benötigung von Kohlenhydrat geht, ist natürlich sehr schwierig festzustellen. Es liegen da äußerst komplizierte Verhältnisse

---

[1]) JUNKERSDORF: Beiträge zur Physiologie der Leber. I. Mitt. Das Verhalten der Leber im Hungerzustand. Pflügers Arch. **186**, 238. 1921.

[2]) KÜLZ, E.: Beiträge zur Kenntnis des Glykogens. Festschrift für Karl Ludwig. Marburg 1890. S. 100.

[3]) PAVY: l. c. S. 67, Nr. 1.

[4]) JUNKERSDORF, P.: Beiträge zur Physiologie der Leber. III. Mitt. Das Verhalten der Leber bei Glykogenmast. Pflügers Arch. **167**, 269. 1921.

vor, in die wir erst vor kurzer Zeit einige Einblicke gewonnen haben. Schon in der ersten Auflage dieses Buches, die 1914 zum Druck fertig war, durch den Krieg aber erst 1916 herausgegeben werden konnte, habe ich geschrieben: „Es ist offenbar das Leben bedroht, wenn eine wirkliche Erschöpfung der Kohlenhydratvorräte des Körpers eingetreten ist. Man darf deshalb ernstlich die Frage aufwerfen, ob nicht gerade in der vitalen Notwendigkeit des Erhaltenseins gewisser disponibler Kohlenhydratmengen die enorme Fähigkeit der Leber zur Kohlenhydratbildung begründet ist.“ Ich konnte diese Meinung daraus ableiten, daß bei Tieren, die eine Ecksche Fistel hatten, und die bei Hunger noch mit Phlorrhizin behandelt wurden, so daß eine sehr starke Verschleuderung des Zuckers durch die Nieren eintrat, sich in kurzer Zeit eine völlige Beraubung des Körpers von seinen Kohlenhydratvorräten erzielen ließ. Denn alle Tiere, die ausweislich des mangelnden Blutzuckergehaltes im Eck-Hunger-Phlorrhizinversuch und des nur in Spuren noch vorhandenen Glykogens keine Kohlenhydrate mehr zur Verfügung hatten, und die wegen der starken Drosselung der Leberfunktionen durch Anlegung der E. F. auch keine mehr aus dem Körpermateriale bilden konnten, bzw. deren Leber eben einfach bei der Verschleuderung des Zuckers durch Wiederbildung dem Zuckerverluste nicht mehr nachkam, gingen rettungslos zugrunde.

Um die Frage des direkten Einflusses des Kohlenhydratmangels genauer zu umgrenzen, habe ich mit BURGHOLD[1]) den Versuch unternommen, ein solches Tier mittelst intravenöser und stomachaler Einverleibung von Dextrose noch im letzten Moment vom Verderben zu retten. Wie ausführlich noch an späterer Stelle erörtert werden wird, (s. S. 162) gelingt dies nur temporär. Ich hielt mich daher für berechtigt, die durch die Beraubung des Körpers von Zuckermaterial hervorgebrachten Störungen als „glycoprive Intoxikation“ besonders abzugrenzen und ihr diesen Namen zu geben. Denn beim Vorhandensein genügender Kohlenhydratvorräte kommt diese Form der toxischen Wirkung überhaupt nicht zustande, wodurch sich der Zusammenhang damit ganz unmittelbar erweist. Die neueren Erfahrungen amerikanischer Forscher, die sich an die Entdeckung des Insulins durch BANTING und BEST[2]) knüpfen, zeigen nun sehr klar, daß diese von mir zuerst erkannte und abgegrenzte Wirkung der Erschöpfung disponiblen Zuckermateriales im Körper sicher zu recht besteht, da die „hypoglykämische Reaktion“ dieser Forscher nichts anderes ist, als die von mir beschriebene „glycoprive Intoxikation“, wie

---

[1]) BURGHOLD, F.: l. c. S. 65, Nr. 1.

[2]) BANTING und BEST: Journal of laborat. a. clin. Med. 7, 251. 1922. Communication of the Akademy of Medicine Toronto. 7, II. 1922.

ich vor kurzem ausgeführt habe[1]). Da ich in einem späteren Zusammenhang noch einmal ausführlicher darauf zurückkommen muß, so sei hier nur kurz darauf verwiesen. Ein weiterer Beweis für diese Anschauungen liegt aber vor allen Dingen noch in den umfassenden Experimenten, die von MANN und MAGATH[2]) bei ihren Versuchen über die Exstirpation der Leber beigebracht wurden. MANN und MAGATH konnten zeigen, daß der totalen Leberexstirpation regelmäßig ein starkes Absinken des Blutzuckers folgt, und daß sich Symptome entwickeln, die denen bei der hypoglykämischen Reaktion sehr ähneln. Wenn nun bei hepatektomierten Tieren eine Infusion von Dextrose gemacht wird, so gelingt es temporär diese schweren Erscheinungen zu beseitigen, aber der Tod ist nicht abwendbar, Erfahrungen, die sich mit denen, die ich im Verein mit BURGHOLD schon früher gemacht habe, decken. Bei partieller Entfernung der Leber entwickelt sich diese Intoxikation aber nicht, wenn nicht ein zu großer Teil der Leber in Wegfall kam. Diese, ebenfalls von MANN und MAGATH erhobenen Befunde hat freilich schon weit früher auch PONFICK[3]) feststellen können, der an Hunden und Kaninchen schon nach Entfernung von einem Viertel bis zur Hälfte der Leber sehr ausgesprochene Regenerationen eintreten sah, ohne daß es vorher zu wesentlichen funktionellen oder toxischen Störungen gekommen wäre. MANN und MAGATH[4]) haben aber in einer neuerlichen, wenn auch nicht sehr klaren Versuchsanordnung festgestellt, das die Wirkung des Insulins auf die Blutzuckererniedrigung aber auch bei hepatektomierten Tieren eintritt, daß sie aber „definitaly prove, that the liver is necessary for permanent recovery of the blood sugar level." Ob und inwieweit die Leber für die Wirkung des Insulins in Frage kommt, lassen diese Experimente noch nicht entscheiden, doch glauben MANN und MAGATH, daß sie direkt oder indirekt dabei beteiligt ist. Die Beantwortung solcher Fragen muß also einstweilen noch zurückgestellt werden. Sie sind in dem Zusammenhang, der hier zur Diskussion steht, aber auch einstweilen gar nicht nötig, da mit denkbarer Sicherheit heute feststeht, daß die Leber zur Erhaltung des Blutzuckerspiegels nötig ist und darin die absolut notwendige Funktion der Leber besteht.

Diese neueren Ergebnisse der pathologischen Physiologie haben also nur Bestätigendes über die notwendige Leberfunktion in ihrer

---

[1]) FISCHLER, F.: Insulintherapie, „hypoglykämische Reaktion" und „glykoprive Intoxikation." Münch. med. Wochenschr. **70**, 1407. 1923.

[2]) MANN und MAGATH: l. c. S. 50.

[3]) PONFICK, E.: Experimentelle Beiträge zur Pathologie der Leber (Exstirpation). Virchows Arch. **118**, 209. 1889; **119**, 193. 1890; **138**, 81. 1896.

[4]) MANN, F. C. and MAGATH, Th. B.: The effect of Insulin on the blood sugar following total and partial removal of the liver. Americ. journ. of physiol. **65**, 403. 1923.

Beziehung zum Kohlenhydratstoffwechsel gebracht, also zu den Ansichten, welche ich schon 1914 entwickelte.

Aber auch noch in einem anderen Zusammenhange läßt sich eine Verknüpfung der Leberfunktionen mit ihrem Kohlenhydratgehalte feststellen.

Bei Hunger oder starker Unterernährung sieht man beim Menschen im Urin die sogenannten Acetonkörper auftreten. Man kann sie nicht sicherer zum Verschwinden bringen, als durch Zufuhr von Zucker. Auch beim Diabetes mellitus, bei dem die Ausscheidung von Acetonkörpern ja sehr häufig ist, gilt dies cum grano salis. Der Hund scheidet viel schwieriger Acetonkörper aus, als der Mensch, doch gelingt bei ihm die Unterdrückung ihrer Ausscheidung durch Kohlenhydratzufuhr ebenso leicht.

Da die Leber, wie wir später sehen werden, an der Produktion der Acetonkörper einen recht wesentlichen, wenn nicht ausschließlichen Anteil hat[1]), so muß diese Reaktion des Organes auf Kohlenhydratzufuhr besonders beachtet werden. Zeigt sie doch, daß der Ablauf der normalen Endverbrennung an die Anwesenheit bestimmter, jedenfalls nicht ganz kleiner Mengen von Zuckermaterial geknüpft ist. Da das Auftreten von Acetonkörpern im wesentlichen von einer abnormen Verbrennung des Fettes abhängt, so liegt hierin ein Hinweis auf den Mechanismus der Fettverbrennung, der einer völligen Aufklärung noch harrt, aber die Mitwirkung von Kohlenhydraten in der Leber benötigt.

Es ist nicht unmöglich, daß der Ablauf einer ganzen Reihe anderer Verbrennungen ebenfalls an einen gewissen Kohlenhydratvorrat in der Leber gebunden ist, und daß man einstweilen in dem abnormen Ablauf der Fettverbrennung nur das einfachste Beispiel dafür aufgefunden hat, nur einen Ausdruck der Störung des Ablaufes intermediärer Vorgänge, dem analog eine ganze Reihe anderer existieren können.

Weiter wäre hier noch der Glykuronsäurepaarungen zu gedenken, die zwar nicht absolut sicher in die Lebersubstanz selbst zu verlegen sind, aber sich doch sehr wahrscheinlich dort vollziehen. In einem späteren Zusammenhang ist darauf zurückzukommen.

Auch das Jecorin wäre hier noch zu behandeln, doch stehe ich davon ab, wie noch von so vielem anderem, weil diese Dinge einer Klärung noch nicht zugänglich sind.

Die Verknüpfungen der Leberfunktionen mit dem Kohlenhydratstoffwechsel sind also unzweifelhaft und so manigfaltig, daß es nötig erscheint, sich eine Vorstellung darüber zu machen, wie das möglich sein kann. Man sieht, daß die Leber chemische Umwandlungen vollzieht in einem Ausmaße und mit Mitteln, um die sie die heutige

---

[1]) FISCHLER, F. und KOSSOW, H.: Vorläufige Mitteilung über den Ort der Acetonkörperbildung usw. Dtsch. Arch. f. klin. Med. 111, 479. 1913.

Chemie entschieden nur beneiden kann. Zweifellos ist eine Beantwortung, so weit sie überhaupt heute schon dafür reif ist, nur auf dem Wege möglich, der einen Einblick in den Ablauf des Auf- und Abbaues der Kohlenhydrate im Tierkörper gestattet.

Wie sich der Aufbau der Monosacharide zum tierischen Glykogen vollzieht, ist noch völlig unklar; sicher ist nur, daß die Leberparenchymzelle diese Fähigkeit in einem besonders hervorragenden Maße vor allen Körperzellen besitzt.

Dagegen hat das Studium der chemischen Gleichgewichte für die Möglichkeit des Abbaues von Dextrose im Tierkörper in letzter Zeit einiges Licht erhalten, und da ein großer Teil dieser Studien gerade an der Leber ausgeführt wurde, so müssen sie hier um so mehr angeführt werden. Wenn solche Studien auch vorwiegend der Frage des Abbaues des Traubenzuckers galten, so darf man bei der bekannten Möglichkeit der Umkehr von chemischen Gleichgewichtszuständen hieraus auch auf die Wege des Aufbaues von Kohlenhydrat schließen. Diese Art der Betrachtung ist um so wichtiger, als sich aus ihr das physiologische und pathologische Geschehen der lebenden Substanz, in konkreto der Leberzellen, auf bekannte chemische Umwandlungsmöglichkeiten zurückführen läßt, ohne daß man auf geheimnisvolle „vitale" Kräfte hierfür zurückgreifen muß. Der Verlauf chemischer Reaktionen ist im Tierkörper, so weit man dies bisher weiß, auf keine andere Weise möglich, als ihr im Reagenzglas beobachteter.

Daß Traubenzucker in Milchsäure zerfällt, ist schon lange bekannt. Am deutlichsten kommt dies zum Ausdruck im arbeitenden Muskel, dessen Glykogen zunächst zu Dextrose umgewandelt wird, die dann die bekannte Fleischmilchsäure, die d-Milchsäure bildet. (ASTASCHWESKY u. a.[1])). Der Milchsäuregehalt des Blutes kann bei Muskelarbeit bis zum vierfachen des Normalen ansteigen.

An der überlebenden, blutdurchströmten Leber haben aber G. EMBDEN und F. KRAUS[2]) mit aller Sicherheit zeigen können, daß das Glykogen die Muttersubstanz der gebildeten Milchsäure ist. Glykogenfreie Lebern zeigten nämlich eher eine Abnahme des Milchsäuregehaltes des zur Durchströmung benützten Blutes; im Gegensatz dazu zeigten glykogenreiche Lebern eine oft mehrere 100 % betragende Anreicherung an Milchsäure, die als d-Milchsäure identifiziert wurde. Setzte man dem Blute bei glykogenfreien Lebern aber Traubenzucker zu, so wurde wieder Milchsäure gebildet. Auch zugesetztes d-l-Alanin $CH_3 \cdot CHNH_2 \cdot COOH$ bildete Milchsäure.

---

[1]) ASTASCHWESKY: Über die Säurebildung und den Milchsäuregehalt der Muskeln. Hoppe-Seylers Zeitschr. f. physiol. Chem. 4, 397. 1880.

[2]) EMBDEN, G. und KRAUS, F.: Über Milchsäurebildung in der künstlich durchströmten Leber. Biochem. Zeitschr. 45, 1. 1912.

Daß dabei ein reversibler Prozeß in Frage kommt, läßt sich ohne weiteres daraus ableiten, daß eine Dextrosebildung eintritt, wenn man dem Blute Milchsäure zusetzt.

Und daß ein erhöhter Milchsäuregehalt an sich im Körper zur Bildung von Traubenzucker führt, hatten G. EMBDEN und H. SALOMON[1]) dadurch nachgewiesen, daß bei Tieren mit Pankreasdiabetes durch subkutane Einverleibung von Milchsäure eine Vermehrung der Zuckerausscheidung im Urin eintritt, ein Versuch, der später durch MANDEL und LUSK[2]) am Tiere mit Phlorrhizindiabetes quantitativ verfolgt und bestätigt wurde.

Ein unmittelbarer Übergang von Milchsäure in Traubenzucker und umgekehrt, kann sich aber nicht vollziehen, es müssen dabei Zwischenprodukte gebildet werden. Auch hier haben die so erfolgreichen Arbeiten G. EMBDENS klärend gewirkt. Er konnte im Verein mit E. SCHMITZ und M. WITTENBERG[3]) nachweisen, daß aus den vermutlichen Zwischenstufen Glycerinaldehyd ($CHO \cdot CHOH \cdot CH_2OH$), sowie aus der entsprechenden Ketose, dem Dioxyaceton ($CH_2OH \cdot CO \cdot CH_2OH$) in der überlebenden Leber Zucker gebildet wird und zwar Dextrose bei Zusatz von Dioxyaceten, d-Sorbose von Glycerinaldehyd. E. SCHMITZ[4]) konnte weiterhin feststellen, daß Glycerin in der überlebenden Leber in weitgehendem Maße verschwindet.

Wenn es bisher auch noch nicht gelungen ist, im tierischen oder menschlichen normalen oder pathologischen Stoffwechsel Glycerinaldehyd oder Dioxyaceton zu isolieren, so darf man doch nach den Versuchen an der überlebenden Leber den Verlauf der Traubenzuckerabspaltung und somit — bei den reversiblen Prozessen — auch seine Synthese über diese Stoffe für möglich halten.

Das EMBDENsche Schema der Traubenzuckerabspaltung über Triosen mit der Möglichkeit der Glycerinbildung, in der Regel aber der Milchsäurebildung, scheint dem tatsächlichen Geschehen weitgehend Rechnung zu tragen.

EMBDEN[5]) stellt sich nun den Verlauf des weiteren Abbaues der Milchsäure oxydativ vor. Durch die bekannte β-Oxydation im Tier-

---

[1]) EMBDEN, G. und SALOMON, H.: Fütterungsversuche am pankreaslosen Hunde. Hofmeisters Beiträge. 6, 63. 1905.

[2]) MANDEL, A. R. und LUSK, G.: Lactic acid in intermediary metabolism. Americ. journ. of physiol. 16, 129. 1906.

[3]) EMBDEN, G., SCHMITZ, E. und WITTENBERG, M.: Über synthetische Zuckerbildung in der künstlich durchströmten Leber. Hoppe-Seylers Zeitschr. f. physiol. Chem. 88, 210. 1913.

[4]) SCHMITZ, E.: Über das Verhalten des Glycerins bei der künstlichen Durchblutung der Leber. Bioch. Zeitschr. 45, 18. 1912.

[5]) EMBDEN, G.: Über die Wege des Kohlenhydratabbaues im Tierkörper. Klin. Wochenschr. 1, 401. 1922.

körper nach Knoop[1]) wird aus der Milchsäure dann Brenztraubensäure ($CH_3 \cdot CHOH \cdot COOH \rightleftarrows CH_3 \cdot CO \cdot COOH$), wofür sowohl die Untersuchungen O. Neubauers[2]) sprechen, der die Umwandlungen von d-Aminosäuren nicht durch hydrolytische, sondern oxydative Desaminierung verlaufen sah, wie auch die Befunde Embdens und Oppenheimers[3]), die bei Durchströmung der Leber die Brenztraubensäure wieder zu d-Milchsäure sich reduzieren sahen. Die Brenztraubensäure geht nun in der überlebenden Leber nach Versuchen von Embden und M. Oppenheimer[4]) in Acetessigsäure über, vermutlich unter Bildung von Acetaldehyd. Durch neuere Untersuchungen von Stepp und Feulgen[5]) und weiter durch C. Neuberg, A. Gottschalk und H. Strauss[6]) ist das Vorkommen von Acetaldehyd im Körper erwiesen, Embden schließt seine Betrachtungen damit, daß er den Abbau des Acetaldehyds über die Essigsäure vermutet. Soweit wäre wenigstens ein möglicher Weg des Traubenzuckerabbaues gekennzeichnet, der überall durch experimentelle Befunde gestützt ist, die z. T. noch der Ergänzung durch die gleichen Befunde im Tierkörper selbst bedürfen. Embdens Schema ist also folgendes:

(Glykogen)
Traubenzucker
↓↑
Triose (Glycerinaldehyd $\rightleftarrows$ Glycerin)
↓↑
d-Milchsäure
↓↑
Brenztraubensäure $\rightleftarrows$ d-Alanin
↑↓
Acetessigsäure ← Acetaldehyd $\rightleftarrows$ Äthylalkohol
↓↑
Essigsäure

Nicht unerwähnt sei, daß Toeniessen[7]) aber bei Zusatz von Brenztraubensäure zu Leberbrei weniger Acetaldehyd fand, als ohne ihren Zusatz gebildet wird. Toeniessen[8]) diskutiert die Frage, ob Milch-

---

[1]) Knoop, F.: Der Abbau aromatischer Fettsäuren im Tierkörper. Hab.-Schrift, Freiburg 1904 (Kuttruff), s. Hofmeisters Beiträge. 6, 150. 1905.

[2]) Neubauer, O.: Über den Abbau der Aminosäuren im gesunden und kranken Organismus. Dtsch. Arch. f. klin. Med. 95, 211. 1909.

[3]) Embden, G. und Oppenheimer, M.: cit. nach S. 74, Nr. 3.

[4]) Embden, G. und Oppenheimer, M.: Über den Abbau der Brenztraubensäure im Tierkörper. Biochem. Zeitschr. 45, 186. 1912.

[5]) Stepp und Feulgen: Hoppe-Seylers Zeitschr. f. physiol. Chem. 114, 301. 1921 und 119, 72. 1922.

[6]) Neuberg, C., Gottschalk, A. und Strauss H.: Das Eingreifen des Insulins in die Abbauvorgänge der tierischen Zelle. Dtsch. med. Wochenschr. 49, 1407. 1923.

[7]) Toeniessen, E.: Über die Bedeutung der Bauchspeicheldrüse für die Oxydation der Milchsäure. Verhandl. d. deutsch. Ges. f. inn. Med. 35, 193. 1923.

[8]) Toeniessen, E.: Hoppe-Seylers Zeitschr. f. physiol. Chem. 133, 158. 1924.

säure nicht direkt in Acetaldehyd und Ameisensäure gespalten wird.
$CH_3 \cdot CHOH \cdot COOH \rightarrow CH_3 \cdot CHO + HCOOH.$

Eine solche Betrachtung zeigt uns Möglichkeiten chemischer Reaktionen im Körper, deren Aufklärung bis vor kurzem anscheinend die größten Schwierigkeiten darboten. Freilich muß hervorgehoben werden, daß man hierin nur die allerersten Anfänge eines Verständnisses sehen darf, und daß noch eine ganz gewaltige Arbeit zu leisten ist, um im einzelnen Falle das tatsächliche Geschehen wirklich zu erfassen. Immerhin hat die auch sonst in der Chemie so fruchtbare Betrachtungsweise der chemischen Gleichgewichtsreaktionen den Vorteil, daß man auch einen Einblick in gegenseitige chemische Regulationen des Ablaufs solcher Vorgänge erhält und was in dem besonderen Falle des Chemismus der Leber namentlich hervorzuheben ist, auch die Möglichkeit eines Verständnisses von Übergängen der drei großen Nahrungsklassen Kohlenhydrat, Fett, Eiweiß ineinander. Ich werde auf das Schema sowohl beim Kapitel Fettstoffwechsel, wie Eiweißstoffwechsel und Leber noch zurückzukommen haben. Eines sei aber schon hier erwähnt, nämlich die Abhängigkeit der Mobilisation von Traubenzucker von der Säurekonzentration im Blute. ELIAS und SAMMARTINO[1]) konnten zeigen, daß eine höhere Säure-Wasserstoffionenkonzentration die Leber zur Ausschüttung von Traubenzucker bewegt, ein Verhalten, das ein Verständnis für die Möglichkeit des Nachschubs von Kohlenhydrat ins Blut bei starker Muskelanstrengung eröffnet. Bekanntlich bildet der Muskel bei seiner Arbeit Milchsäure und Phosphorsäure. Einmal steht heute fest, daß die Leber befähigt ist, aus Milchsäure wieder Kohlenhydrat zu bilden, andererseits erregt die höhere Wasserstoffionenkonzentration die Traubenzuckerabgabe der Leber. Aus diesen Feststellungen einen weiteren Schluß zu ziehen, als daß teleologisch betrachtet, dabei eine große Zweckmäßigkeit des Ineinandergreifens solcher Chemismen vermutet werden darf, wäre verfrüht. Immerhin mag an dieser Stelle solch eine Möglichkeit angeführt werden, da sie der Forschung neue Bahnen für ihr Fortschreiten weisen, auch Ausblicke in den Wärmehaushalt des Körpers eröffnen kann, wie das EMBDEN[2]) schon ausgeführt hat.

Das Kapitel Kohlenhydratstoffwechsel und Leber kann ich aber nicht abschließen, ohne nochmals einen Blick auf das Methodische zu werfen, zumal da die Einwände gegen eine Forschung, die sich namentlich auch auf Ergebnisse mit der Blutstromableitung der Vena portae in die Hohlvene stützen, erneut vorgebracht werden. Immer kehrt die Behauptung wieder, daß die Ecksche Fistel keine völlige Ausschaltung der Leber wäre. Das hat wohl auch noch niemals ernst-

---

) ELIAS, H. und SAMMARTINO, U.: Biochem. Zeitschr. 117, 10. 1921.
[2]) EMBDEN, G.: S. 74, Nr. 5.

lich jemand behauptet, da eine völlige Ausschaltung der Leber ebenso sicher vom Tode gefolgt ist, als die Exstirpation der Leber. Aber daß die Ecksche Fistel eine weitgehende funktionelle Drosselung des Organes zur Folge hat, dafür dürften sich im Laufe dieses Kapitels eine Reihe bindender Beweise ergeben haben. Und auch dafür, daß es gerade infolge der Partiellheit der Ausschaltung des Organes möglich ist, überhaupt an der Leber unter physiologischen Bedingungen zu arbeiten. Niemand wie ich ist an sich mehr überzeugt von den schönen Ergebnissen, die durch das Studium an der überlebenden Leber erhalten worden sind. Davon wird dieses Kapitel ja unzweifelhaft eine richtige Vorstellung gegeben haben. Andererseits bin ich ebenso sehr darauf bedacht alles das heranzuziehen, was für die Erkenntnis der Leberfunktionen unter Bedingungen zu eruieren ist, die den physiologischen Tatsächlichkeiten mehr entsprechen, als das Studium am überlebenden Organe, das bei noch so großer Vollkommenheit der Technik unvermeidbare Schwächen durch den Verlust mit dem Zusammenhang des ganzen Körpers, der feinen Nervenregulierung und der Möglichkeit einer unphysiologischen Zusammensetzung des Blutes eben einfach hat. Ich glaube, daß sich darüber auch wirklich alle vorurteilslosen Untersucher einig sind, und daß sie es begrüßen, wenn sich zwei Methoden in ihren Ergebnissen nur denkbarst stützen.

Da ich aber der Angegriffene bin, so möge es gestattet sein, auch meine Gegengründe ins Feld zu führen. Ich möchte dies hier nur insoweit tun, als sich solche Gegengründe aus dem Verhalten der E. F.-Leber dem Kohlenhydratstoffwechsel gegenüber ergeben, später werden wir ja noch weitere Gründe kennen lernen.

Der Einwurf gegen die funktionelle Drosselung der Lebertätigkeit durch die mechanische Ableitung des funktionellen Hauptgefäßes der Leber, der Vena portae, wird angeblich darin gesehen, daß im Verlauf vieler Zirkulationen des Gesamtblutes, schließlich doch alle Bestandteile des Blutes mit der Lebersubstanz durch die Arteria hepatica wieder in Berührung kommen sollen, und daß damit die mechanische Drosselung ausgeglichen werden könne. Diese Anschauung ist in dieser Form sicher unrichtig. Denn erstens erhält die Leber diese Substanzen nicht wie sonst, direkt mit dem Resorptionsmateriale beladen, sondern — einmal bei rein mechanischer Betrachtung — bei dem etwa zehnmal geringeren Querschnitt der Art. hepatica an sich nur im etwa zehnten Teile; weiter erfahren solche Substanzen aber dadurch, daß sie sich zuerst mit dem Blute des gesamten Körpers vermischen und erst dann in die Leber kommen, eine weit größere Verdünnung, als nach den rein mechanischen Überlegungen aus der Differenz der Querschnitte der beiden in Frage stehenden Gefäße sich ergibt. Eine Vorstellung von der Verdünnung läßt sich nur sehr schwierig gewinnen, sicher ist sie aber eine sehr beträchtliche. Inwieweit bei einer so großen Verdünnung nicht allein schon daraus, z. B. bei reversiblen chemischen Reaktionen, wie wir sie oben kennen lernten, sich Schwierigkeiten ergeben, gebe ich nur zur Erwägung.

Es liegen aber auch direkte Beweise für die Wirksamkeit der funktionellen Drosselung der Leberfunktion vor, und zwar noch unter physiologischen Verhältnissen im Gegensatz zur überlebenden Leber. So hat, wie schon erwähnt, DE FILIPPI[1]) den Glykogengehalt der Lebern Eckscher Fisteltiere stets so niedrig gefunden, wie bei Tieren im Inanitionszustand, während die Muskulatur sehr viel Glykogen enthielt, im Körper also sonst genügend Traubenzucker zur Verfügung stand. Das zeigt deutlich, daß der Leber dauernd wenig Traubenzucker angeboten wurde, sonst läge gar kein Grund vor, daß sie sich nicht ebenfalls mit Glykogen angereichert hätte, tut sie dies doch auch noch im überlebenden Zustand. Weiter ergaben die Versuche von DRAUDT[2]), daß die Hunde nach Anlegung der E. F. Laktose und Galaktose bedeutend schlechter ausnützten, als vorher, ja daß von Galaktose einmal 79% im Urin danach wieder in Erscheinung traten. Dextrose und Lävulose wurden aber nahezu normal ausgenützt. Und doch ist für alle vier untersuchten Zuckerarten der Resorptionsweg der gleiche! Weiter konnte MICHAUD[3]) feststellen, daß nach Adrenalinzufuhr die Hyperglykämie bei E. F.-Tieren ausblieb. Das weist wiederum auf den Mangel an Glykogen in der Leber Eckscher Fisteltiere hin und legt auch den Gedanken nahe, daß das Adrenalin selbst nicht in genügender Konzentration in die Leber gedrungen ist, eben weil die Blutwege dahin bis zu einem wirksamen Grade partiell verlegt sind. Endlich beweist die glycoprive Intoxikation, daß es der Leber unter der mechanischen Drosselung der Zufahrtswege ihres Ernährungsmateriales nicht mehr möglich ist, ihrer Hauptfunktion, der genügenden Zuckerproduktion, nachzukommen, da nicht genügend Säftematerial in die Leber gelangen kann, woraus sie unter normalen Verhältnissen eben einfach Zucker bildet. Gerade durch das Studium der Eckschen Fistel ist es erst möglich geworden, einen Einblick in die Funktionen der Leber bei Zuckerzufuhr genauer zu differenzieren. Ihr Anteil bei der Zuckerresorption ist nicht unersetzlich, in ihrer zuckerproduzierenden Fähigkeit liegt aber eine ihrer „vitalen“ Funktionen.

Die E. F. bedeutet also trotz ihrer Partiellheit keine belanglose Ausschaltung der Leber aus dem Kreislaufe, sondern sie ist funktionell hochbedeutsam, sonst könnten sich

---

[1]) DE FILIPPI: l. c. S. 57.
[2]) DRAUDT: l. c. S. 59.
[3]) MICHAUD: l. c. S. 53.

die eben skizzierten funktionellen Störungen gar nicht entwickeln.

Die Forschung hat die Aufgabe die spezifische Tätigkeit der Leber aus solchen Untersuchungen mit Kritik herauszuschälen, um damit einen Einblick in die notwendigen Funktionen der Leber dem Zuckerstoffwechsel gegenüber zu erhalten.

Eine sehr aussichtsreiche Möglichkeit hierfür bietet aber auch die Verfolgung der hier in Frage stehenden Vorgänge beim Hunde mit umgekehrter Eckscher Fistel.

Wir haben gesehen, daß nach dieser Operation die Venen des ganzen Hinterkörpers zum Quellgebiet der Leber gemacht werden. (II. Kapitel.) Es ist — wie HENRIQUES zeigte — wohl möglich, den Blutzuckergehalt bei intravenöser Zufuhr in Grenzen zu halten, die nicht notwendig an sich zur Glykosurie führen. Eine wesentliche Überschreitung der Menge der bei demselben Tiere durchführbaren Zuckerinjektion von einer Vene des Hinterbeines aus, gegenüber einer Injektion vom Vorderbeine oder der Vena jugularis aus, müßte die Rolle der Leber bei der Assimilation des Zuckers sofort ergeben. Ja, es wären dazu nicht einmal Blutzuckerbestimmungen nötig, sondern nur der Nachweis oder das Fehlen von Glykosurie im Falle der intravenösen Zufuhr inner- oder außerhalb des Quellgebietes der Leber. Natürlich sind solche Versuche für jede einzelne Zuckerart getrennt durchzuführen.

Ist die Leber z. B. unumgänglich nötig für die Galaktoseverwertung, so wird es leicht möglich sein, Galaktosurie von der Vena jugularis aus zu erzielen mit Dosen, die bei Zuführung von einer Vene des Hinterbeines, in diesem Falle also vom Quellgebiete der Leber, eben nicht zur Galaktosurie führen. Daß gegebenenfalls dazu Glykogenbestimmungen der Leber und Identifizierung der Zuckerart kommen müssen usw. brauche ich nicht näher anzuführen.

So kann es gelingen eine Möglichkeit der Umgrenzung „leberspezifischer" Funktionen sowohl, wie die „leberspezifischen" Bedingtheiten des Zuckerstoffwechsels näher zu erforschen.

Rückschauend möchte ich kurz nochmals die Hauptergebnisse über die Funktionen der Leber im Kohlenhydratstoffwechsel hervorheben.

Die Verknüpfungen der Leber mit dem Kohlenhydratstoffwechsel sind überaus enge. Einmal liegen sie auf der Seite des Resorptions- bzw. Assimilationsvermögens der Leber für Kohlenhydrat, was in ihrer Anreicherung an Glykogen am deutlichsten zum Ausdrucke kommt, andererseits ist sie imstande aus zugeführtem zuckerfreiem Materiale sowohl bei der Resorption, wie im Hunger auch aus körpereigenem Materiale, Zucker zu bilden. Hierin und in der Erhaltung einer gewissen normalen Höhe des Blutzuckerspiegels beruht ihre

notwendige Funktion im Zuckerhaushalt. Auf dem Vorhandensein einer bestimmten Menge disponiblen Traubenzuckers im Blute beruht höchstwahrscheinlich sogar die Erhaltung der **vitalen** Vorgänge überhaupt, so daß es verständlich wird, daß sowohl die Leberexstirpation, wie auch eine erschöpfende funktionelle Überanstrengung des Organes („glykoprive Intoxikation") oder die völlige Ausschaltung des Organes aus dem Kreislauf, unabwendbar den Tod nach sich zieht.

Ein Studium über die Funktionen der Leber ist daher nur möglich, wenn die Lebertätigkeit nicht völlig ausgeschaltet wird, sondern wenn es gelingt die Leberfunktionen mehr oder weniger weitgehend zu drosseln. Eine hervorragend dafür geeignete Methode ist die Ableitung des Blutes des funktionellen Hauptgefäßes der Leber, der Vena portae, in die untere Hohlvene. Diesem Zwecke dient die Ecksche Fistel.

Der Auf- und Abbau des Traubenzuckers in der Leber unterliegt offenbar in weitgehendem Maße chemischen Gleichgewichtsreaktionen.

Alle die vielfach beobachteten Tatsachen der Verknüpfung der Leber mit Aufnahme, Bildung und Umsetzung der zuckerhaltigen Materialien mit ihrer Tätigkeit, räumen ihr eine **zentrale** Stellung im Zuckerstoffwechsel ein.

IV. Leber und Fettstoffwechsel.

Ergaben sich aus den Betrachtungen über die Resorption der Kohlenhydrate klare Abhängigkeitsverhältnisse zwischen ihrer Aufnahme bei der Resorption und ihrem Ansatz in der Leber, so stößt man bei der Verfolgung der Fettresorption auf gegenteilige Beobachtungen.

Man weiß heute, daß die Fette im Darm einer fast ihre gesamte Menge betreffenden Aufspaltung in die Fettsäuren und Glycerin unterliegen — PFLÜGER, O. FRANK[1]) u. a. fordern sie für alles zur Resorption gelangende Fett — man darf aber auch annehmen, daß mindestens für einen Teil des Fettes seine Emulsionierung, die es im Darme erfährt, genügt, um auch eine Resorption in feinster Tropfenform zu gestatten.

Immerhin bleibt der Hydrolisierungsprozeß des Fettes für seine Vorbereitung zur Aufnahme im Körper der bei weitem wichtigste Akt, und jenseits des Darmes, ja schon in der Darmwand, vollzieht sich wieder der Aufbau der gespaltenen Anteile zu Neutralfett. Man trifft

---

[1]) FRANK, O.: Zur Lehre von der Fettresorption. Zeitschr. f. Biol. **36**, 568. 1898.

jenseits des Darmes, im Chylus, z. B. nur geringe Anteile freier Fettsäuren und Seifen; Glycerin läßt sich aus der Fettquelle überhaupt
nicht mit Sicherheit nachweisen, da im Blute selbst stets etwas Glycerin vorhanden zu sein scheint.

Die mikroskopischen Untersuchungen ergeben in der Darmwand
nichts von freier Fettsäure, wie ich[1] im Vereine mit W. GROSS mit
meiner elektiven Fettsäurefärbungsmethode[2] feststellte. Auch NOLL[3]
hat davon nichts auffinden können, obwohl er sie in ausgedehntem
Maße zum Studium der Fettresorption im Darme verwendet hat.

Ich habe damit in der normalen und pathologischen Leber sehr
vielfache Prüfungen ausgeführt und kann sicher sagen, daß in ihr
normalerweise nie etwas von Seifen oder freien Fettsäuren zu finden
ist, obwohl diese Methode den Nachweis auch geringster Spuren gestattet. Konnten GROSS und ich doch feststellen, daß die Zufuhr von
stearinsaurem Natrium durch eine Mesenterialvene zu wenn auch sehr
geringfügigen Ablagerungen von Fettsäure in der Leber führte, während
die Zufuhr von oleinsaurem Natrium dies nicht tat.

Und während die Kohlenhydrate nach ihrer Resorption eine chemische
Umwandlung ihres Gefüges unter Wasseraustritt zu einem neuen Körper,
dem Glykogen, erfahren und hauptsächlich in dieser Form von ihr festgehalten werden, so ist ein ähnliches Verhalten des Fettes weder in
der Leber noch in anderen Organen beobachtet worden. Ja, es bewahrt unter Verhältnissen, auf die ich alsbald zu sprechen kommen
werde, sogar noch seine spezifische chemische Konstitution, wenn es
in den Stapelplätzen den sogenannten Fettdepots abgelagert wird, wo-
zu man die Leber aber nicht ohne weiteres rechnen darf, da eine
dauernde Anhäufung von Fett in ihr mangels der spezifischen Fett-
zellen nicht stattfindet, sondern höchstens eine transitorische.

Betrachtet man diese Umrißdaten über das Verhalten des Fettes
bei seiner Aufnahme und seinem Verweilen im Körper, so hat es den
Anschein, daß die Leber weder mit der Fettaufnahme, noch auch mit
seiner Umsetzung wesentlich verknüpft ist. Das ist aber auch nur
der erste oberflächliche scheinbare Eindruck.

Denn eine absolute Notwendigkeit der Lebertätigkeit für die Resorptionsmöglichkeit des Fettes beruht in ihrer äußeren Sekretions-
tätigkeit durch die Galle. Die Leber hat, wenn man so sagen will,

---

[1] FISCHLER, F. und GROSS, W.: Über den histologischen Nachweis von
Seife und Fettsäuren im Tierkörper und die Beziehungen intravenös eingeführter
Seifenmengen zur Verfettung. Festschrift für JULIUS ARNOLD. Zieglers Bei-
träge VII. Suppl. S. 326. 1906.

[2] FISCHLER, F.: Über die Unterscheidung von Neutralfetten, Seifen und
Fettsäuren im Gewebe. Zentralbl. f. allg. Pathol. u. pathol. Anat. 15, 913. 1904.

[3] NOLL, A.: Chemische und mikroskopische Untersuchungen über den Fett-
transport durch die Darmwand. Pflügers Arch. f. d. ges. Physiol. 136, 208. 1910.

ihre Funktion bei der Resorption des Fettes in den Darm verlegt. Die Galle, welche bis zu den niedersten Tierklassen als wohlcharakterisierte Sekretion nachweisbar ist, mischt sich in ganz bestimmter und reflektorisch genau geregelter Weise (PAWLOW) dem vorbeiziehenden Nahrungsstrom bei und erfüllt so eine ganze Reihe von Funktionen.

Zu den am längsten bekannten gehört die Erfahrung, daß bei Gallenabschluß vom Darme die Resorption der Fette notleidet. Der tonfarbene Stuhl der Icterischen, sein fettglänzendes Aussehen, war schon den Ärzten des Altertums bekannt.

FR. v. MÜLLER[1]) hat erstmals am Kranken den isolierten Resorptionsverlust für Fett bei Gallenabschluß festgestellt. Er fand ihn zu $55-78\%$ gegenüber $7-10\%$ des normalen. Die Verwertung der N-haltigen Materialien und der Kohlenhydrate war hierbei aber entweder überhaupt nicht oder nur unbedeutend herabgesetzt. Die Erfahrungen der Physiologen, welche der Galle fettlösliche Eigenschaften zuschreiben mußten und die Beobachtungen der Ärzte am Krankenbett, fanden hiermit eine wissenschaftliche Bestätigung. Schwankungen in der Fettausnützung bei Gallenabschluß scheinen aber vorzukommen. J. MUNK[2]) will den Resorptionsverlust des Fettes sogar bei reichlicher Fettnahrung nach seinen Untersuchungen beim Fehlen der Galle nur zu etwa $30-40\%$ veranschlagen.

Die Wirkung der Galle auf die Fette ist noch nicht völlig geklärt, sie besteht aber hauptsächlich in ihrer Überführung in eine wasserlösliche Form. Dabei scheinen alle Gallenbestandteile eine gemeinsame Wirkung zu entfalten. Die Cholate scheinen vorwiegend an der Löslichkeitsmachung der Calcium- und Magnesiumseifen beteiligt zu sein, die ja sehr wenig wasserlöslich sind und diese Eigenschaft in Berührung mit der Galle zum Teil wenigstens verlieren.

Sehr wichtig ist es, die Tatsache zu betonen, daß die Galle für die ausgiebige Resorptionsmöglichkeit der Fette allein nicht genügt, sondern der Mitwirkung des Pankreassaftes bedarf.

CL. BERNARD[3]) hat bekanntlich zuerst festgestellt, daß der Pankreassaft für die dauernde Emulsionierung der Fette nötig ist. Nur unter seiner Wirkung hält sich die Emulsion, die für die Resorptionsmöglichkeit der Fette Voraussetzung zu sein scheint. BERNARD fiel dies erstmals beim Kaninchen auf, bei dem der Pankreasgang etwa 15 cm unterhalb der Einmündungsstelle des Ductus choledochus in den Darm mündet. Chylös getrübt sind nun die Lymphbahnen erst unterhalb

---

[1]) v. MÜLLER, FR.: Untersuchungen über den Icterus. Zeitschr. f. klin. Med. 12, 47. 1887.

[2]) MUNK, J.: Über die Resorption von Fetten usw. nach Abschluß der Galle vom Darmkanal. Virchows Arch. f. pathol. Anat. u. Physiol. 122, 302. 1890.

[3]) BERNARD, CL.: Mémoire sur le pancréas. Paris 1859.

der Einmündungsstelle des Pankreasganges, nicht aber in der Strecke zwischen Ductus choledochus und Pankreasgang. BERNARD leitete nun den Pankreassaft nach außen und führte ihn dem Darme erst wieder in einem viel tieferen Abschnitte zu. Und auch hier entwickelten sich chylöse Lymphbahnen erst unterhalb der Zuführungsstelle des Bauchspeicheldrüsensaftes. Sicher ist also der Pankreassaft für die Fettresorption nur in Gemeinschaft mit der Galle befähigt. Man darf annehmen, daß die Wirkung des Pankreassaftes mindestens zum Teil durch die Umwandlung von Neutralfett in Fettsäure resp. Seifen und Glycerin an diesem Verhalten schuld ist, da eine Daueremulsionierung von Fett auch außerhalb des Darmkanals von dem Vorhandensein geringer Mengen von Seife oder freier Fettsäure abhängt.

In sehr überzeugender Weise gelang es DASTRE[1], zu zeigen, daß für die Fettresorption ein Zusammenwirken des Pankreassaftes mit der Galle unumgänglich ist. Nach Unterbindung und Durchschneidung des Ductus choledochus legte er eine Kommunikation der Gallenblase mit einer tieferen Dünndarmschlinge an. Bei der Fettverdauung zeigte es sich nun, daß milchig getrübte Chylusbahnen wiederum erst unterhalb der Gallenblasen-Dünndarmfistel zu beobachten waren, woraus sich ergab, daß auch der Pankreassaft für sich allein nicht imstande war, das Fett in den für seine Resorption geeigneten Zustand zu bringen.

Die Leber hat also vermöge ihrer äußeren Sekretion unzweifelhafte und unersetzliche Funktionen für die Resorptionsermöglichung der Fette. Ihre Rolle bei der Verwertung des aufgenommenen Fettes scheint aber nicht unumgänglich zu sein, was schon daraus hervorgeht, daß ein recht erheblicher Teil des resorbierten Fettes auf den Chylusbahnen die Leber ja einfach umgeht. Schon im einleitenden Kapitel habe ich darauf hingewiesen, daß die Leber durch die Existenz des Chylusgefäßsystems für die auf diesem Wege dem Körper zugeführten Substanzen nicht in Betracht kommen kann. Einige Daten zeigen dies sofort.

Man verdankt J. MUNK und O. ROSENSTEIN[2] Beobachtungen am Menschen über die mögliche Größe dieses Resorptionsanteiles. Bei einem Mädchen mit Chylusfistel wurden innerhalb von 12 Stunden etwa 60 % des mit der Nahrung genossenen Fettes zum weitaus überwiegenden Teile wieder als Neutralfett entleert. Nur 2 % traten als Seifen auf. Auch für die Spaltung des Fettes im Darme und für seinen Wiederaufbau zu Neutralfett versuchte J. MUNK[3] Beweise zu erbringen, die ihm glückten. Er verabreichte mit der Nahrung Walrat, der aus palmitinsaurem Cetylalkohol besteht, fand aber in der entleerten Chy-

---

[1] DASTRE: Recherches sur la bile. Arch. de phys. norm. et path. **22**, 315. 1890.

[2] MUNK, J. und ROSENSTEIN, O.: Zur Lehre von der Resorption im Darme. Virchows Arch. f. pathol. Anat. u. Physiol. **123**, 230 u. 484. 1891.

[3] MUNK, J.: l. c. S. 82, Nr. 2.

lusflüssigkeit keinen Walrat, sondern nur Glycerinpalmitat. Das Fett wird also zwar im Darme gespalten, aber wieder spezifisch aufgebaut, und zwar nach der Wahl der Körperzellen, nicht nach dem Angebot. In gleiche Richtung hatten schon die weit früheren Versuche von RADZIEJEWSKI[1] gewiesen, dem es nach Verfütterung von Seife an Hunde gelungen war, Fettansatz zu erzielen. Ablagerungen in der Leber fand er aber nicht. Bei der Verfütterung reiner Fettsäuren konnte J. MUNK[2] bei Hunden in der Lymphe des Ductus thoracicus ebenfalls nur eine Zunahme des Neutralfettes, nicht aber des Fettsäureanteiles feststellen.

Nicht alle Versuche weisen aber so eindeutig auf eine vollkommene Fettspaltung im Darme hin. Besonders wichtig sind in dieser Richtung die Versuche LEBEDEFFS[3]. Er fütterte Hunde mit Leinöl und fand, daß die Fettlager (Unterhautzellgewebe, Mesenterialfett usw.), nachdem er einige Zeit diese Fütterungsart fortgesetzt hatte, zu einem großen Teil aus Leinöl bestanden. Damit ist dargetan, daß unter gewissen Bedingungen verfütterte Fettarten keine oder wenigstens teilweise keine Umwandlungen erfahren, wobei die Frage offen bleibt, ob das Fett gespalten wird und die Spaltprodukte sofort wieder zu Neutralfett zusammentreten, oder ob das Fett in Form feinster Tröpfchen unverändert zur Resorption und zum Ansatz gelangt.

MUNK[4] konnte wie LEBEDEFF feststellen, daß Hunde, die längere Zeit mit Rüböl oder Hammeltalg gefüttert waren, diese Substanzen als solche, in ihren Fettlagern enthielten.

In sehr ausgedehnten Versuchen hat ROSENFELD[5] alle diese Beobachtungen bestätigt. Nach längerem Hunger und bei ausgiebiger Fütterung mit gut charakterisierbaren Fettarten läßt sich bei Hunden und Hühnern der Ansatz dieser sogenannten „körperfremden" Fette in den Fettlagern dieser Tiere erzielen. Dabei lagert sich dieses Fett aber nicht in der Leber ab. Sie hat also nichts mit dem Ansatz von aufgenommenem Fett zu tun. Immerhin möchte ich darauf hinweisen, daß zur Erzielung einer Ablagerung größerer Mengen körperfremder Fette in den Fettlagern besondere Umstände erforderlich zu sein scheinen (Hunger, Fettverarmung, reichliche Zufuhr der körperfremden Fette für längere Zeit).

[1] RADZIEJEWSKI: Experimentelle Beiträge zur Fettresorption. Virchows Arch. f. pathol. Anat. u. Physiol. 43, 268. 1868.

[2] MUNK, J.: Zur Lehre von der Resorption, Bildung und Ablagerung der Fette. Ebenda 95, 15. 1883.

[3] LEBEDEFF: Woraus bildet sich Fett in Fällen der akuten Fettbildung. Pflügers Arch. f. d. ges. Physiol. 31, 15. 1883.

[4] MUNK, J.: Über die Bildung von Fett und Fettsäuren im Tierkörper. Arch. f. Physiol. 1883, S. 273.

[5] ROSENFELD, G.: Die Herkunft des Fettes. Verhandl. d. dtsch. Kongr. f. inn. Med. 1899, S. 503 und Ergebn. d. Physiol. Bd. I u. II.

Denn in der Regel ist die Zusammensetzung des Fettes für die einzelne Tierart recht charakteristisch, also konstant, was man am besten nur mit einem spezifischen Aufbau des mit der Nahrung in verschiedener Zusammensetzung zugeführten Fettes befriedigend zu erklären vermag. Denn Hammelfett ist Hammelfett, Hundefett Hundefett usw., das weiß man schon nach Geruch und Geschmack und wissenschaftlich durch Bestimmung des Schmelzpunktes und vieler anderer chemischer Eigenschaften der verschiedenen Fette.

Zieht man die Summe aus diesen kurzen Betrachtungen, die selbstverständlich das Thema und die Literatur dieser Forschungen auch nicht annähernd erschöpfen können, so ergibt sich eigentlich sehr sicher die Tatsache, daß die Leber bei der Verarbeitung des resorbierten Fettes nicht beteiligt ist.

Da muß man aber doch fragen, ob denn gar kein Fett die Leber, nach seiner Resorption im Darme, passiert.

Wenn man bei einem Hunde in der Fettresorption die Vena portae freilegt, so kann man ihr entlang ziehend sehr deutlich einige weißlich gefärbte Lymphbahnen sehen, die in der Leber verschwinden. Ich habe dies wiederholt bei meinen Operationen an der Hundeleber feststellen können. Da diese Lymphgefäße weißlichen Inhalt haben, wie alle Chylusgefäße bei der Resorption, so kann es sich bei dieser Beobachtung nicht um abführende Lymphbahnen aus der Lebersubstanz handeln. Die Leber erhält also auf dem Lymphwege ebenfalls etwas Fett.

Man hat aber auch schon lange aus dem Pfortaderblut Fettstoffe extrahiert und sie Elaine genannt. Ausreichende Untersuchungen, vor allem Vergleiche mit dem Lebervenenblut, stehen aber noch aus, so daß sich noch nichts Bestimmtes über diesen Fettanteil aussagen läßt. Sicher ist, daß das Darmvenenblut offenbar einen in Größe und Beschaffenheit wechselnden Anteil von Fett aufnehmen kann und so auch der Leber zuführt. Es ist anzunehmen, daß das Fett vor allem auch in seiner wasserlöslichen Form als Seife so transportiert wird.

Um über die Leichtigkeit, mit der Seifen in der Leber etwa in Fett übergehen, eine Vorstellung zu erhalten, habe ich[1] im Verein mit W. Gross versucht, ob eine Fettbildung unter diesen Umständen — wir benutzten eine Mesenterialvene zur Injektion — nachzuweisen ist. Für den mikroskopischen Nachweis gelingt dies nur, wie schon hervorgehoben, für stearinsaure Seifen, nicht aber für oleinsaure. Daß die Leber Seife irgendwie aufsammelt, weiß man ja durch die Munkschen Versuche, dem es gelang, durch Injektion toxischer Gaben von Seife durch den Portalweg die viel geringere Giftigkeit dieser Applikationsart gegenüber einer Injektion durch eine andere Körpervene darzu-

---

[1] Fischler, F. und Gross, W.: l. c. S. 81, Nr. 1.

tun. Allerdings erbringen diese Experimente keinen direkten Schluß für das Verhalten des Fettes in der Leber, und der negative Ausfall ist daher nicht unbedingt beweisend für eine Unmöglichkeit des Fettansatzes in der Leber auf dem Lymph- oder Blutwege.

JOANNOVICS und PICK[1]) haben nun sehr interessante Mitteilungen über die Möglichkeit der Aufnahme von Fett in der Leber gemacht, welches direkt mit der Nahrung zugeführt wird. Sie verwendeten Lebertran, der durch sein hohes Jodbindungsvermögen sich chemisch genauer charakterisieren läßt. Das Fett der Leber von Tieren nach Lebertranfütterung zeigte auf der Höhe der Verdauung nun eine sehr hohe Jodbindungszahl 151,34 gegen 69,85 des Leberfettes der nichtgefütterten Tiere. Legten sie aber Hunden eine Ecksche Fistel an und fütterten sie die Tiere dann in gleicher Weise mit Lebertran, so verhielt sich das Fett der Leber, die unter den Bedingungen der E. F. stand, wie das Leberfett normaler nichtgefütterter Tiere und zeigte die Jodbindungszahl 63,43. Daraus muß der Schluß abgeleitet werden, daß die Leber für die resorptive Aufnahme von Lebertran von wesentlicher Bedeutung ist. Ob aber dieser Schluß, wie das JOANNOVICS und PICK tun, für Fett ganz allgemein angenommen werden darf, ist damit meines Erachtens noch nicht mit Sicherheit erwiesen. Man darf nicht vergessen, daß durch die Experimente an Chylusfisteln doch der eindeutige Beweis geliefert ist, daß weitaus die Hauptmenge des resorbierten Nahrungsfettes an der Leber vorbeizieht und den Chylusweg einschlägt. Es ist mehr als wahrscheinlich, daß aber nicht alle Fette sich so verhalten, namentlich solche, die ausweislich der hohen Jodbindungszahl mit chemisch recht reaktionsfähigen Gruppen ausgestattet sind, wie der Lebertran. Die Untersuchungen der beiden Autoren beweisen aber die Möglichkeit, daß auf dem Wege der Pfortader Fette in erheblichem Maße transportiert werden können und daß, wenn dieser Weg verlegt ist, wie durch die Portalblutableitung geschieht, in der Leber auch keine Ablagerung von Fett stattfindet. Das Lebertranfett verschwindet aber auch relativ rasch wieder aus der Leber, was dem transitorischen Charakter der Leberfettablagerungen ganz allgemein entspricht. Die Fettanhäufung in der Leber bleibt ferner aus bei Anlegung einer kompletten Gallenfistel und bei der Exstirpation des Pankreas, weiter aber auch wenn die Milz entfernt wurde, wobei aber in einiger Zeit Kompensationen unbekannter Art erfolgten.

Bei einer sehr reichlichen Fett- oder Kohlenhydratnahrung sieht man endlich auch die Leber immer stark fetthaltig werden, wenn die sonstigen Fettlager ebenfalls gefüllt sind. Es tritt das ein, was als

---

[1]) JOANNOVICS, G. und PICK, E. P.: Experimentelle Untersuchungen über die Bedeutung der Leber bei der Fettresorption unter normalen und pathologischen Verhältnissen. Verhandl. d. dtsch. pathol. Ges. **14**, 268. 1910.

Mastfettleber zu bezeichnen ist, wofür die Gänseleber ja das typischste und bekannteste Beispiel darstellt.

Auch beim Menschen, hauptsächlich beim kindlichen Organismus, tritt bei Überangebot von Milch-Kohlenhydratnahrung leicht eine Mastfettleber auf. Endlich kann die Leber auch bei sonstiger starker Adipositas eine Ablagerungsstätte für Fett werden. Immerhin liegen die Verhältnisse für das Zustandekommen einer Fettmastleber nicht so einfach, da besonders in jüngster Zeit von JUNKERSDORF[1]) der Antagonismus zwischen Fett- und Glykogenansatz in der Leber betont wurde. Auf diese Bedingtheiten werde ich im letzten Kapitel besonders zurückkommen.

Alle Zustände der Fettmast der Leber stellen aber Ausnahmefälle dar und dürften wohl auf der Grenze zwischen Physiologischem und Pathologischem stehen.

Wenn man aber nun in der Mastfettleber auch noch physiologische Vorkommnisse sehen kann, so wird dies unmöglich bei den Arten von Fettlebern, die ich jetzt zu besprechen habe, und deren Prototyp die Leber bei Phosphorintoxikation ist.

Eine sehr große Anzahl pathologischer Vorgänge geht regelmäßig mit der Entwicklung einer Fettleber einher und man ist nach dem Verlauf der Erscheinungen nicht mehr berechtigt, die Fettanhäufung in der Leber unter solchen Verhältnissen als eine physiologische anzusehen. Die Begriffe „Fettinfiltration" und „Fettdegeneration" haben ja gerade auch am Beispiele der Fetterscheinung in der Leber eine bekannte und ausgedehnte Erörterung erfahren.

Wie hat man sich nun in solchen Fällen das Zustandekommen dieser Fettanhäufungen in der Leber zu erklären? Wir haben ja soeben gesehen, daß nur ausnahmsweise Fett in größerer Menge sich in der Leber findet.

Man führte die Entstehung der „pathologischen" Fettleber darauf zurück, daß unter der Einwirkung der schädlichen Agentien das Fett in loco aus Eiweiß entstehe, weil das Eiweiß nun nicht mehr richtig umgesetzt und verbrannt würde. Eine solche Vorstellung setzt voraus, daß ein Eiweißzerfall unter Fettbildung überhaupt möglich ist, und auch daß Fett in der Leber fortwährend lebhaft umgesetzt werden kann.

LEBEDEFF[2]) hat als Erster in diese verwickelten Verhältnisse Klarheit gebracht. Er zeigte an der Phosphorleber, daß das Fett unter diesen Verhältnissen nicht in loco entsteht, sondern von außen mit der Zirkulation herantransportiert wird. Seine Hunde mit Leinölfett-

---

[1]) JUNKERSDORF, P.: Das Verhalten der Leber bei Glykogenmast. Pflügers Arch. f. d. ges. Physiol. 187, 269. 1921.

[2]) LEBEDEFF: l. c. S. 84, Nr. 3.

depots wiesen nach der Wirkung der Phosphorvergiftung nicht Hundefett in ihrer Leber auf, was zu erwarten gewesen wäre, wenn das Fett
dort aus dem Lebereiweiß entstanden sein sollte, sondern eben Leinöl.
Dabei war die Leber dieser Tiere beim Aufsammeln der Leinölfett-
depots frei von diesem Fette geblieben. Dieser Versuchsausfall heißt mit
anderen Worten nichts anderes, als daß das Fett der Leber bei Phosphorintoxikation in ausgedehntem Maße in die Leber einwandert.

ROSENFELDS[1]) umfassende und genaue Wiederholungen dieser Versuche ergaben nun denselben Befund. Überdies zeigte er noch, daß
Tiere, welche möglichst fettarm gemacht waren, unter der Wirkung
der Phosphorvergiftung keine Fettleber bekamen, trotz sonstiger entsprechender Protoplasmaveränderungen der Zellen. Eine pathologische
Umsetzung von Zelleiweiß in Fett darf also wohl nicht angenommen
werden, sondern es findet nur eine sehr starke Fetteinwanderung in
die Leber statt.

Diese Erfahrungen stimmen mit sonstigen Versuchsresultaten über
die Frage der „fettigen Degeneration" überein. Ich selbst[2]) habe Beweise für die Anschauung herbeibringen können, daß das Fett bei Fettdegeneration der Zellen nicht aus dem Zellmateriale in loco stammt,
sondern von außen herbeigeführt wird. Dabei konnte ich auch die
Gesetze ableiten, welche für das Auftreten von Fett unter „degenerativen" Verhältnissen maßgebend sind. Wenn man durch Abbinden
eines Astes der Nierenarterie einen experimentellen Niereninfarkt macht,
so bleibt das Innere des Infarktes für den mikroskopischen Nachweis
völlig fettfrei. Die Randzone aber ist in einem schmalen Stück überall, schon nachdem der Infarkt etwa 24 Stunden besteht, außerordentlich stark von Fett erfüllt. Sowie man in das gesunde Gebiet kommt,
hört der Fettgehalt der Nierenparenchymzellen, der interstitiellen Zellen
und der Leukocyten, die sehr zahlreich im Rande des Infarktes vorhanden sind, vollkommen auf. Eine nähere Analyse ergibt, daß alle
Zellen, die keinen Kern mehr haben, in dem Infarktrande auch frei
oder nahezu frei von Fett sind. Primär abgestorbene Zellen können
also kein Fett bilden. Die besser erhaltenen Zellen in dem Infarktrand-
gebiete sind aber stark fetthaltig, vor allem die Leukocyten. Aus diesem Verhalten geht unmittelbar hervor, daß das Auftreten von Fett
in den Zellen an das Vorhandensein einer Zirkulation geknüpft ist,
denn das Infarktinnere verfettet nicht, obwohl die Schädigung der
Zellen dieses Gebietes natürlich bis zum Zelltod führt. Am Infarktrande ist aber noch eine gewisse Zirkulation erhalten, hier verfetten

---

[1]) ROSENFELD, G.: l. c. S. 84, Nr. 5.

[2]) FISCHLER, F.: Über den Fettgehalt von Niereninfarkten zugleich ein Beitrag zur Frage der Fettdegeneration. Virchows Arch. f. pathol. Anat. u. Physiol.
170, 100. 1902.

auch die Zellen, aber nur solange sie leben. Zellen mit Kernverlust können nicht mehr verfetten, d. h. die Verfettung ist an einen Umsatz von außen, d. h. also an den Stoffwechsel gebunden, also auf die Zirkulation angewiesen. Waren diese Vorstellungen richtig, so mußte ein nur temporär abgesperrtes Gebiet der Niere verfetten, wenn es nachher wieder dem Blutstrom zugänglich gemacht wurde, nachdem es durch die Blutabsperrung einen erheblichen Grad von Schädigung erlitten hatte. Waren die Zellen aber soweit geschädigt, daß sie abstarben, so durfte auch keine Verfettung in ihnen auftreten. Das habe ich im Experiment auch alles nachweisen können. Wird die temporäre Absperrung des Blutstromes über 2 Stunden durchgeführt, so gehen die Nierenparenchymzellen zugrunde, die Zellen des interstitiellen Bindegewebes aber noch nicht. Wird dann der Blutstrom etwa 24 Stunden wieder durch das abgesperrt gewesene Gebiet geleitet, so verfetten die abgestorbenen Nierenparenchymzellen nicht, wohl aber die Zellen des interstitiellen Bindegewebes, die resistenter als die Parenchymzellen sind. Wird die Absperrung des Blutstromes nur kurze Zeit durchgeführt, so erhält man bei Wiedereinschaltung des Blutstromes je nach dem Grade der Schädigung alle Abstufungen von Verfettung, ja man kann auch eine restitutio ad integrum erzielen, wenn der Blutstrom nicht zu lange abgesperrt war und das temporär nicht durchblutete Gebiet verhält sich dann nach einigen 24 Stunden der Durchblutung wieder völlig normal.

Die Gesetze, die ich für das Auftreten von Fett unter Verhältnissen der Schädigung der Zellen ableiten konnte, sind also folgende:

Eine Verfettung kann nur auftreten, so lange eine Zirkulation, wenn auch in vermindertem Maße, sei es Blut- oder Lymphzirkulation, besteht. Das Fett der Fettdegeneration entsteht nicht in loco, sondern durch Heranführung mit einer Zirkulation. Zur Verfettung ist das Leben der Zelle nötig. Abgestorbene Zellen verfetten nicht, auch wenn der Blutstrom sie umspült. Die Verfettung ist dem Grade der Schädigung ungefähr proportional; je stärker die Zellen geschädigt sind, desto leichter tritt Verfettung ein, um gegen das Absterben hin wieder abzunehmen und dann ganz aufzuhören. Die degenerative Verfettung kann sich wieder völlig zurückbilden, wenn normale Zirkulationsverhältnisse vorhanden sind und keine zu starke Schädigung der Zellen eingetreten war.

Diese Gesetze lassen sich nun auf die allermeisten Fälle von Auftreten von Fett unter schädlichen Bedingungen anwenden, so daß die Verfettung geradezu ein Gradmesser für die Zellschädigung darstellt.

Bei der Phosphorintoxikation tritt ebenfalls eine Schädigung der Leberzellen selbst ein, die näher zu definieren noch nicht möglich ist, aber eine mehr oder weniger spezifische Schädlichkeit für sie darstellt.

Ein Gemeinsames liegt für die beiden Fälle der Nierenzellenschädigung durch temporäre Blutabsperrung und Leberzellenschädigung durch Phosphorintoxikation in den erhöhten Ansprüchen an die Zelleistung, die durch das Fortbestehen des Stoffaustausches an die in ihrer Vitalität herabgesetzten Zellen zu suchen ist. Das erweckt leicht die Vorstellung, daß die Zelleistung dabei eine unvollkommene sein müsse, also auch unvollkommene Umsetzungen sich geltend machen könnten, besonders wenn einseitig eine Überfülle von Material herangeführt wird, hier für die Leber das Fett. In diesem Zusammenhange muß man einer wichtigen Beobachtung G. Rosenfelds[1]) gedenken, der die unter Phlorrhizinwirkung eintretende Leberverfettung verhüten konnte, wenn gleichzeitig genügende Mengen von Kohlenhydrat oder Eiweiß verfüttert wurden.

Wir wissen vom letzten Kapitel her, daß die notwendige Funktion der Leber die Erhaltung eventuell die Produktion einer bestimmten, nicht allzukleinen Menge disponiblen Traubenzuckers zur Erhaltung des Blutzuckerspiegels ist. Anders ausgedrückt lautet dies im Sinne einer Entlastung der Leberfunktion: man sorge für einen genügenden Grad von Zuckerzufuhr, dann wird die zuckerproduzierende Kraft der Leber nicht in Anspruch genommen. Soeben haben wir als ein Gemeinsames für die Entstehung der Verfettung in Zellen eine Vermehrung der Ansprüche an die Zelleistung kennen gelernt. In der Beobachtung Rosenfelds darf man insofern eine Bestätigung dieser Ansicht sehen, als eine Verminderung an die funktionelle Beanspruchung der Leberzelle darin liegt, daß man ihr die Zuckerproduktion quasi abnimmt, wenn man Zucker per os zuführt. Damit gelingt nun bis zu einem gewissen Grade gleichzeitig auch die Verhütung oder Hintanhaltung der „degenerativen Verfettung" der Leberzelle. Ich glaube, daß solche Beobachtungen einen sehr wichtigen Fingerzeig auch für therapeutisches Handeln geben können, ganz abgesehen davon, daß sie einen möglichen Einblick in die Bedingungen der Verfettung gewähren dürften. Denn ganz allgemein wird man für das Auftreten degenerativer Verfettungen der Leberzellen eine Erhöhung ihrer Zelleistung heranziehen dürfen, die auch dann gegeben ist, wenn an sie, bei bestehender Schädigung, nur die physiologischen Ansprüche gestellt werden. Die Entwicklung der meisten pathologischen Fettlebern läßt dieses Moment nicht vermissen, sei es als solches ganz direkt feststellbar, wie beim Diabetes, der Pankreasexstirpation oder der Phlorrhizinwirkung, deren Einflüsse ja besonders in einer Stoffwechselsteigerung bestehen, sei es indirekt durch die begleitenden Gewebseinschmelzungen auffindbar, von denen ich im folgenden Kapitel nachweisen werde, daß sie der Leber be-

---

[1]) Rosenfeld, G.: l. c. S. 84, Nr. 5.

sondere Lasten auferlegen. Überdies muß ich noch einmal ganz besonders darauf hinweisen, daß eine geschädigte Zelle schon durch die normalen Stoffwechseleinflüsse eine Überbürdung erfährt.

So auffällig diese Beispiele eines zweifellos vermehrten Fettumsatzes in der Leber unter einer Reihe von pathologischen Einwirkungen auch sind, so folgt aus ihnen doch noch nicht mit Sicherheit, daß die Leber am Fettumsatze notwendig beteiligt ist. Dafür müssen wir nach zwingenderen Beispielen suchen.

Die öftere Blutentnahme bei Hunden mit E. F. zeigte mir nun einen höchst auffallenden Befund, daß nämlich das Blutserum bei ihnen während der Verdauung fettreicher Nahrung häufig gar nicht, oder nur in sehr geringem Grade getrübt war. Hierin besteht ein markanter Unterschied zwischen dem Blutserum normaler und E. F.-Tiere. Meine Bestrebungen diese Differenzen aufzuklären haben bisher nicht zum Ziele geführt. Eine ungenügende Fettresorption liegt beim E. F.-Hund dem Symptomenkomplex jedenfalls nicht zugrunde. Eine Erklärung vermute ich in den veränderten Verhältnissen der Fermentverwertung im Körper E. F.-Tiere. Bei Tieren, bei welchen normalerweise eine Unabgeschlossenheit des Pfortadersystems besteht, bei den Vögeln, findet man z. B. auch keine Serumtrübung nach Fettresorption. Wohl aber kann man bei ihnen, was sehr merkwürdig ist, eine Serumtrübung nach Kohlenhydratfütterung finden.

Durch HAGEMANN[1]) habe ich bei E. F.-Hunden nach Veränderungen des antitryptischen Titers des Blutserums suchen lassen. Solange die Tiere wohl waren, konnte HAGEMANN keine Veränderung des Titergehaltes gegenüber normalen Tieren feststellen. Bei Krankheitszuständen dieser Tiere, die infolge der Anlegung der Portalvenenfistel aber auftreten, auf die ich in einem späteren Zusammenhang noch zurückzukommen habe, konnte er Veränderungen finden. In einer einfachen Weise lassen sich aber die Störungen der Fettresorption Eckscher Fistelhunde, wie sie sich aus dem Ausbleiben oder der auffällig schwachen Serumtrübung nach Aufnahme fetthaltiger Nahrung ergeben, nicht erklären. Das Faktum eines veränderten Verhaltens der Fette im Blutserum E. F.-Tiere möchte ich aber doch erwähnen.

Es lassen sich aber noch weitere Beweise für die Störungen des Fettumsatzes bei funktioneller Drosselung der Leber anführen. Sie betreffen die Acetonkörperbildung.

Nach heute allgemein gültigen Vorstellungen ist die Acetonkörperbildung im wesentlichen vom Fettumsatz abhängig. MAGNUS-LEVY[2])

---

[1]) HAGEMANN: Hat die Leber funktionelle Bedeutung für die Entgiftung proteolytischer Fermente. I. D. Heidelberg 1912.

[2]) MAGNUS-LEVY, A.: Handbuch der Stoffwechselpathologie von v. NOORDEN **1**, 181. 1906.

hat dafür in v. NOORDENS Handbuch der Pathologie des Stoffwechsels die Beweise zusammengetragen und man darf diese Beweisführung für gesichert halten. Man kennt zwar auch heute noch nicht mit Sicherheit den Weg der Fettaufspaltung im Körper, immerhin weiß man, wie ich sofort zeigen werde so viel davon, daß die Acetonkörperbildung mit dieser Aufspaltung aufs engste verknüpft ist. Früher hatte man ja geglaubt, daß die Muttersubstanzen des Acetons im Harne der Diabetischen die Kohlenhydrate seien. Nach den Überlegungen STADELMANNS[1]) mußte aber bei der erhöhten Ammoniakausscheidung der Diabetiker die Möglichkeit einer Säurebildung im Körper bestehen und er hat wohl als Erster die Auffassung des Coma diabeticum als Säurevergiftung ausgesprochen. MINKOWSKI[2]) konnte diese Annahme STADELMANNS bald darauf bestätigen, bewies aber, daß diese Säure nicht Crotonsäure war, wie STADELMANN angenommen hatte, sondern β-Oxybuttersäure, deren Reindarstellung aus dem Urin Diabetischer ihm auch gelang. Er erkannte auch die Beziehungen dieser Säure zur Acetessigsäure und dem Aceton. E. KÜLZ[3]) hatte gleichzeitig mit MINKOWSKI die β-Oxybuttersäure entdeckt, wodurch diese Ansichten sehr rasch an Boden gewannen.

Die Verknüpfung dieser Substanzen mit der Lebertätigkeit erfolgte aber erst viel später, und zwar gelang dies in einwandfreier Weise zuerst G. EMBDEN. EMBDEN konnte im Verein mit ALMAGIA[4]) nach der Durchströmung einer überlebenden Leber mit Blut eine jodoformbindende Substanz auffinden, die als Aceton berechnet rund etwa 0,1 gr betrug. EMBDEN und F. KALBERLAH[5]), sowie EMBDEN, H. SALOMON und FR. SCHMIDT[6]) konnten dann weiterhin zeigen, daß durch die überlebende Leber tatsächlich Aceton gebildet und an das durchströmende Blut abgegeben wird. Für die Leberpathologie noch wichtiger war die Feststellung, daß keine Acetonbildung bei der Durchblutung von Muskel, Niere und Lunge auftrat, der Leber diese Eigenschaft also wohl spezifisch zukommt.

---

[1]) STADELMANN, E.: Über die Ursachen der path. NH_3-Ausscheidung beim Diabetes mellitus und Coma diabet. Arch. f. exp. Pathol. u. Pharmakol. 17, 419. 1883.

[2]) MINKOWSKI, O.: Über das Vorkommen von Oxybuttersäuren im Harn bei Diab. mell. usw. Ebenda 18, 35 u. 147. 1884.

[3]) KÜLZ, E.: Zeitschr. f. Biol. 20, 165. 1884 und Zur Prioritätsfrage bezügl. d. Oxybuttersäure im diab. Harn. Arch. f. exp. Pathol. u. Pharmakol. 18, 290. 1884.

[4]) EMBDEN, G. und ALMAGIA, M.: Über das Auftreten einer flüchtigen jodoformbindenden Substanz bei der Durchblutung der Leber. Hofmeisters Beiträge 6, 59. 1904.

[5]) EMBDEN, G. u. KALBERLAH. F.: Über Acetonbildung in der Leber. Ebenda 8, 121. 1906.

[6]) EMBDEN, G., SALOMON, H. und SCHMIDT, FR.: Ebenda 8, 129. 1906.

EMBDEN[1]) und seine Mitarbeiter konnten aber auch die Gesetze aufklären, die diesem chemischen Mechanismus im Körper zugrunde lagen. Einmal gelang es bald im Anschluß an die Vorstellungen, die F. KNOOP[2]) aus dem Abbau aromatischer Fettsäuren im Tierkörper entwickelt hatte, daß nämlich die Oxydation der Seitenkette an der β-Stellung angreift, und nun die Carboxylgruppe in β-Stellung zur ursprünglichen Carboxylgruppe steht, auf den Abbau der normalen Fettsäuren der aliphatischen Reihe zu übertragen. Es werden zwei C-Atome weggesprengt und es entsteht eine Säure mit Verlust der beiden endständigen C-Atome (EMBDEN und MARX)[3]). Das gilt aber nur für die normalen, d. h. unverzweigten Kohlenstoffketten. Auch eröffnete sich aus diesen Feststellungen eine Vorstellung über die Möglichkeit der Bildung niederer Fettsäuren aus höheren. Da die β-Oxybuttersäure aus einer 4-Kohlenstoffkette besteht, so kann eine Acetonbildung natürlich am einfachsten aus chemischen Substanzen erfolgen, die vier oder mehr Kohlenstoffatome in der Kette haben. EMBDEN und MARX haben die Bildung von Aceton in der überlebenden Leber von der Normalbuttersäure bis zur Normaldecansäure (Caprinsäure) verfolgt und gefunden, daß die n-Buttersäure, n-Capronsäure, n-Octylsäure (Caprylsäure) und n-Decansäure gute Acetonbildner sind, während die dazwischenliegenden Säuren mit ungerader Kohlenstoffzahl (n-Valeriansäure, n-Heptylsäure, n-Nonylsäure) die Acetonbildung in der Leber nicht beeinflussen. Nach der Regel von der Absprengung von zwei endständigen C-Atomen ist dieses Resultat zu erwarten gewesen und wurde im Versuch bestätigt. Es gelang aber auch einen Einblick in die Aufspaltung der im Tierkörper so verbreiteten und wichtigen α-Aminosäuren zu erhalten, der aliphatischen, wie aromatischen. Aus Leucin, der α-Aminoisobutylessigsäure, wurde Aceton gebildet, nicht aber aus dem Valin, der α-Aminoisovaleriansäure. Ebenso verhielt sich die α-Aminobuttersäure und die α-Aminocapronsäure, dagegen bildet die α-Aminovaleriansäure Aceton. Die α-Aminosäuren werden nach EMBDEN unter Abspaltung des Carboxylkohlenstoffatoms in Substanzen — wahrscheinlich Fettsäuren — mit einem C-Atom weniger umgewandelt und verhalten sich dann wie Fettsäuren bei der Abspaltung im Körper. Es ist klar, daß mit diesen Feststellungen die Acetonkörperbildung im Körper nicht mehr allein dem Körperfett zugesprochen werden kann, sondern — und das wird uns noch in einem späteren Kapitel beschäftigen — wenigstens teil-

---

¹) EMBDEN, C.: Beitrag zur Lehre vom Abbau des Fettes. Verhandl. d. dtsch. Kongr. f. inn. Med. 23. 1906.

²) KNOOP, F.: Der Abbau der aromatischen Fettsäuren im Tierkörper. Hofmeisters Beiträge 6, 150. 1905.

³) EMBDEN, G. und MARX, A.: Über Acetonbildung in der Leber. Ebenda 11, 318. 1908.

weise auch aus Eiweiß möglich ist. Die aromatischen Aminosäuren verhalten sich etwas anders. Nach den Versuchen von O. NEUBAUER und W. FALTA[1]) wird Phenylalanin und Tyrosin im Organismus zu Homogentisinsäure abgebaut und diese wird unter Aufspaltung des aromatischen Kernes völlig verbrannt. EMBDEN, SALOMON und SCHMIDT[2]) konnten nun zeigen, daß die im Körper verbrennbaren aromatischen Aminosäuren und die Homogentisinsäure selbst, also Tyrosin, Phenylalanin und Homogentisinsäure, aber auch Phenyl-α-Milchsäure, Aceton bilden, das dem aromatischen Kern dieser Substanzen entstammt.

Die Leber bildet aber nicht allein Aceton unter allen diesen Verhältnissen, sondern auch Acetessigsäure. Das geht aus Untersuchungen von EMBDEN und ENGEL[3]), und EMBDEN und LATTES[4]) hervor. Besonders interessant ist, daß die Leber von Tieren, die durch Exstirpation des Pankreas diabetisch gemacht waren, viel mehr Acetessigsäure produzierten, als die Leber normaler Tiere (EMBDEN und LATTES). Weiterhin wird die Acetessigsäure in der Leber aber auch in großem Umfange wieder zerstört, wie EMBDEN im Verein mit MICHAUD[5]) feststellte. Die Fähigkeit der Leber zur Acetessigsäurezerstörung wird z. B. durch 24 stündige Aufbewahrung der Leber im Eisschrank völlig vernichtet. Sie ist also ein Lebensvorgang der Leber. Doch ist er nicht auf sie beschränkt, sondern kommt im Gegensatz zu der Bildung von Aceton und Acetessigsäure, die nur in der Leber stattfindet, auch anderen Organen zu, so der Niere, Milz, Lunge, Muskulatur. Die bemerkenswerte Spezifität der Leber, die daraus für ihre größere Reichweite in der Verarbeitung allen möglichen ihr zugeführten Materiales hervorgeht, sei besonders erwähnt. Von anderer Seite erfuhren die Experimente wesentliche Stützen. Einmal wurden klinische Beobachtungen, die SCHWARZ[6]) über die Vermehrung der Acetonkörper im Organismus des Diabetischen gefunden hatte — nämlich die Steigerung der Acetonkörperausfuhr nach Eingabe von Buttersäure und Capronsäure — dem wissenschaftlichen Verständnis näher gerückt, besonders da

---

[1]) NEUBAUER, O. und FALTA, W.: Über das Schicksal einiger aromatischer Säuren bei der Alkaptonurie. HOPPE-SEYLERS Zeitschr. f. physiol. Chem. 42, 81. 1904.

[2]) EMBDEN, G., SALOMON, H. und SCHMIDT, FR.: l. c. S. 92, Nr. 6.

[3]) EMBDEN, G. und ENGEL, H.: Über Acetessigsäurebildung in der Leber. Hofmeisters Beiträge 11, 323. 1908.

[4]) EMBDEN, G. und LATTES, L.: Über Acetessigsäurebildung in der Leber des diabetischen Hundes. Ebenda 11, 327. 1908.

[5]) EMBDEN, G. und MICHAUD, L.: Über den Abbau der Acetessigsäure im Tierkörper. Ebenda 11, 332. 1908.

[6]) SCHWARZ, L.: Untersuchungen über Diabetes. Dtsch. Arch. f. klin. Med. 76, 233. 1903.

sich diese Untersuchungen J. Baer und L. Blum[1]) für Buttersäure und andere Substanzen bestätigten. Weiterhin haben auch die Feststellungen E. Friedmanns[2]) für die Kenntnis der Leberfunktionen in dieser Richtung neue Wege erschlossen. Die Leber bildet beim Durchströmen aus zugesetztem Acetaldehyd Aceton und Acetessigsäure. Man hat also hier einen Aufbau von einer 2-Kohlenstoffkette zu einer 4-Kohlenstoffkette vor sich. Sehr wahrscheinlich wird aus zwei Molekülen Acetaldehyd zunächst Aldol gebildet.

$$\text{I. } CH_3 . CHO + CH_3 . CHO = CH_3 . CH (OH) . CH_2 . CHO.$$
$$\text{II. } CH_3 . CH (OH) . CH_2 . CHO + O = CH_3 \cdot CH (OH) . CH_2 . COOH.$$
$$\text{III. } CH_3 . CH (OH) . CH_2 . COOH + O = CH_3 . CO . CH_2 . COOH + H_2O.$$
$$\text{IV. } CH_3 . CO . CH_2 . COOH = CH_3 . CO . CH_3 + CO_2.$$

Da Aldol Acetessigsäure bildet (beim Durchströmungsversuch), und die Aldolkondensation aus Acetaldehyd auch im Reagensglas leicht vor sich geht, so ist dieser Weg der Acetessigsäurebildung in der Leber sehr wahrscheinlich. Die Aldolkondensation könnte allerdings auch im Blute vor sich gehen. Die Oxydation des Aldols aber nur in der Leber. Die Beobachtung E. Friedmanns ist sehr wichtig, weil sie einen Weg möglicher Bildung von Acetonkörpern eventuell über Milchsäure anzeigt, da nach Spiro das Hydrat der Milchsäure unter Wasseraufnahme in das Hydrat des Acetaldehyds zerfallen kann, unter gleichzeitiger Entstehung des Hydrates der Ameisensäure.

Die Acetonkörper können also nicht nur aus Fett und Eiweiß in der Leber entstehen, sondern vielleicht auch aus Kohlenhydrat. Und von dieser Vielseitigkeit der Möglichkeiten des chemischen Geschehens in der Leber ein Bild zu geben, ist ja wohl eine der Hauptaufgaben der Darstellung einer Physiologie und Pathologie dieses Organes.

Die Möglichkeit, daß auch die eigentlichen Fettsäuren (Palmitin usw.) des Organismus in den angegebenen Weisen zur Bildung der Acetonkörper führen, ist heute, wenn es auch bisher noch nicht einwandfrei gelungen ist einen direkten experimentellen Beweis dafür zu erbringen, mindestens sehr wahrscheinlich gemacht. Daß gerade auch der Acetonkörperausscheidung bei Störungen des Eiweißstoffwechsels eine größere Aufmerksamkeit zugewendet werden muß, tun die neueren Untersuchungen am Alkaptonuriker von Katsch[3]) dar, auf die zurückzukommen sein wird. Es muß erwähnt werden, daß von Baer[4]) neuerdings am

---

[1]) Baer, J. und Blum, L.: Über den Abbau von Fettsäuren beim Diabetes mellitus. Arch. f. exp. Pathol. u. Pharmakol. 55, 89. 1906.

[2]) Friedmann, E.: Zur Kenntnis des Abbaues der Karbonsäuren. V. Mitt. Über eine Synthese der Acetessigsäure bei der Leberdurchblutung. Hofmeisters Beiträge 11, 202. 1908.

[3]) Katsch, G.: Alkapton und Aceton. Dtsch. Arch. f. klin. Med. 127, 210. 1918 und ebenda 134, 59. 1920.

[4]) Baer, J.: Zur Lokalisation des Fettsäureabbaus usw. Biochem. Zeitschr. 127, 257. 1921.

entleberten Frosch eine Umwandlung von β-Oxybuttersäure zu Acetessigsäure nachgewiesen ist. Doch dürfte diese interessante Feststellung bei der nicht unerheblichen Verschiedenheit des Kaltblüter- und Warmblüterorganismus die bisher entwickelten Gesetze über Entstehung und Abbau der Acetonkörper als vorwiegend der Leber allein zukommend, nicht unmittelbar berühren. Es bedarf weiter noch der Hervorhebung, daß es durch Zusatz bestimmter Substanzen zum Durchblutungsblut der Leber gelingt die Acetessigsäurebildung in ihr zu hemmen, auch wenn gute Acetessigsäurebildner zugesetzt werden, wie Tyrosin oder Isovaleriansäure. Auch sehr glykogenreiche Lebern hemmen die Bildung von Acetessigsäure stark. Diese Feststellungen verdanken wir EMBDEN und WIRTH[1]). Eine Erklärung hierfür läßt sich am einfachsten in der Vorstellung finden, daß bei Gegenwart anderer leichtverbrennlicher Substanzen, diese von den abbauenden Kräften der Leber zuerst erfaßt werden unter Schonung der einem Abbau schwerer zugänglichen. Ob eine ähnliche Vorstellung für die von BAER und BLUM[2]) entdeckte antiketogene Wirkung der Glutarsäure und der Zuckersäure, sowie der Adipinsäure, Pimelinsäure und Korksäure, höheren Homologen der Dicarbonsäuren gilt, steht noch aus. Auch Milchsäure, Glycerin, Weinsäure, Zitronensäure wirkt, wie SATTA[3]) nachwies, antiketogen und BORCHARDT und LANGE[4]) konnten dasselbe für Alanin und Glykokoll wahrscheinlich machen. Am stärksten antiketogen wirkt aber, wie allbekannt ist, Kohlenhydratzufuhr. Darauf ist nach wie vor das Hauptgewicht zu legen.

Daß auch hier „reversible" Prozesse maßgebend sind, geht aus den Untersuchungen von FRIEDMANN und MASSE[5]) hervor, die das Verschwinden der Acetessigsäure als Reduktion zu β-Oxybuttersäure im lebensfrischen Organbrei und bei der Leberdurchblutung feststellen konnten. Es werden bis 62% Acetessigsäure reduziert. Nach den Untersuchungen über die Abnahme der CO_2-Spannung in der Alveolarluft bei drohendem Coma diabeticum ist wohl auch kein Zweifel, daß die H-Ionenkonzentration an der Regulierung der Umsetzungen der Acetonkörper in der Leber ausschlaggebend beteiligt ist. Die Untersuchungen

[1]) EMBDEN, G. und WIRTH, J.: Über Hemmung der Acetessigsäurebildung in der Leber. Biochem. Zeitschr. **27**, 1. 1910.

[2]) BAER, J. und BLUM, L.: Über die Einwirkung chem. Substanzen auf die Zuckerausscheidung und die Acidose. Hofmeisters Beiträge **10**, 80. 1907 und ebenda **11**, 101. 1908.

[3]) SATTA, G.: Studien über die Bedingungen der Acetonbildung im Körper. Ebenda **6**, 376. 1905.

[4]) BORCHARDT, L. und LANGE, F.: Über den Einfluß der Aminosäuren auf die Acetonkörperausscheidung. Hofmeisters Beiträge **9**, 116. 1907.

[5]) FRIEDMANN, A. u. MASSE, C.: Zur Kenntnis des Abbaues der Karbonsäuren im Tierkörper. Biochem. Zeitschr. **27**, 447. 1910.

am überlebenden Organe reichen für solche minutiöse Versuche aber nicht aus.

Die Vorstellung quantitativer Abhängigkeiten für die Bildung oder das Unterbleiben der Bildung bestimmter Stoffe ist für reversible Prozesse aber ausschlaggebend. Eine Ergänzung aller dieser so interessanten Ergebnisse unter möglichst physiologischen Bedingungen, welche den Ablauf der so verschiedenartigen Umsetzungen letzten Endes beherrschen, erscheint daher dringend nötig. Vor allem wichtig ist es auch einen Einfluß auf die Lebertätigkeit selbst dabei zu gewinnen. Wenn, wie es ja nach allen Erfahrungen kaum mehr in Zweifel gezogen werden kann, die Bildung und Umsetzung der Acetonkörper eine mehr oder weniger leberspezifische Funktion ist, so muß sich durch erhöhte Ansprüche an die Lebertätigkeit eine deutliche Beeinflussung der Produktion solcher Stoffe von einer verminderten oder vermehrten Arbeit der Leber mit Sicherheit erzielen kann.

Zur Ausführung dieses Planes ist die Ecksche Fistel und die umgekehrte Ecksche Fistel daher das gegebene Versuchsfeld. Im Verein mit Kossow nahm ich diese Fragen in Angriff.

Vorausschicken möchte ich, daß der Eck-Hund unter gewöhnlichen Verhältnissen nie Acetonkörper ausscheidet, wie mich[1]) umfassende Untersuchungen belehrten. Eine Acidosis ist bei ihm nicht zu beobachten. Bei Hunger tritt ebenfalls bei Eck-Hunden nie Aceton auf. Bei Phosphorintoxikation scheidet er nur ganz geringe Mengen von Aceton aus, wie Bardach und ich[2]) festgestellt haben. Sicher ist also, daß die v. Ecksche Operation keine Disposition zu Acidosis schafft, sondern eher das Gegenteil. Der Hund verhält sich ja nun überhaupt etwas resistent dagegen. Die beste Methode, um bei ihm Acidosis hervorzubringen, ist Phlorrhizineinverleibung bei gleichzeitigem Hunger. Auf diese Weise gelingt es sicher eine Acidose bei ihm hervorzurufen. Dazu griffen nun auch wir.

Tatsächlich gelingt es mit Hilfe dieser Mittel auch beim E. F.-Hund eine Ausscheidung von Aceton, Acetessigsäure und β-Oxybuttersäure hervorzurufen[3]) [4]). Die Mengen dieser ausgeschiedenen Körper bleiben aber weit gegenüber denen, welche der normale Hund unter gleichen Verhältnissen ausscheidet, zurück. Nie erreicht der Eckhund die hohen Werte der Acetonkörper-

---

1) Fischler, F.: Über die Fleischintoxikation bei Tieren mit E. F. usw. Dtsch. Arch. f. klin. Med. **104**, 300. 1911.

2) Fischler, F. und Bardach, K.: l. c. S. 53.

3) Fischler, F. und Kossow, H.: l. c. S. 72.

4) Kossow, H.: Leber und Acetonkörperbildung. Dtsch. Arch. f. klin. Med. **112**, 539. 1913.

ausscheidung des normalen Hundes. Die Beeinflussung der Acetonkörperbildung im Sinne einer Verminderung durch die Drosselung der Leberfunktionen, infolge der partiellen Leber-

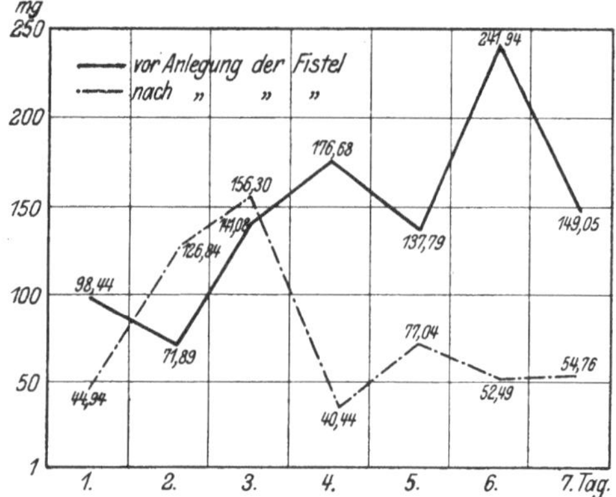

Kurve 1. Hund Nr. 137. Gew. 10 000. Aceton u. Acetessigsäure: in sieben Tagen Gesamtmenge: vor der Eckschen Fistel 1016,87 (145,29), nach der Eckschen Fistel 552,81 (78,97).

ausschaltung durch die Portalblutableitung, ist also überaus deutlich. Kossow[1]) fand den Durchschnittstageswert für Aceton + Acetessigsäure bei sieben Eck-Hunden zu 70 mg gegen 165 mg bei vier Normalhunden; für β-Oxybuttersäure betrug er für die sieben Eck-Hunde 190 mg, gegenüber 450 mg der vier Normaltiere. Die Tiere wurden alle gleichmäßig dem Hunger ausgesetzt, eine Beeinflussung durch geringeres

oder stärkeres Fettpolster, größere oder geringere Gewichtsabnahme usw. ließ sich ebenfalls ausschließen. Daß in der Leber selbst das wohl nahezu ausschließliche Moment des beobachteten Verhaltens liegt, kam

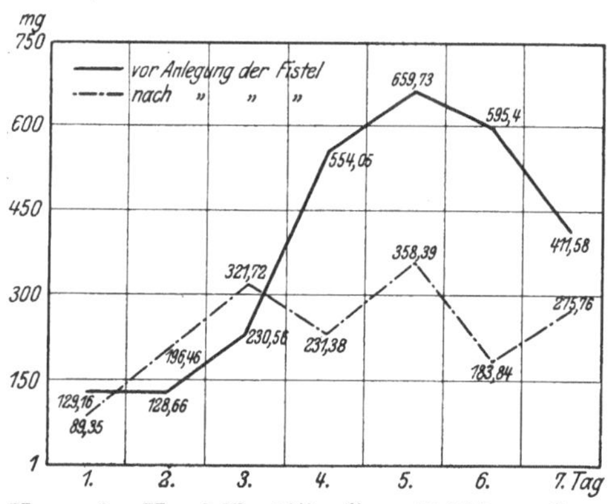

Kurve 2. Hund Nr. 137. Gew. 10 000. β-Oxybuttersäure: in sieben Tagen Gesamtmenge: vor der Eckschen Fistel 2709,14 (387,02), nach der Eckschen Fistel 1656,9 (236,7).

in einem Versuche besonders deutlich zum Ausdrucke, bei dem sich durch einen Fehler in der Operation die Unterbindung der Vena portae nachträglich gelockert hatte und die Vene für etwa 3 mm wieder durchgängig geworden war. Das Experiment an diesem Tiere schien anfänglich den übrigen Versuchen vollständig zu widersprechen, da die Verminderung in der Acetonkörperproduktion nur un-

wesentlich war unter den gleichen Bedingungen, denen die anderen E. F.-Tiere ausgesetzt waren. Die Obduktion klärte das abweichende Verhalten dieses Versuches auf, da die Anlegung der E. F. unvollkom-

---

[1]) Kossow, H.: l. c. S. 97, Nr. 4.

men war. So liegt hier sozusagen ein Experimentum crucis vor, was die erhobenen Befunde wesentlich stützt.

Um nun auch noch die Möglichkeit individueller Unterschiede auszuschalten, haben wir an einem und demselben Tiere vor und nach der Operation die Ausscheidung der Acetonkörperwerte bestimmt, indem wir es der Hunger-Phlorrhizinwirkung unterwarfen. Vor der Operation erreichten die Werte der Acetonkörper das Doppelte und mehr von dem Werte nach Durchführung der Operation. Natürlich war darauf gesehen worden, daß sich das Tier nach der Operation gut erholt hatte und annähernd das gleiche Gewicht darbot. Am besten verdeutlichen das Ergebnis der Befunde zwei Kurven, die ich aus der gemeinsamen Arbeit mit Kossow[1]) hier anführen will. Es läßt sich aus der beigegebenen Erklärung leicht ersehen, daß die Werte sowohl für Aceton $+$ Acetessigsäure, wie auch die für β-Oxybuttersäure vor der Operation beträchtlich höher liegen, als nach derselben (s. Kurve 1 u. 2 auf S. 98).

Prägt sich schon bei den Eck-Fistel-Tieren mit aller wünschenswerten Deutlichkeit der Einfluß der Lebertätigkeit auf die Produktion der ketogenen Substanzen aus, so wird sie noch viel evidenter, wenn man durch die Anlegung einer umgekehrten Eckschen Fistel die Möglichkeit schafft, daß die Leber, wenn ihr besondere Ansprüche zugemutet werden, eine erheblich größere Menge von Material, durch den bedeutend vermehrten Zufluß von Blut, wie er sich durch die u. E. F. ergibt, zugeführt erhält. Im Anfange bleiben bei Tieren mit u. E. F. die Werte für die Acetonkörper nieder, vermutlich infolge der Anhäufung der großen Glykogenvorräte der Tiere mit u. E. F. Dann aber wachsen die Acetonkörperwerte bei solchen Tieren sehr rasch, um bald excessive Höhen zu erreichen, die sogar weit über diejenigen des Normalhundes hinausgehen. Durch nichts läßt sich der Einfluß der Lebertätigkeit auf die Acetonkörperbildung so klar veranschaulichen, wie durch diese Versuchsanordnung. Die niedersten Werte gehören Tieren mit partieller Leberausschaltung durch E. F. an, höhere Werte zeigen die normalen Tiere, die höchsten aber diejenigen, deren Lebern fortdauernd einen übernormalen Zufluß des Blutes zur Leber durch Anlegung einer umgekehrten Eckschen Fistel haben.

Auch hier veranschaulicht die kurvenmäßige Darstellung das Verhalten am einfachsten. Es sind drei etwa gleichschwere Tiere in ungefähr demselben Ernährungszustand herausgesucht. Die Durchschnittswerte sind folgende:

---

[1]) FISCHLER, F. und KOSSOW, H.: l. c. S. 72.

Tägl. Durchschnittswert aus sieben Versuchstagen

	Gew.	Aceton + Acetessigs.	β-Oxybutters.
Eckscher F.-H.	10100 g	50 mg	90 mg
Normalhund	10300 „	124 „	233 „
Umgekehrt E. F.-Hund	9500 „	300 „	982 „

Kurve 3. Aceton- und Acetessigsäureausscheidung des Eck-Hundes, Normalhundes und des umgekehrten Eck-Hundes.

DieVersuche haben aber keine Entscheidung darüber gebracht, ob der Leber allein die Acetonkörperbildung zugeschrieben werden darf. Denn da die Leber der Tiere mit E. F. in einem wenn auch nur bescheidenen Grade noch im Körperblutstrom liegt (Art. hepatica), so ist es zwar sehr wahrscheinlich, daß die von E. F.-Hunden produzierte verminderte Menge von Acetonkörpern allein aus der funktionell gedrosselten Leber stammt, andere Quellen lassen sich aber nicht ausschließen.

Weiter ist daran zu erinnern, daß auch der Nachweis der Herkunft der Acetonkörper aus Fett noch nicht endgültig gesichert ist, da sie ja auch aus Aminosäuren herstammen können. Allerdings weist die bei Phlorrhizinvergiftung gleichzeitig stattfindende Fetteinwanderung in die Leber ja fast zwingend auf die wesentlichste Beteiligung dieser Substanz hin.

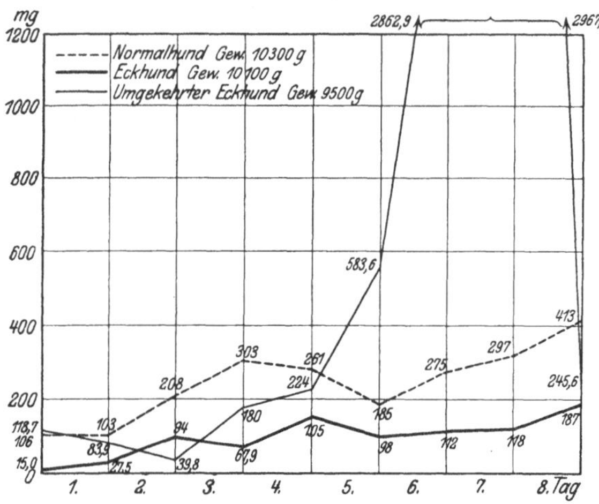

Kurve 4. β-Oxybuttersäureausscheidung des Eck-Normal- und umgekehrten Eck-Hundes.

Auch sei hervorgehoben, daß die Leber bei Tieren mit umgekehrter Eckscher Fistel meist sehr viel größer ist, wie bei normalen. Das mag zum großen Teil auf die stärkere Durchblutung zurückzuführen sein. Auffallen muß es aber, wenn nach sieben Tagen Hunger-Phlorrhizin-Versuch ein Gewicht der Leber gefunden wird, das 4,5% des Gesamtgewichtes des Tieres ausmacht. Ich habe schon eingangs darauf hingewiesen, daß das Gewicht der Leber im Durchschnitt beim Hunde nur zu 3,3% (JUNKERSDORF) veranschlagt werden darf. Hier finden wir um 1,2% mehr. Das weist im Verein mit anderen Beobachtungen auf eine erhebliche funktionelle Mehrtätigkeit der Leber hin, so daß auch schon rein anatomisch eine Stütze der vorgebrachten Anschauung gegeben ist. Leider haben wir das relative Lebergewicht nicht in größeren Reihen bestimmen können, dies bleibt späteren Versuchen vorbehalten.

Sicher ergibt sich aus allen diesen Befunden, daß die Leber der Ort ist, an dem die Acetonkörper ganz oder doch ganz vorwiegend entstehen und damit sehe ich in diesen Versuchen eine wichtige und nötige Ergänzung der Forschungen G. EMBDENS. Denn die Resultate, welche an Experimenten am überlebenden Organe gewonnen sind, stellen nicht notwendig eine Wiederholung tatsächlichen physiologischen Geschehens im Körper dar, sondern bedürfen der Bestätigung unter physiologischen Bedingungen, wenn sie zwingend sein sollen.

Die vorgebrachten Experimente erfüllen nun diese Voraussetzungen. Die Leber ist also ein Ort, vielleicht **der** Ort der Bildung von Aceton, Acetessigsäure und β-Oxybuttersäure.

Da aber die Leber im Versuch am überlebenden Organe auch aus Aminosäuren Acetonkörper produziert, so schien mir auch dafür eine weitere Bestätigung unter möglichst physiologischen Verhältnissen nicht unerwünscht. KERTESS[1]) hat es auf meine Veranlassung unternommen, dafür die Beweise zu erbringen und damit zu zeigen, daß es eine notwendige Funktion der Leber sein muß, zugeführte Aminosäuren unter bestimmten Bedingungen so zu verarbeiten. Auch hier wurde der Versuch am Hunger-Hund unter Phlorrhizinanwendung gewählt. KERTESS konnte zeigen, daß die Höhe der Acetonkörperausscheidung beim E. F.-Hund bei intravenöser Einverleibung von d-l-Leucin von einer Vene des Hinterbeines aus nicht beeinflußt wird. Wird dasselbe Experiment aber bei Hunden mit u. E. F. ausgeführt, so bewirkt die intravenöse Einfuhr von d-l-Leucin sofort eine klare Steigerung der Werte aller Acetonkörper.

Der Unterschied im Ergebnis der Versuchsresultate war erwartet und liegt in der verschieden raschen Möglichkeit einer Berührung des Leucins mit der Leber. Die Injektion von Leucin in die Vene eines

---

[1]) KERTESS, E.: Zur Frage des Entstehungsortes der Acetonkörper. Hoppe-Seylers Zeitschr. f. physiol. Chem. **106**, 258. 1919.

Hundes mit E. F. führt es zunächst dem allgemeinen Stromkreis zu und nur ganz partiell der Leber in dem Maße nämlich, als es nach seiner Verdünnung im Kreislauf mit der Art. hepatica wieder in die Leber gelangt. In welchem Grade und ob überhaupt Leucin unter diesen Umständen in die Leber gelangt, ist nur sehr schwierig zu beantworten. Es könnte sogar schon vorher im Körper anders verarbeitet werden. Sicher gelangt also nur ein sehr bescheidener Teil unter dieser Versuchsanordnung in das Organ. Dagegen wird die ganze Menge des Leucins bei der Versuchsanordnung der u. E. F. der Leber sozusagen in konzentrierter Form zugeführt, da die Venen des Hinterbeines ja nun direktes Quellgebiet des Leberblutes sind. Es wird vermutlich dort momentan zurückgehalten und dann aufgespaltet. Aus den Versuchen geht ferner hervor, daß Leucin offenbar nur in der Leber unter Bildung von Acetonkörpern zerlegt werden kann, während seine Verarbeitung sonst im Körper auf anderen Wegen verläuft. Wir lernen hiermit also eine neue leberspecifische Funktion kennen. Wenn aber auch die Leber unter den pathologisch-physiologischen Bedingungen dieses Versuches die Fähigkeit besitzt aus Leucin Acetonkörper zu produzieren, so ist damit noch nicht gesagt, daß man im Leucin eine wesentliche Quelle der Acetonkörper zu sehen hat, da es äußerst fraglich ist, ob unter den Bedingungen des Lebens je eine so starke Überschwemmung des Organes mit Leucin, oder sonstigen Eiweißbausteinen erfolgt, wie hier im Versuch.

Die sichere Beteiligung der Leber an der Beeinflussung der Acetonkörperbildung erbringt aber den Beweis, daß sie an der inneren Umsetzung des Fettes mitwirkt.

Nicht also die Aufnahme des Fettes bei der Resorption ist eine ihrer notwendigen Funktionen, sondern die Verarbeitung von Fett, das ihr durch die inneren Umsetzungen des Stoffwechsels zugeführt wird.

Man darf die niederen Fettsäuren mit an Sicherheit grenzender Wahrscheinlichkeit in der Hauptsache von der Aufspaltung der höheren Fettsäuren herleiten und man sieht, daß das Auftreten von Ketonkörpern unter Verhältnissen zu beobachten ist, die alle mit der Entwicklung pathologischer Fettlebern einhergehen können, so bei Phlorrhizindiabetes oder der Einwirkung von Phosphor, Arsen, Oleum pulegii, Alkohol, Chloroform, Carcinose, Pilzvergiftung usw. usw. Die ausgedehnten Fettwanderungen, welche dabei stattfinden, kann man sich nicht ohne eine gleichzeitige Umsetzung des Fettes denken. Das Gemeinsame liegt meines Erachtens bei allen diesen Beobachtungen in der Tatsache erhöhter Umsetzungen, denen wir aber auch bei der Hungeracidosis, bei der aus körpereigenem Materiale Einschmelzungen stattfinden, oder bei der Acidosis des Fiebers, wo solche Vorkommnisse unzweifelhaft sind, begegnen. Darin scheinen mir wesentliche Beweismittel für die Vorstellung einer Verknüpfung der Lebertätigkeit mit dem inneren Umsatz des Fettes zu liegen.

Wir sind noch weit entfernt davon, den Sinn dieser Umsetzungen zu verstehen. Er dürfte wohl im Problem der Umwandlungen der großen Nahrungsklassen ineinander als Vertretung zur Erzeugung der nötigen Energie zunächst einmal zu vermuten sein. Am Beispiel der Acetonkörperbildung müssen wir aber ableiten, daß den Leberzellen hierzu eine besondere Befähigung zuzukommen scheint, da ihr ausweislich der Fetteinwanderung, Körpermaterial zugeführt wird, das sie aufspaltet. Denn wir können ja solche Spaltprodukte des Fettes, wie auch des Eiweißes (Aminosäurenaufspaltung unter Acetonkörperbildung) unter pathologisch-physiologischen Zuständen der Lebertätigkeit direkt fassen, während andere Organe dies offenbar nicht, oder vielleicht nicht in demselben Umfange zu tun vermögen.

Auch bei der Betrachtung des Verhaltens der Leber dem Kohlenhydratstoffwechsel gegenüber, ist uns die Fähigkeit der Leber aus zugeführtem Körpermateriale Dextrose zu produzieren, schon begegnet. Bei gesteigertem inneren Fettumsatz sehen wir nun ebenfalls ein Eingreifen der Lebertätigkeit. Daß es dabei unter den gewählten Versuchsbedingungen nicht zu den normalen Endverbrennungen kommt, richtiger wohl nur teilweise dazu kommt, vermag an den entwickelten Vorstellungen nichts prinzipiell zu ändern.

Man ersieht aus solchen Erwägungen, daß also ein Hauptaugenmerk bei der Erforschung der Leberfunktionen auf die Umsetzungsvorgänge im inneren Stoffwechsel zu richten ist. Und weitere Anknüpfungspunkte hierfür wird uns das nächste Kapitel bringen.

Die Leber ist aber noch in einer anderen Art und Weise mit der Umsetzung der Fettstoffe verknüpft.

Ein großes und überaus wichtiges, dabei kaum in den Anfängen erkanntes Gebiet ist der Stoffwechsel der Lipoide, denen ja die vielfältigsten und spezifischsten Verrichtungen im Körperhaushalt anvertraut sind (Nervensystem). Mindestens für einen Teil derselben gelten ähnliche Resorptionsprinzipien, wie für das Nahrungsfett. Es läßt sich für sie ihr Ansatz im Körper durch entsprechende Zufuhr per os erzielen, wie die interessanten Untersuchungen von WACKER und HUECK[1] ergaben. Sie sahen das Auftreten von Luteinzellen an die Fütterung von lecithinhaltigem Materiale geknüpft.

Für die Umsetzung der Lipoide scheint eine Leberschädigung wichtig zu sein, da man in diesem Falle eine Vermehrung der Lipoidanteile

---

[1] WACKER, L. und HUECK, W.: Über experimentelle Atherosklerose und Cholesterinämie. Münch. med. Wochenschr. 60, 2097. 1913.

des Organes findet. So konnte BALTHAZARD[1]) feststellen, daß bei Phosphor- und Chloroformvergiftung, sowie bei einer Reihe von Infektionskrankheiten der Lecithingehalt der Leber gegenüber der Norm zunimmt.
SALVIOLI und SACCHETTO[2]) fanden neuerdings, daß bei hungernden
Tieren der Lipoidgehalt sich bei Schwinden des Neutralfettes vermehrt
und SACCHETTO[3]) fand, daß eine Vermehrung der Lipoide bei Phosphorvergiftung nur bei gleichzeitigem Hunger eintritt. Vor allem hat
ANITSCHKOW[4]) sich neuerdings mit dem Studium der Lipoide befaßt.
Er konnte bei Kaninchen nachweisen, daß sich im retikulo-endothelialen
System der Leber und Milz bei Fütterung von Cholesterin eine Lipoidanhäufung findet. EPPINGER[5]) spricht die Vermutung aus, daß unter
pathologischen Bedingungen diese Zellen die Fähigkeit verloren haben,
die aufgenommenen Lipoide in zweckmäßiger Weise wieder abzugeben.
Diese Fragen sind einstweilen für eine nähere Erörterung noch nicht
reif, daher möchte ich sie nur streifen.

Daß die Leber aber eine dauernde unzweifelhafte Verknüpfung mit
dem Lipoidstoffwechsel besitzt, erweist sich klar aus dem Gehalte der
Galle an solchen Bestandteilen. Die Leber stellt das Ausscheidungsorgan für die Lipoide dar, wobei im einzelnen unentschieden bleiben
mag, wieviel von ihnen wieder im Darme aufgenommen wird entsprechend dem später noch ausführlich zu erörternden Mechanismus
des Kreislaufs solcher Substanzen zwischen dem Darm, der Leber und
der Galle. Darauf muß ich an einer späteren Stelle eingehen (s. Kap. VI).
Als möglichen Ausdruck solcher Lipoidumsetzungen durch die Gallensekretion begegnet uns ein von VIRCHOW[6]) zuerst beobachteter und von
THOMA bestätigter regelmäßiger Gehalt der Gallengangsepithelien an
feinsten Fetttröpfchen. Man kann sich fast an jedem beliebigen Leberpräparate von dem Vorhandensein des Fettgehaltes der Gallengangsepithelien überzeugen und wird diesem Befunde gewiß Bedeutung, sowohl
für den Fett- wie auch für den Lipoidstoffwechsel, beimessen dürfen.

So groß aber eine gewisse äußere, namentlich auf gemeinsamen
physikalischen Eigenschaften beruhende Ähnlichkeit zwischen Fetten und

---

[1]) BALTHAZARD: Les lécithines du foie à l'état norm. et path. Cpt. rend.
des séances de la soc. biol. 1900. S. 923.

[2]) SALVIOLI, J. und SACCHETTO, J.: Untersuchungen über den Metabolismus der Lipoide und Fette in der Leber hungernder oder mit Phosphor vergifteter Tiere. Frankfurt. Zeitschr. f. Pathol. 28, Heft 1 u. 2. 1922.

[3]) SACCHETTO, J.: Ebenda 28, Heft 1 u. 2. 1922.

[4]) ANITSCHKOW: Lipoidsubstanzen in Milz und Knochenmark. Zieglers
Beiträge 57, 201, 1914. Vgl. auch CHALATOW: Die anisotrope Verfettung. Jena:
G. Fischer 1922.

[5]) EPPINGER, H.: Die hepatolienalen Erkrankungen. Berlin: Springer 1920.
S. 523.

[6]) VIRCHOW, R. — THOMA zit. nach Hoppe-Seyler-Quincke. Die Krankheiten
der Leber. 2. Aufl. 1912. S. 295.

Lipoiden auch ist, und wenn auch ihre physiologischen Resorptionsverhältnisse mit dem Nahrungsfett übereinstimmen mögen, so muß man die beiden Stoffklassen im Prinzip doch scharf von einander trennen. Man darf vor allem in den Lipoiden nicht so leicht zersetzliche Stoffe sehen, wie in den Neutralfetten mit ihrem absoluten Nahrungscharakter, sondern muß ihnen im Gegenteil dazu einen langsamen Stoffwechsel und große Konstanz als Bestandteil der Zelle zuerkennen. Man denke dabei nur an das zentrale und periphere Nervensystem mit seinem pathologisch und klinisch erwiesenen sehr langsamen Stoffersatz, z. B. bei Nervendegeneration.

Immerhin ist auch bei tunlichster Berücksichtigung dieser Umstände nicht ausgeschlossen, daß sie bei gewissen pathologischen Zuständen der Leber in erhöhtem, eventuell deletärem Maßstabe in die dabei stattfindenden Umsetzungen mit hineingezogen werden. Es ist dies um so weniger von der Hand zu weisen, als eine Reihe cerebraler Krankheitssymptome bei Leberkrankheiten in ihrer Erklärung noch vollkommen dunkel sind und sehr wohl mit dem Verluste oder den Veränderungen von Gehirnlipoiden in Zusammenhang gebracht werden könnten.

Man darf hier noch ferner die Befunde von M. JACOBI[1]) und von JOANNOVICZ und PICK[2]) erwähnen, die bei Phosphorvergiftung und bei akuter gelber Leberatrophie hämolytisch wirkende Fettsäuren extrahieren konnten. Daß also bei Lebererkrankungen auch direkt auf die Fette und Lipoide wirkende Substanzen vorkommen, dürfte hiermit erwiesen sein.

Aber auch das Kapitel Leber und Fettstoffwechsel möchte ich nicht verlassen, ohne auf das Methodische einen kurzen Rückblick getan zu haben. Ganz im Vordergrund hierfür steht zweifellos das Studium am überlebenden Organe, die Organdurchblutung mit und ohne Zusatz der verschiedensten Substanzen. Nachdem durch C. LUDWIG zum ersten Male auf die Wichtigkeit dieser Untersuchungsmethode hingewiesen wurde, hat es namentlich G. EMBDEN verstanden, sie in den Dienst der Leberforschung zu stellen. Man verdankt diesen Forschungen namentlich für die Aufklärung des Fettstoffwechsels in seinen Beziehungen zur Leber ganz außerordentlich viel. Ja, man kann sagen, daß die Erkenntnis der intermediären Stoffwechselvorgänge erst einen sicheren Boden durch diese so konsequent durchgeführten Untersuchungen erhalten hat. Eine wesentliche Stütze gewinnen sie aber noch durch die Übereinstimmung, die vielfach mit Fütterungsversuchen bei

---

[1]) JACOBI, M.: Zur Kenntnis der alkoholl. Hämolysine usw. Berlin. klin. Wochenschr. 1900, Nr. 15.

JOANNOVICZ, G. und PICK, E.: Die hämolytisch wirkenden freien Fettsäuren in der Leber bei akuter Leberathrophie und P.-Vergiftung. Ebenda 1910, S. 928.

ähnlichen Fragestellungen erhalten werden konnte. Weiter werden sie
gestützt durch die Methode der Portalblutableitung, die mit wünschens-
werter Übereinstimmung die bisher gewonnenen Erfahrungen unter mög-
lichster Wahrung physiologischer Experimentationsbedingungen bekräf-
tigt. Endlich muß ich auf die Wichtigkeit der Experimentation an
Tieren mit umgekehrter Eckscher Fistel hinweisen, die es erlaubt, eine
möglichst direkte Einwirkung auf die Leber unter Wahrung physiologischer Bedingungen zu gewinnen. Wenn jemand im Hinblick auf
die Erfolge der partiellen Leberausschaltung die Drosselung der Organ-
funktion unter solchen Verhältnissen in Zweifel ziehen zu müssen glaubt,
so kann er in seiner Ansicht nicht sicherer widerlegt werden, wie durch
die Resultate, welche das Studium der Acetonkörperausscheidung unter
den Verhältnissen der E. F. und u. E. F. aus meinen und Kossows
Untersuchungen ergeben hat. Natürlich habe ich nie behauptet, daß eine
Vermehrung des Blutgehaltes allein schon eine Erhöhung der Leistung
eines Organes bewirkt. Daß dazu selbstverständlich erhöhte Ansprüche
an das Organ gestellt werden müssen, das glaubte ich allerdings nicht
stets noch einmal besonders hervorheben zu müssen; im übrigen geht
diese Forderung ja selbstverständlich aus den Versuchsanordnungen
allein schon mit aller Sicherheit hervor. Die so überaus komplizierten
chemischen und physikalisch-chemischen Umsetzungen in der Leber
dürften es aber vollkommen rechtfertigen, wenn an Experimente, die
wirklich zwingend sein sollen, auch die denkbar höchsten erreichbaren
Ansprüche gestellt werden, und dazu gehört wohl nach der übereinstimmenden Ansicht aller Sachkundigen namentlich auch die möglichste
Wahrung physiologischer Bedingungen.

Fasse ich die Ergebnisse der Betrachtungen über die
Verknüpfung der Leber mit dem Fettstoffwechsel kurz noch
einmal zusammen, so dürfte heute folgendes als feststehend
gelten:

Die Leber hat unter gewöhnlichen Resorptionsverhält-
nissen nicht ausschlaggebend mit der direkten Aufnahme
von Fett zu tun. Denn es gelingt, Tiere in ihren Fettdepots mit körperfremdem Fette anzureichern, ohne daß dieses
Fett in der Leber nachzuweisen ist. Das Fett umgeht die
Leber zum größten Teile bei der Resorption auf dem Wege
der Chyluslymphbahnen, einige Chylusgefäße ziehen allerdings auch zur Leber. Ob besondere Fettarten, wie unge-
sättigte Fette oder Lipoide in der Leber nach ihrer Darmresorption regelmäßig deponiert werden, ist noch nicht zu
entscheiden. Die Mastfettleber stellt eine auf der Grenze
zwischen physiologischem und pathologischem Zustande
stehende Erscheinung dar.

Die Lebertätigkeit muß aber vermöge ihrer äußeren Sekretion bei der Resorptionsmöglichkeit der Fette vorausgesetzt werden. Die Leber hat ihre Funktion in dieser Beziehung sozusagen in den Darm verlegt. Unter Galleabschluß kommt es zu ausgiebigen Fettverlusten mit den Faeces. Die Fettresorption durch die Galleeinwirkung bedarf aber noch der Beihilfe des Pankreassaftes.

Dagegen ist die Leber ausschlaggebend bei der inneren Umsetzung der Fette beteiligt. Dies ergibt sich einmal aus dem Auftreten vielfacher pathologischer Fettdegenerationen der Leber, bei denen eine Einwanderung des Fettes von den Fettdepots nachgewiesen ist. Vor allem ergibt es sich aber auch aus der Acetonkörperbildung in der Leber bei Zufuhr von Muttersubstanzen dieser Stoffe. Als solche kommen im Experiment niederere Fettsäuren bis zur Decansäure in Betracht, Aminosäuren und sonstige Substanzen. Die Ergebnisse an der überlebenden Leber, die Fütterungsversuche bei diabetischen Störungen und die Resultate der funktionell gedrosselten Leber (Ecksche Fistel) und der funktionellen Steigerung der Lebertätigkeit (umgekehrte Ecksche Fistel) befinden sich da in voller Übereinstimmung.

Die Forschungen an der überlebenden Leber haben eine sehr weitgehende Aufklärung der intermediären Vorgänge im Ab- und Aufbau des Chemismus der ketogenen Substanzen gezeitigt und stellen mit die wichtigsten bisherigen neueren Erkenntnisse über die Leberfunktionen dar.

Die Leber ist namentlich wegen ihrer äußeren Sekretion, der Gallensekretion, auch aufs engste mit dem Lipoidstoffwechsel verbunden.

V. Leber und Eiweißstoffwechsel.

Die Erörterungen über die Beziehungen der Leber zum Eiweißstoffwechsel stellen wohl den schwierigsten Teil der proponierten Zusammenfassung dar, weil unser Wissen über das Verhalten des Eiweißes im Körper eigentlich nur nach der energetischen Seite genügend ausgebaut ist, um eine Übersicht zu gestatten.

Die Betrachtungen, welche uns bis jetzt bei der Besprechung der Beziehungen der Leber zum Kohlenhydrat- und Fettstoffwechsel geleitet haben, sind aber auch für das Verhalten der Leber dem Eiweißstoffwechsel gegenüber bis zu einem gewissen Grade anwendbar und werden zeigen, wie weit man der Leber schon heute bestimmte Beziehungen zur Resorption und zur Verarbeitung von Eiweiß zuerkennen muß.

Zunächst sei daher eine Skizzierung der Veränderungen gegeben, die das Eiweiß bei seiner Verdauung im Magen-Darmkanal erfährt. Daraus ergibt sich, unter welchen Formen man einen Übertritt von gelöstem oder sonstigem Eiweiß in das Blut anzunehmen berechtigt ist, und auf was für Bestandteile sich die Verfolgung dieses Vorganges über den Darm hinaus zu erstrecken hat.

Die Veränderungen, welche die Eiweißkörper im Magen-Darmkanal für ihre Resorptionsermöglichung erfahren, sind sehr tiefgehende, im wesentlichen aber eine Aufspaltung unter Wasseraufnahme. Genau bekannte und studierte Fermente wirken in saurer, später in alkalischer Lösung auf sie ein, das Pepsin, Trypsin, Erepsin, und zwar in feinster Abstufung und werden durch reflektorisch wohlgeregelte Vorgänge dem weiterbewegten Nahrungsstrome beigemengt. Die nähere Aufklärung dieses ganzen feinsten Mechanismus hat wiederum PAWLOW[1]) vermittelt. Seine grundlegenden Forschungen haben aber viele ergänzende Beobachtungen von anderer Seite erfahren, so von O. COHNHEIM[2]) und TOBLER[3]) u. A.

Die endliche Schlußeinwirkung der Verdauungsarbeit ist oder kann wenigstens eine völlige Aufspaltung der Eiweißstoffe zu Aminosäuren sein, in denen man nach E. FISCHER[4]), A. KOSSEL[5]) und E. ABDERHALDEN[6]) u. A. die sogenannten Eiweißbausteine erblicken darf.

Es resultieren nach Art des betreffenden Eiweißes, sowie nach seiner mehr oder minder weitgehenden Aufspaltung eine Summe verschiedener Aminokörper, deren quantitative Trennung bisher noch nicht möglich ist. Man kann aber extra corpus die Aufspaltung so weit treiben, daß man biuretfreie Produkte erhält, was besonders interessiert, da es damit LÖWI[7]) zuerst gelungen ist, bei Verfütterung N-Gleichgewicht, ja N-Ansatz bei einem Hunde, der 11 Tage mit einem solchen Gemisch gefüttert wurde, zu erzielen. Hierdurch wird bewiesen, daß man mit der Möglichkeit einer vollständigen Aufspaltung des Eiweißes im Verdauungstractus zu rechnen hat. Im Verlaufe der Zeit sind nun recht

---

[1]) PAWLOW, J. P.: Die Arbeit der Verdauungsdrüsen. Bergmann: Wiesbaden 1898 und Die äußere Arbeit der Verdauungsdrüsen u. ihr Mech. Nagels Handb. d. Physiol. 2, 666. Braunschweig: Fr. Vieweg & Sohn. 1907.

[2]) COHNHEIM, O.: Die Physiologie der Verdauung und Aufsaugung. Ebenda 2, 516. Braunschweig 1907.

[3]) TOBLER, L.: Über Eiweißverdauung im Magen. Hoppe-Seylers Zeitschr. f. physiol. Chem. 45, 185. 1905.

[4]) FISCHER, E.: l. c. S. 19.

[5]) KOSSEL, A.: l. c. S. 19.

[6]) ABDERHALDEN, E.: Lehrbuch der physiologischen Chemie. 5. Aufl. I. 494ff. (dort die Literatur über diese Fragen.)

[7]) LÖWI, O.: Über Eiweißsynthese im Tierkörper. Hoppe-Seylers Zeitschr. f. physiol. Chem. 48, 303. 1902.

viele derartige Versuche gemacht worden, die alle eindeutig ergeben haben, daß namentlich der Organismus des Hundes sich mit aller Sicherheit aus den Eiweißbausteinen völlig ausreichend ernähren kann, natürlich bei Zusatz von Fett und Kohlenhydrat, den hauptsächlichsten Energiespendern, kurz, daß der Körper zur Eiweißsynthese aus den Eiweißbausteinen befähigt ist. Namentlich ABDERHALDEN, sowie E. GRAFE und Mitarbeiter[1]) haben diesen Fragen große Arbeit zugewendet, ja GRAFE konnte sogar feststellen, daß sich bei Schweinen ein N-Ansatz durch Ammoniaksalze erzielen läßt, wenn sonst auch keine anderen stickstoffhaltigen Substanzen in der Nahrung enthalten sind.

Die vollkommene Aufspaltung des Eiweißes bis zu seinen Bausteinen ist also jedenfalls ein Endzweck für die Ermöglichung seiner Resorption. Ob es daneben nicht als solches resorbiert werden kann, muß von weiteren Untersuchungen abgewartet werden. Doch werde ich kurz auf die verhältnismäßig geringe Wichtigkeit dieser Frage zurückkommen, da sie nur ausnahmsweise Bedeutung zu erlangen scheint.

Der Aufbau der Eiweißstoffe ist nach ihrer quantitativen Seite und ihrem chemischen Strukturgefüge ein überaus verschiedener, und man ist berechtigt, schon sehr geringfügige Änderungen in der Zusammenfügung der Bausteine für sehr erhebliche Unterschiede ihrer biologischen Eigenschaften heranzuziehen.

Nichts kann die Spezifität und Konstanz des chemischen Eiweißgefüges verschiedener Tierarten, ja der einzelnen Organe, so verdeutlichen, als die durch die Immunitätslehre aufgedeckten spezifischen Reaktionen der Einzeleiweißart. Auch ihre Zusammenfassung zu Gruppen, welche gewisse Reaktionen gemeinsam haben, andere wieder nicht, woraus sich ähnliche Eigenschaften mit doch möglicher Spezialisierung ergeben, beweisen dies und finden ihren äußeren Beleg in gewissen verwandtschaftlichen Beziehungen der einzelnen Tierklassen. Endlich zeigt auch die spezifische Einstellung der Fermente auf ganz bestimmte chemische Strukturformeln die Notwendigkeit eines jeweils konstanten und spezifischen Eiweißaufbaues.

Sehr wichtig ist auch die Tatsache, daß den Eiweißbausteinen antigene Eigenschaften n i c h t mehr zukommen, sondern daß sie sich in dieser Beziehung genau so verhalten, wie Zucker oder Fett.

Zieht man alle diese Beobachtungen in Betracht, so wird man den Grund der tiefgehenden Eiweißspaltung bei der Verdauung wohl darin suchen dürfen, daß dem Körper auf diese Weise stets die eigentüm-

---

[1]) GRAFE, E. und SCHLÄPFER, V.: Über Stickstoffretention und Stickstoffgleichgewicht bei Fütterung von Ammoniaksalzen. Hoppe-Seylers Zeitschr. f. physiol. Chem. 77, 1. 1912. — Derselbe: Ebenda 78, 485. 1912. — Derselbe mit TURBAN, K.: Ebenda 83, 25. 1913. — Derselbe mit WINTZ, H.: Ebenda 86, 283. 1913.

liche Zusammensetzung seines spezifischen Zelleiweißes aus den Eiweißbausteinen ermöglicht wird; aus ihrer dargebotenen Menge und Mischung
sucht er das ihm Notwendige heraus, der Rest wird vollkommen abgebaut.

Natürlich ist dies eine Vorstellung, welche im einzelnen eventuell
erheblicher Berichtigung bedarf, in der Hauptsache aber wohl kaum
mehr zweifelhaft ist. Denn durch die Entdeckung der säureamidartigen
Verkettung der Aminosäuren untereinander durch TH. CURTIUS[1]) und
ihrer vornehmlichen Erforschung durch E. FISCHER[2]) ist die Möglichkeit
des kompliziertesten Aufbaues der Aminosäuren zu anscheinend endlosen Kombinationen und sehr großen Komplexen gegeben. Es tritt
die Aminogruppe der einen Säure mit der Karboxylgruppe der anderen
zusammen und man kommt damit zu Körpern, wie sie im Eiweißmoleküle vorhanden sind. Ihre hydrolytische Spaltung führt, wie die
der Eiweißkörper selbst, wieder zu einfachen Aminosäuren. Auch fermentativ sind diese „Polypeptide" durch spezifische Angreifbarkeit ausge-
zeichnet. Der synthetische Weg zur Erforschung des chemischen Aufbaues des Eiweißes ist dank der unermüdlichen Arbeit E. FISCHERS
also beschritten.

A. KOSSEL[3]) hat von der entgegengesetzten Seite schon früher den
Beweis für die Zusammensetzung einfachster Eiweißarten, der Protamine,
aus Aminosäuren dadurch erbracht, daß ihm ihre fast restlose quantitative Aufspaltung in diese wohlcharakterisierten Bausteine geglückt
ist. Analyse und Synthese reichen sich also die Hand.

Unsere chemischen Kenntnisse sind heute ausgedehnt genug, um
sagen zu dürfen, daß im Körper ein anderer Modus der Verbindung
der Aminosäuren im Eiweiß nicht bestehen kann, so daß mit den oben
skizzierten Vorstellungen über die Ergänzung der Eiweißbestandteile
des Körpers aus den durch die Verdauung isolierten Bausteinen des
Eiweißes nicht zu viel gesagt ist. Immerhin bleibt es noch eine offene
Frage, ob daneben teilweise oder nur unter ganz bestimmten Voraussetzungen eine Resorption von Eiweiß als solchem vorkommt.

Das Problem für die Eiweißresorption ist aber jedenfalls begrenzt,
einerseits durch die Aufspaltung der Eiweißkörper im Darme bis in
seine einzelnen Bausteine, andererseits durch die nachgewiesene große
Konstanz des jeweiligen „Körper"- oder besser noch „lebenden" Eiweißes.
Zwischen diese Phasen ist sicher funktionell tätig die Darmwand ein-
geschaltet und vielleicht auch die Leber. Es erhebt sich die Frage,
wie weit man schon heute befähigt ist, die Funktion der beiden Or-

---

[1]) CURTIUS, TH.: Journ. f. prakt. Chem. N. F. **70**, 109. 1904.
[2]) FISCHER, E.: Untersuchungen über Aminosäuren, Polypeptide und Proteine. Berlin: Julius Springer 1906.
[3]) KOSSEL, A.: l. c. S. 19.

gane zu trennen, damit man eine Vorstellung von ihrer jeweiligen Beanspruchung erhält.

Vorerst soll aber noch die Frage Erledigung finden, ob wir etwas sicheres über die Resorption von ungespaltenem Eiweiß wissen, ein Problem, dem wir ja schon in ähnlicher Weise bei der Fettresorption begegneten.

Eine Erfahrung ist in dieser Richtung bekannt, daß nämlich rohes Hühnereiweiß in großen Portionen genossen, unter Umständen als solches mit dem Urin wieder ausgeschieden wird, d. h. es besteht eine alimentäre Hühnereiweißalbuminurie, worauf CL. BERNARD[1]) zuerst hingewiesen hat. Es liegt hier also eine ähnliche Möglichkeit vor, wie für die alimentäre Glykosurie. Nach übereinstimmenden Untersuchungen der Kliniker sind die sonstigen, namentlich bei Nephritis vorkommenden Eiweißausscheidungen nur als Bluteiweißanteile, Serumalbumin und Serumglobulin anzusehen. Auch mittelst der so feinen Nachweismethode der Eiweißpräcipitine sind dabei andere Eiweißarten nicht zu finden (SCHLAYER[2]). Nach V. NOORDEN[3]) findet man bei alimentärer Albuminurie ebenfalls Bluteiweißanteile. Aber es ist nicht so, daß die normale Niere etwa fremde, zirkulierende Eiweißarten nicht passieren ließe, eine kranke aber wohl. Es zirkulieren eben keine, nur die spezifischen Bluteiweißanteile zirkulieren und sie treten sofort in den Harn über, wenn die Niere krank ist, sowie die fremden, da auch bei Albuminurie[4]) durch BENCE-JONESsches Eiweiß, das doch wohl als körperfremd anzusehen ist, die Niere nach THANNHAUSER und KRAUSS[5]) geschädigt ist.

Von den beschriebenen Peptonurien gilt es als sicher, daß sie meist durch bakterielle Einwirkungen bedingte Veränderungen des Eiweißes in den Harnwegen selbst darstellen.

In der Norm also — ja auch bei pathologisch veränderten Nieren — ist ein Übertritt von Eiweiß, welches direkt vom Darm stammt, nicht zu befürchten. Auf dieser Erfahrung beruht ja auch die große klinische Sicherheit des Nachweises einer Nierenerkrankung bei Vorhandensein auch der geringsten Spuren von Eiweiß im Urin. Das Hühnereiweiß scheint für gewisse besondere Fälle eine Ausnahme zu machen. Auch von großen Dosen Serumalbumin ist ein direkter Übergang in den Urin beschrieben (ABDERHALDEN).

---

[1]) BERNARD, CL.: l. c. S. 26. Tome II, 142.

[2]) SCHLAYER, R.: Lüdke-Schlayer. Lehrbuch der pathol. Physiologie. Leipzig: J. A. Barth 1922. S. 773.

[3]) v. NOORDEN, C.: Über Albuminurie beim gesunden Menschen. Dtsch. Arch. f. klin. Med. 38, 205.

[4]) MAGNUS LEVY zählt den Bence-Jonesschen Eiweißkörper zu den echten Albuminen. Siehe Verhandl. d. dtsch. Kongr. f. inn. Med. 17, 496. 1900.

[5]) THANNHAUSER und KRAUSS s. Schlayer Nr. 2.

Gibt diese Betrachtung schon einen gewissen Aufschluß darüber, daß man mit einem Übertritt von ungespaltenem Eiweiß aus dem Darme in den Säftestrom in der Norm wenigstens nicht zu rechnen hat, so könnte er doch noch bestehen, evtl. aber durch eine Tätigkeit der Leber verdeckt werden. Mit anderen Worten ausgedrückt heißt das: Hat die Leber die Aufgabe, Eiweiß, das vom Darme direkt aufgenommen ist, in sich zu verarbeiten ähnlich wie Zucker, wobei es sich um eine Eiweißstapelung an sich, oder um eine Synthese aus zugeführten hohen molekularen Anteilen (Albumosen, Peptone) handeln könnte? Eine Beantwortung dieser Fragen ist wegen der Schwierigkeit einer genaueren Charakterisierung von Eiweiß nicht einfach zu geben. PFLÜGER[1]) vertrat aber schon die Ansicht, daß die Leber von gemästeten Tieren relativ mehr Eiweiß enthält, als die von normalen und deshalb ein Eiweißstapelplatz sein müsse.

In der Arbeit G. GRUNDs[2]), die sofort ausführlich zu besprechen sein wird, finde ich eine Äußerung MIESCHERs[3]) angeführt, die das gleiche aussagt: „Ich hoffe den Nachweis führen zu können, daß dieses Organ (die Leber) nicht nur für Kohlenhydrate, sondern auch für Eiweiß und Phosphorsäure als Kontokorrentbank dient, wo der Überschuß an Vorratseiweiß einstweilen aufgespeichert wird, aber auch rasch wieder liquidiert werden kann.“ An dieser Äußerung MIESCHERs interessiert besonders seine Stellung zur Frage der Funktion der Leber, die sich mit der für die Kohlenhydrate oben entwickelten, in einem wesentlichen Punkte der „Reservoireigenschaft der Leber“ vollkommen deckt. MIESCHER hat seine weitausschauenden Pläne nicht mehr verwirklichen können.

PFLÜGER dagegen erbrachte durch die von SEITZ[4]) auf seine Veranlassung unternommenen Versuche den Beweis, daß seine Vermutung, die sich auf der schwierigeren Löslichkeit der Mastleber in siedender Kalilauge bei der Glykogenbestimmung gründete, richtig war.

SEITZ fütterte Hühner und Enten nach 6—12 tägigem Hunger längere Zeit (bis zu 32 Tagen) mit Fischfleisch und fand, daß der Gesamt-N der Leber der gemästeten Tiere zwei bis dreimal so hoch war, als der der Kontrolltiere, mit anderen Worten, daß die Leber tatsächlich mehr Stickstoff enthielt, als alle anderen Gewebe. Die Leber dient also vermutlich als Vorratskammer für Eiweiß.

---

[1]) PFLÜGER, E.: Das Glykogen. Bonn 1905. S. 404 und sein Arch. 96, 78.

[2]) GRUND, G.: Organanalytische Untersuchungen über den N- und P-Stoffwechsel und ihre gegenseitigen Beziehungen. Zeitschr. f. Biol. 54, 173. 1910.

[3]) MIESCHER: Die histochemischen und physiologischen Arbeiten Mieschers. Leipzig 1897.

[4]) SEITZ, W.: Die Leber als Vorratskammer für Eiweißstoffe. Pflügers Arch. f. d. ges. Physiol. 111, 309. 1906.

REACH[1]) hat jodiertes Eiweiß durch die überlebende Leber geleitet und einen Ansatz davon in ihr gefunden, ja auch etwas Spaltung.

Sehr ausgedehnte und unter Beachtung strenger Kautelen durchgeführte Untersuchungen über diesen Punkt verdanken wir GRUND[2]). Gleichzeitig mit der Frage, ob ein Ansatz von Eiweiß in der Leber möglich sei, legte sich GRUND auch die Frage vor, in welcher Form sich etwa dieser Ansatz vollzieht, ob als vollwertiges Organeiweiß oder in Form des sogenannten „labilen" Eiweißes HOFMEISTERS, ein Begriff, der sich mit dem „zirkulierenden" Eiweiß VOITS, dem „nicht organisierten" Eiweiß PFLÜGERS und dem „Reserve" oder „toten Zelleinschlußeiweiß" von NOORDENS, RÖHMANNS und LÜTHJES deckt.

Als Maßstab dafür schien ihm der Quotient P/N verwertbar, der zwar in der Beurteilung des Gesamt-N-Wechsels nur mit großer Zurückhaltung in diesem Sinne brauchbar ist, für Organe aber einen exakten Schluß darüber zuläßt, ob Eiweißansatz in der vollwertigen Form als Organeiweiß stattgefunden hat oder nicht. Eine Verschiebung des Quotienten P/N bei gleichzeitigem Ansatz von N würde beweisen, daß dieser Ansatz nicht in der Form von Organeiweiß erfolgt ist.

Seine Versuche führte GRUND an Hühnern und Hunden aus, was für mich besonders wertvoll ist, da ich ebenfalls an Hunden arbeitete. Die erhaltenen Resultate gebe ich am besten mit den eigenen Worten GRUNDS in der Zusammenfassung, die er ihnen gab, wieder. Da heißt es Punkt 3: „Die Leber nimmt im Zustande der Eiweißmast mehr Eiweiß auf und gibt im Hunger mehr Eiweiß ab, als Nieren und Muskulatur. Dieses Mehr beläuft sich durchschnittlich auf 30 bis 60 %, wobei die niedrigen Zahlen dem Hunde, die höheren den Hühnern angehören; doch kann infolge von Ungesetzmäßigkeiten im Mastverlauf sowohl nach oben wie unten eine erhebliche Verschiebung stattfinden." Und Punkt 5: „Der Quotient von Eiweißphosphor zu Eiweißstickstoff zeigt bei der Hundeleber im Mastzustand ein zwar geringes, aber in allen Einzelfällen vorhandenes Absinken. Es ist möglich, diese Veränderung auf Zelleinschlußeiweiß zu beziehen, doch ist der Beweis nicht als zwingend anzusehen. Jedenfalls ist in Anbetracht des Verhaltens des Quotienten von Eiweißphosphor zu Gesamtstickstoff der Ansatz von irgendwie beträchtlicheren Mengen von Zelleinschlußeiweiß oder stickstoffhaltigen Nichteiweißkörpern beim Hunde und beim Huhn auszuschließen".

Die sehr bemerkenswerten Resultate lassen im Verein mit den anderen Beobachtungen meines Erachtens keinen Zweifel daran, daß die Leber der Ort einer Eiweißstapelung sein kann, wahrscheinlich aber

---

[1]) REACH: Das Verhalten der Leber gegen körperfremde Eiweißstoffe. Biochem. Zeitschr. **16**, 357. 1909.

[2]) GRUND, G.: l. c. S. 112. Nr. 2.

einer Eiweiß- oder Stickstoffstapelung in nicht vollwertiger Eiweißform trotz der von GRUND dagegen beobachteten Skepsis, die ich an sich gut verstehe. Sie zeigen ferner, daß die Leber im Hunger Eiweiß in erhöhtem Maße abgibt.

Neuerdings hat nun BERG[1]) Versuche veröffentlicht, die diese Meinung von einem anderen Gesichtspunkte aus sehr zu stützen geeignet sind. Ein histologischer Vergleich von Lebern von Tieren, die lange Zeit gehungert hatten, mit solchen, die in gutem Ernährungszustand waren, zeigten ihm beträchtliche Unterschiede im strukturellen Aufbau des Zellgefüges. Einmal waren die Leberzellen der Hungertiere bedeutend kleiner als die von wohlgefütterten, dann war aber namentlich nach Eiweißfütterung eine auffallende Einlagerung feiner Schollen in der Zelle zu sehen, die bei ihrer Unlöslichkeit in organischen Lösungsmitteln und Wasser und bei ihrer Härtbarkeit durch Eiweißfällungsreagenzien, sowie ihrer Rotfärbung mit Millons Reagens, endlich durch ihre distinkte Färbbarkeit mit Pyronin mit großer Wahrscheinlichkeit als besondere Eiweißsubstanz sich charakterisieren und den Zellen eingelagert sind. Bei Fütterung mit Kohlenhydrat oder Fett traten diese Tropfen in der Zelle aber nicht auf. Es ist daran zu erinnern, daß AFANASIEW[2]) schon vor langer Zeit im Verfolg von Versuchen HEIDENHAINS bei Fütterung mit reichlichen Mengen von Blutfibrin in den Leberzellen eine ähnliche Ablagerung beschrieben hat, die er als Eiweißablagerung auffaßte. Ferner haben ASHER und KUSMINE[3]), sowie ASHER und BOEHM[4]) gezeigt, daß bei intravenöser Einführung von Pepton ganz charakteristische Veränderungen in den Leberzellen auftreten (KUSMINE), während die Fütterung mit Eiweiß ebenfalls bestimmte Strukturbilder in den Leberzellen hervorruft, ebenso wie Hunger oder wieder wie Fütterung mit Fett (BOEHM). Ein so verschiedenes Verhalten der Leberzellen legt natürlich den Gedanken nahe, daß darin auch besondere Funktionszustände zum Ausdruck kommen, aus denen sich eine Mitbeteiligung der Leber an Aufnahme und Umsetzung dieser Stoffe mit einiger Bestimmtheit ableiten läßt. MORGULIS[5]) hat umfassende Messungen über das Volum des Kernes von Leberzellen und der ganzen Leberzellen des Salamanders im Hunger

---

[1]) BERG, W.: Über den mikroskopischen Nachweis der Eiweißspeicherung in der Leber. Biochem. Zeitschr. **61**, 428. 1914.

[2]) AFANASIEW, M.: Über anatomische Veränderungen der Leber während verschiedener Tätigkeitszustände. Pflügers Arch. f. d. ges. Physiol. **30**, 385. 1883.

[3]) ASHER, L. und KUSMINE, K.: Über den Einfluß der Lymphagogen auf die Leber. Zeitschr. f. Biol. **46**, 554. 1905.

[4]) ASHER, L. und BOEHM, P.: Über den feineren Bau der Leberzellen bei verschiedenen Ernährungszuständen. Ebenda **51**, 409. 1908.

[5]) MORGULIS, S.: Hunger und Unterernährung. Berlin: Julius Springer 1923. S. 172 ff.

und bei Fütterung gemacht. Danach nimmt der Zellkern nach einem Monat Hunger um ungefähr 50 % ab, gleichzeitig vermindert sich aber auch das Zellvolum um ungefähr dieselbe Größe. Bei weiterem Hunger verliert die Leberzelle aber nach etwa 3 Monat Hunger bis 80—85 % an Volum, während der Kern konstant bleibt. Schon nach einer Fütterungsperiode von 14 Tagen erreichen die Leberzellen des Salamanders aber wieder ihre volle Größe. Es geht aus solchen Versuchen hervor, daß sich die Zellen der Leber irgendwie an den inneren Umsetzungen beteiligen. Nun konnten BERG und CAHN-BRONNER[1]) mit einem Gemisch vollkommen abgebauten Eiweißes, dem Erepton, das nur aus Aminosäuren besteht, die gleichen eigenartigen feinen Schollen in den Leberzellen beobachten und schließen daraus, daß die Leber befähigt ist aus zugeführten Aminosäuren eine Eiweißsynthese zu vollziehen. Neuerdings bestätigte STÜBEL[2]) diese Befunde und wies nach, daß nach Adrenalineinspritzungen eine Mobilisierung des in der Leber gespeicherten Eiweißes erfolgt, da diese scholligen Gebilde danach kleiner werden und schließlich verschwinden. Dies erscheint in Analogie zu der Glykogenmobilisierung durch Adrenalin nur möglich, wenn eine gewisse Menge von diesem eiweißartigen Materiale in der Leber als Vorrat eingeschlossen ist, die jederzeit leicht abgegeben werden kann. CAHN-BRONNER[3]) glaubt aus neueren Versuchen eine Art Zwischenstufe zwischen genuinem und gänzlich abgebautem Eiweiß annehmen zu sollen, Ansichten, die weiterer Ergänzungen bedürfen.

Diese mikroskopischen Befunde erfuhren aber durch Stoffwechselversuche eine erfreuliche Erweiterung und Bestätigung. So konnten ASHER und PLETNEW[4]) zeigen, daß die Assimilationsgrenze von Traubenzucker wesentlich sinkt, wenn eine übermäßige Zufuhr von Eiweiß oder Eiweißabbauprodukten ganz besondere Ansprüche an die Leistungsfähigkeit der Leber stellt. Dabei trat sogar Gallenfarbstoff im Harn der Versuchshunde auf. Und A. ADLER[5]) hat neuerdings gezeigt, daß schon eine sehr geringe Eiweißzufuhr mit einer Vermehrung der Urobilinausscheidung im Urin einhergehen kann, Versuche, auf die ich in einem anderen Zusammenhange noch zurückkomme, und die auf Mitbeteiligung der Leber schließen lassen.

------

[1]) BERG, W. und CAHN-BRONNER, C.: Über den mikroskopischen Nachweis von Eiweißspeicherung in der Leber nach Verfütterung von Aminosäuren. Biochem. Zeitschr. 61, 424. 1918.

[2]) STÜBEL, H.: Die Wirkung des Adrenalins auf das in der Leber gespeicherte Eiweiß. Pflügers Arch. f. d. ges. Physiol. 185, 74. 1920.

[3]) CAHN-BRONNER, C.: Biochem. Zeitschr. 66, 289. 1914.

[4]) ASHER, L. und PLETNEW, D.: Untersuchungen über den Einfluß von Eiweiß und Eiweißabbauprodukten auf die Tätigkeit der Leber. Ebenda 21, 355. 1909.

[5]) ADLER, A.: Über Urobilin. Dtsch. Arch. f. klin. Med. 140, 302. 1922.

Weiter verdanken wir JUNKERSDORF[1]) Untersuchungen, die die Befunde von SEITZ erheblich befestigen. Er verfolgte das Gewicht der Lebern von Hunden, die 7 Tage gehungert hatten und nun mit Kabeljaufleisch gefüttert wurden, das nach PFLÜGER und KÖNIG nur Spuren von Fett und Glykogen enthält. Das Lebergewicht nahm bei allen vier untersuchten Tieren über die Norm zu, selbst bei einem Tiere, das in dieser Zeit an Gewicht verloren hatte. Im Durchschnitt betrug nämlich das relative Lebergewicht 4,2 % gegen 3,3 % in der Norm, hat also rund 33 % zugenommen. Der Glykogengehalt war ebenfalls hoch, im Mittel 6,3 %; dagegen war der Fettgehalt auffallend niedrig, im Mittel 8,38 %. Der Antagonismus zwischen Fett- und Glykogengehalt trat also auch hier in Erscheinung. JUNKERSDORF kommt zu dem Schlusse, daß bei reiner Eiweißmast in der Leber, „abgesehen von der Bildung der stickstoffhaltigen Stoffwechselendprodukte, dem Bedarf des Organismus an Nährstoffen bzw. dem Vorrat an Reservematerial und ihrem jeweiligen eigenen Zustande entsprechend, sowohl Eiweiß in vermehrter Weise umgesetzt, als auch angesetzt und evtl. abgelagert" wird. JUNKERSDORF wirft allerdings zur Erklärung noch die Frage auf, ob die Leber nicht an sich durch die Arbeitsvermehrung eine dieser Leistung entsprechende Gewichtszunahme erfährt, womit ein Ansatz von Eiweiß quasi vorgetäuscht werde. Dieser Gesichtspunkt ist neu und wohl zu berücksichtigen. Immerhin muß auffallen, wie rasch die Leber eine Zunahme ihrer Eigensubstanz erfahren kann, in seinen Versuchen innerhalb 8 Tagen. Vergegenwärtigen wir uns, wie schwierig z. B. der Muskel bei forcierter Arbeitsleistung an Umfang und Gewicht zunimmt — ich erinnere nur an die Erfahrung der Sportsleute, wo Wochen vergehen, bis die Muskulatur wirklich zunimmt —, so muß die Zunahme der Leber um 33 % innerhalb der kurzen Zeit von 8 Tagen doch auffallen. Doch weiß man ja nichts über die Geschwindigkeit des Verlaufs der Gewichtszunahme bei Organen durch funktionelle Überbeanspruchung, wenn man nicht das Beispiel der Niere heranziehen will, bei der aber nach Ausfall einer Niere sehr viel längere Zeit vergeht, bis die andere deutlich größer und schwerer wird. Allerdings hat ja bei Nierenausfall der Körper in der Möglichkeit der Einschaltung anderer Kompensationsmittel (Blutdrucksteigerung) bei der Niere mehrere Wege, Verluste auszugleichen. Bedenkt man aber, daß die Leber bei Hunger ebenfalls sehr rasch an Gewicht verlieren kann — nach JUNKERSDORF[2]) auf 2,7 % in 11 Tagen sinkt = 18,18 % Verlust — und diese Gewichtsabnahme nicht allein dem

---

[1]) JUNKERSDORF, P.: Beiträge zur Physiologie der Leber. II. Mitt. Pflügers Arch. f. d. ges. Physiol. 186, 254. 1921.

[2]) JUNKERSDORF, P.: Das Verhalten der Leber im Hungerzustand. Pflügers Arch. f. d. ges. Physiol. 186, 238. 1921.

Glykogenschwund zur Last gelegt werden kann, so hat die Vorstellung eines ungewöhnlich raschen Ausgleiches solcher Zustände in der Leber eine erhebliche Berechtigung. Man darf daraus im Verein mit allen anderen erhobenen Befunden doch wohl die Vorstellung ableiten, daß erhebliche Analogien im Verhalten der Leber beim Eiweißstoffwechsel zu ihrem Verhalten gegenüber dem Kohlenhydratstoffwechsel bestehen, deren Verständnis sich am leichtesten mit der Annahme einer „Reservoireigenschaft" der Leber auch gegenüber Eiweiß erklären läßt.

Noch aber haben wir nichts mit Sicherheit darüber erfahren, ob die Leber etwas mit der Eiweißsynthese zu tun hat.

ABDERHALDEN[1]) hat sich mit verschiedenen Mitarbeitern um die Lösung dieses Problems bemüht. Er bestimmte im Verein mit SAMUELY den Gehalt von 6 l Pferdeblut an Tyrosin und Glutaminsäure bei einem gesunden Tiere, ließ es dann 8 Tage hungern und wiederholte dieselbe Bestimmung an der gleichen Quantität Blut. Es zeigte sich, daß nahezu dieselben Werte erhalten wurden. Nun wurde das Tier mit Gliadin (aus Weizenmehl) gefüttert, ein Futter, das fast viermal mehr Glutaminsäure enthält als der Gehalt daran in der Blutflüssigkeit beträgt. Infolge des großen Blutverlustes mußte das Pferd sicher einen großen Teil seines Blutes regenerieren. Es wäre daher zu erwarten gewesen, daß, falls die Bluteiweißkörper hierfür direkt der Nahrung entnommen werden, nun eine Erhöhung des Glutaminsäuregehaltes der Bluteiweißkörper sich finden ließe. Das war aber nicht der Fall, wie eine erneute Bestimmung dieser Anteile des Blutes ergab. Ja auch nach einer erneuten Hungerperiode und erneuter Fütterung mit Gliadin war die Zusammensetzung des Blutes nicht wesentlich von der der ersten Bestimmung verschieden.

Aus diesen Versuchen ließ sich aber nur der Schluß ableiten, daß auch bei recht differenter Nahrung und äußerster Tendenz der Erneuerung der Bluteiweißkörper ihre Zusammensetzung trotzdem konstant bleibt. Es scheint also der Darm allein zu genügen, um eine vollkommene Garantie für eine Resorption auch der Eiweißanteile in schadloser körpereigener Zusammensetzung zu bieten.

ABDERHALDEN[2]) entschloß sich daher im Verein mit FUNK und LONDON die Frage einer etwaigen Leberbeteiligung der Eiweißaufnahme im Körper beim Hunde mit Eckscher Fistel zu prüfen. Sie gingen in

---

[1]) ABDERHALDEN, E. und SAMUELY, F.: Beitrag zur Frage nach der Erneuerung und Assimilation des Nahrungseiweißes im tierischen Organismus. Hoppe-Seylers Zeitschr. f. physiol. Chem. 46, 143. 1905.

[2]) ABDERHALDEN, E., FUNK, C. und LONDON, E. S.: Weiterer Beitrag zur Frage nach der Assimilation des Nahrungseiweißes usw. Hoppe-Seylers Zeitschr. f. physiol. Chem. 51, 269. 1907.

der Weise vor, daß von sechs operierten Hunden zwei Gliadin, zwei Eiereiweiß und zwei Fleisch als Nahrung erhielten. Dann wurden alle Hunde entblutet, und Blutkörperchen und Blutplasma auf Glutaminsäuregehalt untersucht. Der Gehalt daran war bei allen Tieren nahezu gleich, so daß kein anderer Schluß möglich war als der, daß der Darm allein genüge, um eine abnorme Zusammensetzung der Bluteiweißkörper infolge der Resorption auch sehr verschieden zusammengesetzten verfütterten Eiweißes zu verhindern, und daß es einer besonderen Mitwirkung der Leber bei der Konstanterhaltung der normalen Zusammensetzung der Bluteiweißkörper gar nicht bedürfe.

Endlich hat ABDERHALDEN[1]) mit LONDON zusammen die Versuche LÖWIS[2]) (Ernährung mit völlig abgebautem Eiweiß) am Hunde mit E. F. wiederholt und gefunden, daß das Tier nicht an Gewicht abnahm, daß also eine vollkommene Ausnützung des dargebotenen Stickstoffes der Nahrung erfolgt, auch wenn er nicht mehr in Form von Eiweiß dargereicht wird, und daß die funktionelle Drosselung der Leber dabei keinen anderen Ausfall des Experimentes veranlaßt.

Man muß daher annehmen, daß der Darm allein genügen kann, um das durch die Verdauungssäfte veränderte Eiweiß so aufzunehmen, daß es nicht mehr körperfremd wirkt und im Körper vollkommen ausreichend ausgenützt und assimiliert werden kann. Die Lebertätigkeit scheint daher unter normalen Verhältnissen für eine Eiweißsynthese nicht notwendig zu sein.

Der Ausfall dieser Versuche ist meines Erachtens kaum unerwartet und steht in erheblicher Analogie zu dem Ausfall der Kohlenhydratausnützung, wenn man Zucker an Tiere mit Portalblutableitung verfüttert. Auch da sahen wir, daß unter den normalen Resorptionsbedingungen keine Glykosurie und keine erhebliche Hyperglykämie eintritt, obwohl beides zu erwarten gewesen wäre. Der normale Bedarf sämtlicher Körperzellen an Zucker verhindert in Fällen der Portalblutableitung eine Überschwemmung des Körpers mit Zuckermaterial. Warum sollte ein Bedarf von Eiweißmaterial, das dem Körper durch ungestörte Resorption zugeführt wird, nicht ganz ebenso verarbeitet werden? Ich sehe keinen zwingenden Grund, der gegen die Richtigkeit einer solchen Überlegung angeführt werden könnte. Dazu hat ja ABDERHALDEN[3]) mit seinen Mitarbeitern noch nachweisen können, daß sich auch kein körperfremdes Eiweiß in seinen Experimenten an den Tieren mit E. F. im Blute mittelst der Praecipitinreaktion nachweisen ließ. Die Autoren glauben daher den Schluß ziehen

---

[1]) ABDERHALDEN, E. und LONDON, E. S.: Weitere Versuche usw., ausgeführt an einem Hunde mit E. F. Ebenda **54**, 112. 1907.

[2]) LÖWI, O.: l. c. S. 108, Nr. 7.

[3]) ABDERHALDEN, E. usw.: l. c. S. 108, Nr. 6.

zu sollen, daß Eiweiß schon im Darm wieder synthesiert wird und sie haben mit dieser Auffassung wohl sicher teilweise recht. Dann muß aber auch eine normale Zusammensetzung der Bluteiweißkörper erwartet werden. Aber ich bin der Meinung, daß man trotz dieses Ausfalles der Versuche noch nicht in der Lage ist, sich eine endgültige Vorstellung darüber bilden zu können, ob die Tätigkeit der Leber bei der Eiweißverarbeitung nach seiner Resorption völlig entbehrlich erscheint. Dazu gehört eine viel umfassendere Inangriffnahme des Problems mit größeren Variationen in den Resorptionsbedingungen, sowohl qualitativ wie quantitativ. Wenn es bis jetzt auch beim Warmblüter noch nicht gelungen ist, höhere Spaltprodukte des Eiweißes, wie Albumosen oder Peptone jenseits des Darmes in größeren Mengen aufzufinden, wie Untersuchungen von ABDERHALDEN und OPPENHEIMER[1]), MORAWITZ und DITSCHY[2]), HOHLWEG und MEYER[3]), O. COHNHEIM[4]) und Anderer zeigen, so könnten geringe Steigerungen des Gehaltes daran dem Nachweis doch entgehen, namentlich auch bei pathologischen Zuständen des Darmes selbst.

Hierzu sei auf die umfangreiche Studie von LUST[5]) hingewiesen, der verschiedentlich nachweisen konnte, daß „heterologes" Eiweiß vom Darmkanal von Kleinkindern bei Ernährungsstörungen in die Blutbahn aufgenommen werden kann. Allerdings spielt hierbei noch das Moment der Ernährungsschädigung und damit ein pathologischer Zustand des Darmes eine Rolle. Inwieweit dieser Umstand nötig ist, wenn Eiweiß oder eiweißartige Substanzen vom Darm in einer mehr oder weniger unveränderten Form resorbiert werden sollen, muß noch weiterhin geklärt werden. Veränderungen oder besondere Zustände des Darmes scheinen in der Tat nicht unwesentlich für diese Frage zu sein. Denn ein leichter Übergang von artfremdem Eiweiß gelingt offenbar nur in der allerersten Lebenszeit. So konnten GANGHOFER und LANGER[6]) nachweisen, daß bei neugeborenen, und einige Tage alten Tieren der Magen-Darmtractus für genuine Eiweißkörper durchgängig ist, und daß körper-

---

[1]) ABDERHALDEN, E. und OPPENHEIMER, C.: Über das Vorkommen von Albumosen im Blute. Hoppe-Seylers Zeitschr. f. physiol. Chem. 42, 155. 1904.

[2]) MORAWITZ, P. und DIETSCHY, R.: Über Albumosurie nebst Bemerkungen über das Vorkommen von Albumosen im Blute. Arch. f. exp. Pathol. u. Pharmakol. 54, 88. 1905.

[3]) HOHLWEG, H. und MEYER, H.: Quantitative Untersuchungen über den Reststickstoff im Blute. Hofmeisters Beiträge 11, 381. 1908.

[4]) COHNHEIM, O.: Hoppe-Seylers Zeitschr. f. physiol. Chem. 35, 396. 1902.

[5]) LUST, F.: Die Durchlässigkeit des Magendarmkanals für heterologes Eiweiß bei ernährungsgestörten Säuglingen. Jahrb. f. Kinderheilk. 1913. 243 u. 383.

[6]) GANGHOFER und LANGER, J.: Über die Resorption genuiner Eiweißkörper im Magendarmkanal neugeborener Tiere und Säuglinge. Münch. med. Wochenschr. 51, 1497. 1904.

fremdes per os eingeführtes Eiweiß unverändert zur Resorption gelangt und im Blute als solches auf biologischem Wege nachweisbar ist. Als Grenze hierfür fanden sie ungefähr den siebenten Tag. Ältere Tiere verhielten sich anders. Solange die Eiweißzufuhr in ungefähr normalen Grenzen blieb, war ein Übertritt körperfremden Eiweißes nicht festzustellen. Nur beim Überschreiten dieser normalen Grenzen gelangte heterologes Eiweiß unter Umständen ebenfalls ins Blut. Auch für den menschlichen Neugeborenen liegen die gleichen Verhältnisse vor, nur daß vielleicht die Periode der Durchwanderungsmöglichkeit körperfremden Eiweißes länger bei ihm dauert. Desgleichen läßt sich der Übergang solchen Eiweißes bei ernährungsgestörtem Darme feststellen. Alle diese abnormen Erscheinungen führen aber zu krankhaften Zuständen, Abmagerung und evtl. zum Tode. Versuche von v. PFAUNDLER und SCHÜBEL[1] hatten ähnliche Ergebnisse. GRULÉ und BONAR[2] bestätigten neuerdings am menschlichen Neugeborenen diese Erfahrungen. Man wird aber die Schlüsse, die am Darme von Neugeborenen gewonnen sind, nicht ohne weiteres auf den Erwachsenen übertragen dürfen. Überdies ist die Rolle der Leber dabei noch ungeklärt.

Nimmt man noch dazu den Befund CL. BERNARDS, daß Eiereiweiß auf dem Portalweg injiziert nicht im Urin erscheint, wohl aber stets bei sonstiger intravenöser Infusion, so scheint der Leber doch eine Funktion bei der Resorption von Eiweiß zuzukommen, die wahrscheinlich allerdings erst unter pathologischen Verhältnissen in Erscheinung tritt.

Ich muß nach alledem daran festhalten, daß die bisherigen Untersuchungen nicht genügen, um die Rolle der Leber bei der Resorption des Eiweißes als unwesentlich zu bezeichnen.

Solche Zweifel werden verstärkt, wenn man sich vergegenwärtigt, daß die einzig bekannte Störung nach der Portalblutableitung gerade nur nach der Aufnahme von Eiweiß, nämlich Fleisch oder Fleischpulver, beobachtet wird, ein Zustand, der im folgenden kurz als Fleischintoxikation bezeichnet werden soll.

Erstmals wurde diese auffallende Störung in der berühmten Abhandlung von HAHN, MASSEN, NENCKI und PAWLOW[3] mitgeteilt. Sie wurde von diesen Forschern entdeckt und auch genauer beobachtet. Auf die Fleischintoxikation muß ich näher eingehen, da sich um ihre Erforschung viele bemüht haben, ohne daß es bis jetzt gelungen wäre, eine völlig befriedigende Erklärung dafür zu finden.

---

[1] v. PFAUNDLER, M. und SCHÜBEL, H.: Verdauungsversuche am Dünndarm junger Ziegen bei Einverleibung arteigener und artfremder Milch. Wochenschr. f. Kinderheilk. **30**, 55. 1921.

[2] GRULÉ, C. G. und BONAR, B. E.: Precipitins to egg white in the urine of newborn infants. Americ. journ. of dis. of childr. **21**, 89. 1921.

[3] HAHN, MASSEN, NENCKI und PAWLOW: l. c. S. 29, Nr. 2.

Folgen wir zunächst den Ausführungen der Entdecker, so steht nach ihren Beobachtungen fest, daß einzig nach einer übermäßigen, längere oder kürzere Zeit durchgeführten Aufnahme von Fleisch die Mehrzahl der Tiere mit Eckscher Fistel über kurz oder lang sehr eigentümliche Veränderungen ihres Wesens zeigten. Sie wurden ganz stumpfsinnig oder auch sehr reizbar und zeigten Freßunlust und geringe Beweglichkeit. Dann traten sehr eigentümliche Gehstörungen auf mit deutlicher Ataxie, namentlich der Vorderbeine. Weiter fiel auf, daß die Tiere amaurotisch und hypästhetisch wurden. Endlich trat vollkommene Gehunfähigkeit ein, die sehr häufig von schwersten psychischen Störungen begleitet wurde, manischen Zuständen mit schwersten tonisch-klonischen Krämpfen untermischt oder schwer komatösen Zuständen. Diese Erscheinungen bildeten nicht selten die Vorstadien des Endes der Tiere, namentlich waren die komatösen Zustände häufig die unmittelbaren Vorboten dafür.

Durch Aussetzen der Fleischnahrung gleich zu Beginn der ersten Zeichen ließ sich der Zustand meist bessern. Häufig trat dann wieder ein völlig normales Verhalten der Tiere ein. Durch erneute Fleischfütterung konnte aber bei der Mehrzahl der Tiere wieder derselbe Zustand hervorgerufen werden.

Die Abhängigkeit der Erscheinungen von der Fleischaufnahme war also gesichert, besonders da eine Ernährung mit größten Mengen von Fett oder Kohlenhydraten keine Krankheitssymptome verursachte.

Als schließliche Endursache der Intoxikation meinten ihre Entdecker karbaminsaures Ammoniak verantwortlich machen zu sollen, da dessen intravenöse Zufuhr klinisch ein ähnliches Krankheitsbild hervorrief und später auch karbaminsaures Ammoniak im Urin nachgewiesen werden konnte. Vor allem erschien diesen Forschern die Vermehrung der NH_3-Ausscheidung im Urin auf die Richtigkeit ihrer Vermutung hinzuweisen. Später haben allerdings NENCKI, PAWLOW und ZALESKI[1]) die Annahme, daß die Intoxikation durch karbaminsaures Ammoniak verursacht werde, fallen gelassen.

Mir scheint, daß das prinzipiell Wichtige in der Entdeckung der Fleischintoxikation noch immer nicht genügend gewürdigt wird. Denn man stelle sich doch vor, daß hier ein durchaus normaler Nahrungsanteil, das Fleisch (Hunde sind doch Carnivoren!) unter noch nicht übersehbaren Bedingungen plötzlich zu einem Gifte wird, dessen Wirkung so stark sein kann, daß der Tod die Folge ist! Es ist in der ganzen Ernährungslehre nicht ein Fall bekannt, daß ein Nahrungsmittel, welches in nahezu beliebigen Mengen aufgenommen werden kann,

---

[1]) NENCKI, M., PAWLOW, J. P. und ZALESKI, J.: Über den Ammoniakgehalt des Blutes und der Organe und die Harnstoffbildung bei Säugetieren. Arch. f. exp. Pathol. u. Pharmakol. **37**, 26. 1895.

ohne daß es Schaden zufügt — da der Hund ja bei jahrelanger reiner Fleischaufnahme völlig gesund bleibt — nun plötzlich giftige Eigenschaften annimmt. Diese Intoxikation erzeugt nun nicht nur ein äußerst charakteristisches Krankheitsbild, sondern kann sogar den Tod veranlassen, anderseits ist sie aber auch einer völligen Restitutio ad integrum fähig.

Eigentlich müßte man erwarten, daß ihre Erforschung nach der langen Zeit, die seit der ersten Mitteilung über diese rein alimentär bedingte Intoxikation verflossen ist, und bei dem ungeheueren Interesse, das sie für die Erkenntnis des Stoffwechsels darbietet, mit so großem Nachdruck betrieben worden wäre, daß keine Zweifel über ihre Ursache mehr zu bestehen brauchten. Zwei Umstände waren dem aber hinderlich, einmal die Schwierigkeit der Anlegung der Eckschen Fistel, deren Technik doch erst durch die neueren Verbesserungen der Allgemeinheit zugänglich gemacht wurde, vor allem aber die scheinbare Unregelmäßigkeit im Auftreten der Intoxikation.

Alle Forscher, die sich mit dem Studium der Eckschen Fistel befaßt haben, und es sind deren im Laufe der Jahre doch eine ganz stattliche Anzahl geworden, haben diese Schwierigkeit bald früher, bald später erfahren, nicht zuletzt auch ich selbst.

Es ist nun äußerst voreilig, wie das von verschiedenen Seiten geschehen ist, sogar noch in allerjüngster Zeit (MAGNUS-ALSLEBEN)[1]) auf Grund solcher negativer Ergebnisse den Wert der Entdeckung der russischen Forscher in Zweifel zu ziehen und die Studien über die durch die Ecksche Fistel hervorgebrachten Veränderungen für wertlos zu erklären, wie z. B. BIELKA V. KARLTREU[2]) tat. Es spricht auch nicht von großer kritischer Fähigkeit, ein verwickeltes Problem mit dem Worte „wertlos" abzutun. Vor allem aber hält eine solche Form von Kritik den wirklichen Tatsachen nicht Stand. Meines Erachtens geht aus der Schwierigkeit, die man bei der Erzeugung der Fleischintoxikation hat, zunächst nur eines mit aller Sicherheit hervor, daß wir nämlich die Bedingungen für ihr Zustandekommen noch immer nicht vollkommen übersehen und nur darin die Ursache für die vielen Mißerfolge suchen müssen. Ganz allein nur hierin liegt der Schlüssel zu ihrer Erklärung.

An der Existenz einer durch Fleischgenuß beim Eckschen Fistel-Hunde **wirklich** bestehenden Intoxikationsmöglichkeit besteht allein schon nach den vielen positiven Versuchen PAWLOWS und seiner Mitarbeiter nicht der mindeste Zweifel.

Vor allem sprechen auch die vielfachen sonstigen Bestätigungen der Angaben der russischen Forscher dafür, daß ihre Beobachtungen richtig waren, selbst wenn PAWLOW ebenfalls solche Schwierigkeiten später

---

[1]) MAGNUS-ALSLEBEN, E.: l. c. S. 20.
[2]) BIELKA V. KARLTREU: l. c. S. 53, Nr. 5.

hatte. Man sollte sich nie genug daran erinnern, daß Worte wie Ungesetzmäßigkeit, Unregelmäßigkeit, Ausnahme u. dgl. in einem wissenschaftlichen Sprachgebrauch gar nicht vorkommen sollten, denn sie sind stets nur der Ausdruck dafür, daß wir tatsächlich noch nicht genau Bescheid wissen. Kennen wir die Voraussetzungen für das Eintreten irgendeiner Erscheinung am Tiere, so laufen sie mit derselben absoluten Regelmäßigkeit ab, wie jeder Naturvorgang. Denn die Vorgänge im Körper unterliegen, wenn sie richtig erkannt sind, für unsere Beobachtung einem unvermeidlichen Ablauf genau wie physikalische oder chemische Experimente, da sie im Prinzip die nämlichen sind. Nur die so überaus große Kompliziertheit der vitalen Vorgänge entschuldigt uns dafür, daß wir die Gesamtheit ihrer Bedingtheiten so schwer vollkommen übersehen können und daher so häufig nicht in der Lage sind, alle jene notwendigen Voraussetzungen jeweils getroffen oder vereinigt zu haben. Die Erwähnung solcher Dinge ist nicht überflüssig, namentlich auch nicht im Hinblick auf Äußerungen, die zu den Intoxikationszuständen durch Fleischzufuhr beim Eckschen Fistel-Hunde gemacht wurden und werden.

Im Beginn meiner Untersuchungen über die Folgen der Portalblutableitung hatte ich mit der Hervorbringung der Fleischintoxikation gar keine Schwierigkeiten und ich konnte, wie viele andere, so ROTHBERGER und WINTERBERG, BERNHEIM und VÖGTLIN, HAWK u. A. die Angaben der Entdecker der Fleischintoxikation in ausgedehntem Maße bestätigen. Ich habe sehr viele Intoxikationen von Beginn bis zum Ende und in jedem Stadium gesehen, so daß es mir nicht unwichtig erscheint, eine genaue Schilderung des Verlaufes der ganzen Intoxikation zu geben, zumal sie etwas von dem Bilde abweicht, das die Entdecker beschrieben haben.

Vor allem zeichnet sie sich durch eine außerordentlich auffallende Konstanz der klinischen Erscheinungen aus, eine Konstanz, die es mir ermöglicht hat, Erscheinungen ähnlicher Art scharf davon zu trennen und mich ihrer in einem Labyrinth von Schwierigkeiten als zuverlässigsten Führers zu bedienen.

Sicher ist, daß auch abundante Kohlenhydrat- oder Fettzufuhr oder beides keine Erscheinungen beim E. F.-Hunde hervorrufen, wie man sie nach Aufnahme von frischem oder gekochtem Fleisch verschiedener Tierarten, ja auch von Hundefleisch selbst und von sogenanntem Hundekuchen erzielen kann. Das Fortlassen der Fleischnahrung bewirkt bei noch nicht zu weit fortgeschrittener Intoxikation meist eine sehr bald eintretende Besserung, die bei Aussetzen dieser Nahrung oder bei nur geringer Weiterzufuhr zu völligem Wohlbefinden und Gesundheit der Tiere führen kann. Nicht selten bleibt bei Tieren, welche eine Fleischintoxikation überstanden haben, ein Widerwille gegen Fleisch zurück. Bei anderen ist dies nicht der Fall und sie erkranken dann meist auch sehr leicht wieder bei erneuter Zufuhr von Fleisch. Ja ich kann wohl sagen, daß eine zweite Erkrankung an den Folgen des Fleischgenusses um so leichter eintritt, je stärker und erheblicher die erste Intoxikation gewesen war und um so weniger Zeit das Tier zu einer Erholung und Kräftigung in der Zwischenzeit gehabt hatte. Anderseits spielt die Erholung der Kräfte, wie ich annehmen darf, eine große Rolle dahingehend, daß die Tiere bei guter Gewichtszunahme und gutem Allgemeinbefinden nach einer Intoxikation sogar größere Mengen von Fleisch vertragen, wie vorher. Fleischmengen, die früher regelmäßig eine Intoxikation hervorriefen, tun dies jetzt nicht mehr und auch die Zeit, die bis zum Eintritt einer Intoxikation vergeht, wächst.

Einige Tiere widerstehen der Fleischintoxikation überhaupt trotz großer und lange Zeit durchgeführter Fleischaufnahme. Bei anderen stellt sich spontan ein Widerwille gegen Fleisch ein, sie verweigern einfach seine Aufnahme und schützen sich so selbst vor der Intoxikation. Auf künstliche Zufuhr von Fleisch reagieren sie meist mit Erbrechen, so daß der Widerwille einer organischen Grundlage kaum entbehren dürfte. Es wäre interessant genug, dies näher zu erforschen, da sich damit wohl eine Reihe von Zusammenhängen aufklären lassen könnte.

Ganz allgemein kann ich sagen, daß magere Tiere einer Intoxikation viel leichter unterliegen, als fette, wohlgenährte.

Ein ganz in die Augen springender Punkt für den Eintritt der Fleischintoxikation, der immer wieder besonders betont werden muß, liegt aber in der Abhängigkeit von der Menge des aufgenommenen Fleisches. Mit kleinen Mengen läßt sich meist überhaupt keine Intoxikation erzielen. Es sind immer große Mengen Fleisch nötig, um die Intoxikation hervorzubringen. Es ist dies die konstanteste Abhängigkeit, die ich für ihr Eintreten kenne. Unmittelbar ergibt sich daraus ein Hinweis, daß man den **quantitativen** Verhältnissen ein besonderes Augenmerk zuwenden muß.

In allen solchen Beobachtungen liegen Hinweise für die Voraussetzungen zum Eintritt der Fleischintoxikation, Voraussetzungen, die in ganzem Umfange zu beherrschen, wir, wie schon hervorgehoben, erst noch lernen müssen.

Nun sei das Krankheitsbild selbst geschildert:

Fast immer fängt die Fleischintoxikation langsam an. Die Tiere werden auffallend ruhig, sie haben häufig keine Freßlust mehr, namentlich für Fleisch und stehen in die Ecken des Käfigs gedrückt ruhig da, während sie früher sich lebhaft bewegten. Eine Art Trägheit und ein gewisser Stumpfsinn überfällt sie, was einem aufmerksamen Beobachter nicht entgehen kann. Allmählich tritt diese verminderte Bewegungslust deutlicher hervor, die Tiere bleiben unter Umständen stundenlang meist mit in eine Ecke des Käfigs gedrücktem Kopfe stehen. Zwingt man sie zum Laufen, so tritt schon jetzt eine Ataxie in den Vorderbeinen in Erscheinung. Sie „werfen" die Füße, d. h. nehmen sie zu hoch auf und veranlassen dabei ein Übermaß von Bewegung, genau wie es der Tabiker macht. An den Hinterbeinen prägt sich die Störung meist in sehr viel geringerem Maße aus. Ist die Gehfähigkeit sonst noch gut, so macht der Gang der Tiere den Eindruck, als ob sie die vornehme Gangart eines Traberpferdes nachahmen wollten. Nicht selten besteht jetzt schon Amaurose oder Hypästhesie, oder beides. Die Tiere stoßen beim Gehen manchmal an Hindernisse an und sind gegen leichtes Kneifen unempfindlich.

Beim Fortschreiten der Intoxikation entwickeln sich alle Symptome viel deutlicher, die Ataxie führt jetzt zu taumelndem Gange, ja zu Gehunfähigkeit. Wegen der Amaurose stoßen die Tiere jetzt regelmäßig überall an und die Hypästhesie ist sehr ausgeprägt. Auch das Bewußtsein ist jetzt stark getrübt, die Tiere reagieren nicht mehr auf Anruf oder schrecken bei Geräuschen leicht zusammen. Sie erkennen auch das Futter nicht mehr, selbst wenn man die Schnauze unmittelbar in den Futtertrog hält, auch die Wasseraufnahme ist nicht mehr spontan möglich. Nun kommt nicht selten ein äußerst merkwürdiges Stadium der Intoxikation, nämlich eine ausgesprochene Katalepsie, in dem die Tiere spontan oder künstlich in den abenteuerlichsten Stellungen und Haltungen verharren, genau wie man es bei Kataleptikern sehen kann. Oft können die Tiere jetzt auch nicht mehr stehen.

Sonstige somatische Symptome treten jetzt hinzu. Es fällt auf, daß sie oft stark geifern, was mir weniger durch eine direkte Reizung der Speicheldrüsen bedingt zu sein scheint, als durch Aussetzen des Schluckens des Speichels. Die Pupillen reagieren meist prompt auf Lichteinfall, sind aber häufig sehr ungleich weit, was aber beim Hunde auch unter normalen Verhältnissen beobachtet wird. Die Tastreflexe von den Zehen aus sind gesteigert, die Sehnenreflexe erhalten. Die Hörfähigkeit erscheint oft vermindert. Am Puls und der Atmung fällt nichts Besonderes auf; die Hypästhesie ist jetzt sehr stark entwickelt, da selbst starkes Kneifen nicht mehr wahrgenommen wird.

Endlich tritt das Krampfstadium dazu, das sich in leichten oder schweren, kurz oder lang hintereinander sich folgenden klonisch-tonischen Krämpfen an der Muskulatur des ganzen Körpers äußert. Die Dauer solcher Krämpfe ist verschieden lang von wenigen Sekunden bis zu mehreren Minuten. Sie gleichen typisch den epileptischen Krämpfen des Menschen. Ein Prodomalstadium, wie bei der menschlichen Epilepsie, habe ich aber nicht feststellen können. Nacken und Kopfmuskulatur sind von den Krämpfen bevorzugt, aber schließlich ist doch die Gesamtmuskulatur befallen. Einseitige Krämpfe sah ich nie. Die

Atmung ist eine große, es besteht starkes Geifern. Würg- und Brechbe-
wegungen sind sehr häufig, haben aber meist keinen Erfolg. Der Geruch
des Speichels ist kein besonderer, auffällig ist aber seine oft ganz stark al-
kalische Reaktion. Die Mundschleimhaut und die Gingiva sind völlig in-
takt, worauf ich großen Wert legen muß, die Zunge ist allerdings gewöhnlich etwas weißlich belegt. In den Krampfperioden ist das Bewußtsein
natürlich völlig erloschen, es kann aber in den Zwischenperioden wieder-
kehren. Die Zahl der Krämpfe und ihre Folgehäufigkeit ist außerordentlich
verschieden, aber wohl der Schwere der Intoxication korrespondierend.

Die weitere Entwicklung besteht dann im Eintritt von Koma, das
von einer sehr wechselnden Zahl von Krampfanfällen unterbrochen
werden kann. Der Tod erfolgt an Atemstillstand, während die Herz-
tätigkeit lange gut bleibt.

Die Dauer der ganzen Entwicklung des Bildes ist sehr verschieden,
von 1—7 Tagen (letzteres das Maximum, das ich sah), meist 2—3
Tage. Ganz besonders sei aber hervorgehoben, daß nicht immer alle
geschilderten Stadien der Intoxikation in Erscheinung treten, sondern
daß das eine oder andere fehlen kann, und daß sehr rasche Übergänge
stattfinden, die eine Unterscheidung der einzelnen oben geschilderten
Stadien verwischen können.

Das Krankheitsbild kann ferner in jedem Stadium noch eine spon-
tane Rückbildung erfahren, doch sind schwere komatöse Zustände fast
immer vom Tode gefolgt, falls keine therapeutische Intervention das
Verhängnis abwendet.

Der Obduktionsbefund zeigt mit Regelmäßigkeit nichts von
nachweisbaren anatomischen Veränderungen. Der ganze
Magen-Darmtractus ist vollkommen normal, es bestehen
keine Blutungen, keine Schwellungen, Herz und Lungen, Nieren
bis auf Harnsäureinfarkte der Papille und Ansammlungen von Ammo-
niumurat im Nierenbecken, das wie auch in der Blase beim Eckhunde
häufig angetroffen wird, völlig normal.

Vor allem zeigt die Leber keine anderen Veränderungen,
als die für die Portalblutableitung charakteristische allgemeine Verkleinerung des ganzen Organes und mikroskopisch
die Verkleinerung der Einzelzelle, wie ich im zweiten Kapitel schon auseinandergesetzt habe.

Das Gehirn der Tiere ist etwas anämisch und zeigt auf Durchschnitten nichts von Blutungen oder dgl., die Hirnhäute sind normal.
Das Rückenmark konnte ich nicht ausgiebig genug untersuchen, um
ein Urteil fällen zu können.

Der Obduktionsbefund ergibt also bis jetzt nichts, wodurch das so merkwürdige Krankheitsbild der Fleischintoxikation erklärt werden könnte.

Ich habe mich bemüht, aus allen meinen Beobachtungen das Wesentliche herauszuschälen und halte zur Diagnose Fleischintoxikation für unerläßlich: Ataxie, Amaurose, Bewußtseinstrübung bis zum Koma, Krampfanfälle (sie können bei sofortigem Koma ausbleiben), Hypästhesie und anatomisch einen **negativen** Obduktionsbefund.

Man wird in meiner Schilderung des Krankheitsbildes die Erwähnung der Exaltationszustände vermissen, von denen die russischen Forscher berichtet haben. Ich habe sie nie in dem Maße beobachten können, wie PAWLOW und seine Mitarbeiter. Die Hunde können wohl einmal im Beginne der Erkrankung bissig werden oder im Krampfstadium auch unruhig und angriffslustig, doch beherrscht ein depressiver Zustand das Bild der Fleischintoxikation durchaus; manische Erregungen habe ich nie gesehen, ohne ihr Vorkommen bestreiten zu wollen. Mir scheint aber, als ob sie nicht zum Krankheitsbilde der Fleischintoxikation gehören, darin weiche ich in seiner von den Entdeckern aufgestellten Charakteristik ab.

Ich werde später zu zeigen haben, daß es nicht unmöglich ist, daß die Entdecker der Fleischintoxikation diese mit einem anderen toxischen Zustande, der von der Leber ausgeht, vermengt haben (s. S. 170).

Zunächst muß ich aber zu meiner Hauptfrage zurückkehren, die lautete: Gibt die nach der Portalblutableitung beobachtete Störung nach Aufnahme von Fleisch einen Hinweis auf die Notwendigkeit bzw. Unersetzlichkeit der Leberfunktion bei der Resorption von Eiweiß?

So klar die Frage ist, so schwierig ist ihre Beantwortung. Haben wir doch auch schon gesehen, daß die Entdecker keine befriedigende Antwort dafür fanden. Denn es deckt sich die Auffindung der Ursache der toxischen Zustände in der Hauptsache mit der aufgeworfenen Frage. Hier begegnet uns so recht die Schwierigkeit, die ich eingangs erwähnte, daß es nämlich noch nicht möglich ist, Einzelanteile der Eiweißspaltung im Stoffwechsel zu verfolgen. Sie läßt sich auch damit nicht beheben, daß wir einzelne wohlcharakterisierte Eiweißbausteine vor und nach Anlegung der Portalblutableitung verfüttern, da ihre Einführung in größerer Menge in den Magen leicht an sich Störungen verursacht, deren eigene Folgen nicht ersichtlich sind, ferner auch weil die Darstellung und Verabreichung größerer Mengen von Aminosäuren an Zeit und Kostenaufwand einstweilen in praxi scheitert. In der Kombination mit einer Darmfistel ließen sich die oben angedeuteten Schwierigkeiten allerdings wohl umgehen, weshalb ich darauf hinweise. Doch ist es fraglich, ob man damit die Zusammensetzung trifft, welche im Darme für die wirkliche Ausnützung der Eiweißbestandteile maßgebend ist, nämlich die Mischung einer ganzen Reihe von Aminosäuren. Auf eine solche ist der Organismus einmal eingestellt und diese normalen Verhältnisse sind daher für das Experiment durchaus zu beachten. Da überdies nur längere Versuchsreihen eine Beurteilung gestatten würden, so haften den Prüfungen einzelner Aminosäuren oder ihrer Gemische alle Schwächen einer einseitigen Ernährung an, die man früher bei an sich ausreichender Kost in geschlossenen Anstalten, Gefängnissen und bei Verköstigung von Schiffsmannschaften beobachtete. Man hat heute im Mangel an Vitaminen, die Ursache dieser Störungen erkannt. Bei der ersten Niederschrift dieses Buches hat man die Bedeutung der Vitamie noch nicht voll gewürdigt, und es erhebt sich die Frage, ob nicht das Bild der Fleischvergiftung einfach ein Ausdruck von Vitaminmangel sein könnte.

Ich möchte die Diskussion hierüber vorweg nehmen, da sie sich relativ einfach gestaltet. Daß die Fleischintoxikation **nicht die Folge eines Vitaminmangels sein kann, geht vor allem daraus klar hervor, daß sie ja eintritt bei einer Fütterung, die für den Hund vollkommen natürlich ist, nämlich bei Fütterung mit großen Mengen frischen Fleisches**, wobei sich die Fleischintoxikation am sichersten und leichtesten entwickelt. Weiter lassen aber auch die quantitativen Abhängigkeitsverhältnisse des Eintretens der Fleischintoxikation von der Aufnahme großer Mengen von Fleisch keinen Zweifel darüber aufkommen, daß die Noxe in einer anderen Abhängigkeit zu suchen ist, als der, welche für Vitaminmangel als charakteristisch angesehen wird. Man vergleiche dazu die Ausführungen C. Funks[1]). Die Fleischintoxikation ist also nicht der Ausdruck eines Vitaminmangels. Ich glaube damit dieses Thema verlassen zu können.

Die Schwierigkeiten einer Erklärung der Fleischintoxikation sind bedeutend größer. Trotz aller Hindernisse gilt es, sich darüber eine Vorstellung zu machen, ob Eiweißspaltprodukte nach einer partiellen Außerfunktionssetzung der Leber eine Rolle bei der Intoxikation spielen könnten.

Ich[2]) habe daher E. F.-Hunde in und außerhalb der Perioden der Fleischintoxikation lange Zeit auf Ausscheidung von Aminosäuren im Urin nach der Formoltitrationsmethode untersucht.

Der Gehalt an freien primären Aminosäuren, der ja durch die Methode von Sörensen in der Modifikation von Henriques[3]) angezeigt wird, ist bei Hunden mit Eckscher Fistel durchschnittlich etwas höher, als bei Normaltieren. Er nimmt aber keineswegs mit Regel-

<hr>

[1]) Funk, C.: Die Vitamine. II. Aufl. München und Wiesbaden: J. F. Bergmann. 1922.

[2]) Fischler, F.: Über die Fleischintoxikation bei Tieren mit Eckscher Fistel. Der Krankheitsbegriff der Alkalosis. Dtsch. Arch. f. klin. Med. 104, 300. 1911.

[3]) Henriques, V.: Über quantitative Bestimmung der Aminosäuren im Harn. Hoppe-Seylers Zeitschr. f. physiol. Chem. 60, 1. 1909.

mäßigkeit während der Zeiten der Intoxikationen zu, ja er kann in Zeiten völliger Gesundheit bei bestehender Fistel wesentlich höher sein, als in jener mit Krankheitssymptomen nach Fleischgenuß. Nie habe ich auch bei Fleischintoxikation eine auffällig hohe Zahl für die Ausscheidung der primären Aminosäuren gesehen, so daß es schon danach höchst unwahrscheinlich erscheint, daß ein Versagen der Leber gegenüber den Umsetzungen resorbierter einfachster Eiweißbausteine die Ursache der Intoxikation ist. Weiter haben E. F.-Hunde, die ich der Phosphorintoxikation unterwarf[1]), ohne Fleischintoxikation bedeutend höhere Werte an Aminosäurenausscheidung aufgewiesen, als sonstige Eck-Hunde, sei es mit, sei es ohne Fleischintoxikation. Daraus darf entnommen werden, daß man in der Ausscheidung der primären Aminosäuren keinen Maßstab für die Außerfunktionssetzung der nach der Resorption noch etwa nötigen Lebertätigkeit erblicken darf. Das Auftreten dieser Aminosäuren hängt also weniger von Resorptionsbedingungen ab, als von inneren Umsetzungen.

Mit dieser Feststellung stimmt überein, daß man das Auftreten von Aminosäuren mehr an Gewebseinschmelzungen geknüpft sieht, als an spezielle Leberstörungen. Allerdings müssen wir danach die stärkste bekannte Ausscheidung von Aminosäuren, nämlich die bei akuter gelber Leberatrophie auftretende, im wesentlichen der Gewebsdestruktion der Leber selbst zur Last legen und nicht ihrer funktionellen Beeinträchtigung, eine Annahme, die zwar noch nicht sicher bewiesen ist, aber bei der raschen Colliquation des Lebergewebes bei dieser Erkrankung wohl die einfachste Deutung für das vermehrte Auftreten der Aminosäuren abgeben dürfte.

Um ganz sicher zu gehen, daß eine Funktion der Leber bei der Synthese resorbierter Aminosäuren — diese Annahme einmal als möglich vorausgesetzt — auch bei der Versuchsanordnung einer E. F. noch nicht vollkommen in Erscheinung treten könnte, vor allem weil auch das komplizierende Moment des Icterus fehlte, der bei der akuten gelben Leberatrophie ja regelmäßig vorhanden ist, bei der E. F. aber nicht, habe ich versucht, durch diese weitere Zufügung einer schädlichen Einwirkung auf die Leber jene mögliche Fehlerquelle noch auszuschalten.

BETRAY[2]) hat die Ausführung dieser Experimente übernommen. Die E. F. wurde dafür mit einer vollkommenen Unterbindung und Durchschneidung des Ductus choledochus kombiniert. Es tritt danach, wenn auch viel später als unter normalen Verhältnissen schließlich auch schwerer Icterus auf. So operierte Tiere gehen regelmäßig in wenig Wochen zugrunde. Die Leber ist dabei schwer geschädigt, da

---

[1]) FISCHLER, F. und BARDACH, K.: l. c. S. 53, Nr. 11.
[2]) BETRAY: Unveröffentlichte Versuche.

größere centroacinär gelegene Bezirke schwere Nekroseerscheinungen zeigen, und Stauungsicteruspigment die Leberzellen in hohem Maße erfüllt. Die Gallengänge und die Gallenblase sind enorm ektasiert und zeigen hohen Druck, die Leber ist also auch noch dazu mechanisch geschädigt.

Die Freßlust solcher Tiere ist allerdings meist sehr herabgesetzt, immerhin nehmen sie Nahrung und darunter auch Fleisch auf. Zur besseren Unterhaltung des Appetits muß gemischte Nahrung gereicht werden. Ausweislich einer oft hohen N-Ausscheidung war ein genügender N-Umsatz vorhanden. Aminosäuren wurden aber von diesen Tieren nur in sehr geringer Menge ausgeschieden. Erst auf Steigerung der inneren Umsetzungen durch Phlorrhizineinverleibung erfolgte final die Ausscheidung größerer Mengen von Aminosäuren. Ganz neuerdings ist von WOLPE[1]) festgestellt worden, daß der Aminosäurengehalt im Blutserum von Leberkranken normal ist, was mit den experimentellen Befunden also übereinstimmt.

Nach dem Ausfall dieser Versuche ist es nicht zweifelhaft, daß am Aminosäurenumsatz, wie er sich in einer Ausscheidung in den Nieren kundgibt, eine bei der Resorption der Aminosäuren regulierend eingreifende Lebertätigkeit sich nicht nachweisen läßt. Man darf daraus wohl ungezwungen den Schluß ableiten, daß sie entgegen der üblichen Meinung gar nicht vorhanden ist.

Diese scheinbar zunächt liegende und daher auch zuerst geprüfte Annahme eines Ausfalls synthetischer oder spaltender Funktionen der Leber resorbierten Aminosäuren gegenüber, erklären also das Wesen der Fleischintoxikation nicht.

Immerhin war es als äußerst wahrscheinlich zu bezeichnen, daß es mit der Resorption von N-Anteilen zusammenhing. Dafür sprach das Fehlen nach Aufnahme von Kohlenhydraten und Fetten, vor allem aber das Auftreten nach Aufnahme von Fleisch und zwar in quantitativer Abstufung: bei geringen Mengen Fleisch — geringe oder fehlende Erkrankung; bei großen Mengen Fleisch — schwerste Erscheinungen. So sehr sich nun auch die Resorptionseinflüsse zur Geltung bringen, so war doch nicht von der Hand zu weisen, daß noch eine Beteiligung innerer N-Umsetzungen möglich war. Diese Möglichkeit mußte also zuerst ausgeschlossen werden. Es spricht zwar so ziemlich alles gegen die Annahme einer solchen Möglichkeit, vor allem der Umstand, daß man die Intoxikation nie im Hunger erzielen kann. Man kann Eck-Hunde viele Tage lang hungern lassen, wo sie also sicher nur vom eigenen Körpermateriale leben und beträchtliche Gewebseinschmelzungen erleiden, ohne daß sie jemals Erkrankungszeichen einer Fleischintoxi-

---

[1]) WOLPE, G.: Über Aminosäuren im Blutserum, im Liquor cerebrospinalis und in Punktionsflüssigkeiten. Münch. med. Wochenschr. 71, 363. 1924.

kation aufweisen. Unter den sehr vielen Operationen, die ich ausführte, beobachtete ich allerdings einmal am Tage nach der Operation ein typisches Bild von Fleischintoxikation, ohne daß das Tier damals Fleisch erhalten hatte. Schon längst hatte ich nach einem derartigen Falle gefahndet. Die Operation war recht schwierig gewesen und das Tier nahm rasch an Gewicht ab. Nie vorher oder nachher habe ich einen gleichen oder ähnlichen Fall wieder beobachtet, so daß ich, namentlich im Zusammenhang mit den weiter unten mitzuteilenden Experimenten, eine Erklärung dieses Falles eher durch noch vorhandene Reste von Eiweißanteilen im Darme, die vor der Operation aufgenommen und aus dem Darm noch nicht völlig resorbiert worden waren, annehmen möchte, als aus innerer Umsetzung von Körpereiweiß stammend. Wäre diese Genese eine häufigere, so müßte ich ihr bei meinen Experimenten auch öfter begegnet sein.

Um nun den Einfluß stärkerer innerer Umsetzungen zu prüfen, versuchte ich eine Kombination der E. F. mit Pankreasexstirpation, ferner E. F. mit Phlorrhizineinverleibung. E. F. mit Phosphorintoxikation hatte ich ja schon versucht. Von allen drei Faktoren ist ja bekannt, daß sie den inneren Stoffwechsel stark erhöhen, und daß unter ihrer Wirkung namentlich auch ein rapider Eiweißzerfall eintritt. Ich kombinierte die Versuche weiter mit Fütterung von N-haltiger und vorwiegend N-freier Nahrung[1]).

Das schwierigste Unternehmen war zweifellos die Anlegung der E. F. mit Pankreasexstirpation. Nur einmal konnte ich ein Tier nach der in zeitlichem Abstand erfolgten Anlegung der E. F. und der Pankreasexstirpation sieben Tage am Leben erhalten. Das Tier schied große Zuckermengen aus und nahm gemischte Nahrung auf. Es verlor sehr große N-Mengen im Urin. Eine Fleischintoxikation trat aber nicht ein. Diese Experimente wurden im Verein mit MICHAUD ausgeführt. Bei der Schwere des Eingriffes überlebten die Tiere die Operationen aber nicht lange genug, als daß wir zu bindenden Schlüssen hätten kommen können. Aus dem einen Versuch ließ sich kein genügender Anhalt gewinnen um sagen zu können, daß unter solchen Verhältnissen wirklich keine Fleischintoxikation zustande kommt. Immerhin trat in dem einen Falle keine auf, was mit meinen Erwartungen übereinstimmte.

Daß die Phosphorintoxikation keine Fleischintoxikation bei Tieren mit E. F. veranlaßt, habe ich schon hervorgehoben. Es ist dabei noch nachzutragen, daß diese Tiere nur mit Milch uud Brötchen gefüttert wurden, damit der Einwand ausgeschlossen werden konnte, daß eine Intoxikation, wenn sie eintreten sollte von anderen, als reinen inneren

---

[1]) FISCHLER, F.: Beiträge zur Physiologie und Pathologie der Leber. Verhandl. d. Naturforscher-Versammlung Karlsruhe 2, 81. 1911.

Umsetzungen abhängig wäre, da diese Nahrung nie zur Fleischintoxikation führt.

Endlich ging ich[1]) dazu über, die forcierten Umsetzungen, welche das Phlorrhizin verursacht, zur Prüfung meiner Frage zu benützen. Ich war auf das Äußerste überrascht, anscheinend regelmäßig und leicht mittels dieser Methode ein Krankheitsbild zu erhalten, welches auf den ersten Blick sehr an sofortige schwerste Formen der Fleischintoxikation erinnerte. Es traten Krämpfe und Koma ein und die Tiere starben unrettbar.

Nur die ganz genaue Beobachtung des klinischen Bildes hat mich hier vor einem Irrtum bewahrt und zur Analyse des durch Phlorrhizin bewirkten Krankheitsbildes geführt, das auf einer ganz anderen Basis beruht. Ich komme darauf an einer anderen Stelle ganz ausführlich zurück (S. 153 ff.). Hier möge es genügen zu sagen, daß auch die durch Phlorrhizin bedingten erhöhten inneren Umsetzungen keine Fleischintoxikation hervorbringen.

Mit einer bemerkenswerten Übereinstimmung besagt der Ausfall aller dieser Versuche aber, daß die Fleischintoxikation nicht durch eine Erhöhung des inneren Umsatzes hervorgerufen wird, da die Versuche zu seiner Steigerung in keinem Falle eine derartige Intoxikation veranlaßten.

Man muß daher um so mehr den Resorptionsanteilen die Aufmerksamkeit zuwenden und die Ursache der Störung in ihrer veränderten Verwertung durch die funktionelle Drosselung der Leber suchen, womit zugleich eine normale Funktion der Leber erkannt wäre.

Zwei Richtungen dieses Leberfunktionsausfalles sind leicht denkbar, die eine, welche eine Überschwemmung des Körpers mit an sich durchaus normalem Ernährungsmaterial veranlaßt, das sie bei ihrer vollen Funktion durch richtige Verarbeitung in eine für den Körper unschädliche Form überführt oder in sich aufstapelt (Reservoir- und Abbaueigenschaft der Leber), die andere, welche gewisse abnorme im Darm gebildete Produkte (z. B. durch Fäulnis) normalerweise unschädlich macht (Entgiftungstätigkeit der Leber durch direkte Entgiftung). Beide Möglichkeiten gilt es zu prüfen.

Was mir vor allem immer wieder den Gedanken einer Überschwemmung des Organismus mit normalen Resorptionsprodukten nahe legte, war das nicht zu verkennende quantitative Abhängigkeitsverhältnis des Eintretens der Fleischintoxikation von der Menge des aufgenommenen Fleisches. Das geht ja ganz unmittelbar aus den Mitteilungen aller Beobachter der Fleischintoxikation hervor und hat sich mir ausgedehnt

---

[1]) Fischler, F. und Kossow, H.: l. c. S. 72, Nr. 1.

ebenfalls bestätigt. Ganz von selbst führt eine solche Betrachtung auf die Beachtung weiterer quantitativer Verhältnisse. Nun muß es aber auffallen, daß eine Fleischintoxikation nicht auch durch Überschwemmung mit körpereigenen Abbauprodukten des Eiweißes eintritt. Dem habe ich entgegenzuhalten, daß das Mischungsverhältnis der Abbauprodukte aus körpereigenem Material wohl das optimalste ist, das sich denken läßt. Denn einmal gelingt es bei Ernährung mit Fleisch der eigenen Tierart das N-Gleichgewicht rascher herzustellen, als mit sonstigen Eiweißarten, worauf MICHAUD[1]) hinwies, in gleicher Richtung liegt aber auch die Beobachtung, daß das Eiweißminimum zur Erzielung des N-Gleichgewichtes bei Nahrungszufuhr von außen erheblich höher liegt, als man es aus der Errechnung des N-Umsatzes im Hunger etwa annehmen darf. Die Eiweißeinschmelzung geschieht im Hunger sicher in einer für den Körper optimalen Weise, sowohl nach der ökonomischen Seite, wie nach dem Mischungsverhältnis. Ihr Ersatz durch die Darmresorption kann sich nicht in derselben günstigen Weise vollziehen, da schon die Resorptionsgröße darauf von Einfluß ist. Weiter wissen wir aber vom normalen Eiweißstoffwechsel, daß der Körper alles Eiweiß, das nicht wirklich unmittelbar im Körper zur Verwendung gelangt, in kürzester Zeit abbaut, daß es also für den Körper wohl schädlich ist. Auf der Tatsache, daß der Eiweiß-N innerhalb von 24 Stunden spätestens wieder im Urin in Erscheinung tritt, beruht ja überhaupt die Möglichkeit, daß wir den Eiweißstoffwechsel so genau quantitativ zu verfolgen in der Lage sind. Weiter wissen wir aber auch durch die eingangs dieses Kapitels erörterten Arbeiten über Gewichtszunahme der Leber unter Eiweißfütterung, daß in der Leber Eiweiß in kürzester Zeit gestapelt wird, und daß nach den Hungerversuchen von JUNKERSDORF[2]) und anderen die Leber im Hunger rasch Eiweiß abgibt.

Man weiß ferner, daß die Aufspaltung des Eiweißes im Magen-Darmtractus unter Freiwerden basischer Produkte vor sich geht; ich darf da nur auf das stark basische Arginin hinweisen, ferner auf die Karbaminsäure, deren Vorkommen nach den Entdeckern der Fleischintoxikation ja nicht zweifelhaft ist, und ich erinnere ferner an andere Diaminosäuren, die dabei entstehen.

Im Verfolg solcher Vorstellungen mußte mir die dauernde starke Alkalinität des Harnes der Hunde mit E. F. auffallen. Das Vorkommen von Konkrementen aus harnsaurem Ammoniak in den Nierenpapillen der Tiere mit E. F. und auch im Nierenbecken und der Blase, das bei längerem Bestand einer Porta-Cava-Fistel fast die Regel ist,

---

[1]) MICHAUD, L.: Beitrag zur Kenntnis des physiolog. Eiweißminimums Hoppe-Seylers Zeitschr, f. physiol. Chem. 59. 1909.

[2]) JUNKERSDORF, P.: l. c. S. 116, Nr. 2.

spricht ebenfalls für eine starke Inanspruchnahme aller sauren Produkte des Körpers, d. h. für einen relativen Alkaliüberschuß. Namentlich zu den Zeiten einer Intoxikation ist die Alkalinität des entleerten Urins eine sehr hohe. Das haben ja auch schon PAWLOW und seine Mitarbeiter mitgeteilt. Auch die auffallende Alkalinität des Speichels bei Fleischintoxikation habe ich schon hervorgehoben.

Hier kann ich noch einfügen, daß wir schon im Kapitel Leber-Fettstoffwechsel die verminderte Fähigkeit der Eck-Leber zur Produktion der Acidose-Körper kennen gelernt haben, ein Faktum, das mir bei meinen ersten Überlegungen über die Möglichkeit der Ursache der Fleischintoxikation noch nicht bekannt war. Ich kannte damals nur die Tatsache, daß es beim Eck-Hunde fast unmöglich ist, bei Fleischnahrung sauren Urin zu erzielen.

Weiter haben NENCKI, PAWLOW und ZALESKI[1]) festgestellt, daß der NH$_3$-Gehalt des Pfortaderblutes besonders hoch ist und FOLINS[2]) neuere Versuche zeigten, daß der Leber normalerweise aus den tieferen Darmabschnitten erhebliche NH$_3$-Quantitäten durch das Blut zugeführt werden, Mengen, die im übrigen Kreislauf nicht zu finden sind.

Die Annahme, daß die Leber also normalerweise der Sitz des Säure-Basenausgleichs sei, scheint danach nicht unwahrscheinlich. Zieht man noch dazu heran, daß EPPINGER[3]) bei Einschränkung der Eiweißzufuhr eine stärkere Empfindlichkeit der Hunde gegen Säuregaben per os fand, so darf man ebenfalls vermuten, daß die normale Beschaffenheit basischer Produkte vorwiegend auf Verarbeitung der Basenanteile des Eiweißes beruht. Ein mangelhafter Ausgleich in diesen Basen-Säureanteilen durch eine unvollkommene Lebertätigkeit kann sehr wohl die Krankheitserscheinungen der Fleischintoxikation hervorrufen.

Diese Vorstellung prüfte ich[4]) umfassend auf zwei Arten. Ich versuchte einmal Intoxikationszustände durch Säuregaben zu heilen, zweitens durch gleichzeitige Gaben von Säure und Fleisch die Hervorbringung der Intoxikation zu verhindern.

Beides gelang durch die Zufuhr von Phosphorsäure in verdünnter Form in den Magen. Selbst komatöse Zustände kann man durch Zufuhr verdünnter Säure noch in Angriff nehmen und man erlebt es nicht selten, daß die Tiere sich wieder völlig erholen. Wenn man bedenkt, daß bei ausgebrochener Acidosis beim Coma diabeticum es so-

<hr>

[1]) NENCKI, M., PAWLOW, J. P. und ZALESKI, J.: Über den NH$_3$-Gehalt des Blutes und der Organe und die Harnstoffbildung bei den Säugetieren. Arch. f. exp. Pathol. u. Pharmakol. **37**, 26. 1895.

[2]) FOLIN, O. und DENIS, W.: Protein medabolism from standpoint of blood and tissue analysis. II. The origin and significance of ammonia in the portal vein. Journ. of biol. chem. **11**, 161. 1912.

[3]) EPPINGER, H.: Zur Lehre der Säurevergiftung. Zeitschr. f. exp. Pathol. u. Therap. **3**, 530. 1906.

[4]) FISCHLER, F.: l. c. S. 128, Nr. 2.

zusagen nie gelingt durch Alkalizufuhr rettend einzugreifen, so sind meine Resultate um so bemerkenswerter. Interessant war mir bei FRERICHS zu lesen, daß die Medikation bei der Annahme von akuter gelber Leberatrophie häufig in Säuregaben bestand. Warum FRERICHS so vorging, hat er aber nicht näher begründet oder die Begründung ist mir entgangen. Einen gelegentlichen Mißerfolg der Medication darf man m. E. noch nicht gegen die Richtigkeit der Vorstellung selbst verwerten, wissen wir doch nicht, ob die restlose Wiederherstellung der cerebralen Störungen (ausweislich des schweren Komas) sich überhaupt so ohne weiteres bewirken läßt, wenn sie einen gewissen Grad erreicht haben, mag die therapeutische Begründung dafür noch so richtig sein, bzw. eben nur für Anfangsstadien gelten.

Wichtiger erscheint mir noch die Beweisführung, daß Hunde, welche auf eine bestimmte Menge von Fleisch regelmäßig mit Intoxikation erkrankten, bei Zufuhr einer größeren Menge (2—3 fach) bei gleichzeitiger Verabfolgung von Phosphorsäure nicht krank werden. Diese von mir 1911 entwickelten Anschauungen gewinnen neuerdings erhöht an Interesse, da EMBDEN[1]) nachwies, daß die Muskeln anorganische Phosphorsäure bei der Kontraktion bilden.

An meiner Beweisführung muß ich selbst noch den nicht im Blute durchgeführten Nachweis des quantitativen Säure- und Basenanteils bemängeln. Leider hat sich auch in der Zwischenzeit dazu noch nicht die Gelegenheit ergeben. Überdies hat BENEDICT[2]) für die Säurevergiftung nachgewiesen, daß der Hydroxylionengehalt des Blutes dabei nicht verändert ist, was den Wert einer solchen Bestimmung zweifelhaft erscheinen ließe. Blutgasbestimmungen habe ich zwar eine Reihe durchgeführt, doch nicht in der Variationsbreite, daß ich darauf eine weitere Stütze für meine Anschauungen gründen könnte.

Mir scheint, daß das unter vollkommen physiologischen Verhältnissen ausgeführte Experiment beweisend ist. Einwände, wie sie von vereinzelter Seite erhoben wurden, bedürfen keiner Zurückweisung.

Aber auch durch Anregung der Diurese läßt sich die Fleischintoxikation beeinflussen. Dies geht aus den von mir anfänglich durchgeführten massiven subcutanen therapeutischen NaCl-Infusionen hervor. Mit ihrer Hilfe gelingt es nicht selten allein schon selbst schwerer Vergiftungen Herr zu werden. Im Verein mit stomachalen Säuregaben, halte ich diese Therapie sogar für die aussichtsreichste und habe sie oft genug in den schwersten Fällen von Fleischintoxikation mit Erfolg durchgeführt, um das wertvolle Tiermaterial zu schonen.

---

[1]) EMBDEN, G. und LAWACZECK: Über Bildung anorganischer Phosphorsäure bei d. Kontrakt. d. Froschmuskeln. Biochem. Zeitschr. **127**, 181. 1922.

[2]) BENEDICT, H.: Der Hydroxylionengehalt des Diabetikerblutes. Pflügers Arch. f. d. ges. Physiol. **115**, 106. 1906.

Eine weitere Stütze meiner Ansichten liegt aber in den von mir[1]) in Gemeinschaft mit E. GRAFE durchgeführten Stoffwechseluntersuchungen über den Gesamtstoffwechsel bei Tieren mit und ohne Intoxikationserscheinungen. Außerhalb der Intoxikationszeiten verläuft die Verbrennung stickstoffhaltigen Materials nicht wesentlich anders, als bei normalen Tieren. Zu Zeiten der Intoxikation tritt aber eine bemerkenswerte Änderung derart ein, daß diese Umsetzungen deutlich verzögert sind. Es kommt hierdurch eine spezifische Störung im Abbau der Eiweißkörper zum Ausdruck, indem in solchen Fällen der

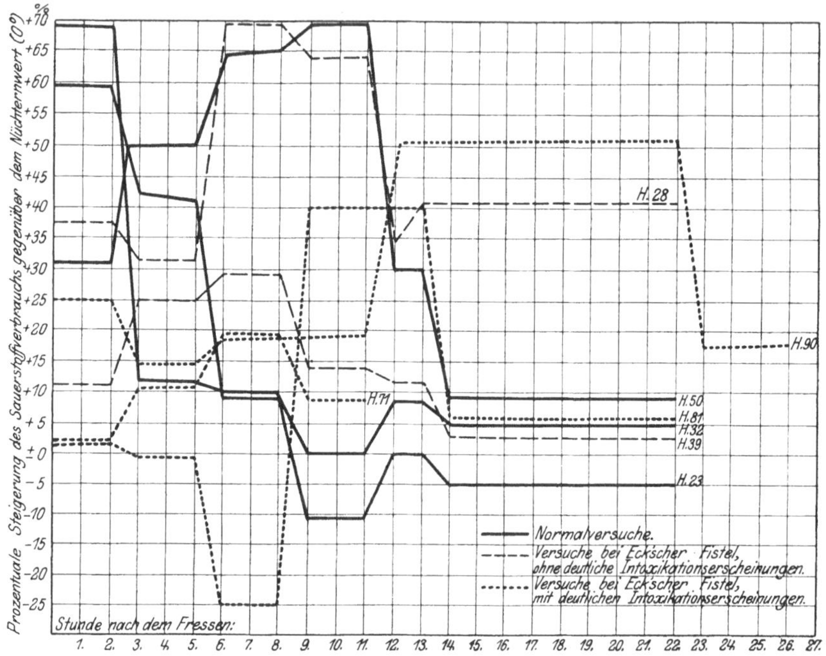

Kurventafel 5 betreffend das Verhalten des Gesamtstoffwechsels bei Tieren mit Eckscher Fistel mit und ohne Fleischintoxikation.

Höhepunkt der Oxydationssteigerung erst in Stunden fällt, in denen in der Norm schon die Nüchternwerte erreicht sind. Auf die anderen Störungen, welche sich noch ergaben, ist in einem anderen Zusammenhang zurückzukommen. Am besten illustriert das ganze Verhalten die beigegebene Kurventafel, auf der der prozentuale Sauerstoffverbrauch für die einzelnen Tiere mit und ohne Intoxikation angegeben ist, ich verweise vor allem auf Hund 90.

Wenn man als eine normale Funktion der Leber die Zerstörung des überschüssigen Eiweißanteiles aus der Resorption ansieht, so wird

[1]) FISCHLER, F. und GRAFE, E.: Das Verhalten des Gesamtstoffwechsels bei Tieren mit E. F.   Dtsch. Arch. f. klin. Med. 104, 321. 1911.

dieses Verhalten sofort klar ergeben, daß in diesen Versuchen ein sehr deutlicher Ausdruck der Insuffizienz der Leber zu den Zeiten der Intoxikationen zu finden ist, was die entwickelten Anschauungen nur bestens stützen kann.

Die Auffassung der Fleischintoxikation als einer Störung der Resorptionsanteile des Eiweißes wahrscheinlich unter ungenügender Verbrennung zu Beginn, sowie Bildung stark alkalischer Produkte, die das Bild der Alkalosis hervorrufen, ist zur Zeit noch immer die plausibelste Erklärung für die Fleischintoxikation.

Auch geht aus dem Ausfall dieser Experimente hervor, daß der Gesamtanteil des Resorptionsstickstoffes und nicht einzelne Produkte desselben an der Störung beteiligt sind. All dies darf man für das Auftreten einer Alkalosis heranziehen.

Die Betonung aller Einzelheiten ist wichtig, weil sie geeignet sind, ein Verständnis für gewisse zweifellose Schwierigkeiten im Eintritt der toxischen Zustände zu eröffnen.

Über die Inkonstanz des Auftretens der Intoxikation führen ja alle Forscher, die sich mit ihrer Hervorbringung beschäftigt haben, Klage. Ich selbst habe damit zu kämpfen gehabt, während ich im Anfang meiner Untersuchungen gar keine Schwierigkeiten hatte und fast in jedem Falle die Intoxikation hervorrufen konnte. Über die Ursachen dieser Inkonstanz habe ich sehr umfassende Versuche angestellt, weil ich sicher war damit den eigentlichen d. h. notwendigen Bedingungen ihres Wesens nahe zu kommen.

Mit großer Sicherheit läßt sich sagen, daß äußere Umstände, wie Lokalität, Jahreszeit, Alter, Rasse, Wartung der Tiere nicht an ihr schuld sein können. Auch in der Trypsinimmunisierung, die ich aus Gründen, auf die ich noch zu sprechen kommen werde, bei einer großen Anzahl meiner Tiere vor der Vornahme der Operation durchgeführt später aber wieder verlassen habe, liegt keine Erklärung für das Nichteintreten der Intoxikation.

Eine Änderung gegenüber meinen früheren Versuchen konnte ich nur darin finden, daß ich mit steigender Übung die Operation viel schonender durchführen konnte, und die Tiere sich dementsprechend viel leichter und besser erholten. Ich muß dieses Moment für wesentlich halten, weil mit der weniger schonenden Durchführung der Operation die Tiere und damit auch ihre Lebern stark notleiden. Schon immer war mir aufgefallen, daß abgemagerte, also geschwächte Tiere, der Intoxikation leichter zugänglich sind, als normal genährte, kräftige. Es scheint also auf das Moment der Schädigung der Leber mit anzukommen.

Die Wahrnehmung einer offensichtlichen Störung in der Hervorbringung saurer Produkte, wie sie z. B. bei der Fettverbrennung entstehen, sowie die eben begründete Gleichgewichtsstörung zwischen Säure- und Basenanteilen ließen erwarten, daß eine Intoxikation bei Mangel an Fettmaterial leichter eintreten könnte und zwar um so eher, wenn die Leber durch funktionelle Überlastung in der angegebenen Richtung überbürdet würde. Ich werde später begründen, daß ein vermehrter Stoffumsatz die Leber unter den Bedingungen der E. F. hochgradig überanstrengt. Trifft sie dann die Nötigung der Verarbeitung größerer Mengen Fleisch, so muß ihre ausgleichende Funktion am ehesten versagen und die Intoxikation eintreten.

Dies ist nun tatsächlich der Fall. Hunger und gleichzeitige Phlorrhizininjektion sind zwei Faktoren, die den Leberumsatz im allgemeinen und den Fettumsatz im speziellen treffen. Wenn jetzt Fleisch gefüttert wird, so muß bei Richtigkeit der Überlegungen die Intoxikation sehr leicht gelingen.

Das geschieht nun in der Tat. Die Schwierigkeiten in der Hervorbringung der Fleischintoxikation habe ich[1]) auf Grund dieser Überlegungen beheben können.

Denn einige Tage Hunger unter gleichzeitiger Anwendung von Phlorrhizin genügen am E. F.-Hund bei alsdann einsetzender Fleischfütterung fast regelmäßig die Fleischintoxikation sofort hervorzurufen. Unter Umständen ist eine Wiederholung der Hungerperiode mit nochmaliger gleichzeitiger Phlorrhizindarreichung nötig, doch darf man darin nicht zu weit gehen, sonst bewirken diese Maßnahmen durch die Kohlenhydratentziehung, die der Körper hierdurch erleidet die „glykoprive Intoxikation“, von der ich schon im III. Kapitel gesprochen habe, und worauf ich noch ausführlich in anderem Zusammenhang alsbald zurückkomme (S. 153 ff.). Ich habe schon von ihr berichtet, daß nur die genaueste Beobachtung des klinischen Bildes mich dabei vor dem Irrtum einer Verwechselung mit der Fleischintoxikation bewahrt hat (s. S. 132), doch lassen sich diese Zustände mit aller Sicherheit und Leichtigkeit namentlich wegen des grundverschiedenen anatomischen Obduktionsbefundes trennen, wie noch ausgeführt wird.

In der exakten Weiterverfolgung des Gedankens einer Schädigung der Leber selbst für die Notwendigkeit des Eintretens der Fleischvergiftung, einer Schädigung, die eben nur durch eine sehr starke Arbeitsüberlastung des Organes bei bestehender funktioneller Drosselung durch E. F. mit Sicherheit hervorgerufen werden kann, liegt einmal die Klarstellung der Abhängigkeit der Fleischintoxikation von dem Versagen einer Leberfunktion bei der Aufnahme von Eiweiß, also bei der Resorption, womit die Erkenntnis

---

1) FISCHLER, F.: Die Hervorbringung der Fleischintoxikation beim E. F.-Hund. Dtsch. Arch. f. klin. Med. 113, 530. 1914.

einer **notwendigen** Funktion der Leber gegenüber der Eiweißresorption festgelegt ist, weiter stützt der Ausfall dieser Versuche
die Ansicht einer Überschwemmung des Körpers mit unvollkommen
verarbeiteten Eiweißspaltprodukten, die ihrem Charakter nach die Möglichkeit einer Alkaliüberladung hervorzubringen wohl imstande sind.

Man hat aber, wie ich schon erwähnte, auch noch eine zweite Möglichkeit zur Erklärung der Fleischintoxikation herangezogen, die weiter
zu verfolgen nicht überflüssig erscheint, nämlich einen Ausfall ent-
giftender Funktionen der Leber bei Resorption von im Darme entstehenden Giften.

Zuerst sei erwähnt, daß man in der Fleischintoxikation — wohl
auch wegen gewisser rein äußerlicher Ähnlichkeiten — anaphylaktische
Erscheinungen sehen wollte[1].

An sich ist ein solcher Gedanke im ersten Moment gar nicht ganz
unplausibel, da wir nicht vollkommen genau wissen, ob geringe Eiweißmengen nicht doch die Darmwand unverändert passieren können
und die Leber dann eventuell die endgültige Verarbeitung dieser Anteile übernimmt. Es existieren klinische Beobachtungen, wie die schon
erwähnten alimentären Intoxikationen der Säuglinge, oder die Mitteilung von L. R. MÜLLER und O. SCHULZ[2] bei Pfortaderthrombose,
welche den Gedanken einer speziellen Lebertätigkeit bei der Eiweißverarbeitung nahe legen. In der von MÜLLER und SCHULZ mitgeteilten
Beobachtung handelt es sich allerdings im wesentlichen um ungewöhnlich große Mengen von unkoagulierbarem Stickstoff im Ascites
einer Kranken mit Pfortaderverschluß, von dem wir kaum annehmen
dürfen, daß er antigene Eigenschaften gehabt hat, vielleicht aber toxische
an sich, die hier ja leicht möglich sein konnten. Doch ist bei der
Patientin nichts von toxischen Symptomen mitgeteilt.

Verfolgt man aber einmal den Gedanken an anaphylaktische Erscheinungen näher, so muß man davon ausgehen, daß sich so kleine
Mengen von Eiweiß oder Albumosen, wie sie zur Hervorbringung von
anaphylaktischen Erscheinungen genügen, dem Nachweis sehr leicht
entziehen können. Sie können aber nachweisbar werden durch anaphylaktische Erscheinungen selbst.

Lange ehe diese Ansichten geäußert wurden, habe ich[3] auf diesem
Wege den Beweis für den Durchtritt körperfremden Eiweißes durch den
Darm zu erbringen versucht und das ganze Problem mit v. DUNGERN
durchgesprochen. Ich ging in der Weise vor, daß ich per os einmal eine

---

[1] MAGNUS-ALSLEBEN, E.: l. c. S. 53, Nr. 13.

[2] MÜLLER, L. R. und SCHULZ, O.: Klinische, physiologische und path.-ana-
tomische Untersuchungen an einem Falle von hochgradigem Ascites bei Pfortaderthrombose. Dtsch. Arch. f. klin. Med. **76**, 544. 1903.

[3] FISCHLER, F.: Unpublizierte Versuche.

große Menge körperfremden Eiweißes verabfolgte und drei Wochen später durch intravenöse Zufuhr desselben Eiweißes einen Schock hervorzurufen versuchte. Denn von vornherein schien mir klar, daß nur auf diese Weise eine Aussicht auf Realisierung des Problemes möglich wäre, da der Durchtritt von Eiweiß durch den Darm nach allem, was wir wissen — sofern er überhaupt erfolgt — nicht in so großen Mengen vor sich gehen kann, wie sie zur Hervorrufung des anaphylaktischen Schocks nötig sind. Zur Sensibilisierung genügen aber kleine und kleinste Dosen, und eine die Reinjektion ersetzende Aufnahme von Eiweiß aus dem Darme müßte seine Aufnahme im Darm in einer Dosis voraussetzen, die sich auch sonst dem Nachweis nicht entziehen könnte. Wir haben aber gesehen, daß wir Beweise für die Aufnahme von nativem Eiweiß in großen Mengen aus dem Darme vergeblich suchen mit der einen Ausnahme gewisser Fälle von Albuminurie nach Aufnahme sehr großer Mengen von Hühnereier-Eiweiß. Jedenfalls dürfen wir aber diese Beobachtung nicht verallgemeinern, sonst müßten sich an Fleisch verdauenden E. F.-Hunden Eiweißwirkungen an Fiebersteigerungen usw. und in abnormen Harnausscheidungen nachweisen lassen.

Da ich mit einer Eiweißart operieren wollte, die dem Hunde mit Sicherheit unzugänglich ist, so habe ich Menscheneiweiß gewählt und zwar Ascitesflüssigkeit von einem Cirrhotiker. Der E. F.-Hund nahm diese Flüssigkeit in großer Menge willig auf (sie war mit gewöhnlicher Fleischbrühe untermengt) eine Reinjektion von 10 ccm Ascitesflüssigkeit desselben Patienten drei Wochen später, löste aber keine Spur von Schocksymptomen aus. In der Folge hat sich keine günstige Gelegenheit zur Wiederholung des Experimentes ergeben, so daß der Fall vereinzelt blieb. Im Zusammenhang mit den alsbald mitzuteilenden Experimenten scheint er mir aber doch verwertbar.

Wenn die vorgebrachten theoretischen Bedenken zur Frage der Auffassung der Fleischintoxikation als anaphylaktischer Erscheinung an sich schon schwerwiegend waren und gegen die von MAGNUS-ALSLEBEN und SCHITTENHELM geäußerten Erklärungsversuche der Fleischintoxikation sprachen, so enthoben sie mich nicht einer direkten experimentellen Prüfung des ganzen Problems, da theoretische Bedenken noch nichts beweisen. Ich hatte aber ganz abgesehen davon an der Lösung der Frage deshalb ein so großes Interesse, weil das Problem einer Anaphylaxie vom Darme aus in der Versuchsanordnung der E. F. zur Aufklärung der resorptiven Eigenschaften des Darmes und einer dabei unumgänglichen Lebertätigkeit beigetragen hätte.

Hat die Fleischintoxikation also wirklich etwas mit Anaphylaxie zu tun?

Das Kriterium, ob eine Erscheinung als anaphylaktisch aufzufassen ist, liegt heute wesentlich in der Erscheinung des klinischen Bildes,

des anaphylaktischen Schocks. Der anaphylaktische Schock, die Blutdrucksenkung, die relative Lymphocytose, die Temperatursenkung oder ihre Steigerung, der Leukocytensturz, die Lungenblähung (beim Meerschweinchen), die Enteritis anaphylactica, Krämpfe, Koma und Tod, das sind die Zeichen, die man fordern muß.

Die äußere Gemeinschaft zwischen Fleischintoxikation und Anaphylaxie kann höchstens in den Krampfanfällen und dem Koma liegen. Aber gerade der Kliniker sollte die absoluten Unterschiede, die sonst vorhanden sind, besonders hoch bewerten.

Von einem Schock d. h. einem ganz plötzlichen Auftreten der Intoxikation sieht man nichts. Bei den vielen Fällen von Fleischvergiftung, die ich sah, konnte ich mit Regelmäßigkeit einen langsamen Beginn feststellen. Gegenteilige Behauptungen dürften auf mangelhafter Beobachtung beruhen, wie ich nicht zögere auszusprechen. Weiß man aber ferner etwas von einem tagelangen Andauern anaphylaktischer Erscheinungen? Ich glaube nicht. Und doch habe ich Fleischintoxikationen bis zu 7 Tage Dauer gesehen. Die Dauer von 2—3 Tagen ist die Regel. Und fällt ein Tier wieder und wieder in anaphylaktische Zustände, nachdem es sie eben überwunden hat? Das wäre ein neues Zeichen für Anaphylaxie! Bei der Fleischintoxikation sehen wir dies aber regelmäßig, sowie wir wieder Fleisch zuführen. Man kann dieses Spiel der Erscheinungen bei der nötigen Vorsicht sehr lange wiederholen. Endlich ist gar nicht erwiesen, daß Körper mit antigenen Eigenschaften die Darmwand ohne weiteres passieren können. Bei der Fleischintoxikation findet weiter keine Blutdrucksenkung statt, besteht ferner keine Leukopenie, besteht keine Enteritis anaphylactica. Vor allem tritt sie aber auch ein, wenn man Hunde mit artgleichem Fleisch füttert, wie ROTHBERGER und WINTERBERG[1]) nachgewiesen haben, verstößt also gegen das oberste Grundgesetz der Bedingtheiten der anaphylaktischen Erscheinungen, die bekanntlich nur mit artfremdem Eiweiß auslösbar sind.

MAGNUS-ALSLEBEN[2]) meint zwar in einem kurzen Nachtrag zu einer gemeinschaftlichen Arbeit mit ENDERLEN und HOTZ, daß „artfremd" und „blutfremd" hierbei eine Rolle spielen könnte. Artgleiches könne noch immer blutfremd sein und daher ein Tier auch nach Genuß artgleichen Fleisches anaphylaktisch erkranken. MAGNUS-ALSLEBEN dürfte für eine solche Ansicht weder einen Beweis beibringen können, noch wird er leicht jemand finden, der ihm in solchen Ansichten folgt.

Wenn MAGNUS-ALSLEBEN[3]) aber, wie er dies tat, schreibt, es wäre

---

[1]) ROTHBERGER und WINTERBERG: l. c. S. 53, Nr. 7.

[2]) ENDERLEN, HOTZ und MAGNUS-ALSLEBEN: Die Pathologie und Therapie des Pfortaderverschlusses. Zeitschr. f. d. ges. exp. Med. 3, 223. 1914.

[3]) MAGNUS-ALSLEBEN, E.: Über die Bedeutung der E. F. für die normale und pathologische Physiologie der Leber. Ergebn. d. Physiol. 18, 52. 1920, speziell S. 74.

ihm gelungen die Einwände, die ich gegen seine Ansicht vorgebracht habe hiermit zu entkräften, so überlasse ich MAGNUS-ALSLEBEN dieser Meinung gerne!

Aber ich glaube, man ist verpflichtet gegenüber solchen Einwendungen zur Tagesordnung überzugehen und festzustellen, daß eine Identität oder nur eine Wesensverwandtheit zwischen Fleischintoxikation und Anaphylaxie nicht besteht, sie sind ihrem ganzen Wesen nach grundverschieden.

Noch wäre ja möglich, daß die Fleischfütterung mit einer Entwicklung spezifischer bakterieller Eiweißkörper einhergeht, und daß damit das eigentümliche Zusammenfallen von Fleischintoxikation und Fleischfütterung zu erklären sei. Dem widerspricht aber einmal das nachgewiesene quantitative Moment, daß nämlich nur bei Fütterung von großen Mengen Fleisch die Intoxikation sich erzielen läßt, weiter die von GRAFE und mir[1]) gefundene Verzögerung des Gesamtumsatzes in Zeiten der Intoxikation, weiter die eigentümlichen Schwankungen in der Menge des ertragbaren Fleisches bei ein und demselben Tiere bei Änderung seines Kräftezustandes und den disponiblen Fettmengen, weiter die Möglichkeit einer recht langen reinen Fleischfütterung mit kleinen Mengen, die an sich die Entwicklung hochtoxischer Produkte des bakteriellen Stoffwechsels gut zulassen, endlich das Experiment mit Hunger und Phlorrhizin, wodurch ja eine „bakterielle Disposition" des Darmes geschaffen werden müßte, wenn wirklich bakterielle Ursachen der Störung zugrunde lägen, was aber eine durch nichts gestützte Annahme wäre.

Geht man aber noch einen Schritt weiter und fragt, ob man die Aufnahme noch niederer Spaltprodukte des Eiweißes höchst unbestimmten Charakters, wie das SCHITTENHELM will, Produkte mit direkt toxischem Moment heranziehen soll, so fragt es sich, ob man diese noch in die Kategorie der anaphylaktogenen Körper überhaupt einrechnen darf. Solche Stoffe haben gar keine antigenen Eigenschaften mehr, wie z. B. die Amine. Und wenn es sich um rein toxische Wirkungen handeln sollte, so bleibt erst recht unverständlich, warum diese Wirkungen dann nicht stets beobachtet werden. Diese Überlegungen gelten vor allem auch für die Indol- und Skatolstoffe, welche regelmäßige Begleiter der Eiweißfäulnis im Darme sind. Die Vorstellungen SCHITTENHELMs bedürfen viel größerer Präzision, wenn sie ernstlich bei der ganzen Frage herangezogen werden sollen. Mir scheint, daß ich nochmals die große klinische Konstanz des Krankheitsbildes betonen soll, das seinerseits auf eine ganz bestimmte Art der Schädigung hinweist.

---

[1]) FISCHLER, F. und GRAFE, E.: l. c. S. 136, Nr. 1.

Aber wenn auch in allen diesen Vorstellungen ein Kern von Wahrheit wäre, so würde man nicht verstehen, warum nicht auch gelegentlich einmal außerhalb der Fleischfütterung eine Intoxikation aufträte, da im Darme ja dauernd toxische Produkte vorhanden sind.

Man sieht also, daß die andere Möglichkeit der Genese einer Fleischintoxikation, nämlich die Nichtunschädlichmachung gewisser abnormer im Darme sich bildender toxischer Produkte infolge mangelhafter Leberfunktion keineswegs gestützt ist und man wird daher um so sicherer zu der Vorstellung zurückkehren dürfen, daß die Leber unmittelbar etwas mit der Resorption und Verarbeitung des normalen N-Anteiles der Darmresorption zu tun hat, und daß deren Störung die Ursache der Fleischintoxikation ist.

Die außerordentliche Konstanz des klinischen Bildes weist auf einen Angriff an ganz bestimmten Punkten des Zentralnervensystems hin, worin eine deutliche Analogie zu der Wirkung wohlcharakterisierter anderer chemischer Substanzen mit toxischen Wirkungen zu sehen ist, ich erinnere an die Alkaloide, z. B. Strychnin, dem wir ja auch spezifische Angriffspunkte für seine Wirkung zuerkennen müssen, und ich setze die Fleischintoxikation in Analogie zu der acidotischen Störung, die ja ebenfalls ein ganz bestimmtes und bekanntes klinisches Gepräge hat.

In letzter Zeit hat die Frage, ob die Leber besondere aus dem Darme aufgenommene Abkömmlinge des Eiweißes zu verarbeiten hat, aber noch eine ganz neue Beleuchtung erfahren durch die von WIDAL[1]) in die Leberdiagnostik eingeführte Beurteilung eines normalen oder pathologischen Funktionszustandes der Leber an Hand von Veränderungen des Blutbildes nach oraler Verabreichung bestimmter Mengen von Eiweiß, die von ihm so benannte hämoklastische Krise.

WIDAL und seine Mitarbeiter stehen auf dem Standpunkt, daß normalerweise das Blut der Portalvene im Beginne der Verdauung peptonähnliche Abbauprodukte des Eiweißes enthält, die von der Leber, sofern sie normal funktioniert, festgehalten werden sollen, und bezeichnen diese Funktion der Leber als proteopektische Funktion — eiweißbindende Fähigkeit der Leber. Sofern die Leber aber in ihrer Funktion notgelitten hat, verliert sie nach diesen Forschern jene Fähigkeit. Die peptonähnlichen Körper gelangten dann in die allgemeine Blutbahn und bewirkten dort eine typische Veränderung des morphologischen Blutbildes, nämlich eine Leukopenie, weiter eine Blutdrucksenkung und endlich eine Herabsetzung der Gerinnungsfähigkeit des Blutes. Ganz die gleichen Erscheinungen werden durch Injektion von käuflichem Pepton WITTE bewirkt, wenn es in der Mindestdose von 5 mg pro

---

[1]) WIDAL, F. u. Mitarbeiter: s. S. 3, Nr. 2.

Kilo Tier injiziert wird. WIDAL und seine Mitarbeiter leiten aus dieser Gleichheit der Wirkung peripher injizierten Peptons auf den Organismus und aus dem Auftreten ähnlicher Erscheinungen bei krankhaften Veränderungen der Leber nach Aufnahme von Eiweiß die Folgerung ab, daß man hieraus auf die Funktionsuntüchtigkeit der Leber schließen könne, und man muß in der Tat zugestehen, daß, wenn sich die Vorstellungen dieser Forscher bewahrheiten sollten, man eine äußerst wertvolle Probe für den Funktionszustand der Leber gewonnen hätte.

Es ist daher auch nicht verwunderlich, daß die Mitteilungen WIDALS eine große Literatur hervorgerufen haben, deren Beurteilung aber bei den äußerst widerspruchsvollen Ergebnissen nur überaus schwierig möglich ist. Doch hat die jüngste Zeit mancherlei Klärungen dafür gebracht, die es möglich erscheinen lassen, zu dem Problem wenigstens Stellung nehmen zu können.

Zuvörderst sei aber an die Frage herangegangen, ob Beweise für die proteopektische Fähigkeit der Leber in genügendem Umfange vorliegen und wenn ja, ob eine funktionsgestörte Leber diese Fähigkeit tatsächlich in mehr oder weniger hohem Grade einbüßt. Die Beweise für die eiweißbindende Funktion der Leber sind viel älter, als man gewöhnlich annimmt. CL. BERNARD[1]) hat gefunden, daß Eiereiweiß auf dem Portalweg injiziert nicht im Urin erscheint, wohl aber, wenn es in die periphere Blutbahn eingeführt wird. Eine Nachprüfung der BERNARDschen Befunde habe ich aber nicht finden können. Dagegen liegen aus neuerer Zeit zwei wichtige Beobachtungen vor, die ebenfalls eine proteopektische Funktion der Leber beweisen. Die eine ist in der auf meine Veranlassung von DENECKE[2]) aus ganz anderen Gesichtspunkten unternommenen Feststellung zu finden, daß zur Auslösung von anaphylaktischen Erscheinungen die Leberpassage des Antigens notwendig ist, worauf ich noch ausführlich zurückkomme (s. S. 182), die andere bewegt sich in derselben Richtung und betrifft Versuche von PICK und HASIMOTO[3]). Diese Forscher stellten fest, daß die Leber sensibilisierter Tiere eine bedeutend stärkere intravitale und postmortale Autolyse zeigt, als die nicht vorbehandelter Tiere, worauf ich ebenfalls in einem späteren Zusammenhang zurückkommen muß (s. S. 183 ff.). Beide Beobachtungen lassen sich nicht ohne eine besondere Fixierung der Antigene in der Leber vorstellen.

---

[1]) BERNARD, CL.: l. c. S. 120.

[2]) DENECKE, G.: Über die Bedeutung der Leber für die anaphylaktische Reaktion beim Hunde. Zeitschr. f. Immunitätsforsch. u. exp. Therapie, Orig. 20. 1914.

[3]) HASIMOTO, M. und PICK, E. P.: Über intravit. u. postmort. Leberautolyse bei sensibilisierten und anaphylaktischen Meerschweinchen. Zentralbl. f. Physiol. 27, 847. 1913.

Wenn also auch Beweise für die proteopektische Fähigkeit der Leber vorliegen, so sieht es mit dem Nachweis, daß diese Funktion in einer kranken Leber notgelitten habe, schlecht aus. Es fehlt für eine solche Vorstellung bis jetzt eine genügende Unterlage. Zuerst müßte diese Annahme der französischen Forscher ganz umfassend geprüft werden, ehe die weitausschauenden Schlüsse, welche sie über den Wert ihrer Probe machen, gezogen werden können. Daß unter gewöhnlichen Verhältnissen der Darm Eiweiß oder seine höheren Spaltprodukte nicht durchläßt, geht aus meinem Versuch der Fütterung eines Eckschen Fistelhundes mit Menschenascites hervor, ohne daß es mir gelang, später danach anaphylaktische Erscheinungen hervorzurufen. DENECKE[1]) wiederholte auf eine andere Art zur weiteren Stütze meines Befundes diesen Versuch. Wir operierten zwei Hunde an Eckscher Fistel und es wurde peinlich genau darauf geachtet, daß sie nach der Operation auf die Dauer von 6 Wochen nur mit Milch und Reis u. dgl., jedenfalls ohne Eier ernährt wurden. Etwa 14 Tage nach der Operation erhielt jedes Tier an je 2 Tagen je 10 Eier zu fressen; reichlich 3 Wochen später wurden beide mit der üblichen Dosis von 10 ccm Eierklar intravenös reinjiziert. Aber bei keinem der beiden Tiere trat auch nur eine Spur von anaphylaktischer Reaktion auf. Bei dieser Menge von Eiern, die den Tieren z. T. sogar mit der Schlundsonde beigebracht werden mußten, wäre, wenn ein Übertritt von Eiweiß im Darme schon in der Norm erfolgen sollte, wenigstens eine Spur von anaphylaktischer Erscheinung zu erwarten gewesen. Aber sie verhielten sich genau so wie das Tier, das Menschenascites zu saufen bekommen hatte. Diese Befunde stehen in Übereinstimmung mit den Ausführungen, die ich im Anfange dieses Kapitels über die Frage der Aufnahme höherer Eiweißspaltprodukte oder von Eiweiß selbst bei intaktem und voll funktionstüchtigem Darme zu entwickeln versuchte. Wir sahen, daß Beweise für den Übertritt nativen Eiweißes oder höherer Spaltprodukte dabei nicht vorliegen. Man muß im Gegenteil mit ABDERHALDEN[2]) und anderen auf dem Standpunkte stehen, daß zwar der Nachweis des Übertrittes von Eiweißbausteinen in das Blut völlig gesichert ist, nicht aber der von Eiweiß oder höheren Eiweißspaltprodukten.

Daran kann auch die Tatsache nichts ändern, daß direkte Schädigungen der Leber, wie sie von WIDAL und seinen Mitarbeitern durch Chloroformeinwirkung und andere Mittel erzeugt wurden, die hämoklastische Krise in Erscheinung treten lassen. Denn zuerst muß bewiesen sein, daß die hämoklastische Krise Folge der verlorenen oder geschwächten proteopektischen Fähigkeit der erkrankten Leber ist und

---

[1]) DENECKE, G.: l. c. S. 144, Nr. 1.

[2]) ABDERHALDEN, E.: Isolierung von Aminosäuren im Blute. Hoppe-Seylers Zeitschr. f. physiol. Chem. 114, 250. 1921.

nicht Folge etwaiger ganz anderer Einwirkungen. Noch kritischer muß man aber gegen die theoretischen Grundlagen der Leberfunktionsprüfung nach WIDAL werden, wenn man hört, daß die Blutkrise auch im Gefolge von Substanzen eintritt, die gar kein Eiweiß sind. So gelang es mit Traubenzucker, Lävulose, Laktose, Rohrzucker, Fetten, ja mit ganz indifferenten Substanzen, wie Bolusaufschwemmung, Harnstoff, Wasserzufuhr usw. (Literatur bei G. LEPEHNE [1]), eine hämoklastische Krise hervorzurufen, vor allem ist sie bei notorisch leberkranken Individuen in vielen Fällen aber auch nicht eingetreten. Durch alle diese Feststellungen hat der Wert der WIDALschen Probe sehr gelitten. So wertvoll also anfänglich die WIDALsche Überlegung erschien, so wenig hielt sie einer schärferen Kritik stand.

Immerhin wäre es verfehlt, den erhobenen Befunden der hämoklastischen Krise daraufhin jeden Wert abzusprechen, sondern es gilt die tatsächlichen Beobachtungen auf ihre wirklichen Bedingtheiten zurückzuführen, dann wird sich der Wert der Beobachtungen ermessen lassen. Auch muß daran festgehalten werden, daß nicht allein aus der Leukopenie Schlüsse gezogen werden dürfen, sondern daß die Blutdrucksenkung und die verminderte Blutgerinnung dabei stets mitgeprüft werden müssen.

Durch die Arbeiten deutscher Autoren wurde eine weitgehende Klärung der bedeutsamen Befunde WIDALs erzielt. Nun ist es nicht möglich, in extenso auf die außerordentlich große Literatur hierüber einzugehen. Es sei mir daher gestattet, die Meinungen folgender Autoren hier wiederzugeben, die u. A. am meisten zur Aufklärung der fraglichen Punkte beigetragen haben, nämlich GLASER [2], JUNKERSDORF [3], SCHIFF und STRANSKY [4] und E. F. MÜLLER [5]. GLASER konnte zeigen, daß die Leukopenie von ganz anderen Gesetzen abhängt, als von einer speziellen Leberschädigung. Die alimentäre Leukopenie ist nach ihm der Ausdruck einer vagotonischen Reaktion, die alimentäre Leukocytose aber einer sympathikotonischen. Durch Atropindarreichung mit seiner den Vagus lähmenden Eigenschaft, lassen sich z. B. alimentäre Leukopenien, die nach SCHIFF und STRANSKY bei Kleinkindern physiologisch sind,

---

[1] LEPEHNE, G.: l. c. S. 2, Nr. 1.

[2] GLASER, F.: Zur Frage der Abhängigkeit der Blutbildveränderungen vom vegetativen Nervensystem und über den Wert der Leberfunktionsprüfung WIDALs. Münch. med. Wochenschr. 71, 674. 1924 (dort frühere Literatur).

[3] JUNKERSDORF, P.: Die hämoklastische Krise. Zeitschr. f. d. ges. exp. Med. 30, 110. 1922. (Dort Lit.)

[4] SCHIFF, F. und STRANSKY, E.: Über die hämoklastische Krise beim Säugling. Jahrb. f. Kinderheilk. 95, 286. 1921.

[5] MÜLLER, E. F.: Der peripherische Leukocytensturz — die Folge einer Leukocytenanreicherung in der Leber. Münch. med. Wochenschr. 71, 672. 1924 (dort frühere Literatur).

„in sympathikotonische Leukocytosen umwandeln". „Umgekehrt können besonders bei Erwachsenen vorher konstatierte alimentäre Leukocytosen durch Pilokarpindarreichung in vagotonische Leukopenien umgewandelt werden." Diese Feststellungen werfen natürlich ein vollkommen neues Licht auf die Beobachtungen bei der Prüfung auf die hämoklastische Krise, da es danach nicht auf den Zustand der Leber für die in Erscheinung tretenden Veränderungen des Blutbildes ankommen kann, sondern ganz vorwiegend auf die Ansprechbarkeit vegetativ-nervöser Reflexe. Es geht weiter daraus hervor, daß die von SCHILLING[1]) geäußerte Meinung, daß eine Leukopenie oder Leukocytose der Ausdruck einer Verteilungsreaktion der Blutkörperchen ist, zu Recht besteht, eine Meinung, die durch die neuesten Versuche von E. F. MÜLLER bestätigt wird. MÜLLER ist jetzt der Nachweis geglückt, daß bei einer peripheren Leukopenie die verschwundenen Leukocyten sich in der Leber und dem Portalblutsystem anhäufen, dort also irgendwie auf reflektorische Weise, vielleicht auch noch durch sonstige Bedingtheiten festgehalten werden, bis sich ein Ausgleich dieses besonderen Zustandes hergestellt hat. Worauf diese Eigentümlichkeiten letzten Endes zurückzuführen sind, ist heute noch nicht zu übersehen. Doch weisen die Befunde von SCHIFF und STRANSKY darauf hin, daß sie mit Eigentümlichkeiten des Verdauungsvorganges selbst zusammenhängen, da der Magen-Darmkanal von Kleinkindern von dem des Erwachsenen sich offenbar grundsätzlich verschieden verhält. Denn man darf annehmen, daß seine Funktion noch nicht die volle Höhe der Ausbildung besitzt, die bei weiterem Lebensalter erreicht wird, wenn das Individuum gesund bleiben und gleichzeitig aus dem Ernährungsmaterial artgleiche Stoffe aufnehmen soll. Beim Säugling, der im Beginne seiner Lebensperiode ja Muttermilch erhält, nimmt JUNKERSDORF an, daß ein so durchgreifender Abbau des Ernährungsmateriales nicht nötig ist, wie beim Erwachsenen, da die Muttermilch artgleiches Eiweiß enthält. Diese Annahme erklärt bis zu einem gewissen Grade, daß die Säuglingsverdauung noch nicht mit den Eigenschaften eines Verdauungsapparates jenseits der Säuglingsperiode ausgestattet zu sein braucht. Daher wird der Säuglingskörper auch nicht in der üblichen Weise mit Verdauungsleukocytose zu reagieren brauchen, wie es der Erwachsene in der Regel tut.

Wenn nun auch über das Verhalten der morphologischen Blutveränderungen eine weitgehende Aufklärung erreicht ist, so gilt dies nicht für die beiden anderen Symptome der hämoklastischen Krise, nämlich für die Blutdrucksenkung und die Verminderung der Gerinnungsfähigkeit des Blutes.

---

[1]) SCHILLING, E.: Ergebn. d. ges. Med. 3, 364.

Es besteht nach experimentellen Erfahrungen kein Zweifel darüber, daß beide Symptome durch Pepton hervorgebracht werden können. Pepton lähmt die Endigungen der peripheren vasomotorischen Nervenapparate und verursacht damit Gefäßerweiterung und Blutdrucksenkung. Auch im Schock findet das statt. In den Fällen, in denen die Blutkrise durch eiweißfreie Substrate erzeugt wird, könnte man nach dem Erklärungsversuch WIDALs an Ausschwemmung von Eiweißmaterial, das in nicht vitaler Form den Leberzellen eingelagert ist, denken. Darauf weist u. a. die Abbauintoxikose der Leber bei der centralen Läppchennekrose hin.

Die Gerinnungsverzögerung des Blutes wird ebenfalls von Pepton mit Sicherheit erzielt. Auch da möchte ich mich der Meinung von JUNKERSDORF anschließen, daß der Sitz der Störung unter Peptonwirkung in den Leberzellen zu suchen ist. Namentlich das letzte Symptom dürfte also für die Möglichkeit einer Leberfunktionsprüfung heranzuziehen sein. Die Leber bildet Fibrinogen, da nach ihrer Exstirpation das Blut weniger gerinnbar ist als sonst[1]).

Doch ist über diese Punkte noch so wenig Klarheit erreicht, daß man da über Vermutungen nicht hinauskommt, weshalb ich mich auch mit dieser Feststellung begnügen will.

Wenn man nun über den Wert der Blutkrisenprobe nach WIDAL ein Urteil abgeben soll, so scheint es mir nicht ganz richtig, sie vollkommen abzulehnen. Dafür sprechen auch die Erfahrungen der Gynäkologen, von denen ich nur die Arbeit SIMONs[2]) anführen will. SIMON fand, daß bei Graviden mit Erbrechen während der Gravidität die alimentäre Leukopenie in der Mehrzahl der Fälle auftritt. Bei Fällen von Eklampsie oder von Schwangerschaftsnephritis tritt stets Leukopenie auf. Leider hat er seine Feststellungen nicht auch auf die Blutdrucksenkung und die Bestimmung der Gerinnungszeit ausgedehnt.

Die Akten über den Wert der Blutkrise sind nach alledem noch nicht geschlossen. Die Voraussetzungen WIDALs müssen allerdings als irrig betrachtet werden. Aber ein Kern von Wahrheit steckt wohl zweifellos darin. Der Standpunkt JUNKERSDORFs kommt den tatsächlichen Verhältnissen wohl am nächsten. Er meint, daß die Methode WIDALs als Leberfunktionsprüfung nur dann in Betracht kommt, wenn alle drei Hauptsymptome nebeneinander nachweisbar sind und gleichzeitig noch andere Zeichen für eine bestehende Leberinsuffizienz sprechen.

Rückschauend darf man aus dem Ergebnis der bisher vor-

---

[1]) DOYON: Zit. nach MORAWITZ: Die Gerinnung des Blutes. Hdb. d. Biochemie von C. OPPENHEIMER 2, 40. 1909.

[2]) SIMON, W.: Die alimentäre Leukopenie im Bilde der Schwangerschaftstoxikosen. Münch. med. Wochenschr. 71, 96. 1924.

gebrachten Versuche und Zusammenfassungen eine Beantwortung der Frage, ob die Leber bei der Resorption von Eiweiß eine Funktion zu erfüllen hat, versuchen. Diese Frage kann nicht anders als mit ja beantwortet werden. Darauf weisen die zweifellos möglichen stärkeren Eiweißanhäufungen in der Leber bei Mast hin und ihre erhöhte Abgabe bei Hunger. Darauf weisen vor allem die Intoxikationssymptome nach der Resorption großer Mengen von Fleisch beim Bestehen einer Eckschen Fistel hin, die daher so benannte „Fleischintoxikation".

Ich habe mich bemüht die Gründe zusammenzutragen, welche dabei zwingend für eine nur mit der Resorption verknüpfte Funktion der Leber sprechen, da man auch andere Möglichkeiten zu ihrer Erklärung heranziehen könnte, so z. B. Steigerungen des inneren Umsatzes von Stickstoff enthaltenden Substanzen. Der Ausschluß des Auftretens einer Fleischintoxikation bei Hunger und bei sonstigen Steigerungen des inneren Umsatzes sind neben dem sicher bestehenden quantitativen Abhängigkeitsverhältnisse der Eiweißzufuhr per os für die Anschauung einer aus der Resorption stammenden Genese der Fleischintoxikation maßgebend.

Die Erklärung für die merkwürdigen Störungen, die sich in Zeiten der Intoxikation auch noch an einer ganz ungewöhnlichen Verzögerung des Gesamtumsatzes bemerkbar machen, suche ich in diesen quantitativen Verhältnissen und glaube sie in einem abnorm verlaufenden Ausgleich alkalischer Resorptionsprodukte in der Leber, die bei ihrer normalen Funktion sonst richtig verarbeitet werden, suchen zu sollen. Die Drosselung der Leberfunktion infolge der E. F. und die Arbeitsüberlastung, die sie bei Resorption großer Mengen der Eiweißspaltprodukte erfährt, führt m. E. zu einer Alkalosis. Dieser Zustand mag durch unvollkommene Salzbildung am einfachsten verständlich werden,

So klare Beziehungen der Leber zum N-Wechsel mit den bisher festgestellten Tatsachen auch erkannt sind, so erfahren sie doch eine bedeutende Erweiterung und Vertiefung durch eine Reihe anderer Beobachtungen.

Wenn unsere bisherigen Betrachtungen auf dem Gebiete der Resorption von N-Anteilen in ihrer Beziehung zur Leber lagen, so sollen sie jetzt auf die uns zugänglichen Endprodukte des N-Wechsels in ihren Beziehungen zur Leberfunktion gerichtet sein.

Die ausgedehnteste Behandlung muß dabei der Harnstoff erfahren, über dessen Bildungsstätte und Entstehung ein Material vorliegt, das zwingend auf die Leber hinweist. Man weiß, daß bei Säugern der Harnstoff das normale Endprodukt des N-Wechsels ist, mithin auch für den Eiweißstoffwechsel den wertvollsten Maßstab abgibt. Man weiß ferner, daß aus Eiweiß bei Gegenwart von NH_3 durch Oxydation leicht Harnstoff entstehen kann. Das hat F. HOFMEISTER [1]) nachgewiesen. Auch aus Aminosäuren (Glykokoll) gelang ihm dies in erheblichem Umfange [1]).

Man weiß weiter, daß aus Eiweiß, wegen seines Gehaltes an Arginin auch ohne Zutritt von NH_3 leicht Harnstoff entsteht. Arginin geht einfach durch Aufnahme von Wasser in Harnstoff und Ornithin über. A. KOSSEL [2]) und DAKIN fanden, daß eine fermentative Überführung durch eine Arginase diese Wirkung hervorbringt, und fanden in der Leber regelmäßig Arginase, allerdings auch noch in anderen Organen.

Somit ist der Hinweis auf die Harnstoffentstehung in der Leber unmittelbar gegeben. Auch die Versuche LOEWIs [3]) und RICHETs [4]), die bei Digestion von Leberbrei mit Glykokoll Harnstoff entstehen sahen, weisen in dieselbe Richtung.

Hauptsächlich sei aber der Versuche v. SCHRÖDERs [5]) gedacht, der bei Durchströmung der überlebenden Leber mit Blut, dem Ammonium-carbamat oder Ammoniumformiat zugesetzt war, alsbald ein Ansteigen des Harnstoffes im Blute feststellen konnte. Es lag hier also eine deutliche Harnstoffbildung vor und zwar aus einfachen Ammoniaksalzen. Bei der Durchströmung von Nieren und Muskeln wurde keine Harnstoffbildung beobachtet. Man begegnet hier also denselben Verhältnissen, wie sie später EMBDEN in seinen Versuchen über die Acetonkörperbildung feststellen konnte (siehe IV. Kapitel).

NENCKI, PAWLOW und ZALESKI [6]) stellten einen bedeutend höheren Gehalt des Pfortaderblutes an NH_3-Salzen fest, als sie in den Lebervenen, also jenseits der Leber und sonst im Venenblute auffinden konnten. FOLINs [7]) diesbezügliche Befunde habe ich schon mitgeteilt.

Es ist nach diesen Versuchen, welche die supravitalen Durchströmungsbefunde v. SCHRÖDERs ergänzen, nicht mehr zweifelhaft, daß Ammoniakverbindungen in der Leber verschwinden können, um dem

---

[1]) HOFMEISTER, F.: Über die Bildung des Harnstoffes durch Oxydation. Arch. f. exp. Pathol. u. Pharmakol. **37**, 426. 1896.

[2]) KOSSEL, A. und DAKIN, H. D.: Über Arginase. Hoppe-Seylers Zeitschr. f. physiol. Chem. **41**, 321. 1904. — Weitere Mitteilungen über fermentative Harnstoffbildung. Ebenda **42**, 181. 1904.

[3]) LOEWI, O.: Zeitschr. f. physiolog. Chem. 25.

[4]) RICHET: Cpt. rend. hebdom. des séances de l'acad. des sciences 118 und Cpt. rend. des séances de la soc. de biol. 49.

[5]) v. SCHRÖDER, W.: Die Bildungsstätte des Harnstoffs in der Leber. Arch. f. exp. Pathol. u. Pharmakol. **15**, 264. 1885 und **19**, 373. 1887 (dort weit. Lit.).

[6]) NENCKI, M., PAWLOW, J. P. und ZALESKI, J.: l. c. S. 134, Nr. 1.

[7]) FOLIN, O.: l. c. S. 134, Nr. 2.

für den Körper relativ unschädlicheren Harnstoff Platz zu machen. Hiermit ist für die im vorigen Abschnitte entwickelte Alkalibindung in der Leber eine weitere Stütze gewonnen. Daß die Leber vor allem für die Bildung des Harnstoffes hauptsächlich in Betracht kommt, geht auch daraus hervor, daß der Abbau von Aminosäuren in der Leber nicht mehr zweifelhaft ist. Beispiele hierfür haben wir ja im Kapitel Leber und Fettstoffwechsel gesehen. Die theoretischen Überlegungen zur Frage der Harnstoffbildung findet man überdies bei H. Eppinger[1]) zusammengestellt.

Alle diese Befunde reichen aber trotz ihrer Wahrscheinlichkeit noch nicht aus, um zu sagen, daß der Harnstoff im Tierkörper notwendig oder nur wenigstens in überwiegendem Maße in der Leber gebildet wird. Auch die klinischen Befunde, welche man zur Beantwortung dieser Frage heranzog, geben keine zwingenden Beweise dafür.

Man glaubte vor allem bei der akuten gelben Leberatrophie die Belege für die Harnstoffbildung in der Leber wegen der dabei häufig, aber nicht immer verminderten Harnstoffausscheidung sehen zu dürfen (Frerichs[2]), Schultzen und Ries[3]).

Auch bei der Phosphorvergiftung hat man den Harnstoffgehalt im Urin vermindert gefunden. Münzer[4]) konnte es aber wahrscheinlich machen, daß die vermehrte NH$_3$-Ausscheidung daran schuld sei, weil in diesen Fällen eine vermehrte Säurebildung im Organismus stattfindet. Sättigte er durch Eingabe von kohlensauren Salzen die Säure ab, so sank auch die Ammoniakausscheidung und es stieg die Harnstoffausfuhr an. Aus diesen Gründen ist mit der Mehrzahl der klinischen Beobachtungen nichts anzufangen. So möglich, ja wahrscheinlich der Einfluß der akuten gelben Leberatrophie auf eine Veränderung der Harnstoffausfuhr auch ist, so sind die bis jetzt erbrachten Beweise dafür keineswegs zwingend. Dieselbe Überlegung gilt auch für die bei chronisch atrophischen Lebererkrankungen beschriebenen Harnstoffverminderungen, wie Weintraud[5]) nachwies.

Wenn man bedenkt, daß noch sehr geringe Reste von Lebergewebe mit der Entwicklung von starkem Icterus einhergehen können, so wird man in seinem Urteil, ob eine pathologisch-anatomisch fast völlige Zerstörung des Leberparenchyms einer tatsächlichen Außerfunktions-

---

[1]) Eppinger, H.: Zur Theorie der Harnstoffbildung. Hofmeisters Beiträge 6, 481. 1905.

[2]) Frerichs, F. Th.: Klinik der Leberkrankheiten 1, 217. 1861. (Braunschweig.)

[3]) Schultzen und Ries: Akute Phosphorvergiftung und akute Leberatrophie. Charité-Annalen 1869. 15.

[4]) Münzer, E.: Der Stoffwechsel des Menschen bei akuter Phosphorvergiftung. Dtsch. Arch. f. klin. Med. 52, 199 u. 417.

[5]) Weintraud, W.: Untersuchungen über den N-Umsatz bei Lebercirrhose. Arch. f. exp. Pathol. u. Pharmakol. 31, 30. 1892.

setzung gleichkommt, sehr zurückhaltend sein, wie dies von vorsichtigen pathologischen Anatomen auch stets betont wird. Damit würde sich erklären, daß sich unter Umständen auch noch bei scheinbar ganz schwerer Destruktion des Lebergewebes relativ hohe Harnstoffzahlen finden können. Auch die Ergebnisse NONNENBRUCHs und GOTTSCHALKs[1]), die trotz der Entleberung von Fröschen auf Injektion eines Aminosäurengemisches einen Anstieg der Blutharnstoffwerte bis auf das 4 bis 5fache des Ausgangswertes fanden, genau wie beim Normalfrosch, dürfen nicht ohne Weiteres dahin verallgemeinert werden, daß die Leber für die Harnstoffbildung unnötig sei. Dem niederen Kaltblüterorganismus des Frosches dürften andere allgemeine Funktionen der Gewebe zukommen, als dem Warmblüter mit seiner höheren Differenzierung bestimmter Funktionen. Der Frosch hält ja auch die Leberexstirpation im Gegensatz zum Warmblüter viel länger aus. Froschleber und Warmblüterleber sind in ihren Funktionen wohl nur sehr mit Kritik gleich zu setzen. Und nach eigenen Erfahrungen muß ich sagen, daß eine totale Außerfunktionssetzung der Leber gleichbedeutend mit dem Tode des Tieres ist. Eine einfach summarische Behandlung der ganzen Frage ist für die Beurteilung der experimentell gewonnenen Erfahrungen über die Verknüpfung der Harnstoffbildung mit der Lebertätigkeit heute noch nicht angängig und man muß nach weiteren Gründen forschen, um diese Beziehungen sicherstellen zu können.

Ich habe daher lange Zeit Harnstoffbestimmungen am E. F.-Hunde ausgeführt unter gleichzeitiger Bestimmung der NH_3-Ausfuhr. Die Harnstoffausscheidung ist beim E. F.-Hund häufig ganz normal, der NH_3-Gehalt des Harnes dabei ebenfalls. Man kann aber ganz allgemein sagen, daß sich die Harnstoffausfuhr an der unteren Grenze des Normalen hält, auch wenn die NH_3-Ausscheidung gleichzeitig niedrig ist. Das zeigt nur wieder die geringe Neigung oder Möglichkeit des Organismus zur Säurebildung unter Leberfunktionsdrosselung.

Auffallend geringe Werte der Harnstoffbildung produziert der E. F.-Hund aber sofort bei Hunger. Dabei geht der NH_3-Gehalt des Urins nicht regelmäßig entgegengesetzt höher[2]).

In der eindringlichsten Weise habe ich aber die Verknüpfung der Harnstoffbildung mit der Lebertätigkeit bei gleichzeitiger Einwirkung von Hunger und Phlorrhizin beim E. F.-Hund gesehen[3]). Die nach zwei Methoden durchgeführten Harnstoffbestimmungen (MÖRNER-SIÖQUIST in

---

[1]) GOTTSCHALK, A. u. NONNENBRUCH, W.: Die Bedeutung der Leber für die Harnstoffbildung. Arch. f. exp. Pathol. u. Pharmakol. 99, 261. 1923.

[2]) FISCHLER, F.: Unpublizierte Versuche.

[3]) ERDELYI, P.-FISCHLER: Zur Kenntnis toxischer Phlorrhizinwirkungen nach Experimenten an der partiell ausgeschalteten Leber (Ecksche Fistel). Hoppe-Seylers Zeitschr. f. physiol. Chem. 90, 32. 1914.

der Modifikation von Spiro, und Henriques-Gammeltoft) ergaben
unter diesen Bedingungen eine progressive Verminderung des Harn-
stoffgehaltes, der final auf exzessiv geringe Werte zurückwich.
Mit der fortschreitenden Verminderung an Kohlenhydrat, die der Organismus durch eine solche Experimentation erfährt, nimmt auch der
Harnstoffgehalt ab, um in einigen Fällen bei ihrer Erschöpfung auf
14—17% der Gesamt-N-Ausscheidung zu sinken. Bei der Wichtigkeit solcher Feststellungen, die ich zuerst in Gemeinschaft mit Erdelyi
begann, muß ich etwas weiter ausholen, um die bestehenden Zusammenhänge aufzuklären.

Im Kapitel über den Kohlenhydratstoffwechsel und die Leber habe
ich diese Hunger-Phlorrhizinversuche beim E. F.-Hund schon erwähnt
(S. 64 ff.) und gezeigt, daß der Wiederersatz der Kohlenhydrate durch
ihre Wiederbildung in der Leber bei der fortdauernden Verschleuderung des Zuckers durch die Niere, Hunger und funktionelle Drosselung aller Leberfunktionen durch die Ecksche Fistel, schließlich zu
einem völligen Verluste des gesamten Kohlenhydratvorrates des Körpers führt. Das Blut, die Leber, die Muskeln sind völlig frei davon.
Da der Gehalt des Blutes an Zucker anfangs schwankt, bald höher,
bald niedriger ist, so muß man annehmen, daß Mittel und Wege in
der Leber vorhanden sind, welche einen Ausgleich erstreben. Daß die
Lebertätigkeit hierfür ausschlaggebend ist, ging vor allem daraus hervor, daß bei einem normalen Hunde — also bei normaler Leber —
sich die geschilderten Zustände nur äußerst schwierig hervorrufen lassen,
beim Eck-Hunde aber sehr leicht[1]).

Ich bewege mich daher durchaus nicht in Hypothesen, wenn ich
den Wiederersatz der Kohlenhydrate im Hunger an die normale Lebertätigkeit geknüpft sein lasse. Dabei kommt als Quelle Fett und Eiweiß in Betracht. Daß Störungen des Fettstoffwechsels vorhanden sind,
wissen wir durch die gleichzeitig bestehende Acidose; ob die Umwandlung von Fett in Kohlenhydrat notgelitten hat, läßt sich noch nicht
mit Sicherheit entscheiden. Man wird in der Annahme nicht fehl gehen,
wenn man die Zuckerquelle in solchen Fällen im Fett und Eiweiß
gleichzeitig sieht. Denn vom Eiweißmoleküle weiß man heute mit
Sicherheit, daß es in großem Umfange in Kohlenhydrat übergehen
kann. Die mangelhafte Zuckerbildung unter diesen Verhältnissen ist
daher auch ein direkter Ausdruck für die mangelhafte Umwandlung
des Eiweißes überhaupt. Das abgebaute Körpermaterial kann
nur in ungenügender Weise zur Leber zutreten — steht doch
nur der Weg durch die Art. hepatica offen — und trifft noch
dazu auf äußerst erschöpfte, mangelhaft mit Blut versorgte

---

[1]) Burghold, F.: l. c. S. 65, Nr. 1.

Leberzellen, woraus eine weitere Behinderung der Lebertätigkeit erwächst. Die Leber hat also anfänglich bei hochgradigem Mangel, später beim Fehlen von Kohlenhydrat Arbeit zu leisten.

Trotz großer mobilisierter Mengen von Körpermaterial
sehen wir eine ungenügende Zuckerbildung wegen ungenügender Verarbeitung des zugeführten N-Materials, da trotz
großer ausgeführter N-Mengen der Harnstoffgehalt im Urin
progressiv sinkt, um schließlich Werte von einer Kleinheit
zu erreichen, wie sie bisher im physiologischen Experimente
noch nicht beobachtet wurden. Die gleichzeitige Bestimmung
des NH_3-Gehaltes des Urins zeigt nun **ebenfalls ganz niedrige
Werte,** so daß es sich nicht um einen vikariierenden Ausfall
der Harnstoffbildung zum Säureausgleich handelt, sondern
um eine tatsächliche Behinderung der Harnstoffbildung **und**
Ammoniakproduktion bei gleichzeitiger hochgradiger funktioneller Schädigung der Leber.

Mit diesen Feststellungen ist die Beziehung der Leber
zur Harnstoffbildung um ein beträchtliches Maß fester geknüpft, zumal ich mich bemüht habe, durch möglichste Genauigkeit
der Harnstoffbestimmungen (überall Doppelbestimmungen des Harnstoffes nach zwei verschiedenen Methoden, die stets annähernd überein-
stimmten und gleichsinnige Differenzen zeigten) das Ergebnis zu sichern.

Was das Versuchsergebnis aber noch besonders interessant gestaltet,
ist die Tatsache, daß man eine ungenügende Endumsetzung des Stick-
stoffs an einen hochgradigen Mangel und endlich an einen Verlust von
disponiblem Kohlenhydrat geknüpft sieht. Bei der Acetonurie infolge
Kohlenhydratverminderung habe ich darauf aufmerksam gemacht, daß
diese Verursachung der Störung sehr wohl eine allgemeinere sein könne.
Hier begegnet uns das zweite Beispiel dafür. Denn der richtige Ablauf der Funktion der Leberzelle dürfte an einen gewissen unumgänglichen Kohlenhydratgehalt geknüpft sein. Ich erblicke in einer Weiterverfolgung dieser Abhängigkeiten die Möglichkeit eines fast ungeahnten
Eindringens in die Störungen des intermediären Umsatzes überhaupt
und möchte hierauf bei dieser Gelegenheit nur wiederholt hinweisen.

Weiter wird dieser Befund aber noch durch die mit dem Kohlen-
hydratschwund gleichzeitig einsetzenden toxischen Symptome, worauf
ich ebenfalls schon im Kapitel Kohlenhydratstoffwechsel und Leber
(siehe S. 70) hingewiesen habe, besonders interessant. Ich sprach von
einer „glykopriven Intoxikation" und darauf muß ich jetzt noch
besonders genau eingehen.

Ich habe schon erwähnt, daß man mit Hunger und gleichzeitiger
Anwendung von Phlorrhizin sehr vorsichtig beim E. F.-Hund sein muß,

sonst tritt sehr rasch ein schweres Vergiftungsbild mit Koma und
Krämpfen auf, ein Bild, das mich anfangs zu der irrtümlichen Diagnose „Fleischintoxikation" verleitete, das aber doch einige klinische
Verschiedenheiten aufwies, die mich alsbald mit Recht daran zweifeln
ließen. Noch mehr wurden diese Zweifel verstärkt, als ich bei einem
normalen Hunde unter Hunger und Phlorrhizinanwendung in forcier-
testen Gaben ein gleiches Bild auftreten sah. Da konnte es sich also
nicht mehr um Fleischintoxikation handeln.

Überdies fand ich eine Mitteilung v. MERINGs[1]), der als Erster
eine Beschreibung dieses toxischen Zustandes beim phlorrhizinierten
Hungerhunde machte und HALSEY[2]) und LUSK[3]) haben es später wieder-
gesehen. v. MERING glaubte allerdings, daß er ein Coma diabeticum
hervorgerufen habe, da ihm erstmals der qualitative Nachweis von
β-Oxybuttersäure beim Hunde in einem solchen Zustande gelungen
ist. v. MERING hat sich mit dieser Deutung des Befundes nicht auf
dem richtigen Wege befunden, da die Menge der produzierten β-Oxy-
buttersäure, bzw. der Acidosekörper überhaupt garnicht dazu ausreicht.
Überdies gelingt diese Intoxikation besonders leicht beim E. F.-Hund,
von dem ich[4]) im Verein mit KOSSOW nachwies, daß er gar keine
große Fähigkeit zur Acidosekörperproduktion hat. Weiter fanden wir,
daß solche Tiere gleichzeitig mit der Intoxikation einen niederen NH_3-
Gehalt im Urin aufweisen, was wohl der sicherste Beweis gegen eine
bestehende Acidose ist. v. MERINGs Erklärung darf also verlassen werden.

Man wird sich fragen müssen, wie sonst wohl der so interessante
Befund aufzufassen ist. Wir sahen, daß der Kohlenhydratmangel bei
diesen Tieren ein nahezu vollkommener ist, und die Vorstellung einer
allgemeinen Erschöpfung durch Zuckermangel läge daher nahe. Dem
widerspricht aber entschieden das klinische Bild; die wieder und wieder einsetzenden Krampfzustände weisen mit Bestimmtheit auf eine
im Blute kreisende Noxe. In einem Versuche mit BURGHOLD[5]) habe
ich überdies Dextrose intravenös und stomachal zugeführt, auch zeitweise eine Besserung gesehen, aber den Tod des Tieres konnten wir
damit nicht abwenden.

Der Zuckermangel als solcher kann also nicht die eigentliche Ursache der toxischen Phlorrhizinwirkung sein, wohl aber ist er die
Voraussetzung der toxischen Wirkung überhaupt, da sie ausbleibt, wenn man das Tier genügend füttert, ihm also den durch die

---

[1]) v. MERING: l. c. S. 64, Nr. 1.

[2]) HALSEY: Über Phlorrhizindiabetes beim Hunde. Sitzungsber. Marburg
1889. S. 10.

[3]) LUSK: Phlorrhizinglykosurie. Ergebn. d. Physiol. **12**, 1. 1912.

[4]) FISCHLER, F. und KOSSOW, H.: l. c. S. 72.

[5]) BURGHOLD, F.: l. c. S. 65, Nr. 1.

Phlorrhizinanwendung verschleuderten Zucker ersetzt. Sie tritt eben nicht ein, wenn man bei genügender Nahrungszufuhr noch soviel Zucker durch Phlorrhizin zum Verlust bringt und tritt beim Hungertiere auch um so später auf, je besser das Tier genährt ist, je größer also seine Kohlenhydratvorräte sind.

Will man wirklich eine derartige Intoxikation hervorrufen, so kommt es bei der Phlorrhizinanwendung darauf an, die Kohlenhydratvorräte möglichst rasch und intensiv auszuschwemmen, um den Körper daran völlig zu verarmen, was überhaupt nur bei Hunger möglich ist, und was man dann ebenso gut nach einer kleinen Injektion von Phlorrhizin in der von COOLEN[1]) angegebenen Weise durch Aufschwemmung des Phlorrhizins in Öl erreicht, wobei man sehr wenig Phlorrhizin zu demselben Effekt braucht, wie wenn man dreimal täglich 1,0 g davon subkutan injiziert, also eine sehr große Menge. Hinge die Intoxikation, wie HALSEY und LUSK annehmen, mit einer Verunreinigung des Phlorrhizins selbst zusammen und wirkte auf diese Weise toxisch, so könnte nicht mit einer sehr kleinen Dose nach COOLEN derselbe Effekt hervorgebracht werden. Überdies müßte sich die Intoxikation mit steigenden Dosen eines verunreinigten Phlorrhizins stets erzielen lassen, was nicht gelingt, wenn man die Tiere füttert. Ferner arbeiteten wir mit Phlorrhizin aus drei verschiedenen Quellen. Am Hungerhunde und namentlich am E.F.-Hunde gelingt es aber, die Intoxikation hervorzurufen, bei ersterem um vieles schwerer, bei letzterem leicht sofort.

Das was den öfteren Injektionen von Phlorrhizin und der COOLENschen Applikationsart aber gemeinsam ist, ist die Wirkung auf die Zuckerausfuhr, die trotz ganz ungleicher angewendeter Dosen Phlorrhizin, annähernd gleich bleibt. Die Verarmung an disponiblem Zuckermaterial ist also das die Intoxikation zunächst auslösende Moment.

Bei allen Experimenten wurde fortdauernd der Blutzucker bestimmt. Wir konnten feststellen, daß er sofort nach Beginn des Hungers beim Eck-Hunde stark sinkt, aber ganz rapid bei gleichzeitiger Phlorrhizininjektion und Hunger. Er erreicht exzessiv niedere Werte, ja bei abgemagerten Tieren kann er schon nach 1—2 Tagen auf Null herabgehen. Dann bricht aber auch meist die „glykoprive Intoxikation" sofort aus. Die Leber zeigt unter diesen Verhältnissen einen völligen Mangel an Zucker und Glykogen, die Muskulatur ist ebenfalls frei davon, nur der Herzmuskel bewahrt geringe Spuren von Glykogen bis zuletzt. Die Zuckerentblößung des Körpers ist also evident. Diese zieht nun aber sofort weitere Störungen nach sich, nämlich die ungenügende Fettumsetzung und die ungenügende Endumsetzung des

---

[1]) COOLEN: Zit. nach Lusk s. S. 155, Nr. 3.

N-Wechsels, denn der Harnstoffgehalt des Urins sinkt, wie wir sahen, progressiv, ohne daß der NH_3-Gehalt ansteigt.

Findet man nun, wie es mir tatsächlich gelungen ist, daß die unvollkommene Umsetzung dieser Stoffe mit einer infolge der Portalblutableitung unvollkommenen Lebertätigkeit regelmäßig verknüpft ist, so wäre es eine übergroße Kritik, der Leber **nicht** die Aufgabe der letzten Endumsetzungen der Hauptmasse der N-Anteile zuzuschreiben.

Danach hätte die Leber die Aufgabe, das im Körper freigemachte N-Material in Harnstoff, unter Umständen nur in NH_3 zu verwandeln und es in dieser Form aus dem Körper ausführbar zu machen und sicher auch dadurch in eine für ihn unschädliche Form zu bringen.

Der Grund für die Intoxikation darf also in einer mangelhaften Tätigkeit der Leber in dieser Richtung gesucht werden und es stellt sich als eine Aufgabe von allergrößter Wichtigkeit dar, die unvollkommenen Eiweißspaltprodukte, die dabei entstehen und im Urin zur Ausscheidung gelangen können, zu fassen — eine ungeahnte Perspektive zur Erkenntnis des tatsächlichen intermediären Stoffwechselverlaufes. Eine erhebliche Schwierigkeit liegt dabei allerdings in der toxischen Wirkung dieser Stoffe, welche dem Experiment eine zu baldige natürliche Begrenzung setzen werden. Immerhin kann ich schon heute sagen, daß es höher molekulare Körper sein müssen, da sie mit Barytlauge und mit Phosphorwolframsäure fällbar sind. Einfache Aminosäuren kommen nach den unternommenen Tastversuchen nicht in Betracht.

Zusammenfassend möchte ich über die Gründe, welche mich veranlassen, die Ursachen der „glykopriven Intoxikation" speziell der Störung des Eiweißabbaues zuzuschreiben, nochmals kurz hervorheben, daß sie teils negativer, teils positiver Natur sind. Negativ wegen der Unmöglichkeit, die Kohlenhydrate oder die Fette dafür verantwortlich zu machen, auch nicht das Phlorrhizin oder seine etwaigen Umwandlungsprodukte oder zufälligen Beimengungen. Positiv wegen der festgestellten Abweichungen in der Harnstoffausfuhr, die sich trotz ihrer progressiven Verminderung mit einer vermehrten N-Ausfuhr in anderer noch unbekannter Form kombiniert, das Ansteigen einer NH_3-Ausfuhr aber vermissen läßt. Ferner der um so spätere Eintritt der Intoxikation, je besser der Ernährungszustand der Tiere ist, d. h. je mehr Kohlenhydratvorräte vorhanden sind, je später also Eiweiß in größerem Umfange eingeschmolzen wird. Der Umstand, daß die Bildung von Kohlenhydrat entweder nicht mehr oder in absolut unzureichendem Maße erfolgt, spricht seinerseits für die Entstehung der Kohlenhydrate im Hunger aus Eiweiß. Der Leber käme speziell auch bei Kohlenhydratmangel die Bildung dieses für die vitalen Vorgänge unumgänglichen Stoffes zu, was Cl. Bernards Überlegungen über die Bildung von Kohlenhydrat aus Eiweiß beim Hungerhund und auch bei sehr langer Fortsetzung einer Fütterung ausschließlich mit Fleisch vollkommen bestätigen würde. Danach hat die Leber eine Fähigkeit zur Zerlegung von Eiweiß unter Aufspaltung in Kohlenhydrat und richtiger Endverbrennung der Spaltprodukte. Daß für diesen Normalablauf der Lebertätigkeit gewisse Mengen von Kohlenhydrat disponibel sein müssen, geht unmittelbar aus dem Verluste dieser Fähigkeit der Leber hervor, sowie dem Körper diese Mengen von Kohlenhydrat fehlen. Hierin liegt die prinzipielle Bedeutung dieses Befundes.

Für abnormen Eiweißzerfall spricht auch das klinische Bild der „glykopriven Intoxikation", das ich jetzt noch genau beschreiben muß.

Im Gegensatz zur „Fleischintoxikation", die wie wir sahen meist langsam beginnt, fängt die glykoprive Intoxikation plötzlich an. Und zwar fast stets mit einem Krampfanfall aus vollem Wohlbefinden, wie ein plötzlich einsetzender epileptischer Anfall, der ohne Vorboten eintritt. Nicht ganz selten geht allerdings eine gewisse Bösartigkeit der Tiere dem Anfall auf Stunden voraus. Sie sträuben dabei das Fell und werden wütend, sowie man an den Käfig kommt.

Plötzlich fallen sie direkt mit einem Krampfanfall um, der häufig zuerst im Facialisgebiet beginnt, sich dann auch auf die Kopf- und Nackenmuskulatur fortsetzt und tonisch-klonisch den ganzen Körper ergreift. Starkes Schnaufen und Schaum vor dem Munde vervollständigen die Ähnlichkeit mit der Epilepsie. Die Dauer eines solchen Anfalles kann wenige Sekunden bis 1—2 Minuten betragen und die Tiere erholen sich in kurzer Zeit entweder wieder vollkommen, so daß sie sich nicht von normalen Tieren unterscheiden lassen, oder es bleibt ein gewisser Grad von Somnolenz zurück. Ob im Anfall wirklich Pupillenstarre besteht, habe ich noch nicht einwandfrei feststellen können, nach dem Anfall reagieren sie sicher normal. Das Tier geht entweder ganz normal oder taumelt etwas, zeigt aber sicher keine Ataxie. Auch Amaurose und Hypästhesie konnte ich in der anfallsfreien Zeit nicht feststellen. Meist folgt sehr bald ein zweiter Anfall. Nimmt man Blut zu dieser Zeit aus der Vene, so enthält es meist keinen oder nur ganz geringe Mengen Zucker.

Gehäufte Anfälle führen zum Koma, es resultiert dann ein typischer Status epilepticus. Meist tritt er 24 Stunden nach dem ersten Krampfanfall ein, wenn die Phlorrhizinwirkung weiter besteht. Setzt man damit aus, so ist es möglich, daß das Tier gesundet, doch nur in den allerersten Stadien.

Im Kote der Tiere ist regelmäßig Blut (teerartige Färbung) enthalten und häufig bestehen Zahnfleischblutungen. Auf beide Befunde muß ich großen Wert legen, da sie bei einem abnormen Zerfall von Eiweiß beim Hunde offenbar regelmäßig vorkommen. Wir werden ihnen bei der sogenannten zentralen Läppchennekrose der Leber, d. h. einem die zentroacinären Bezirke betreffenden Zerfall des Lebereiweißes begegnen; weiter findet man Darmblutungen bei der Enteritis anaphylactica haemorrhagica, die von SCHITTENHELM und WEICHARDT[1]) beschrieben wurde. Der anaphylaktische Schock geht aber ebenfalls mit einem Zerfall von Eiweiß einher. Endlich fand ich bei CL. BERNARD[2]), daß bei Überwärmung, wobei bekanntlich ein starker Eiweißzerfall stattfindet, bei Hunden und Kaninchen Darmblutungen vorkommen.

Bei der Obduktion der Tiere mit glykopriver Intoxikation findet man regelmäßig starke parenchymatöse Blutanschoppungen im Darmtractus und kleine Hämorrhagien namentlich in der Duodenalschleimhaut, weiter auch eine trotz der Eckschen Fistel nicht selten ausgesprochene Vergrößerung der Leber mit einer typischen Zeichnung, nämlich eine starke weißliche zentroacinäre Färbung mit einem rötlichen Ring, der der Peripherie des Acinus angehört. Dieser Befund entspricht einer starken Verfettung der zentroacinär gelegenen Leberparenchymzellen, ohne daß sie Zeichen der Nekrose aufweisen. Gleichzeitig zeigten sie mit meiner[3]) Fettsäurefärbung eine auffällig starke, allerdings aber nicht haltbare Färbung auf freie Fettsäure. Die Annahme der Bildung abnormer Umsatzprodukte des Fettes ist also auch histochemisch gestützt. Die Anhäufung von Fettspaltungsprodukten in der Leber glaube ich auch — bei dem sonst nie zu erhebenden Befund — auf eine Verlangsamung des Blutstromes unter diesen besonderen Verhältnissen beziehen zu sollen. Weiter liegen keine pathologischen Befunde mehr vor.

In den erwähnten klinischen Zügen des Krankheitsbildes findet man also Hinweise auf den abnormen Umsatz von Eiweiß und ich stehe nicht an, auch hieraus auf die Verknüpfung der Leber mit dem Eiweißstoffwechsel zu schließen und speziell s e i n e Störung für die Ursache der glykopriven Intoxikation heranzuziehen.

Die Verfolgung der Endprodukte des N-Wechsels zeigt uns aber auch die Abhängigkeit der Bildung von Ammoniak von der Lebertätigkeit.

Gleichzeitig mit einer Verminderung des Harnstoffes sieht man bei andersartigen Affektionen in der Regel eine Erhöhung der NH_3-Ausscheidung. Am deutlichsten ist dies ja bei der diabetischen Acidosis ausgeprägt, die entsprechend dem Anstieg der diabetischen Acidosekörper einen Anstieg des Ammoniakgehaltes im Urin aufweist. Bringt man Alkalien zur Absättigung der Säureprodukte in den Körper, so

---

[1]) WEICHARDT, W. und SCHITTENHELM, A.: Über die Rolle der Überempfindlichkeit bei der Infektion und Immunität. Münch. med. Wochenschr. 57, 1769. 1910.

[2]) BERNARD, Cl.: Tierische Wärme. Übersetzt von Schuster. Leipzig 1876. S. 337.

[3]) FISCHLER, F.: l. c. S. 81, Nr. 2.

sinkt dann der NH_3-Gehalt entsprechend ab, der Harnstoffgehalt aber steigt an.

In den Fällen mit glykopriver Intoxikation sieht man aber eine ganz auffallend niedere NH_3-Ausscheidung, trotzdem Acidose in einem gewissen Umfange vorhanden ist. Also auch die Bildung von NH_3 hat notgelitten und es ist nicht unmöglich, daß daraus geschlossen werden darf, daß Ammoniak eine normale Vorstufe des Harnstoffes ist, entsprechend den Vorstellungen von HOFMEISTER [1]) über die oxydative Bildung von Harnstoff aus Eiweiß oder seinen Bausteinen und Ammoniak. Man kommt aber auch weiter zu dem Schluß, daß der Desamidierungsprozeß in der Leber unter den Verhältnissen der glykopriven Intoxikation nicht mehr in normalem Umfange möglich ist, vielleicht ist er sogar an eine gewisse Mitwirkung von Kohlenhydrat gebunden, damit die Spaltung der Eiweißabbauprodukte in normaler Weise möglich ist.

Ich habe die Versuche von KERTESS [2]) angeführt, der bei intravenöser Zufuhr von Leucin direkt in die Leber vermittels der Anordnung der umgekehrten Eckschen Fistel den exakten Nachweis einer Steigerung der Ausscheidung der Acidosekörper erbringen konnte. Dasselbe Experiment am Hunde mit E. F. hatte auf diese Ausscheidung aber gar keinen Einfluß. Ein prompter Abbau des Leucins unter Desamidierung findet in der Leber also leicht statt. Darauf weisen auch alle diesbezüglichen Experimente EMBDENs an der überlebenden Leber, ferner die Erfahrungen von O. NEUBAUER und W. GROSS [3]) beim Tyrosinabbau an demselben Organ. Der Desamidierungsprozeß wird die ausgedehnte Freimachung von NH_3 wohl zulassen, und ich darf in solchen Hinweisen Vorstellungen für künftige Untersuchungen zur Sicherung unserer Kenntnisse wohl andeuten, die sich am Experimente mit Tieren mit E. F. und u. E. F. leicht durchführen lassen.

Durch das Studium der „glykopriven Intoxikation" sind mir vor allen Dingen zwei prinzipiell wichtige Erkenntnisse möglich geworden, einmal, daß die sehr starke Verminderung oder der Schwund von disponiblem Zuckermateriale des Blutes bzw. auch des ganzen Körpers zu einem schweren Krankheitsbild führt, eben der „glykopriven Intoxikation", ein Faktum, das von v. MERING zwar schon erzielt, aber unrichtig gedeutet und erst von mir im Prinzip richtig erkannt wurde, zweitens aber die Erkenntnis, daß die Zuckerberaubung des Blutes bzw. des ganzen Körpers die Voraussetzung für eine abnorme Funktion der Leber wird, unter welcher sich ein abnormer Ablauf des inter-

---

[1]) HOFMEISTER, F.: l. c. S. 150, Nr. 1.

[2]) KERTESS, E.: l. c. S. 101, Nr. 1.

[3]) NEUBAUER, O. und GROSS, W.: Zur Kenntnis des Tyrosinabbaues usw. Hoppe-Seylers Zeitschr. f. physiol. Chem. 67, 219. 1910.

mediären Stoffwechsels mit Bildung krankheitserregender noch unbekannter Stoffe namentlich unter der Drosselung der Leberfunktion mittels der Eckschen Fistel entwickelt, der für das Verständnis der Leberfunktion gegenüber resorbierten Eiweißanteilen maßgebend werden muß.

Obwohl ich in einer Reihe von Publikationen von mir[1]) und meinen Mitarbeitern, vor allem auch in der ersten Auflage dieses Buches diese Verhältnisse ausführlich dargelegt habe, so scheinen sie doch nicht genügend bekannt zu sein.

Doch hat sich nun neuerdings durch die bahnbrechenden Entdeckungen Bantings und Bests[2]) die Aufmerksamkeit der Ärzte auf die deletären Folgen einer starken Verminderung des Blutzuckers ganz allgemein gelenkt und die von mir schon in den Jahren 1913/14 auf den Grundlagen meiner Experimente entwickelten Vorstellungen erfahren durch sie eine allerdings von ganz anderen Voraussetzungen ausgehende Bestätigung. Ich darf an dieser Stelle aber doch darauf hinweisen, daß die von Banting und Best so benannte „hypoglykämische Reaktion" nichts anderes ist, als meine „glykoprive Intoxikation", wie ich[3]) kürzlich auch zur Wahrung meiner Priorität dieser Erkenntnis dargelegt habe. Unter der Insulinwirkung wird bekanntlich der Blutzucker stark herabgesetzt und bei einer Konzentration des Blutzuckers von etwa 0,04 % tritt die „hypoglykämische Reaktion" ein, deren Krankheitsbild man oben in meiner Beschreibung der „glykopriven Intoxikation" nachlesen kann. Die Wesensgleichheit beider Zustände manifestiert sich vor allem in dem plötzlichen Eintritt der Krampfanfälle und dem sich ausbildenden Status epilepticus, dem finalen Koma und dem auch bei der Insulinwirkung unabwendbaren Tode, wenn nicht rechtzeitig eingegriffen wird. Daß in meinen Fällen, wo noch eine funktionelle Drosselung der Leberfunktionen besteht, die das Wiederhochkommen des Zuckergehaltes des Blutes endgültig verhindert, und die vor allem auch noch zu einer abnormen Endverarbeitung der N-Wechselprodukte mit besonders stark toxisch wirkenden Körpern führt, der letale Ausgang ein unvermeidlicher ist, diese Tatsachen können die von mir entwickelte Anschauung der Notwendigkeit der Leberfunktion für eine richtige Endverarbeitung der Resorptionsanteile des Eiweißes nur stützen. Denn bei der hypoglykämischen Reaktion liegen die Voraussetzungen zu einer Gesundung des Zustandes an Tieren mit normaler Leber durch die alsbald infolge von äußerer Zuckerzufuhr einsetzende Normal-

---

[1]) Fischler, F.: Physiologie und Pathologie der Leber. I. Aufl. S. 96—100. 1916.

[2]) Banting, F. G. und Best, C. H.: l. c. S. 70, Nr. 2.

[3]) Fischler, F.: Insulintherapie, hypoglykämische Reaktion und glykoprive Intoxikation. l. c. S. 71, Nr. 1.

tätigkeit der Leber so günstig, daß es uns gerade bei der von mir vertretenen Anschauung der Wichtigkeit einer normalen Leberfunktion für die Verhütung solcher Zustände als eine Forderung erscheinen muß, daß die Gesundung wieder eintritt, wenn die Leber normal funktioniert und die Ursache ihrer Dysfunktion durch das Vorhandensein disponiblen Zuckermateriales beseitigt wird. Durch neuere Experimente, die ich[1]) im Verein mit F. OTTENSOOSER[2]) unternommen habe, um die Wesensgleichheit der glykopriven Intoxikation und hypoglykämischen Reaktion auch am normalen Kaninchen zu erhärten, ließ sich zeigen, daß Traubenzuckerinjektionen auch bei glykopriver Intoxikation lebensrettend wirken, ein Punkt, der bei den Untersuchungen am Eckschen Fistelhund über glykoprive Intoxikation damals nicht ausführlich verfolgt worden war. Weiter ließ sich in unseren neueren Versuchen zeigen, daß die glykoprive Intoxikation nur dann eintritt, wenn die Reserven erschöpft sind, was sich an einer sehr erheblichen Verminderung des Gewichtes, ferner in einem Absinken der Temperatur, endlich aber auch in einer Schädigung der Leber, als dem Regulationsorgan zur Aufrechterhaltung des inneren Stoffumsatzes, kundgibt.

Die Entzuckerung durch Hunger-Phlorrhizin erfolgt zwar auf einem ganz anderen Wege, als die durch Insulinwirkung; der Endeffekt beider — das Fehlen disponiblen Zuckermateriales — bewirkt aber die gleichen Erscheinungen der toxischen Hypoglykämie.

Es ist noch nicht möglich, zur Frage der Insulinwirkung endgültig Stellung zu nehmen, dazu sind die Wirkungen des Insulins noch nicht genügend geklärt und die Forschung hierüber ist noch zu sehr im Flusse. Daß das Insulin direkt oder indirekt auf die Leber wirkt, geht meines Erachtens aus der Arbeit von BANTING, BEST, COLLIP, MACLEOD und NOBLE[3]) hervor, die zeigen konnten, daß die Hyperglykämie nach Zuckerstich, Adrenalin, mechanischer und durch Kohlenoxyd hervorgerufener Asphyxie unter Insulinwirkung ausbleibt, oder nur sehr gering wird. Auch MANN und MAGATH[4]) schließen eine Wirkung des Insulins auf die Leber nicht aus, trotzdem die Insulinwirkung auch nach der Leberexstirpation eintritt. Aber ich beabsichtige auch nicht in eine Dis-

---

[1]) FISCHLER, F.: Zur hypoglykämischen Reaktion und zur Zuckerverwertung im Tierorganismus. Vortrag auf der Versammlung dtsch. Naturforsch. u. Ärzte 1924. Innsbruck.

[2]) FISCHLER, F. und OTTENSOOSER, F.: Zur Analyse hypoglykämischer Zustände und über die Wesensgleichheit der glykopriven Intoxikation und der hypoglykämischen Reaktion. Hoppe-Seylers Zeitschr. f. physiol. Chem. (142. 1. 1925).

[3]) BANTING, F. G., BEST, C. H., COLLIP, J. B., MACLEOD, J. J. R. and NOBLE, E. C.: The effect of insulin on experimental hyperglykemia. Americ. journ. of physiol. **62**, 559. 1922.

[4]) MANN, F. C. und MAGATH, Th. B.: l. c. S. 50, Nr. 1.

kussion über die noch unübersichtlichen Insulinwirkungen einzutreten, sondern ich will nur zeigen, wie die von anderer Seite erzielte Verminderung des Blutzuckergehaltes zu Ergebnissen geführt hat, die sich mit den meinigen decken.

Aus den bisherigen Überlegungen geht nun hervor, daß die Leber auch für den normalen Endumsatz des Eiweißes prinzipielle Wichtigkeit hat, sowie für seine intermediäre Verwertung, da diese ohne jene nicht denkbar ist. Man muß aber jede weitere Stütze für solche Anschauungen heranziehen, da die Schwierigkeit dieser Fragen so groß ist.

Wir gingen bisher von den Betrachtungen über die Harnstoffbildung aus. Was aber der Harnstoff beim Säuger, ist die Harnsäure beim Vogel. Daher muß ich auch auf die Befunde von Veränderungen des Harnsäurestoffwechsels beim Vogel eingehen, soweit er für die Leber in Betracht kommt.

Durch Versuche von v. KNIERIEM[1]) und v. SCHRÖDER[2]) ist festgestellt, daß die Vorstufen des Harnstoffes bei der Verfütterung an Vögel zu einer Steigerung der Ausfuhr der Harnsäure führen.

Die bedeutendsten Einblicke in die Erkenntnis der Endumsetzung des Stickstoffes bei Vögeln hat uns MINKOWSKI[3]) durch seine umfassenden Versuche vermittelt. Bei Gänsen wie auch bei allen anderen Vögeln, ist es durch das Bestehen der JACOBSONschen Anastomose möglich, die Leber ohne die Vorbereitung der Portalblutableitung zu exstirpieren. Es gelang MINKOWSKI, solche Tiere bis 20 Stunden am Leben zu erhalten. Während nun normalerweise 60—70 % des ausgeschiedenen Gesamt-N's in der Form von Harnsäure beim Vogel im Urin wiedererscheint, schieden die entleberten Gänse MINKOWSKIs nur 6 bis 7 % des Gesamt-N's als Harnsäure aus, und statt deren findet sich d-Milchsäure und Ammoniak in großer Menge im Urin. Auch fand MINKOWSKI, daß die Fähigkeit des Vogelorganismus, Harnstoff in Harnsäure zu verwandeln an das Erhaltensein der Lebertätigkeit gebunden ist.

KOWALESKI und SALASKIN[4]) konnten nach Durchströmung der überlebenden Vogelleber mit Ammoniumlaktat eine Zunahme des Harnsäuregehaltes des Durchströmungsblutes feststellen und schon früher hatte MINKOWSKI[5]) nachgewiesen, daß der Umwandlungsort der Milchsäure

---

[1]) v. KNIERIEM, W.: Über das Verhalten der im Säugetiere als Vorstufen des Harnstoffs erkannten Verbindungen im Organismus der Hühner. Zeitschr. f. Biol. 13, 36.

[2]) v. SCHRÖDER, W.: Über die Verwandlung des NH_3 in Harnsäure im Organismus der Hühner. Hoppe-Seylers Zeitschr. f. physiol. Chem. 3, 228. 1878.

[3]) MINKOWSKI, O.: l. c. S. 49, Nr. 3.

[4]) KOWALESKI, K. und SALASKIN, H.: Über die Bildung der Harnsäure in der Leber der Vögel. Hoppe-Seylers Zeitschr. f. physiol. Chem. 33, 210. 1901.

[5]) MINKOWSKI, O.: Über die Ursachen der Milchsäureausscheidung nach der Leberexstirpation. Arch. f. exp. Path. u. Pharm. 31, 214. 1893.

in Harnsäure die Leber sein muß, denn die Milchsäure kam erst dann zur Ausscheidung, wenn alle zuführenden Lebergefäße abgebunden waren. Es besteht hier also verglichen mit der Harnstoffbildung eine absolute Parallele zu den Verhältnissen der Säugetierleber, wenn auch die Stoffwechselfragen beim Vogel nicht unmittelbar mit den Verhältnissen des Säugetierorganismus identifiziert werden dürfen.

Der Leber fällt also auch bei einem andersartigen Ablauf des N-Wechsels, wie er beim Säuger vor sich geht, die Aufgabe der Umsetzung zu den Endprodukten und damit auch des Eingreifens in die intermediären Vorgänge zu. In einer so verschieden erfolgenden und doch dem gleichen Endzweck dienenden Weise der Regelung des N-Wechsels durch die Leber in der Tierreihe wird man nur einen um so zwingenderen Beweis für die Tatsache eines Bestehens einer solchen Funktion der Leber erblicken dürfen.

Haben sich nun schon beim Organismus des Vogels die deutlichsten Beweise einer Verknüpfung der Lebertätigkeit mit der Harnsäurebildung ergeben, so lassen sich auch beim Säuger diese Beziehungen nicht vermissen. Die Herleitung des Harnsäuregehaltes geschieht bei dieser Tierklasse heute allgemein vom Nukleinstoffwechsel, der sicher einen Teil des Eiweißstoffwechsels darstellt. HORBAZEWSKI[1]) ist erstmals die Feststellung des Zusammenhanges der Nukleine mit der Harnsäure gelungen. Stufenweise ist der Übergang der Nukleinsäure in die Purinbasen und ihre Umwandlung zu Harnsäure verfolgt und als fermentativer Prozeß erkannt worden. ABDERHALDEN[2]), BURIAN[3]), BRUGSCH[4]), vor allem SCHITTENHELM[5]) haben neben vielen anderen, die ich hier nicht anführen kann, neuerdings das Wesentliche geleistet. Ausführliche Literatur findet sich bei H. WIENER[6]), neuestens bei SCHITTENHELM[7]).

SCHITTENHELM hat erkannt, daß der Prozeß mit der Erreichung der Harnsäurestufe noch nicht beendet ist, sondern daß weitere fermentative Einflüsse den Abbau der Harnsäure im Körper beherrschen,

---

[1]) HORBAZEWSKI, J.: Untersuchungen über die Entstehung der Harnsäure im Säugetierorganismus. Monatshefte f. Chem. 10, 624. 1889.

[2]) ABDERHALDEN, E. und SCHITTENHELM, A.: Der Ab- und Aufbau der Nukleinsäuren im tierischen Organismus. Hoppe-Seylers Zeitschr. f. physiol. Chem. 47, 452. 1906.

[3]) BURIAN, R.: Die Bildung der Harnsäure im Organismus des Menschen. Med. Klinik 1, 131. 1905. — Die Bildung, Zersetzung und Ausscheidung der Harnsäure beim Menschen. Ebenda 2, 479. 1906.

[4]) BRUGSCH, TH. und SCHITTENHELM, A.: Der Nukleinstoffwechsel und seine Störungen. Jena 1910.

[5]) SCHITTENHELM, A.: Natur und Wesen der Gicht. Beihefte zur Med. Klinik III, 1907. Heft 4.

[6]) WIENER, H.: Die Harnsäure. Ergebn. d. Physiol. 1, I. Abt. 555. 1902. 2. I. 377.

[7]) SCHITTENHELM, A.: Klin. Wochenschr. Nr. 15. 1922.

die sogenannten urikolytischen Fermente. Sie sind in den Nieren, der Leber und den Muskeln nachgewiesen.

Der Harnsäurestoffwechsel der verschiedenen Tierarten zeigt mancherlei Verschiedenheiten, so scheidet der Hund den Purinanteil seines Stoffwechsels bekanntlich fast völlig als Allantoin aus. Unter den Verhältnissen der Eckschen Fistel haben aber schon HAHN, MASSEN, NENCKI und PAWLOW[1]) gezeigt, daß Harnsäure in vermehrter Menge im Urin dieser Tiere auftrat, nach einiger Zeit aber wieder normalen Werten Platz machte. Die höheren Werte kamen aber wieder, wenn Intoxikationssymptome der Tiere durch Fleischfütterung bestanden. Damit wird dem Resorptionsanteil der in der Nahrung zugeführten Purine eine besondere Beachtung geschenkt werden müssen.

ABDERHALDEN, LONDON und SCHITTENHELM[2]) konnten nun den Beweis für die Richtigkeit dieser Anschauung erbringen, da sie den Allantoinanteil bei Zufuhr von Purinstickstoff nach Anlegung der E. F. sich um den Betrag in der Ausscheidung vermindern sahen, um den die Harnsäure zunahm. Während sie unter normalen Verhältnissen den Allantoinanteil beim Hunde zu 94—97 % der Gesamtpurinausscheidung fanden und den Harnsäureanteil zu 2—4 %, stieg der Harnsäureanteil beim E. F.-Hunde auf 12—25 % und sank der Allantoinanteil auf 74 bis 87 %. Dabei wurde der zugeführte Purinstickstoff nahezu quantitativ wieder ausgeschieden. Der Einfluß der Portalblutableitung war unter diesen Verhältnissen also ein ganz bedeutender. Die Vermehrung der Harnsäureausscheidung wurde von den genannten Forschern auf den Anteil Purin bezogen, der bei der Anordnung der E. F. der urikolytischen Wirkung der Leber entgeht, eine Erklärung, die durchaus plausibel ist.

In ausgedehnten Versuchen habe ich[3]) vor und nach Anlegung der E. F. an denselben Tieren bei Hunger, bei purinfreier Kost und bei Kost mit bekanntem Puringehalt die Harnsäureausscheidung verfolgt und mit größter Regelmäßigkeit eine Zunahme derselben nach der Operation in jedem Falle feststellen können. Die Harnsäureausscheidung steigt ganz regelmäßig um das 4—10fache der Normalausscheidung unter den gegebenen Verhältnissen. Die anderslautenden Angaben von HAHN, MASSEN, NENCKI und PAWLOW darf man wohl darauf beziehen, daß die Methoden der Harnsäurebestimmung damals noch nicht so gut ausgearbeitet waren, wie heute. Die Anschauung der ausschlaggebenden Wirkung der Leber auf die Urikolyse habe ich aber am Ex-

---

[1]) HAHN, MASSEN, NENCKI und PAWLOW: l. c. S. 29, Nr. 2.

[2]) ABDERHALDEN, E., LONDON, S. und SCHITTENHELM, A.: Über den Nukleinstoffwechsel des Hundes bei Ausschaltung der Leber durch Anlegung einer E. F. Hoppe-Seylers Zeitschr. f. physiol. Chem. 61, 413. 1909.

[3]) FISCHLER, F.: Unpublizierte Versuche.

periment am Hunde mit u. E. F. weiter verfolgt und fand, daß die Werte für Harnsäure sich dabei sehr verminderten, ja ich habe im Harn solcher Tiere wiederholt gar keine Harnsäure mehr feststellen können. Die intravenöse Zufuhr von Harnsäure in mäßiger Menge 0,25—0,3 g von einer Vene des Hinterbeines aus, also mit möglichst direkter Einfuhr in die Leber wird von diesen Tieren ohne eine Mehrausfuhr der Substanz ertragen, während der Eck-Hund darauf mit vermehrter Ausscheidung reagiert. Die Versuche waren nicht in jedem Falle eindeutig, so daß ich mich auf diese Angaben einstweilen beschränken muß. Ich verweise aber auch noch in diesem Zusammenhange auf das häufige Vorkommen von Harnsäurekonkrementen beim E. F.-Hund (siehe S. 126). Neuerdings haben MANN und MAGATH[1] festgestellt, daß im Blute hepatectomierter Hunde deutliche Mengen von Harnsäure auftreten. Sie beziehen dieses Faktum auf das Fehlen der harnsäurezerstörenden Funktion der Leber. MANN und WILLIAMSON[2] sahen das Auftreten von Harnsäure auch nach Chloroform und Phosphorvergiftung. Doch erschien die Harnsäure nicht so rasch und stieg nicht so hoch an, ja sie erschien bei einigen Tieren nicht. Jedenfalls bestätigen auch diese Versuche die Tatsache eines Verbundenseins der Leber mit dem Harnsäurestoffwechsel.

Ich glaube daher sagen zu dürfen, daß die Leber offenbar in weit höherem Maße als es bis jetzt geschieht für die endgültige Umsetzung der Harnsäure verantwortlich zu machen ist.

Da der Hund für das Studium dieser Verhältnisse wegen seines vom Menschen abweichenden Purinstoffwechsels nicht das geeignetste Versuchstier ist, so wäre es wichtig, solche Versuche am Schwein zu wiederholen, von dem wir wissen, daß es an einer typischen Guanidingicht erkranken kann, wie R. VIRCHOW[3] zuerst mitgeteilt hat.

Diese Feststellungen wären insofern besonders erwünscht, weil unsere heutigen Ansichten über die Entstehung der Gicht einer Revision bedürfen. Ohne mich im einzelnen mit den Ansichten von ABL[4] und WEINTRAUD[5] identifizieren zu wollen, möchte ich nur hervorheben, daß nach den Beobachtungen ABLs ein vermehrter aktiver Zustrom von Blut zum Darm die Harnsäureausfuhr steigert, das Gegenteil sie vermindert, womit diese Abhängigkeit von Blutzirkulationsverhältnissen dargetan ist. Der wichtige therapeutische Fingerzeig, der hierin liegt, sollte nicht übersehen werden. Es erscheint mir durchaus möglich, daß

---

[1] MANN, F. C. und MAGATH: l. c. S. 50, Nr. 1.

[2] MANN, F. C. und WILLIAMSON, C. G.: l. c. S. 50, Nr. 1.

[3] VIRCHOW, R.: Die Guanidingicht der Schweine. Virchows Arch. f. pathol. Anat. u. Physiol. 36, 247. 1866.

[4] ABL, R.: Über die Beziehungen zwischen Splanchnikustonus und Harnsäureausfuhr. Verhandl. d. dtsch. Kongr. f. inn. Med. 30, 187. 1913.

[5] WEINTRAUD: Ebenda. S. 205.

durch „Leberstimulantien", auf die ich später noch hinweisen werde, sich die Uricolyse beeinflussen läßt.

Jedenfalls zeigt auch die Analyse des Harnsäurestoffwechsels in klarer Weise die Verknüpfung der Leber mit dem Eiweißstoffwechsel. Die Vermehrung der Harnsäureausscheidung beim E. F.-Hund und die starke Verarbeitung von Harnsäure nach intravenöser Zufuhr in das Gebiet der Pfortader beim u. E. F.-Hund, lassen an der Mitbeteiligung der Leber hieran wohl keinen Zweifel.

Es wäre hier der Ort noch auf eine ganze Reihe von N-haltigen Endprodukten des Eiweißes im Urin einzugehen, so auf Kreatin und Kreatinin usw., doch nehme ich davon Abstand, um die verfolgte Grundtendenz dieser Zusammenfassung zu wahren. Man muß daran festhalten, daß erst die notwendigen Leberfunktionen genau umgrenzt werden, dann wird sich daraus die weitere Stellung der Leber im Stoffhaushalt von selbst ergeben. Und da überdies Harnstoff, Harnsäure und Ammoniak den weitaus beträchtlichsten Teil der Endausscheidungen des Stickstoffes unter normalen Verhältnissen ausmachen (etwa 90 %), so wird mit deren Betrachtung und der Feststellung, daß die Lebertätigkeit für ihre normale Endverarbeitung unumgänglich ist, eine der Hauptfunktionen der Leber gegenüber dem Stoffhaushalt des N-Wechsels genügend gekennzeichnet.

Und man darf sagen, daß diese Beweise überraschend klare und eindeutige sind. Haben die Versuche von v. KNIERIEM[1]) und v. SCHRÖDER[2]) die Leber als Ort der Harnstoffbildung beim Säuger erkennen lassen, und seine möglichen Vorstufen gezeigt, so konnte ich[3]) in meinen Untersuchungen mit ERDELYI nachweisen, daß die Harnstoffbildung durch eine Leber nicht mehr in der normalen Weise vor sich geht, wenn sie bei mechanischer Drosselung ihrer Funktionen und beim Verlust oder der pathologischen Verminderung ihrer blutzuckerbildenden Tätigkeit unter funktionell erschöpfenden Verhältnissen Arbeit leisten soll. Die Harnstoffbildung vermindert sich unter solchen Verhältnissen progressiv und sinkt auf bisher nicht beobachtete Tiefen. Es ist danach kaum zweifelhaft, daß eine erschöpfende Überlastung der Leber die normalen Endumsetzungen des Eiweißes nicht mehr zuläßt und daß die unvollkommen umgesetzten Eiweißanteile eine tödliche Intoxikation des Körpers hervorrufen, die „glykoprive Intoxikation". Die gleichzeitige mangelhafte Bildung von NH_3 legt den Gedanken nahe, daß die desamidierende Kraft der Leber dabei notgelitten habe.

Diese Vermutung läßt sich durch die umfassenden und so ergebnisreichen Untersuchungen am überlebenden Organ wahrscheinlich machen.

---

[1]) v. KNIERIEM, W.: l. c. S. 163, Nr. 1.
[2]) v. SCHRÖDER, W.: l. c. S. 163, Nr. 2.
[3]) FISCHLER, F. mit ERDELYI, P.: l. c. S. 152, Nr. 3.

Daß das überlebende Organ desamidierende Fähigkeiten hat, haben wir schon im Kapitel Leber und Fettsäurestoffwechsel kennen gelernt, wo auf Versuche dieser Art und namentlich auf die Arbeiten G. EMBDENs eingegangen wurde (s. S. 92 ff.). Die Bildung von Ketonkörpern aus Leucin, Tyrosin und Phenylalanin ist ohne Desamidierung nicht denkbar und wird in der überlebenden Leber durchgeführt.

Hier sind vor allem auch noch die Versuche von O. NEUBAUER und seinen Mitarbeitern anzuführen. Den Tyrosinabbau verfolgten O. NEUBAUER und W. GROSS[1]). Weitere Beiträge lieferten O. NEUBAUER und HANS FISCHER[2]). Die erstere Arbeit zeigt vor allem auch noch die Parallele zum Verhalten bei der Alkaptonurie. Die Substanzen, welche bei der Einnahme sich als Alkaptonbildner erweisen, (Tyrosin, p-Oxyphenylbrenztraubensäure) liefern in der Hundeleber Aceton, die p-Oxyphenylmilchsäure, die nicht in Alkapton übergeht, führt auch nicht zu Acetonvermehrung, mit anderen Worten, die beiden ersten Substanzen werden in der Leber angegriffen und verbrannt, die letztere aber nicht. NEUBAUER und H. FISCHER konnten zeigen, daß in der überlebenden Leber zugesetzte d-l-Phenylaminoessigsäure so verändert wird, daß die l-Phenylaminoessigsäure übrig bleibt. Die r-Phenylaminoessigsäure wird desamidiert zunächst unter Bildung der entsprechenden Ketonsäure, der Phenylglyoxylsäure, diese wird dann zu l-Mandelsäure (l-Phenylglykolsäure) reduziert, überdies wird ein Teil der Phenylglyoxylsäure zu Benzoesäure oxydiert. In der überlebenden Leber kommt es also zur Desamidierung, zu Reduktionsprozessen der desamidierten Substanz und schließlich auch zur Kohlensäureabspaltung. Schon früher hatte SALASKIN[3]) gezeigt, daß die überlebende Hundeleber Glykokoll, Leucin und Asparaginsäure in einen Stoff umwandelt, der mit Harnstoff entweder identisch ist oder ihm wenigstens sehr nahe steht, daß also auch hier eine erhebliche Umwandlungsfähigkeit solcher Körper in der Leber vorliegt.

Aber nicht allein einen Abbau von Aminosäuren besorgt die Leber, sondern auch den Aufbau. So konnten O. NEUBAUER und O. WARBURG[4]) zeigen, daß in der überlebenden Leber bei der Durchblutung mit Phenylaminoessigsäure auch d-Acetyl-Phenylaminoessigsäure gebildet wird analog den Ergebnissen von KNOOP[5]), der fand, daß aus

---

[1]) NEUBAUER, O. und GROSS, W.: Über Tyrosinabbau in der Leber. Hoppe-Seylers Zeitschr. f. physiol. Chem. **67**, 219. 1910.

[2]) NEUBAUER O. und FISCHER, HANS: Beiträge zur Kenntnis der Leberfunktion. Ebenda **67**, 230. 1910.

[3]) SALASKIN: Hoppe-Seylers Zeitschr. f. physiol. Chem. **25**, 128. 1898.

[4]) NEUBAUER, O. und WARBURG, O.: Über eine Synthese mit Essigsäure in der künstlich durchbluteten Leber. Hoppe-Seylers Zeitschr. f. physiol. Chem. **70**, 1. 1910.

[5]) KNOOP, F.: Über den physiologischen Abbau der Säuren und die Synthese einer Aminosäure im Tierkörper. Ebenda **67**, 489. 1910.

α-Ketonsäuren und α-Aminosäuren bei der Verfütterung sich die entsprechenden Acetylverbindungen bilden können. Auch können α-Oxysäuren im Tierkörper in α-Aminosäuren übergeführt werden. Man darf nach den Versuchen von NEUBAUER und WARBURG annehmen, daß die Leber dabei eine wesentliche Rolle spielt.

Aus allen diesen Beobachtungen ergibt sich die Notwendigkeit in der Leber den Hauptsitz aller möglichen Eiweißumformungen anzunehmen, denn man hat ja jetzt ihre Beteiligung daran von der Resorption bis zu den Endprodukten gleichsam vor Augen. Die Endumsetzungen können nicht ohne Eingriffsmöglichkeit in die intermediär ablaufenden Prozesse erfolgen, das ist undenkbar und so weist der unzweifelhafte Einfluß der Leber auf Resorptions- und Endverarbeitung des Eiweißes auch ganz bestimmt auf ihre Beteiligung an den intermediären Umsetzungen des Stoffwechsels hin.

Man hat also eine besondere Beteiligung der Leber bei allen Eiweißumsetzungen stets zu erwarten. In dieser Form ausgesprochen, muß man aber Fragen des Eiweißstoffwechsels gleichzeitig auch auf die Leber beziehen und es eröffnet sich hiermit der Forschung ein viel breiteres Feld.

Nun frägt man unwillkürlich, in welcher Art und Weise die Leberzellen zu so vielfachen Umsetzungen befähigt sind und man muß sich überhaupt klar darüber werden, ob es möglich ist, daß die Leber in so verschiedene Umformungen eingreifen kann und ob man irgend einen speziellen Mechanismus dafür verantwortlich machen darf. Hier muß ich etwas weiter ausholen.

Ganz allgemein wissen wir heute, daß eine Aufspaltung von komplizierten Substanzen im Körper nicht plötzlich erfolgt, sondern stufenweise in, durch das Eingreifen von Fermenten, wohlgeregelter Weise. Das hat uns für die Resorption der Nahrungsmittel die Physiologie der Verdauungsvorgänge gelehrt und für die Aufspaltung der Nukleinsäure im Körper liegt ein besonders wohldurchforschtes Gebiet für innere Fermentwirkungen vor, an welchem solche Verhältnisse exemplifiziert werden können.

Weiter wissen wir von den Polypeptiden, daß einige nur für tryptische, andere nur für peptische Einflüße zugänglich sind. Für die fermentative Aufspaltung von Aminosäuren haben wir in der Arginase ein Beispiel kennen gelernt.

F. HOFMEISTER[1]) hat früher ausgeführt, daß die Leber das Organ des Körpers ist, das die meisten der bis jetzt bekannten inneren Körperfermente besitzt. Hierin liegt an sich schon ein Hinweis auf gewaltige mögliche Umsetzungen in diesem Organe. Es wäre wichtig,

---

[1]) HOFMEISTER, F.: Antrittsrede Straßburg.

nach Beobachtungen Umschau zu halten, die es gestatten, der Leber weitere Beziehungen zum Fermentstoffwechsel zuschreiben zu dürfen.

Auf eine sehr unerwünschte Weise habe ich[1]) damit Bekanntschaft gemacht, als im Beginn meiner Untersuchungen über die Ecksche Fistel die Entstehung der sogenannten zentralen Läppchennekrose der Leber die Weiterführung meiner Untersuchungen überhaupt in Frage stellte.

Nachdem ich anfangs mit der Anlegung der E. F. gar keine Schwierigkeiten hatte, starben mir in der Folge trotz sorgfältigster Ausführung der Operation eine große Reihe von Tieren innerhalb der ersten drei Tage nach der Operation.

Sie zeigten einen sehr eigentümlichen konstanten Symptomenkomplex, der sich klinisch zuerst im Auftreten großer Schwäche und starker Pulsbeschleunigung manifestierte. Weiter kam es zu schweren Zahnfleischblutungen und Abgang von blutigem Stuhl und zu starkem Erbrechen, nicht selten trat dann ein Stadium manischer Erregung auf, das die schwersten Formen annehmen konnte und in Heulen, Bellen, Beißen, fortwährender stärkster Unruhe mit Fluchtversuchen sich äußerte, endlich traten starke Krämpfe klonisch-tonischer Natur, vollkommene Bewußtseinstrübung und Koma auf und die Tiere starben rettungslos meist mit Untertemperatur.

Das vorwiegend „manische" Krankheitsbild stellt einen bemerkenswerten Gegensatz zu dem „depressiven" der Fleischintoxikation dar und es erscheint mir nicht ausgeschlossen, daß die Entdecker der Fleischintoxikation dieses Bild ebenfalls vor sich hatten und in die Schilderung der Fleischintoxikation mit hineinverwoben. Immerhin ist dies nur eine Vermutung meinerseits, der ich aber schon bei der Schilderung der Fleischintoxikation andeutungsweise Raum gegeben habe (s. S. 127). Ich darf hier noch hervorheben, daß bei der akuten gelben Leberatrophie nicht selten die manischen Züge so vorwiegen, daß die Patienten in Irrenanstalten eingeliefert werden. In der Heidelberger Irrenklinik habe ich einen derartigen Fall gesehen, der dorthin mit der Diagnose akutes Irresein eingeliefert war, und bei dem ich nur durch die gleichzeitig bestehende Gelbsucht die Diagnose auf akute gelbe Leberatrophie stellen konnte, die sich nachträglich durch die Obduktion bewahrheitete.

Selten ist das klinische Bild der zentralen Läppchennekrose so restlos entwickelt, wie ich es eben zu zeichnen versuchte, oft fehlt der oder jener Zug völlig. Immerhin ist die Diagnose schon dadurch erleichtert, daß sich das Krankheitsbild unmittelbar an die Operation anschließt und selten später als nach dem zweiten Tage ausbricht.

---

[1]) FISCHLER, F.: Über akute schwerste Degenerationszustände der Leber an Tieren mit E. F. bei komplizierender Pankreasfettgewebsnekrose usw. Dtsch. Arch. f. klin. Med. 100. 329. 1910.

Ein Zusammenhang mit der Aufnahme von Fleisch besteht nicht, da die Tiere vor der Operation fasten und beim Herannahen der Erkrankung völlig appetitlos sind. Ich darf noch hinzufügen, daß der Blutdruck in den ausgesprochenen Stadien der Krankheit sehr gesunken ist, da die Venen beim Anstechen kaum bluten. Weiter erscheint mir die Beobachtung sehr wichtig, daß bei einigen Tieren, die ganz besonders sorgsam nach der Operation behandelt wurden, vor allem jede Bewegung erspart bekamen und eben noch gesund erschienen, die Anstrengung des Verbandwechsels genügte, um sie mit einem schweren Krampfanfall unmittelbar tot umfallen zu lassen. Diese Plötzlichkeit der Erscheinungen ist mir für die Erklärung besonders wertvoll geworden.

Im Gegensatz zu den Tieren, die an Fleischintoxikation zugrunde gegangen waren, fand ich bei diesen Tieren regelmäßig einen ganz typischen pathologisch-anatomischen Obduktionsbefund.

Die Lebern zeigten im Zentrum der Acini eine schwere Koagulationsnekrose der Parenchymzellen; die Nekrose reichte bis nahe an den Rand des Acinus oder nahm ihn mindestens bis zu einem Drittel ein. Die Kerne der Zellen waren in den Nekrosebezirken entweder völlig vernichtet, was der weitaus häufigste Befund war, oder es zeigten sich, namentlich an den Übergängen zu den normalen Randpartien vorwiegend Erscheinungen der Pyknose oder Karyolyse. Die einzelnen Acini in den verschiedenen Leberlappen waren fast ganz gleichmäßig befallen. In wenigen besonders schweren Fällen bestand Totalnekrose der Leber, doch waren diese durch bakterielle Invasion kompliziert, während ich in den meisten anderen Fällen keine Bakterienwucherung gefunden habe. Es handelte sich meist um lange, plumpe Stäbchen, wie sie bei der sogenannten Schaumleber zu finden sind. Auch bestanden putride Zersetzungsgerüche. Doch kam es dazu nur sehr selten. Die Art der Bakterienwucherung war stets dieselbe, das Zwischengewebe blieb dabei häufig nicht normal, sondern degenerierte ebenfalls. Immerhin sind diese mit Bakterienwucherung komplizierten Fälle etwas besonderes. Wichtiger für unsere Fragestellung sind die weitaus überwiegenden Fälle mit einfacher Nekrose im Acinuszentrum. Häufig kommt es dabei zu starker vikariierender Blutanhäufung in den nekrotischen Bezirken, ähnlich wie man es bei akuter gelber Leberatrophie findet. Bei stärkster akuter Nekrose ist der Fettgehalt der Zellen ein verhältnismäßig geringer, nur die Randpartien der Acini, wo noch normale oder nur wenig geschädigte Zellen vorhanden sind, sind fast immer stark fetthaltig. Sehr wichtig erschien mir der Gehalt an fettsaurem Kalk, den ich in einer Reihe von Fällen in Form feinster Granulierung in den abgestorbenen Zellen des Nekrosebezirkes nachgewiesen habe. Er ist im Bilde in meiner Publikation festgehalten. Auf die Bedeutung des Befundes werde ich später eingehen.

Weiter fällt bei der Obduktion der Tiere eine ausgesprochene hämorrhagische Diathese fast des gesammten Verdauungstractus auf, Zahnfleischblutungen, Hämorrhagien im Magen, besonders aber im Duodenum und oberen Jejunum, weniger in den tieferen Abschnitten und nicht im Dickdarm.

Endlich ließ sich aber noch ein konstanter Befund erheben, nämlich eine mehr oder weniger ausgeprägte Fettgewebsnekrose. Gerade dieser Befund sollte der Schlüssel zur Erklärung der ganzen Erscheinung werden.

Daß die Läppchennekrose der Leber in den seltenen Fällen von sogenannter Chloroformspätwirkung gefunden wird, ist nach den darüber vorliegenden Publikationen amerikanischer und deutscher Forscher außer allem Zweifel[1].

Die mitgeteilten klinischen Fälle sind in ihrer Deutung aber unübersichtlich und man tut gut daran, sich hauptsächlich an die experimentellen Daten zu halten. Aus ihnen geht unzweifelhaft hervor, daß es wiederholter und intensiver Chloroformwirkung bedarf, bis man eine Nekrose erzielen kann.

Wenn an den klinischen Fällen etwas auffällt, so ist es dies, daß sich die sogenannte Chloroformspätwirkung mit Vorliebe an schwere Affektionen der Peritonealhöhle anschließt. Die Zeichen der Erkrankung an Chloroformspätwirkung beim Menschen stimmen mit den von mir[2] an meinen Tieren geschilderten überein, nur scheint das manische Stadium beim Menschen seltener zu sein und auch die hämorrhagische Diathese nicht regelmäßig, dagegen wohl Icterus, der meinen Tieren fehlt. Diese geringen Differenzen sind aber nicht wesentlich und finden ihre Aufklärung vielleicht in dem Vorhandensein der Eckschen Fistel, von der ich nachgewiesen habe, daß schwerer Icterus bei ihrem Bestehen nicht so leicht auftritt.

Das Krankheitsbild ist also bedingt durch die Veränderung der Leber. Da ich bei meinen Operationen im Anfang auch Chloroform anwendete, so lag es nahe, daß mir der Einwurf gemacht wurde[3], es handle sich in meinen Fällen um eine Chloroformwirkung. Ich selbst konnte daran gar nicht denken, da ich früher bei sehr vielen anderen Operationen am Hunde, bei denen ich ebenfalls Chloroform zur Narkose angewendet habe, nie eine zentrale Läppchennekrose erlebte, was doch auch dann hätte eintreten müssen.

Hätte es an sich schon auffallen müssen, daß bei meinen Befunden diese Wirkung eine zu ihrer sonstigen Beobachtung unvergleichlich häufige und damit schon gänzlich abweichende war, so wäre vor allem

---

[1] WHIPPLE, G. H. and SPERRY, I. A.: Chloroform poisoning. Liver nekrosis and repair. Johns Hopkins hosp. reports **20**, 278. 1909 (dort Lit.).

[2] FISCHLER, F.: l. c. S. 170, Nr. 1.

[3] HILDEBRANDT, W.: Mitt. a. d. Grenzgeb. d. Med. u. Chirurg. **24**, 652. 1912.

eine Mitteilung, die ich schon gemacht hatte[1]), geeignet gewesen, mit
der genannten Auffassung meiner Experimente ganz besonders vorsichtig zu sein. Ich hatte mitgeteilt, daß nach Immunisierung der Tiere
mit Trypsininjektionen (Trypsin Grübler) auch schwere Läsionen des
Pankreas mit ausgedehnter consekutiver Fettgewebsnekrose jetzt ohne
zentrale Läppchennekrose verliefen, trotzdem ich in der Art der Narkose
keine Veränderung vorgenommen hatte und ich nach wie vor Chloroform verwendete, an dessen mögliche ätiologische Bedeutung ich für
die Entstehung des Zustandes gar nicht dachte. Ferner hatte ich mitgeteilt, daß nach besonders sorgfältiger Schonung des Pankreas — also
bei Hintanhaltung der Fettgewebsnekrose — die zentrale Läppennekrose
der Leber sich verhüten läßt, trotzdem ich nach wie vor Chloroform
verwendete.

Meine erste Auffassung des ganzen Krankheitskomplexes war die,
daß die Nekroseerscheinungen der Leber mit einer Einwirkung tryptischer Einflüsse zusammenhängen müßten, weil die Leber unter den
Bedingungen der E. F. solchen Einwirkungen viel weniger Widerstand
entgegensetzen könnte. Daher die Trypsinimmunisierungen im An-
schlusse an die Mitteilungen GULECKEs und v. BERGMANNs[2]), daher
auch die vorsichtige Behandlung, die ich bei meinen weiteren Operationen dem Pankreas zu seiner Schonung angedeihen ließ.

Meine Überlegungen waren also durch den Ausfall der Operationen
an gegen tryptische Einflüsse gefestigten Tieren bestätigt. Nachdem
aber der Einwurf einmal bestand und nachträglich von mir auch nicht
a limine abgewiesen werden konnte, schien es mir nötig, eine ganz
genaue Prüfung der ganzen Frage vorzunehmen[3]). Ich operierte daher
unter Morphium-Äther-Narkose und erzeugte gleichzeitig Fettgewebsnekrose. Es trat jetzt aber keine zentrale Läppchennekrose ein. Diese
Versuche schienen zuerst den mir gemachten Einwurf zu bestätigen.
Ich konnte mich aber deswegen nicht von ihrer Beweiskraft ohne weiteres
überzeugen, da meine früheren Beobachtungen des Fehlens von zentraler
Läppchennekrose der Leber bei ebenso langer Anwendung des Chloroforms bei allerlei anderen Operationen in einem unvereinbaren
Widerspruch mit den Erfahrungen bei Operationen am Eck-Hunde
standen. Weitere Klärung mußte erstrebt werden. Ich ging nun so
vor, daß ich die Leber durch allerlei Einflüsse, auf die ich sofort zu

---

[1]) FISCHLER, F.: Weitere Mitteilungen zu den Beziehungen zwischen Leberdegeneration und Pankreasfettgewebsnekrose. Dtsch. Arch. f. klin. Med. **103**,
156. 1911.

[2]) v. BERGMANN, G. und GULECKE, N.: Zur Theorie der Pankreasvergiftung.
Münch. med. Wochenschr. **57**, 1673. 1910.

[3]) FISCHLER, F.: Über das Wesen der zentralen Läppchennekrose der Leber
und über die Rolle des Chloroforms beim sogenannten Narkosenspättod. Mitt.
a. d. Grenzgeb. d. Med. u. Chirurg. **26**, 553. 1913.

sprechen kommen werde, noch weiter schädigte und nun die Ecksche Fistel unter Äthernarkose anlegte. Und nun trat die zentrale Läppchennekrose auch unter reiner Äthernarkose auf. Die zentrale Läppchennekrose konnte also unmöglich die unmittelbare Folge der reinen Chloroformwirkung sein, da sie ja auch bei Anwendung eines ganz anderen Narkoticums in Erscheinung trat. Sie mußte also der Ausdruck eines durch Chloroform oder durch andere Einwirkung vermittelten Mechanismus eines speziell die Leberzellen schädigenden Einflusses sein, der zur Geltung kommen konnte, wenn die Leber, wie es durch die Operation an Eckscher Fistel geschieht, in ihrem Gesamtwiderstand herabgesetzt worden war.

Ich prüfte weiter Tiere mit schon lange bestehender E. F., die zur Versuchszeit vollkommen wohl waren, auf ihre Resistenz gegen Chloroform. Sie ist nicht geringer, als bei normalen Tieren, da solche E. F.-Tiere leicht auch wiederholte Chloroformnarkosen ertragen, die ich auf Stunden ausdehnte. Die Ecksche Fistel bedeutet offenbar nur im Beginn ihres Bestehens bzw. für kurze Zeit nachher eine besondere Schädigung der Leber. Kommt dazu noch Chloroform und Fettgewebsnekrose, so tritt allerdings fast regelmäßig eine Nekrose in der Leber ein, denn dann ist eine Häufung von Schädigungen vorhanden, die den Gesamtwiderstand der Parenchymzellen stark herabsetzen muß.

Daß das Chloroform als solches diese Wirkung nicht haben kann, war mir klar, denn dann müßte es sie vor allen Dingen an den Stellen haben, an die es hauptsächlich herantritt, also z. B. im Respirationstractus, der der unmittelbaren Chloroformwirkung doch am allermeisten ausgesetzt ist. Immerhin konnte diese Überlegung wegen der Möglichkeit einer verschiedenen Resistenz der Gewebe noch fehlerhaft sein. Sowie aber ohne Chloroform ebenfalls Nekrose in der Leber auftritt, was geschah, so mußte die eigentliche Ursache der Nekrotisierung eine andere sein, als eine reine Chloroformwirkung, und Chloroform konnte wohl eine der möglichen Vorbedingungen zum Eintreten der zentralen Läppchennekrose sein, nicht aber die eigentliche Ursache. Es rangiert dann das Chloroform mit einer Reihe anderer Schädlichkeiten für die Leber auf gleicher Stufe und bereitet nur dem tatsächlichen Entstehungsmechanismus der zentralen Läppchennekrose die Wege.

Diesen Mechanismus galt es also aufzuklären. Ich suchte ihn nun in der unter normalen Verhältnissen der Leber nicht zum Vorschein kommenden Fermentanhäufung in diesem Organe, in tryptischen Einflüssen also, die sonst durch die normale Tätigkeit der Leber unschädlich gemacht werden, bei herabgesetztem Widerstand der Leber aber das Organ selbst angreifen.

Es kommt darauf an, die Leber zu schädigen und dann tryptische Einwirkungen hervorzurufen. Eine Reihe von Experimenten diente diesem Gedanken. Durch Hydrazinsulfat kann man die Leber spezifisch schädigen, ja eventuell Nekrose hervorrufen[1]). Spritzt man subletale Dosen dieses Salzes ein und 1—3 Tage später Trypsin, so tritt prompt zentrale Läppchennekrose ein. Vergiftet man ein Tier mit subletalen Dosen von Phosphor und spritzt später Trypsin intravenös ein, so tritt im Angriffsbereich des Phosphors, also peripher, in den Acinis Nekrose ein. Die Abhängigkeit des Auftretens der Nekrose von einer vorausgehenden besonderen Schädigung der Leber ist hier durch die verschiedene Lokalisation der Nekrose besonders deutlich.

Schädigt man die Leber dadurch ganz spezifisch, daß man zeitweise in einer für sie sonst nicht Schaden bringenden Weise ihre Blutzufuhr vollkommen unterbricht, was mir[2]) im Verein mit CUTLER durch Anlegung einer Eckschen Fistel und nachherige temporäre Unterbrechung der Blutzufuhr der Art. hepatica gelang und sorgt gleichzeitig für eine Entstehung von Pankreasfettgewebsnekrose, so tritt auch bei Äthernarkose regelmäßig eine starke zentrale Läppchennekrose ein, die einen deutlichen Parallelismus zwischen Schwere der Pankreasläsion, also tryptischen Einwirkungen und Schnelligkeit der Ausbildung des klinischen und anatomischen Bildes der zentralen Läppchennekrose der Leber erkennen läßt.

Endlich kann nach Vergiftung mit gewissen Pilzarten, vor allem dem Knollenblätterschwamm (Amanita phalloides) eine typische zentrale Läppchennekrose auch beim Menschen eintreten. Ein solcher Fall lag mir vor, worauf ich noch bei anderer Gelegenheit zurückkommen werde. Auch hat AUFRECHT[3]) neuerdings wieder auf die Ähnlichkeit dieser Leberveränderungen mit Phosphorintoxikation hingewiesen.

In allen diesen Fällen ist keine Spur von Chloroformwirkung vorhanden, wohl aber lassen sich tryptische Einflüsse z. B. bei Phosphor- und Hydrazinwirkung an spontanen kleinen Herden von Pankreasfettgewebsnekrose, natürlich bei Ausschluß von mechanischen Einwirkungen auf das Pankreas selbst, auch sonst nachweisen.

An keinem anderen Organe können wir aber so regelmäßige Beziehungen zu tryptischen Einwirkungen auffinden, wie an der Leber, die aber nur dann in Erscheinungen pathologischer Art sich manifestieren können, wenn die Leber gleichzeitigen hochgradigen sonstigen Störungen ausgesetzt ist.

---

[1]) FISCHLER, F. und WOLF, CH. G. L.: Über einige Degenerationsformen der Leber und ihren Entstehungsmechanismus. Verhandl. d. dtsch. Kongr. f. inn. Med. 29, 566. 1912.

[2]) FISCHLER, F. und CUTLER, E. C.: Die Rolle des Pankreas bei der zentralen Läppchennekrose der Leber. Arch. f. exp. Pathol. u. Pharmakol. 75, 1. 1913.

[3]) AUFRECHT: Die Wirkung des Knollenblätterschwammes. Dtsch. Arch. f. klin. Med. 118, 495. 1915.

Ja die Leber wahrt diese Beziehungen über den Tod hinaus. Denn wenn ich an die schönen Untersuchungen M. JACOBIS[1]) erinnere, der feststellte, daß die Leber von mit Phosphor vergifteten Tieren einer bedeutend rascheren und intensiveren Autolyse unterworfen ist, als die Leber normaler Tiere unter den gleichen Umständen, so zeigt sich darin auf das deutlichste die Zurückdrängung der fermentwidrigen Kraft dieses Organes unter dem Einflusse eines mehr oder weniger spezifischen Lebergiftes.

Ich muß aus diesen Versuchsergebnissen ableiten, daß die Leber unter normalen Verhältnissen fermentative Einflüsse paralysiert, daß sie ihnen aber unterliegt, wenn sie schwer geschädigt ist, wie z. B. durch gleichzeitige Anlegung der E. F., Pankreasfettgewebsnekrose und Chloroformwirkung. Sie geht dabei selbst durch die tryptischen Wirkungen zugrunde unter dem Bilde einer typischen Intoxikation des Körpers mit abgebautem Eiweiß, wie die hämorrhagische Diathese des Verdauungstractus, Zahnfleischblutungen, Temperatursturz, Blutdrucksenkung, Leukocytenverminderung usw. zeigen, Symptome, die uns von der Anaphylaxie her bekannt sind und die genau, wie diese schockartig eintreten können. Hier erinnere ich an den plötzlichen Tod der Tiere nach Verbandwechsel bei anscheinendem vorherigem Wohlbefinden. Diese Tiere bekamen einen schweren Krampfanfall danach und blieben in demselben tot. Man hat dies so aufzufassen, daß durch die mit dem Verbandwechsel verbundene Anstrengung plötzlich eine größere Menge abgebauten Lebereiweißes in die Blutbahn gelangt und dabei kommt es dann zu einer richtigen Schockwirkung. Diese Beobachtung erscheint mir besonders zwingend.

Es besteht also eine „Abbauintoxikation“ mit den in der Leber durch die tryptischen Einwirkungen frei gewordenen Aufspaltungsprodukten des Eiweißes. Daher sind auch Immunisierungen mit Trypsin wirksam zur Verhütung der Läppchennekrose, wie sie in den v. BERGMANN-GULEKEschen[2]) Versuchen wirksam waren gegen fremdes, in die Bauchhöhle verpflanztes Pankreas. Durch HAGEMANN[3]) ließ ich beim E. F.-Hund den antitryptischen Titer prüfen und er konnte bei toxischen Zuständen eine deutliche Verminderung bis Schwund desselben feststellen. Auch veranlaßt die Trypsineinspritzung in die Vena portae eines normalen Hundes fast keine Änderung des antitryptischen Titers, während dieselbe Dosis in die Vena jugularis eingebracht zunächst eine erhebliche Senkung desselben hervorruft, dann aber eine Steigerung. Es hat also bei Einbringung des Trypsins direkt in die Leber eine Zerstörung des Trypsins stattgefunden, woraus sich wieder die normale Funktion der Leber als ein fermentwidriges Organ ergibt.

---

[1]) JACOBI, M.: Hoppe-Seylers Zeitschr. f. physiol. Chem. 30. 1900.
[2]) v. BERGMANN, G. und GULEKE, N.: l. c. S. 173, Nr. 2.
[3]) HAGEMANN: l. c. S. 91, Nr. 1.

Die sog. Spätwirkung des Chloroforms findet genau dieselbe Erklärung, denn wir wissen, daß die fermentativen Umsetzungen in weitem Umfange von Chloroform unbeeinflußbar sind, weshalb ja Studien über Fermentwirkung so häufig unter Chloroform gemacht werden, welches bakterielle Einflüsse fern hält ohne die fermentativen Wirkungen allzusehr zu beeinträchtigen. Vitale Vorgänge (Bakterien, Gewebe) leiden aber unter der Chloroformwirkung. Sind sie aber nun schon durch andere Schädigungen des Organes herabgesetzt (E. F.; Pankreasfettgewebsnekrose), so ist es möglich, daß eine hinzutretende Chloroformwirkung den Ausschlag für eine völlige Ausschaltung der Widerstandsfähigkeit der vitalen Eigenschaften eines Organes abgibt. Ebensogut kann dies aber jede andere die Leber mehr oder weniger stark treffende Schädlichkeit tun, wie man aus den Pilzvergiftungen, temporärer Blutabsperrung, schweren Abdominalerkrankungen (menschliche Fälle vgl. v. BRACKELS[1]) Zusammenfassung), Pankreasnekrose, P-Wirkung u. a. kennen gelernt hat.

Das relativ seltene Vorkommen der sog. Chloroformspätwirkung beruht darauf, daß die dazu nötige sonstige starke Schädigung der Leber nicht so leicht erreicht wird. Im Experiment bedarf es ja auch wiederholter langer Chloroformwirkung bis man dazu gelangt, wie alle einschlägigen Versuche dartun. Wir sahen ja, daß wir nur mit einer mehr oder weniger spezifischen Schädigung der Leber ihren normalen Widerstand gegen die tryptischen Einflüsse brechen konnten, daß dann allerdings rettungslos die Nekrotisierung einsetzt und den Tod der Tiere veranlaßt. v. BRACKEL hat auch die Konsequenz daraus für die Verhütung der Narkosenspätwirkung gezogen und verabfolgt den Patienten eine reichliche Kohlenhydratnahrung bis zum Tage vor der Operation. Er ist der Ansicht, daß die Leberzellen sich „nicht in einem Zustande physiologischer Ermüdung, d. h. in einem Zustande reduzierten oder vollkommen aufgehobenen Glykogengehaltes befinden" dürfen, wenn die Chloroformwirkung an sie herantritt. Diese Anschauung deckt sich mit meinen experimentell gewonnenen Erfahrungen und man kann noch einen Schritt weitergehen, wenn man sich daran erinnert, daß der Glykogengehalt der Leber E. F.-Tiere dem von Tieren im Inanitionszustande gleicht (DE FILIPPI)[2]). Mit alledem findet die bis jetzt so rätselhafte Chloroformspätwirkung ihre Aufklärung.

Hier berührt sich die experimentelle Forschung ganz unmittelbar mit der klinischen Beobachtung und wir werden sehen, daß diese Ver-

---

[1]) v. BRACKEL, A.: Die akute gelbe Leberatrophie im Anschluß an die überstandene Chloroformnarkose. Volkmanns Sammlung klin. Vorträge Nr. 674, S. 39. 1913.

[2]) DE FILIPPI: l. c. S. 57, Nr. 1.

hältnisse in der klinischen Pathologie eine Rolle spielen. Man denke
nur an die akute gelbe Leberatrophie, bei der nach einem anscheinend
harmlosen Vorstadium, einem sog. „katarrhalischen Icterus", (der sich
bis jetzt wenigstens in nichts von den wirklich harmlosen Icterusarten
unterscheiden läßt, in dem sich aber wahrscheinlich die notwendige
intensive Schädigung der Leber entwickelt), plötzlich — katastrophal
genau wie bei den Eck-Hunden mit Pankreasläsion — eine völlige
Verdauung des Organes eintritt mit Ausscheidung bekannter Eiweißspaltprodukte, wie des Leucins, des Tyrosins, die man ja auch unter
Trypsinverdauung extra corpus aus Eiweiß entstehen sieht. Und um
die Parallele vollkommen zu machen, so werden durch die unvollkommen abgebauten Spaltungsprodukte des Eiweißes die cerebralen
Reizwirkungen, die schweren manischen Zustände, welche die akute
gelbe Leberatrophie charakterisieren, sowie die komatösen Erscheinungen
ausgelöst. Man darf dies jetzt, nach dem, was ich bei der „glykopriven
Intoxikation" zu entwickeln versuchte, unbedenklich annehmen. Ich
glaube nicht fehl zu gehen, wenn ich die Gruppe der Krankheitsbilder
der zentralen Läppchennekrose, der akuten gelben Leberatrophie und
der Intoxikationserscheinungen nach Unterdrückung bzw. erschöpfen-
der Überlastung der funktionellen Lebertätigkeit infolge der Zuckerberaubung des Organismus, und ich darf heute wohl auch sagen der
toxischen Insulinwirkung, zusammenfasse und sie der „Fleischintoxikation" prinzipiell entgegenstelle.

Man wird unschwer im klinischen Bilde und auch in den gemeinsamen Zügen des Obduktionsbefundes der drei erstgenannten Krankheitsbilder eine Zusammengehörigkeit erkennen, obwohl im einzelnen
einige Verschiedenheiten bestehen, die wohl aber nur quantitativer Natur
sind und sich auch in der verschiedenen Zeit, welche die einzelnen
Prozesse zu ihrer Entwicklung brauchen, erklären dürften, was namentlich von der Insulinwirkung zu gelten hätte. Das Hauptsymptom aber,
der abnorme Umsatz intermediärer Eiweißschlacken, dürfte ihnen gemeinsam sein, mag er durch eine Verdauung von Lebereiweiß bedingt
sein, oder durch die Zufuhr von N-haltigen Substanzen, die unter
normalen Wirkungsverhältnissen der Leber richtig zu Ende verarbeitet werden.

Ich bin mir bewußt, in dieser Erklärung mich noch im wesentlichen
in Hypothesen zu bewegen, aber in solchen, die überaus wahrscheinlich
sind und z. T. schon experimentelle Begründung erfahren haben, zum
mindesten aber zur Förderung der Gesamtauffassung der Lebertätigkeit ausgesprochen werden können. Ich darf dabei darauf hinweisen,
daß HOPPE-SEYLER[1]) die Parallelität der Einwirkung von Ferment-

---

[1]) HOPPE-SEYLER, G.: Die Krankheiten der Leber. II. Anfl. S. 342ff. 1912.
Wien und Leipzig: Alfred Hölder.

wirkungen des Pankreassekretes mit den Erscheinungen der akuten gelben Leberatrophie ebenfalls ausführlich betont, so daß ich mit meiner Auffassung durchaus nicht allein stehe.

Die Auffassung der im Icterusstadium erfolgenden Schädigung der Leber und damit ihrer Vorbereitung zur Überwältigung durch die fermentativen Einflüsse, wird aber noch gestützt durch die klinische Beobachtung, daß nicht selten an sich geschädigte Lebern (durch Schwangerschaft, Cirrhose usw.) besonders zur akuten gelben Leberatrophie disponiert sind, und daß man diese schon erfolgte Schädigung jetzt als Grund der Disposition ansehen darf. Die vorliegenden ganz unabhängig von jeder Theorie gemachten Beobachtungen fügen sich also wie von selbst der von mir entwickelten Auffassung ein. Auch HOPPE-SEYLER[1]) legt der Pankreasnekrose besondere Bedeutung für das Auftreten von Leberparenchymdegenerationen bei. Er führt dabei einen von RUDOLPH[2]) näher beobachteten Fall an. Es sind noch mehrere einschlägige klinische Beobachtungen mitgeteilt, die bei HOPPE-SEYLER angeführt werden.

Eine so rapide Einschmelzung von Organen, wie sie beim Pankreas und der Leber zu beobachten ist, tritt sonst in der Pathologie — wenigstens bei Ausschluß von Bakterienwirkung — nirgends ein. Man weiß im Gegenteil wie lange sonst nekrotische Teile im Körper verweilen und erst viel später aufgelöst werden.

Diese von mir seit Jahren auf Grund meiner experimentellen Ergebnisse vertretenen Ansichten scheinen jetzt zu allgemeinerer Anerkennung zu gelangen. Ich darf dafür vor allem auf die in jüngster Zeit von G. HERXHEIMER[3]) in mustergültiger Weise erfolgte Zusammenfassung „Über akute gelbe Leberatrophie und verwandte Veränderungen" hinweisen, in der sich auch die sehr umfangreiche Literatur über diesen Gegenstand findet. In besonders überzeugender Weise entwickelt HERXHEIMER die Verwandtschaft der sog. „akuten gelben Leberatrophie", mit der Phosphor-Chloroform- und Knollenblätterschwammvergiftung und setzt die dabei beobachteten Veränderungen am Leberparenchym in Parallele zu der Feststellung von kleineren und größeren Nekrosen in der Leber bei den verschiedensten Infektionskrankheiten und sonstigen bakteriellen Infektionen, so Diphtherie, Typhus, Masern, Peritonitis, Bronchopneumonie usw. Daraus ergibt sich ihm, daß es „komplexe zusammentreffende Faktoren sind, die erst die akute gelbe Leberatrophie bewirken". Vor allem erkennt HERXHEIMER auch die Rolle der fermentativen Vorgänge in der Leber an und schreibt: „Bei diesen Um-

---

[1]) HOPPE-SEYLER-QUINCKE: Krankheiten der Leber. II. Aufl. S. 370. 1912.

[2]) RUDOLPH: cit. nach HOPPE-SEYLER-QUINCKE. S. 370.

[3]) HERXHEIMER, G.: Über „akute gelbe Leberatrophie" und verwandte Veränderungen. Zieglers Beitr. **72**, 56 u. 349. 1923.

setzungen (des intermediären Stoffwechsels nämlich) spielen zahlreiche Fermente die ausschlaggebende Rolle, und sie wenden sich nun bei hochgradigeren Schädigungen der Leberzellen (von mir gesperrt!) gegen diese selbst. Sie spielen sich gewissermaßen nicht mehr in den Leberzellen, sondern an ihnen ab; diese werden schließlich schon im lebenden Organe autolysiert." Gerade auf diesen Punkt kommt und kam es mir ja aber immer bei meinen Darlegungen an. Erst muß auf irgend eine Art und Weise die Leber in ihrer Widerstandsfähigkeit stark herabgesetzt sein, sei es durch bakterielle Toxine, Gifte (Amanita phalloides) Phosphor, Hydrazinsulfat, Chloroform, E. F. und ein Heer von anderen, dann kann der Punkt eintreten, daß das antifermentative Vermögen der Leber so stark geschwächt ist, daß die Selbstverdauung des Organes eintritt, die sich dann unter dem Bilde der sog. „akuten gelben Leberatrophie" vollzieht. Damit ergibt sich von selbst auch die Möglichkeit aller Arten von Abstufungen, Ausheilungsmöglichkeiten, cirrhotischen Erscheinungen.

Auch bei der Pankreasfettgewebsnekrose sieht man die Selbstverdauung erst eintreten, wenn das Organ sonstwie irgend eine Schädigung erfahren hat, sei sie chemischer, sei sie mechanischer Natur, wie man dies so oft bei Gewalteinwirkung auf die Oberbauchgegend kennt und wie dies in bezug auf die Leber experimentell besonders genau von mir[1]) und Cutler festgestellt wurde. Auch kennt man den rapiden Verlauf der Pankreasfettgewebsnekrose, und ihr klinisches Bild stellt einen bemerkenswerten Analogiefall zum Bilde der zentralen Läppchennekrose dar. Dieselbe Rapidität im Schwunde des Organes tritt uns hier entgegen, dieselbe Geschwindigkeit im Auftreten der schweren toxischen Symptome, dieselbe Unabwendbarkeit des infausten Ausganges, wenn es nicht gelingt, früh genug operativ die Zerfallsprodukte nach außen abzuleiten, was bei der Leber leider noch nicht möglich ist.

In alledem sehe ich weitgehende Garantien für das Zurechtbestehen der vorgebrachten Ansichten und man sieht also unter pathologischen Einflüssen ein Manifestwerden der tatsächlich bestehenden engen Beziehungen der Leber mit dem Fermentstoffwechsel. In einigen Fällen ist mir[2]) aber auch noch der direkte Beweis für Fermentwirkungen geglückt. Es findet sich nämlich in den nekrotischen Zellen teilweise Fettsäure bzw. fettsaurer Kalk in Form feinster Granulationen in zahlreichen Zellen des nekrotischen Bezirkes. Ich konnte sie mit meiner Fettsäurefärbemethode nachweisen. Das Auftreten von direkten Fettspaltprodukten in der Leber ist mir nur in diesen Fällen und bei der glykopriven Intoxikation vorgekommen, welch letzteren Befund ich schon erwähnt habe (s. S. 159). Dort ist

---

[1]) Fischler, F. und Cutler, E. C.: l. c. S. 175, Nr. 2.
[2]) Fischler, F.: l. c. S. 170, Nr. 1.

allerdings die Färbung eine mehr diffuse, dem Zellfett selbst angehörige, gewesen, entsprechend der stärkeren Verfettung dieser Zellen und war auch nicht haltbar, wofür ich eine Erklärung am ehesten in einer Lösung von freier Fettsäure im Neutralfett der Zellen vermute, hier aber fand ich eine Anordnung des fettsauren Kalkes in den nekrotischen Zellen genau so, wie ich sie am Infarktrande der Niere beschrieben habe[1].

Das Vorhandensein von Fettsäure in den nekrotischen Leberzellen zeigt deutlich die Einwirkung des Fermentes, der Lipase, die ja mit Trypsin stets zusammenwirkt. Hierin sehe ich in einigen dieser Fälle den direkten Beweis von fermentativen Wirkungen. Nicht bei allen Tieren waren diese Zelleinschlüsse vorhanden, nur bei solchen, die einen nicht ganz rapiden Verlauf der Erkrankung durchgemacht hatten. Wichtig ist, daß nur in abgestorbenen Zellen, wie man das aus dem Fehlen der Kerne oder aus bestehenden schweren Kerndegenerationen schließen kann, diese Veränderungen zu finden sind, also bei solchen, die äußeren Einflüssen wehrlos ausgesetzt sind. Es ist somit kaum zweifelhaft, daß man auch in der normalen Leber mit sehr erheblichen fermentativen Einflüssen zu rechnen hat.

Diese durch eine so gewichtige Reihe pathologischer Vorgänge manifest gewordenen Einflüsse fermentativer Natur bringen die mögliche Lösung für ein Verständnis so außerordentlich mannigfaltiger Umsetzungen, die wir von der Leberzelle bisher kennen gelernt haben. Man wird nicht fehl gehen, bei Inbetrachtziehung der hierfür zu fordernden Chemismen fermentativen Einflüssen die größte Rolle zuschreiben zu müssen. Und nun finden wir Tatsachen, die wie die eben mitgeteilten, uns eine unter Umständen infauste Wirkung von fermentativem Charakter in der Leber ad oculos demonstrieren!

Sicher darf man dann solchen fermentativen Einflüssen auch sonst eine maßgebende Rolle bei den Umsetzungen des Organes zumessen. Sich über die Art dieser Fermente eine konkrete Vorstellung machen zu können, ist noch nicht möglich. Bei komplizierender Fettgewebsnekrose ist damit zu rechnen, daß auf dem Lymphwege die frei gewordenen Pankreasfermente in die Leber gelangen. Wie weit überhaupt nicht auch die im Darmkanal vorhandenen Fermente resorbiert werden und mit dem Blute in die Leber gelangen, ist eine noch offene Frage, die ich hier nur anschneiden will. Werden ja doch auch tryptische und peptische Fermente mit dem Urin ausgeschieden! Nicht zu vergessen sind autolytische Fermente, die z. B. in den Untersuchungen M. Jacobis[2] als wirksam angenommen werden müssen, aber auch in den Fällen der akuten Leberdegeneration eine Rolle spielen könnten.

---

[1] Fischler, F.: l. c. S. 88, Nr. 2.
[2] Jacobi, M.: l. c. S. 176, Nr. 1.

Eine genauere Umschreibung dieser Verhältnisse ist zur Zeit noch nicht zu geben. Aber sicher bestehen fermentative Wirkungen, und die antifermentativen Einflüsse lassen sich durch Trypsinimmunisierung steigern, was wohl den unmittelbarsten Fingerzeig in dieser Richtung gibt.

Ich kann aber noch über Experimente berichten, die eine ganz unerwartete und eventuell recht furchtbringende Bestätigung der bisher aus den vorgebrachten Experimenten abgeleiteten Ansichten brachten.

Diese Untersuchungen, welche DENECKE[1]) auf meine Veranlassung übernahm, wurden aus einem ganz anderen Gesichtspunkt angestellt, da mit ihnen eine Aufklärung der funktionellen Beanspruchung der Leber gegenüber stärkerem, plötzlichem inneren Eiweißzerfall erstrebt worden war. Ich dachte diesen Eiweißzerfall mittels des anaphylaktischen Schocks hervorzurufen und konnte erwarten, daß die Leber nach den bis dahin vorliegenden Erfahrungen unter den Verhältnissen der E. F. sich anders verhalten würde, als eine normale Leber.

Sensibilisiert man Hunde nach der Anlegung der E. F. intravenös mit Eiereiweiß und reinjiziert nach drei Wochen in üblicher Weise, so bekommen diese Tiere überhaupt keinen Schock.

Wir haben dasselbe Resultat an elf Tieren erhalten, so daß man unmöglich annehmen kann, daß alle Tiere refraktär gewesen wären.

Stets ist die Temperatur und Leukocytenzahl vor und nach der Reinjektion und das ganze klinische Bild genauestens registriert und der Blutdruck in zwei Fällen in der Karotis gemessen worden und nie haben wir etwas finden können, was die Diagnose „anaphylaktischer Schock" gerechtfertigt hätte.

Waren die Tiere aber vor der Operation sensibilisiert worden und wurde bei ihnen in der Zwischenzeit die Ecksche Fistel angelegt, so bekamen sie bei der Reinjektion einen Schock, wenn auch keinen ausgeprägten. Doch waren Leucocytensturz und Temperaturabfall vorhanden.

Unmittelbar geht aus diesem eigentümlichen Ausfall der Versuche hervor, daß die Leber etwas mit der Sensibilisierung zu tun hat.

Der Hauptbeweis für diese Ansicht wurde uns aber durch Versuche am Hunde mit umgekehrter Eckscher Fistel klar.

Wurde die Sensibilisierung von einer Vene des Hinterbeines bei einem Tiere mit u. E. F. unternommen, also quasi das Antigen direkt in die Leber injiziert und die Reinjektion von derselben Stelle aus nach drei Wochen ausgeführt, so bekamen die Tiere regelmäßig einen schweren Schock, die schwersten, welche wir überhaupt sahen, mit Temperatur-

---

[1]) DENECKE, G.: Über die Bedeutung der Leber für die anaphylaktische Reaktion beim Hunde. I.-D. Heidelberg 1914. Zeitschr. f. Immunitätsforsch. u. exp. Therapie, Orig. **20.** 1914.

und Leukocytensturz, relativer Lymphocytose, Enteritis anaphylactica und klinischem Schockbild. Koma und Tod haben wir nie eintreten sehen. War der Hund mit u. E. F. vom Vorderbein aus sensibilisiert, also so, daß das Antigen nicht unmittelbar in die Leber gelangen konnte, so schien der Schock bei der Reinjektion weniger schwer, wenn auch noch deutlich ausgeprägt.

Eine so bestimmte Beeinflussung der Sensibilisierung durch die Leber muß mit einer besonderen Funktion dieses Organes zusammenhängen. Wie man die Sensibilisierung auch auffassen möge, rein als fermentativen Prozeß oder als eine Verankerung des Eiweißes usw., ohne eine Umprägung des Antigens wird sie nicht vor sich gehen können. Sie überträgt sich bei der Reinjektion dann plötzlich auf die einströmende neue Eiweißmenge und bewirkt ihren Abbau. Eine Veränderung des Eiweißes zu niedereren Molekularprodukten kann ohne fermentative Hilfe nach unseren sonstigen Kenntnissen über die Spaltungen im Tierkörper nicht zustande kommen. Die Erwerbung solcher Eigenschaften sehen wir nun an ein möglichst direktes Eindringen des Antigens in die Leber gebunden. Der Sitz solcher Fähigkeiten ist also für Hühnereiweiß beim Hunde wenigstens in der Leber zu suchen.

Hiermit ist für die Leber eine ganz neue Funktion aufgedeckt, die sich unmittelbar an die oben entwickelten Ansichten über fermentative Fähigkeiten des Lebergewebes anschließt.

Wir sind aber nicht allein in der Konstatierung solcher Tatsachen, wenn sie auch von uns zum ersten Male unter möglichst reinen pathologisch-physiologischen Bedingungen ausgeführt wurden. MANWARING[1] hat schon vor uns durch eine kühne äußere Blutumleitung mittels Röhrensystemen die Leber seiner Versuchstiere aus dem Kreislaufe ausgeschaltet und je nach Öffnung oder Verschluß der Gefäße, d. h. bei Einschaltung der Leber, den Schock auslösen können, bei Absperrung der Leber aber nicht. MANWARING hat aber nur die Bedeutung der Leber für die Reinjektion feststellen können. Die Wichtigkeit der Leber für die Sensibilisierung hat er nur theoretisch erschlossen, aber nicht experimentell erwiesen, wie es uns direkt gelang. Aber seine Versuche sind eine weitere Stütze für unsere Anschauungen.

Später berichteten PICK und HASIMOTO[2], daß man bei sensibilisierten Tieren eine viel erheblichere intravitale und postmortale Leberautolyse feststellen kann, als bei normalen Tieren, und daß es Lebereiweiß ist,

---

[1] MANWARING, W. H.: Zeitschr. f. Immunitätsforsch. u. exp. Therapie, Orig. 8, 1. 1910.

[2] PICK, E. P. und HASIMOTO, M.: Über den intravitalen Abbau in der Leber sensibilisierter Tiere und seine Beeinflussung durch die Milz. Arch. f. exp. Pathol. u. Pharmakol. 76, 1914. — Dieselben: s. S. 144, Nr. 3.

das abgebaut wird. Nach Auslösung des Schocks hört die Autolyse aber fast gänzlich auf. Besonders interessant ist noch die Tatsache, daß der Eiweißabbau in der Leber aufhört, wenn die Milz exstirpiert wird. Es ist sehr schwierig, für diese Beobachtung eine Erklärung zu geben. Jedenfalls wird damit aber eine weitere innige Beziehung der Milz zur Leber erwiesen, also die Kenntnis über die Organkorrelationen dieser beiden Organe erweitert. Vermutlich hängt die Fähigkeit der Leber als Ort der Sensibilisierung zu wirken mit ihrer Eigenschaft der Fixierung von Eiweiß zusammen, die ich ja auch schon bei der Diskussion über den Wert der hämoklastischen Krise nach WIDAL (s. S. 143ff.) ausführlicher erörtert habe und für die wir im Kapitel Leber und Gallenbildung noch ein vermutliches weiteres Beispiel kennen lernen werden.

Die Untersuchungen von PICK und HASIMOTO sind dann von v. FENYVESSY und J. FREUND[1]) erweitert worden. Diese Autoren konnten zeigen, daß auch die passive Anaphylaxie auf die Mitwirkung der Leber angewiesen ist. Denn auch nach der Auslösung der passiven Anaphylaxie läßt sich ein bedeutend höherer Reststickstoffgehalt in der Leber feststellen, als in anderen Organen. Dagegen kommt die Überempfindlichkeit auch nach Entfernung der Milz zustande. Damit wird gezeigt, daß die Sensibilisierung in der Leber stattfinden muß, ein Befund, der im Zusammenhalt mit den übrigen die große Wichtigkeit der Leber für die Entwicklung von Schutzstoffen dartut. Allerdings ist mit allen diesen Befunden nicht gesagt, daß die Leber allein dafür in Betracht kommt, doch geht mindestens aus ihnen hervor, daß sie eine sehr wichtige Rolle bei den parenteral bedingten Eiweißreaktionen spielt.

Es wäre verlockend, auf Grund solcher Befunde sowohl theoretische, wie praktische Möglichkeiten für die Beziehungen Eiweiß-Antieiweiß zu erörtern, die ja noch weit von einer endgültigen Klärung entfernt sind, weil sich vielleicht durch eine direkte Leberpassage eine Verstärkung der Antigenbildung bewirken ließe, die auch therapeutische Konsequenzen haben könnte. Dies sei aber nur angedeutet.

Noch aber muß ich einer weiteren Beobachtung gedenken, die besondere Beziehungen der Leber zum Fermentstoffwechsel dartut. Wir haben schon gehört, daß M. JACOBI[2]) eine vermehrte Autolyse der Leber bei phosphorvergifteten Tieren beobachtete. Man muß aus diesen Experimenten den Schluß ziehen, daß sie unter der Einwirkung von Schädlichkeiten eine verminderte Resistenz gegen die autolytischen Vorgänge hat. Neuerdings erfuhren diese Beobachtungen durch RONA,

---

[1]) v. FENYVESSY, B. und FREUND, J.: Über intravitale Leberautolyse passiv anaphylaktischer Meerschweinchen. Biochem. Zeitschr. 96, 223. 1919.

[2]) JACOBI, M.: l. c. S. 176, Nr. 1.

Mislowitzer und Seidenberg[1]) eine Erweiterung, die feststellten, daß die p_H-Zahl in Lebern phosphorvergifteter Tiere erhöht ist, wodurch die Leberfermente günstigere Wirkungsbedingungen finden. Hält man durch geeignete Pufferlösungen die H-Ionenkonzentration auf einem normalen Grade, so „ist in dem Ausmaß der Eiweißspaltung in den Phosphorlebern gegenüber der normalen Leber kein Unterschied". Dagegen ist der Grad der Eiweißspaltung in autolytischen Phosphorlebern tiefer, als bei normalen. Man könnte aber gegen die Übertragung dieser Erfahrungen auf die Verhältnisse am Lebenden einwenden, daß sie eben nur für die postmortalen Zustände Geltung haben. Dem ist aber nicht so, da ich selbst[2]) eine weitere derartige Beobachtung machen konnte, die sehr geeignet ist, das zu bestätigen, worauf die postmortale Autolyse schon hinwies. Die Galle von Gallenfisteltieren enthält unter normalen Bedingungen nie tryptische Fermente. Bei schweren Graden von Phosphorvergiftung konnte ich aber wiederholt bemerken, daß dann ein tryptisches Ferment in der Galle auftritt. Das zeigt sich direkt an der Fistel, deren Ränder dann angedaut werden, wobei es zu Einschmelzungen von Hautbrücken kommen kann. Die Haut sieht dabei überdies etwas gerötet, wie ekzematös aus (Ekzem im Stadium madidans), während sie vorher ganz normal war. Endlich kann man das Ferment aber auch ganz direkt in der meist sehr spärlich gefärbten Galle durch Verdauenlassen von Fibrin nachweisen, was sonst nie von der Galle geleistet wird. Bakterielle Einflüsse verhindert man am besten durch reichlichen Zusatz von Glycerin. Es wird zu gleichen Teilen mit der Galle gut gemischt und das Gemisch abzentrifugiert. Die klare Flüssigkeit wird in ein steriles Glas abgegossen und dann das in Glycerin aufbewahrt gewesene Fibrin zugesetzt und das Ganze bebrütet. Diese einfache Methode gestattet eine sehr deutliche Feststellung der Verdauung des Fibrins unter diesen Umständen. In einigen Fällen war die Fibrinflocke schon in 4—5 Stunden völlig gelöst, andere gebrauchten bis 24 Stunden. Die Schwierigkeit der Versuche liegt darin, daß man mit der Phosphordosis ganz nahe an die letale Grenze gehen muß; gibt man zu wenig Phosphor, so treten die Fermente nicht auf, gibt man zu viel, so ist das Tier gefährdet. Sehr interessant und in gewissem Grade als Maßstab verwertbar ist die Veränderung der Galle, die unter diesen Verhältnissen ihren Farbstoff ganz oder fast ganz einbüßt, die sog. „weiße" Galle.

Man begegnet aber nach allen diesen Feststellungen einem deutlichen Vorhandensein von Fermentwirkungen in der Le-

---

1) Rona, P., Mislowitzer, E. und Seidenberg, S.: Untersuchungen über Autolyse III. Über Autolyse der Phosphorleber. Biochem. Zeitschr. 146, 26. 1924.
2) Fischler, F.: Das Urobilin, s. S. 3, Nr. 1.

ber stets nur bei gleichzeitigen starken pathologischen Einwirkungen auf das Organ selbst.

Überblickt man die mitgeteilten Tatsachen über die Beziehungen der Leber zu Fermentwirkungen, so sind sie eindeutig und der Nachweis besonders ausgeprägter fermentativer Umsetzungen unter Regelung durch die Lebertätigkeit ist unzweifelhaft. Versagt die Lebertätigkeit durch eine mehr oder weniger spezifische hochgradige Schädigung des Organes, so wird es von den in ihm angehäuften Fermenten unter Umständen selbst zersetzt. Auch die Entwicklung von Zersetzungen parenteral zugeführten Eiweißes ist mindestens für einige Fälle (Eiereiweiß DENECKE, Pferdeserum MANWARING) an die Lebertätigkeit geknüpft.

Die Leber ist also ein Zentralort für fermentative Umsetzungen.

Es war daher nicht zuviel gesagt, wie ich dies bei der Zusammenfassung über die Ergebnisse der Beziehungen der Leber zu den Resorptions- und Endumsetzungen des Eiweißes hervorhob, daß mit diesem nachgewiesenen Zusammenhang jede Frage des Eiweißumsatzes auch eine Frage der Funktionstätigkeit der Leber sei. Die Betrachtungen über den möglichen Mechanismus, welcher so umfassende Tätigkeiten der Leber zuläßt, dürften durch die nachgewiesenen fermentativen Fähigkeiten der Leber den Anfang einer Klärung erfahren haben.

Unter diesen Umständen erscheint es nicht überflüssig, sich überhaupt einmal zu fragen, wie die Eiweißzersetzungen zustande kommen, da auch heute noch eine genauere Erklärung dieser anscheinend außerordentlich großen Fähigkeit des Körpers den allergrößten Schwierigkeiten begegnet.

Die Eiweißzersetzung ist in besonders augenfälliger Weise an die Resorption gebunden, steigt und sinkt mit der Größe der N-Aufnahme der Nahrung, zeigt also ein deutliches zeitliches Abhängigkeitsverhältnis davon. Sie wird sehr gering im Hunger, bleibt bekanntlich dabei eine Zeitlang auf einem annähernd gleichen Niveau bestehen, um erst gegen Ende der Ertragbarkeit des Hungers stark anzusteigen.

Bei Ruhe und bei Arbeit kann die N-Ausscheidung ungefähr gleichbleiben, wenn genügend N-freies Ernährungsmaterial zur Verfügung steht, wovon die Bestreitung der nötigen Energiemengen geleistet werden kann.

Es geht aus diesen Feststellungen hervor, daß die N-Ausscheidung, welche mit der Eiweißzersetzung im Körper praktisch gleichgesetzt werden kann, eine Größe mit besonderen Gesetzen ist, die, was zu betonen wichtig ist, in überwiegendem Maße unabhängig von einer äußeren Anregung der Zersetzungsvorgänge (Arbeit) verlaufen kann. Von einer gewissen Größe ab, die man unter gegebenen Verhältnissen als das nötige Eiweißminimum ansehen muß, wächst sie mit der Zufuhr von Eiweiß durch die Nahrung in direkt proportionalem Verhältnisse — alles unter der Voraussetzung, daß der Körper gesund und erwachsen ist.

Es muß also irgendwo oder überall im Körper ein Mechanismus vorhanden sein, der es ermöglicht, daß diese Zersetzung des Eiweißes rasch und vollkommen vonstatten geht.

Man weiß seit C. v. Voit[1]), daß eine größere Zufuhr von Eiweiß eine Erhöhung des Sauerstoffverbrauches hervorruft, während z. B. eine Zufuhr von Fett dies nicht in demselben Maße veranlaßt. Der Körper reagiert also in anderer Weise auf Fettzufuhr wie auf Eiweiß, dieses wird stets zersetzt, jenes bei Nichtgebrauch abgelagert. Dem Eiweiß kommt also gegenüber den Zersetzungsvorgängen im Körper eine Sonderstellung zu, da sich Kohlenhydrate ähnlich wie Fett verhalten. Im Anfange dachte man ja, daß die Sauerstoffzufuhr die Ursache der eintretenden Zersetzungen im Körper wäre. Auf die Unrichtigkeit dieser Annahme wiesen gerade solche Beobachtungen der Differenz des Verhaltens von Fett und Eiweiß hin.

Nun tauchte die Vorstellung der Luxuskonsumption auf, die von C. G. Lehmann, Bidder und Schmitt, Frerichs, Liebig[2]) entwickelt wurde. C. v. Voit hat aber auch das, was an ihr unrichtig war, daß nämlich der bei der Arbeit zerfallende Teil von Muskeleiweiß durch das Nahrungseiweiß wieder ersetzt werden müsse, alles andere aber zerfiele bzw. verbrannt würde, zurückgewiesen, weil Muskelarbeit die N-Zersetzung unter gewissen Bedingungen gar nicht zu steigern braucht. Aber die beobachtete Tatsache als solche, daß der Teil Eiweiß, welcher nicht irgendwie im Körper verbraucht oder retiniert wird — letzteres geschieht nur unter besonderen Verhältnissen —, eben in den N-Ausscheidungen wieder erscheint, also in anscheinend überflüssiger, d. h. luxuriöser Weise zerstört wird, diese Tatsache der sogenannten Luxuskonsumption ist damit noch nicht aus der Welt geschafft.

Wo und wie soll nun diese eigentümliche Zerstörung von Eiweiß vor sich gehen? Da mangeln klare Vorstellungen in dem sonst so gut durchgearbeiteten Gebiete der Ernährungsphysiologie. Das Eiweiß kann offenbar überall im Körper zersetzt werden. Es ist mir aber unverständlich, wie die Zellen eine so verschiedene Belastung einfach nach dem Angebot von Eiweiß aushalten sollen, und es erinnert diese Vorstellung ganz bedenklich an die Theorie der Steigerung der Zersetzungen durch ein Überangebot von Sauerstoff, die sich ja als gänz-

---

[1]) v. Voit, C.: Physiologie des allgemeinen Stoffwechsels und der Ernährung. Leipzig 1891. Hermanns Handb. d. Physiol. Bd. VI.

[2]) Lehmann, C. G.: Bidder und Schmitt, Frerichs, Liebig: s. C. v. Voit: l. c. Ebenda S. 216.

lich unrichtig herausgestellt hat. Ich kann mir schwer vorstellen, daß jeder Zelle in jedem Augenblick die Aufgabe der Allüberallzerstörbarkeit des Eiweißes zugemutet werden könnte.

RUBNER[1]) stellt sich den Stoffersatz in der Weise vor, daß durch die Zelltätigkeit selbst eine Störung ihres molekularen Gleichgewichtszustandes hervorgerufen werde, der sich durch Aufnahme der Stoffe von außen wieder ausgleichen läßt, was eigentlich nur eine Verlegung der Begriffe Hunger und Sättigung in die Zelle selbst ist. Aber es wird hier der Zellzustand für das Wesentliche einer solchen Ergänzung verantwortlich gemacht, eine Vorstellung, die man ohne Zögern annehmen kann. Das heißt aber mit klaren Worten nichts anderes, als daß nicht das Maß des Angebotes von Eiweiß für seine Zersetzung ausschlaggebend sein kann, sondern nur der Zellzustand. Unmöglich können also die Zellen gerade dann für eine besondere Zersetzungsfähigkeit für Eiweiß herangezogen werden, wenn es im Übermaß zugeführt wird, also bei Zuständen, die den schwersten Graden der Sättigung entsprechen. Denn gerade bei einem Übermaß von Eiweißzufuhr finden wir die stärkste Zersetzung von Eiweiß.

Nach einer anderen Vorstellung sollen die Zellen Eiweiß allen anderen Nahrungsstoffen vorziehen und daher nicht nur im Hunger, sondern auch bei reichlichem Angebot von Eiweiß, also bei Sättigungszuständen, stets diesen N-Anteil aufnehmen. Warum zersetzen sie ihn aber dann ebenso geschwind wieder? Das bleibt auch bei dieser Vorstellung unklar.

Überdies weiß man, daß man eine Aufnahme von N in der Zelle nicht erzwingen kann. Nach allen Untersuchungen gelingt ein N-Ansatz in der Zelle nur bei Bedürfnis danach, z. B. bei stärkeren Leistungen, die von ihr verlangt werden (Muskelübungen), Wachstum oder zur Regeneration von zugrunde gegangenen Anteilen (N-Ansatz bei der Rekonvaleszenz). Der Eiweißgehalt der Zelle ist offenbar eine sehr stabile Größe, wie sich das sehr leicht aus dem bei sonstigem reichlichen Nahrungsangebot einstellenden N-Gleichgewicht bei geringer N-Zufuhr am einfachsten zeigen läßt. Auch die Begriffe des „labilen" oder „zirkulierenden" Eiweißes und wie sonst dieser Anteil noch genannt wird, hilft hier nicht aus. Aus den mitgeteilten Versuchen über Eiweißstapelung in der Leber (s. S. 112—117) darf man aber ableiten, daß in der Leber eine Anhäufung in irgendeiner Form von N-haltigen Stoffen, ich will nicht sagen Eiweiß, in höherem Maße möglich ist, als in anderen Organen. Das Wo und Wie der so prompten Eiweißzersetzung bleibt aber nach wie vor noch denkbar unklar. Vielleicht hilft da die Betrachtung der speziellen Zersetzungen weiter. In Blut

---

[1]) RUBNER, M.: Handbuch der Ernährungstherapie von E. v. Leyden. Leipzig 1903, I. S. 21 ff.

und Lymphe findet jedenfalls keine von irgend erheblichem Umfange statt. So konnte MORAWITZ[1]) bei Sauerstoffmangel bzw. extremster Asphyxie keine unvollständig oxydierten Produkte des Gewebsstoffwechsels in quantitativ nachweisbaren Mengen ins Blut übertreten sehen und auch im asphyktischen Blut war dies nicht der Fall.

Geht man aber den Zersetzungsvorgängen im Körper im einzelnen nach, so ist ja der Hungerversuch dafür sehr brauchbar. In erster Linie verschwinden die Kohlenhydrate, dann das Fett, dann erst Eiweiß. Aber das Eiweiß der verschiedenen Gewebe wird ganz verschieden angegriffen, in großem Umfange die Muskulatur, dann die Leber, Haut, Knochen usw. in bekannter Reihenfolge. Es besteht also die bekannte Sparpolitik des Körpers für Eiweiß bis zu dem Punkte, wo die anderen Reserven nicht mehr für die Aufrechterhaltung des Minimumumsatzes genügen. Ist das Fett bis zu einem gewissen Grade eingeschmolzen, so tritt nun plötzlich ein starker Anstieg in der N-Ausfuhr ein, aber auch dieser betrifft die einzelnen Gewebe offenbar nicht in gleichem Umfange.

Wovon diese Gesetzmäßigkeiten letzten Endes abhängig sind, das wissen wir auch heute absolut noch nicht.

Jedenfalls sind sie schwer mit der Vorstellung vereinbar, daß alle Zellen eine dauernd gleiche Fähigkeit zur Eiweißzersetzung haben. Denn warum bauen sie da im Hunger nicht sofort gleiche Mengen von Eiweiß ab?

Eine Mitwirkung des Blutes beim Abbau ist unbedingt zuzugeben, denn man sieht bei Organen mit Endarterien, wenn diese verlegt werden, die betroffenen Bezirke lange Zeit ziemlich unverändert bleiben, so z. B. bei der Niere, in der die Infarktgebiete lange Zeit eine sehr deutliche Kernfärbbarkeit bewahren, obwohl die Zellen längst abgestorben sind, ein Fall, der sonst rasch neben anderen Veränderungen zu Kernschwund führt. Richtet man aber das Experiment so ein, daß die Blutzufuhr zu der Niere nur für 2—3 Stunden völlig ausgeschaltet wird, eine Zeit, die für das Absterben der Nierenepithelien genügt, und läßt dann den Blutstrom wieder in die abgesperrt gewesenen Teile einströmen, so sind die Kerne schon wenige Stunden später verschwunden, also die Kernsubstanz ausgeschwemmt und bedeutend schwerere Veränderungen der Nierenepithelien eingetreten. Die autolytischen Fermente der Organe genügen also nicht für wirkliche Abbauerscheinungen, sondern ein tatsächlicher Abtransport bedarf der mechanischen (und auch chemischen?) Mitwirkung des Blutstromes. Freilich ist in diesem Experiment die spezifische Zelltätigkeit wegen des eingetretenen Todes der Zelle ausgeschlossen und daher auf Lebensvorgänge nicht

---

[1]) MORAWITZ, P.: Über den Ort der Verbrennungen im Organismus. Dtsch. Arch. f. klin. Med. **103**, 253. 1911.

direkt übertragbar, aber es beweist immerhin die Wichtigkeit des Blutstromes für die Austauschbedingungen und damit auch die Zersetzungen. Denn leitet man das Experiment durch kürzere temporäre Blutabsperrung so, daß die Zellen nur geschädigt, nicht aber getötet werden, so sind im Protoplasma bei schweren Schädigungen ähnliche Veränderungen zu finden, wie beim Protoplasma der toten Zellen.

Ob nun der Blutstrom (und wohl auch die Lymphströmung) unter den Bedingungen des Hungers verschiedene „Aufträge" hat und woher diese kommen und wie sie vermittelt werden, wie das Nervensystem hier mitspielt und die chemischen Korrelationen der Organe, und wo die letzten „Befehle" für den Transport aller dieser verschiedenen Substanzen ausgegeben werden, wer weiß das?! Eine ungeheuere Kompliziertheit, die wir mehr ahnen, als sie uns vorstellen können, geschweige denn wissen, tritt uns da entgegen.

Wir wissen aber jetzt sicher, daß mindestens der größte Teil der mobilisierten Bestandteile in die Leber geschafft wird. Das kann man daraus sicher erschließen, daß die abnormen Stoffwechselprodukte, die wir im Hunger nachweisen können, die Acetonkörper, in vorwiegendem Maße oder vielleicht überhaupt nur in der Leber gebildet werden, man weiß es ferner aus den beobachteten Fettransporten in die Leber, man weiß es aus der blutzuckererhaltenden Fähigkeit der Leber, die durch die Exstirpation des Organes, oder durch die Unmöglichmachung eines genügenden Ersatzes des Zuckers durch die Lebertätigkeit, infolge experimenteller Verhinderung einer normalen genügenden Leberfunktion durch Portalblutableitung und Zuckerverschleuderung durch die Nieren, mit Sicherheit verhindert werden kann. Die Blutzuckerbildung durch die Leber ist aber ebenfalls im Hunger nicht denkbar, ohne daß dem Organ anderes Körpermaterial, Eiweiß, Fett, zugeführt wird, woraus unmittelbar ebenfalls die Einwanderung dieser Stoffe in die Leber hervorgeht. Diese Stoffe, von denen wir annehmen müssen, daß sie im Gesamtblute kreisen, kommen aber auch in alle übrigen Organe. Keines von diesen scheint aber befähigt, aus ihnen Zucker zu bilden, nur die Leber scheint dazu imstande zu sein. Umsetzungen müssen demgemäß nur oder wenigstens in ganz überwiegendem Maße in der Leber stattfinden, denn es ist undenkbar, daß die innige Blutmischung es gestatten würde, daß besondere Bestandteile des Blutes nur in besondere Organe gelangen, andere aber nicht. Alle Bestandteile sind ganz gleichmäßig im Blute verteilt und gelangen auch ganz gleichmäßig in bezug auf ihre Mischung (nicht Menge) in alle Organe, aber nur in der Leber scheint die Fähigkeit zu ihrer Zersetzung unter Bildung von Dextrose vorhanden zu sein. Das weist mit Bestimmtheit auf eine besondere Stellung der Leber den Zersetzungsvorgängen gegenüber hin. Wenn man nun noch sieht, daß die Harnstoffbildung und wohl auch die Desamidierung unter Abspaltung von NH_3 nur an eine voll funktionstüchtige Leber geknüpft ist, wenn man sieht, daß parenteral zugeführtes Eiweiß in der Leber fixiert und nur dort verändert wird, und daß es zum Abbau dieses spezifischen Eiweißes kommt, wenn neue Portionen eines solchen Eiweißes in die Blutbahn gelangen, wenn man daraus eine fermentative Fähigkeit der Leber ableiten kann, die diesem Organ spezifisch eignet, wenn man weiter sieht, daß die Leber nach ihrer Schädigung fermentativ verflüssigt werden kann unter Entwicklung eines schweren Krankheitsbildes (akute gelbe Leberatrophie, centrale Läppchennekrose der Leber), dann sind so viele Beweise für eine besondere Stellung der Leber gegenüber den Zersetzungsvorgängen im Körper für Eiweiß erbracht, daß man auch den Abbau des N-haltigen Ernährungsmateriales sich nur unter einer ganz speziellen Mitwirkung der Leber wird denken können, namentlich aber dann, wenn es im Überschuß zugeführt wird.

Dagegen läßt sich der Stoffwechsel des Eiweißes mit seinen Gesetzen des Abbaues, wenn überschüssiges Eiweiß vorhanden ist, nicht in der Weise vorstellen, daß es überall in gleicher Weise abgebaut wird, sondern eben nur nach Bedarf.

Zur Aufrechterhaltung dieses richtigen Bedarfes gehört aber, wie ich eben ausführte, eine normale Lebertätigkeit.

Das muß zu dem Schlusse zwingen, daß die Leber eben der Ort der Zersetzung und nötigen Umwertung des Eiweißes überhaupt ist. Ob die Leber der einzige Ort dafür ist, bleibt abzuwarten. Sicher sind aber nicht alle Zellen des Körpers in gleicher Weise zu solchen Umsetzungen befähigt und die besondere Fähigkeit der Leber zu den vielfältigsten Umsetzungen ist eine Lösung für die eingangs dieser Betrachtung über die Zersetzungsvorgänge im Organismus aufgestellte Forderung, daß ein spezieller Mechanismus für die rasche und vollkommene Umsetzung des Eiweißes vorhanden sein muß (s. S. 187). Denn eine richtige Verwertung des Eiweißes im Körper ist deshalb nötig, weil abnorme Eiweißmischungen bzw. auch ihre Vorstufen wohl bis herab zu den Bausteinen, eine große Gefahr für den Körper darstellen. Dafür ist die Fleischintoxikation das gegebene Beispiel. Weiter geht dies aus der ständigen Umsetzung von Eiweiß in der Leber hervor, wenn es im Körper in vermehrter Weise eingeschmolzen wird (Hunger, Fieber, Acidosisbildung). Eine weitere besondere Verknüpfung der Leber mit dem Eiweißstoffwechsel läßt sich noch erschließen durch den Ansatz bei Mast und durch die Erwerbung besonderer, aber ebenfalls

fermentativer Eigenschaften bei parenteraler Zufuhr von Eiweiß, wobei die zerstörenden Fähigkeiten von der Leber erst
erworben werden. Alle diese Punkte veranlassen mich, in
ihr den Ort der Endumwandlung überschüssigen N-Materiales zu sehen und ihr damit in den Eiweißumsetzungen
eine weit zentralere Stellung zuzuweisen, wie ich dies für
den Kohlenhydratstoffwechsel tun konnte. Wir müssen annehmen, daß in ihr der Ort ist, alle sogenannten Eiweißschlacken richtig zu verarbeiten, um den Körper vor Überschwemmung mit derartigem schädlichen Materiale (Abbauintoxikose, Fleischintoxikation) zu schützen und die richtige
Blutzusammensetzung zu wahren. Denn es muß ein Mechanismus im Körper existieren, der ständig in diesem Sinne
tätig ist und stets bereit einzuspringen. Die Annahme, daß
dies eine Eigenschaft sämtlicher Zellen des Körpers ist, begegnet den größten Schwierigkeiten für die Erklärung einer
Reihe von Tatsachen, namentlich der sukzessiven Gewebseinschmelzung im Hunger. Wenn man aber annimmt, daß
ständig ein Mechanismus vorhanden ist, der in Kraft tritt,
sowie ein Übermaß von Angebot von Zell- oder Resorptionsschlacken besteht, so gelingt es, ein Verständnis für solche
Beobachtungen zu gewinnen.

Nun haben wir gesehen, daß nur allein bei Leberstörungen
dieser supponierte Mechanismus versagt und wissen von den
supravitalen Experimenten her und von den Beobachtungen
an Tieren mit E. F. und u. E. F., daß die Leber zugeführte
Eiweißbausteine rasch spaltet. Das zwingt zu der Annahme,
daß die Lebertätigkeit mit Eiweiß-Um- und -Zersetzungen
dauernd in Verbindung stehen muß, und daß sie höchstwahrscheinlich der Hauptort für eine solche Tätigkeit ist.

Das, was ich über die spezielle Lokalisation des Eiweißumsatzes
in der Leber sagte, läßt sich aber noch durch die Beobachtungen über
den Gesamtstoffwechsel bei partieller Leberausschaltung ergänzen. Ich
habe schon dieser Versuche gedacht, die ich[1]) im Verein mit E. Grafe
durchführen konnte. Dabei wurde beobachtet, daß die Zuckerverbrennung in einigen Fällen bedeutend rascher verlief, wie bei normalen
Hunden. Im übrigen unterschied sich der Eck-Hund, solange Wohlsein bestand, nicht sicher von Normaltieren. Einen wesentlichen Unterschied fanden wir aber bei den Tieren zur Zeit einer Fleischintoxikation, wo der Eiweißabbau ganz entschieden verzögert war und viele
Stunden länger dauerte, als der normaler Tiere. Der Kohlenhydrat-

---

[1]) Fischler, F. und Grafe, E.: l. c. S. 136, Nr. 1.

abbau verlief aber auch in diesen Zeiten normal oder etwas rascher. Damit ist dargetan, daß die Leber im Eiweißstoffwechsel wohl eine noch ausschlaggebendere Rolle einnimmt, als im Kohlenhydratstoffwechsel, was sich ja mit den sonstigen Experimenten deckt. Verfolgt man den kurvenmäßigen Sauerstoffverbrauch bei unseren Tieren mit Fleischintoxikation, so bildet er während dieser Zeiten späte breite Platten aus, wie aus der Kurventafel ersichtlich ist (s. S. 136). Mit aller wünschenswerten Sicherheit zeigt sich an einem so verschiedenen Verhalten des Gesamtstoffwechsels die Bedeutung der Leber für den Eiweißstoffwechsel. Das „Wie" der Veränderung bleibt noch offen.

Es sind aber noch andere Beweise dafür vorhanden, die uns eine Mehrarbeit der Leber bei forcierten inneren Umsetzungen verdeutlichen. Unter der Phlorrhizinwirkung beim Hunger-Eck-Tier traf ich nicht selten eine starke Vergrößerung der Leber trotz der E. F. Das relative Gewicht der Leber stieg in einigen dieser Fälle auf $1:12 = 8,3\,\%$ gegen $3,3\,\%$ normal. Das ist eine ganz gewaltige Zunahme und ich erkläre sie mir hauptsächlich so, daß der vermehrte Zustrom an Nährmaterial aus den Körpergeweben bei der durch die E. F. gedrosselten Blutversorgung einfach nicht mehr schnell genug weiterverarbeitet werden konnte und so zum Teil liegen blieb und damit eine starke Gewichtszunahme der Leber veranlaßte. Weiter fand PFLÜGER[1]) bei Sandmeyerschem Diabetes trotz großer sonstiger Abzehrung der Tiere, daß das Gehirn, das Herz und die Leber nicht an der allgemeinen Abmagerung beteiligt waren. Auch darf ich nochmals auf die Ansicht MIESCHERS[2]) verweisen, der bei starken inneren Umsetzungen ja ebenfalls die Leber als ihren vornehmlichen Ort und die Stelle der Anhäufung der Spaltprodukte bezeichnet. Neuerdings ist auch E. GRAFE[3]) dieser Ansicht. Er schreibt: „Nach alledem (Zurückweisung anderer Einflüsse) muß man annehmen, daß der größte Teil der Stoffwechselsteigerung doch in den inneren Organen, speziell wohl in der Leber erzeugt wird." Ich bin der Meinung, daß die Summe der von mir zusammengetragenen Experimente und Tatsachen die Hauptrolle der Leber bei den inneren Umsetzungen kaum mehr zweifelhaft erscheinen lassen kann. Selbstverständlich spielen die Umsetzungen in anderen Organen eine gewichtige Rolle mit, das möchte ich betonen, um Mißverständnissen vorzubeugen; wie weit aber und in welcher Art können erst weitere Untersuchungen klären.

Es ist noch nötig, darauf hinzuweisen, daß J. BARCROFT[4]) eine

---

[1]) PFLÜGER, E.: Das Glykogen. Bonn 1905. S. 360.

[2]) MIESCHER: l. c. S. 112, Nr. 3.

[3]) GRAFE, E.: Die pathologische Physiologie des Gesamtstoff- und Kraftwechsels bei der Ernährung des Menschen. München 1923. S. 82.

[4]) BARCROFT, J. und SHORO, L. E.: On gaseous metabolism of the liver. The journal of physiol. 45, 296. 1912.

Steigerung des O-Verbrauches der Leber zu Zeiten der Verdauung um etwa das 10fache des Wertes außerhalb der Verdauung fand. Man darf unbedenklich einen so hohen örtlichen Wert des Sauerstoffverbrauches auf starke Umsetzungen lokaler Art beziehen. Denn da eine Fettumwandlung in nicht sehr erheblichem Maße in Betracht kommt und ferner Kohlenhydrat sicher in der Hauptsache als Glykogen eingelagert und ebenfalls nur in geringen Mengen direkt verbraucht wird, und überdies feststeht, daß weder seine Einlagerung noch seine Rückverwandlung zu Zucker einen O-Verbrauch benötigt, so muß man den nachgewiesenen starken O-Verbrauch während der Verdauung in der Hauptsache mit der Oxydierung der N-Anteile in Zusammenhang bringen.

Mit diesen Erfahrungen stimmt die Tatsache überein, daß der Sauerstoffverbrauch bei Eiweißnahrung ein wesentlich höherer ist, als bei Kohlenhydrat- oder Fettnahrung, und daß jetzt die Lokalisierung des O-Verbrauches auf die Leber gelungen ist. Es ist damit nicht gesagt, daß sie dort allein stattfindet, was man nicht ohne Weiteres annehmen darf, offenbar bei Eiweißnahrung aber doch in einem hervorragenden Maße, namentlich was die Endumsetzungen angeht.

Ganz besonders deutlich wird aber der Einfluß der Leber auf die Größe der Umsetzungen, wenn man die Leber entweder völlig ausschaltet oder noch besser exstirpiert. Diese Versuche habe ich[1]) im Verein mit GRAFE ausgeführt und zwar durch Kombination der E. F. mit Leberarterienunterbindung und GRAFE und DENECKE[2]) haben sie für die Exstirpation der Leber zu Ende geführt. Die Anlegung der E. F. mit nachfolgender Leberarterienunterbindung kommt einer Ausschaltung der Leber gleich, da kein Blut mehr durch sie hindurchfließen kann, wie man daraus ersieht, daß Einschnitte in solche Lebern nicht mehr bluten. Es ist uns gelungen so operierte Tiere lange genug am Leben zu erhalten, um vornehmlich auch über die Wärmeproduktion ein Urteil zu gewinnen. Abgesehen davon, daß die Körpertemperatur in unserem ausgesprochensten Falle auf 32,6° sank, gingen die Werte für Sauerstoff und Kohlensäure pro Stunde und Tier von 3,35 bzw. 3,91 auf 1,13 und 1,30 zurück, d. h. vor der Operation war die Wärmeproduktion dreimal so groß wie nach Ausschaltung der Leber. Da aber die Leber bei der Unterbindung der Art. hep. im Verein mit Eckscher Fistel mit dem Körperblute durch die Lebervenen doch noch in Verbindung steht, so beschlossen wir, die Leber zu ex-

---

[1]) FISCHLER, F. und GRAFE, E.: Der Einfluß der Leberausschaltung auf den respiratorischen Stoffwechsel. Dtsch. Arch. f. klin. Med. 108, 516. 1912.

[2]) GRAFE, E. und DENECKE, G.: Über den Einfluß der Leberexstirpation auf Temperatur und respiratorischen Gaswechsel. Dtsch. Arch. f. klin. Med. 118, 249. 1915.

stirpieren, um jedem möglichen Einwand zu begegnen. Der Ausfall
der Versuche war aber ganz der gleiche. Sämtliche acht Versuche
zeigen ganz gleichsinnig, daß die Leberexstirpation zu einem meist
sehr starken Absinken der Körpertemperatur und Wärmeproduktion
führt, die bis auf $^1/_3 - ^1/_5$ eingeschränkt sein kann. Damit ist wohl
die Wichtigkeit der Rolle der Leber für die Größe der Umsetzungen
innerer Art nicht mehr anzuzweifeln, da man unmöglich annehmen
kann, daß ihr Eigenstoffwechsel ein so beträchtlicher ist, daß solche
Erniedrigungen der Wärmeproduktion die Folge ihrer Exstirpation allein
sein könnte. Auf die weiteren interessanten Analogien dieser Versuchsreihen werde ich in einem späteren Zusammenhange zurückkommen
(siehe S. 278—279).

Zusammenfassend möchte ich das Ergebnis über die Betrachtungen
des Zusammenhanges der Lebertätigkeit mit dem Eiweißstoffwechsel
dahin präzisieren:

Es erscheint nicht im mindesten mehr zweifelhaft, daß
die Leber sowohl mit den Resorptions- als auch mit den Endumsetzungen des Eiweißes unlösbare Funktionsbeziehungen
hat. Es ist mit der allergrößten Wahrscheinlichkeit anzunehmen, daß sie auch bei den intermediären Umsetzungen
des Eiweißes, beim richtigen Auf- und Abbau der Eiweißbausteine und der endlichen Verwertung der Eiweißschlacken
eine unersetzliche Funktion ausübt. Sie genügt dieser Funktion, deren Ausfall für gewisse pathologische Störungen in
ihr nachgewiesen ist, bis ins Äußerste und die Unmöglichkeit ihrer Erfüllung ruft unmittelbar toxische Erscheinungen hervor.

Darauf weist einerseits der toxische Zustand infolge vollkommenen Kohlenhydratmangels oder sehr starker Verminderung des Blutzuckergehaltes hin, die „glykoprive Intoxikation" (Fischler), welche durch vereinigte Hunger-Phlorrhizinwirkung beim Eck-Hunde leicht hervorzurufen ist, und die
in Anbetracht der starken Verminderung der Harnstoffausfuhr
bei hohem N-Gehalt des Urins und niedrigen NH_3-Werten kaum
eine andere Deutung erfahren kann, als eine Intoxikation
mit unvollkommen abgebauten Eiweißspaltprodukten. Eine
wichtige Parallele erfährt diese Vergiftung durch die neuerdings infolge der blutzuckererniedrigenden Wirkung des Insulins oft beobachtete „hypoglykämische Reaktion", die
nichts anderes ist, als die „glykoprive Intoxikation". Darauf weist anderseits die „Fleischintoxikation" hin, die von
einer Nichtbewältigung vom Darm zugeführter Eiweißspaltprodukte herrührt, was vor allem aus dem quantita-

tiven Abhängigkeitsverhältnis des zugeführten Fleisches sich ergibt.

Die Beziehungen der Leber zum Eiweißstoffwechsel gelten allgemeiner in der Tierreihe. Das geht aus den Störungen der Ausscheidung der Harnsäure hervor, in der wir das Endprodukt des Eiweißstoffwechsels der Vögel zu sehen haben, wenn man bei ihnen die Leber exstirpiert.

Der Mechanismus, an den die vielfältigsten Eiweißumsetzungen in der Leber gebunden sind, dürfte ein fermentativer sein. Der enorme Fermentreichtum des Organes, seine Fähigkeit, ihn unter normalen Verhältnissen zu regeln, die fermentative Zerstörung des Organes unter pathologischen schweren Einwirkungen, wenn sie es speziell betreffen, die ein Analogon in der Pathologie nur noch in der Pankreasfettgewebsnekrose hat, weisen darauf hin, daß man fermentative Eiweißumsetzungen in der Leber stets zu suchen hat. Die Harnsäurevermehrung bei Eckschen Fistelhunden und Leberexstirpation erfordert als Erklärung einen Ausfall von fermentativer Zerstörung der Purine durch mangelhafte bzw. fehlende Leberpassage und ist daher ein direkter Ausdruck für fehlende Fermenteinwirkung, während in den Krankheitsbildern der akuten gelben Leberatrophie und der zentralen Läppchennekrose der Leber eine ungehemmte Einwirkung der in der Leber angehäuften Fermente auf sie selbst zu sehen ist. Mit dem Nachweis fermentativer Einwirkungen der Leber ist aber auch eine Erklärungsmöglichkeit für die rasche und vollkommene Umsetzung mit der Nahrung überschüssig zugeführten Eiweißes angebahnt, die in einfacher Weise bis jetzt noch nicht gewonnen war. Auch ist mit den Erscheinungen der „Fleischintoxikation" und der „glykopriven Intoxikation" ein Verständnis dafür gewonnen, warum der Körper sich der übermäßigen Mengen der Eiweißspaltprodukte entledigt, deren Anhäufung unmittelbar toxische Symptome herbeiführen können, sowohl als Abbauintoxikose (glykoprive Intoxikation), wie auch als Resorptionsintoxikose (Fleischintoxikation).

Aber nicht nur für solche Eiweißspaltprodukte, auch für parenteral zugeführtes Eiweiß spielt die Leber die Rolle eines Schutzorganes. Mindestens für einige Arten von Eiweiß müssen wir die Entwickelung der Fähigkeit der Unschädlichmachung unter Umständen unter dem Bilde der anaphylaktischen Aufspaltung, an eine Funktion der Leber geknüpft annehmen. Für die Vorstellung einer Vernichtungsmöglichkeit pathologisch im Körper entstandenen Eiweißes (Toxine, Bakterieneiweiße) dürfte eine solche Vorstellung die weittragendsten Konsequenzen haben.

Die Ausschaltung der Leber und ihre Exstirpation lassen die Wärmeproduktion bis auf $1/5$ sinken und geben damit eine Vorstellung von der Wichtigkeit und Größe der intermediär in der Leber erfolgenden Umsetzungen.

Für alle diese Funktionsbetätigungen der Leber ist der experimentelle Beweis mindestens für die Anfänge erbracht, weshalb ich es wage, sie in dieser Form schon auszusprechen. Eine weitere Klärung wird zwar noch manche Korrektur bringen und eine sehr große Arbeit erfordern.

So haben sich also für die Funktion der Leber sowohl bei der Kohlenhydrat- wie Fett- und Eiweißaufnahme unlösliche Beziehungen ergeben. In ihrer Gesamtheit muß man sie als absolut ausschlaggebend für die Kenntnis der Leberfunktionen überhaupt ansehen.

Man darf daher sagen, daß die Kenntnis dieser Dinge die Haupterkenntnis der Leberfunktionen ist. Sie zeigt in ganz klarer Weise, daß man nicht nach spezifischen inneren Secretionsprodukten zu suchen braucht, sondern daß die innere Secretion der Leber die Gesamtheit der Umsetzungen des Ernährungsmateriales und des Säftestromes ist, die Gesamtheit des Ablaufes der Anfangs- und Endverarbeitung der intermediären Produkte in einer wohl fast endlosen und heute noch unübersehbaren Verknüpfung.

VI. Zur äußeren Secretion der Leber.
(Die normalen Gallenbestandteile.)

Von Alters her hat die äußere Secretion der Leber, die Gallenbereitung, die besondere Aufmerksamkeit der Ärzte erregt. Der Übertritt der Galle ins Blut, der Icterus mit seiner eigentümlichen Verfärbung der Haut und Schleimhäute, zieht ja schon die Aufmerksamkeit eines ungeschulten Beobachters auf sich. Im wesentlichen sah man lange Zeit in der Galle nur die Ausscheidungsmöglichkeit für unbrauchbare Stoffe, und ihre Anhäufung im Blute war für die alten Ärzte gleichbedeutend mit der Krankheit selbst.

So kindlich uns heute solche Anschauungen auch erscheinen mögen, ein Körnchen Wahrheit ist doch darin, deren Erkenntnis wesentlich ist.

Die wichtigste Funktion der Galle beruht auf der Resorbierbarmachung der Fette. Ich habe darauf schon bei den Fett-Leberbeziehungen hingewiesen und kann mich daher hier mit dieser kurzen Andeutung begnügen, um weiter nicht mehr darauf zurückzukommen (vgl. S. 82). Die Unterstützung, welche die Galle vom pankreatischen Saft bei dieser

Funktion erfährt und umgekehrt, wurde dort ebenfalls schon eingehend gewürdigt.

Das ist aber nur eine, wenn auch sehr wichtige Funktion der Galle. Sie hat aber noch eine ganze Reihe anderer. Man wird sie am besten verfolgen, wenn man die einzelnen Bestandteile der Galle, deren Zusammensetzung ja bekannt ist, aufsucht und ihre Entstehung und Umwandlung begleitet. So kommt man der funktionellen Wirkung der Galle am nächsten und somit weiteren Aufgaben der Leber.

Vorweg wäre hier des Gallenfarbstoffes des Bilirubins zu gedenken, der wegen seiner Farbeigenschaft einen besonders leicht verfolgbaren Körper darstellt und daher die vielfältigsten Untersuchungen erfahren hat.

Sichergestellt sind die Beziehungen zwischen Blutfarbstoff und dem Bilirubingehalt der Galle. Hieraus geht hervor, daß die Leber auf den Stoffwechsel der roten Blutkörperchen von ausschlaggebendem Einfluß sein muß. In embryonaler Zeit hat ja auch die Leber selbst sichere Beziehungen zur Blutbildung. Später beschränken sie sich offenbar auf die Endumsetzungen des Blutfarbstoffes. Es scheint allerdings die Möglichkeit vorzuliegen, daß unter pathologischen Bedingungen die embryonale Eigenschaft der Blutbildung in der Leber wiedererwacht, wie Mitteilungen bei Anämie und Leukämie von SCHMIDT[1]), MEYER und HEINECKE[2]) und von v. DOMARUS[3]) beweisen. Bei der sicher nachgewiesenen Zerstörung von rotem Blutfarbstoff durch die Leber lag es nahe, Tiere mit partieller Leberausschaltung, also möglicher Verminderung dieser Funktion auf die morphologische Zusammensetzung ihres Blutes genau zu untersuchen. Bei dem dauernd verminderten Durchgang des Blutes durch die Leber wäre hierdurch sehr wohl auch ein verminderter Untergang von roten Blutkörperchen zu erwarten. Man stellt sich ihre Zerstörung ja als eine normale Funktion der Leber vor, wenngleich die offenbar bei weitem wichtigere Funktion der Milz für diesen Prozeß heute wohl außer Frage steht. Das geht vor allem aus dem von MINKOWSKI[4]) zuerst in seiner Sonderstellung herausgehobenen Krankheitsbilde des hämolytischen Icterus hervor, bei dem die operative Entfernung der Milz ein Verschwinden des Icterus, der oft jahrzehntelang bestanden hatte, zur Folge hat. Am nachdrücklichsten setzt sich EPPINGER[5]) für die primäre Milzbeteiligung beim Entstehen dieses Krankheitsbildes ein. Über diese Verhältnisse habe ich später noch zu sprechen.

[1]) SCHMIDT, G. B.: Zieglers Beiträge. 11, 1892.

[2]) MEYER, E. und HEINECKE, H.: Über Blutbildung bei schweren Anämien und Leukämien. Dtsch. Arch. f. klin. Med. 88, 435.

[3]) v. DOMARUS, A.: Arch. f. exp. Pathol. u. Pharmakol. 58, 319. 1908.

[4]) MINKOWSKI, O.: Cit. nach Eppinger: Die hepatolienalen Erkrankungen. Berlin: Julius Springer. 1920. S. 162.

[5]) EPPINGER, H.: Ebenda S. 240 ff.

Vorerst interessiert uns die etwaige Rolle der Leber in ihren möglichen Beziehungen zum Verhalten der roten Blutkörperchen.

Nassau[1] hat auf meine Veranlassung das morphologische Blutbild von Hunden mit E. F., die lange oder kurz vorher angelegt war, in gesunden und Intoxikationszeiten untersucht, ferner auch das von Hunden mit u. E. F. und weiter das von Tieren mit „glykopriver Intoxikation", sowie das Blutbild beim Schock der Eck-Tiere und Tiere mit u. E. F. Das Blutbild von Eck-Tieren weicht von dem normaler Tiere nicht weit ab. Allerdings ist die Zahl der roten Blutkörperchen mehr an der oberen Grenze der Norm. Eine ausgesprochene Polycythämie besteht aber nicht. Das Blutbild wurde bei den Tieren vor und nach der Operation wiederholtest geprüft. Die Prüfung nach der Operation wurde erst vorgenommen, nachdem die Tiere sich von den Folgen der eingreifenden Operation wieder erholt hatten. Fehler, die aus individuellen Schwankungen des Blutbildes resultieren könnten, wurden so vermieden. Natürlich wurden keine Tiere herangezogen, die einen sehr starken Blutverlust durch die Operation erlitten hatten. Es wurde festgestellt, daß die Zahl der roten und weißen Blutkörperchen vor und nach der Operation im wesentlichen gleich blieb. Auch im Mischungsverhältnisse der weißen Blutkörperchen ließ sich kein direkter Unterschied gegen die Norm finden. Es geht daraus hervor, daß die partielle Leberausschaltung für die Art des Blutunterganges nicht ausschlaggebend in Betracht kommen kann, jedenfalls trat keine Vermehrung der Zahl der roten Elemente in einer Größe auf, die mit Sicherheit auf verminderten Untergang der Erythrocyten hingewiesen hätte. Daß aber überhaupt kein Einfluß der Leber auf die Blutmauserung bestünde, ist damit noch nicht gesagt, da ja die Eck-Leber noch immer in einer gewissen Größe im allgemeinen Blutstrom liegt, die genügen könnte, ihren etwaigen Einfluß auf die Zusammensetzung des Blutes aufrecht zu erhalten.

Beim Hunde mit u. E. F. ist aber in der Blutzusammensetzung nach der morphologischen Seite eine kleine Änderung zu finden, nämlich eine relative Eosinophilie und das Auftreten von Jugendformen roter Blutkörperchen, doch nur in geringer Zahl. Wir haben nicht geglaubt, aus diesen Befunden weitgehende Schlüsse ziehen zu sollen, immerhin bestehen einige Unterschiede beim Eck-Hund und beim u. E.-Hund.

Zu Zeiten der Fleischintoxikation ist das Blutbild nicht weiter verändert. Vor allem ist nichts von einer verschiedenen Zusammensetzung im prozentigen Mischungsverhältnis der verschiedenen Arten von weißen Blutkörperchen zu konstatieren. Es besteht kein Leukocytensturz und keine relative Lymphocytose, was wir wegen der geäußerten

---

[1] Nassau, E.: Das Blutbild beim Hunde mit Eckscher Fistel. Arch. f. exp. Path. u. Pharmakol. 75, 123. 1914.

Ansicht, daß die Fleischintoxikation eine anaphylaktische Erscheinung wäre, besonders genau und wiederholt prüften.

Dagegen prägt sich der starke Schock des Hundes mit u. E. F. auch in starkem Leukocytensturz und erheblicher relativer Lymphocytose aus. Der schwache Schock des vor der Operation sensibilisierten Eck-Hundes bei der Reinjektion nach der Operation bewirkt nur einen schwachen Leukocytensturz. Völlig unverändert bleibt die Blutzusammensetzung aber bei Eck-Hunden, die erst nach der Operation sensibilisiert wurden, bei einer Reinjektion nach entsprechender Zeit. Hieraus, wie auch aus dem ganzen klinischen Verhalten der Tiere, geht mit Sicherheit die Unmöglichkeit hervor, den Eck-Hund mit Eiereiweiß in Schockzustand zu versetzen, worauf ich ausführlich schon eingegangen bin (siehe S. 182).

Bei der „glykopriven Intoxikation" ist das Blutbild ebenfalls annähernd normal, die Leukocytenwerte sind dabei aber an der unteren Grenze der Norm.

Bei zentraler Läppchennekrose haben wir häufig unternormale Werte für Leukocyten gefunden, doch ist der Einfluß der Operation in solchen Fällen vielleicht noch mit maßgebend, so daß ich diese Untersuchungen noch nicht für abgeschlossen halte.

Ein anderer Befund beim Hunde mit u. E. F. beweist aber direkt, daß die Leber einen Einfluß auf das Verhalten der roten Blutkörperchen besitzt. NASSAU[1]) fand regelmäßig eine nicht unerhebliche Vermehrung der physikalischen Resistenz der Erythrocyten, die sich unter dem Einfluß dieser Operation entwickelt. Als Durchscknittswerte konnte er feststellen, daß der Beginn der Hämolyse beim u. E. F.-Hund nicht von den normalen Werten abweicht, nämlich bei einer NaCl-Konzentration von 0,42 % liegt, ein Verhalten, das auch normale Hunde zeigen. Während aber die komplette Hämolyse beim normalen Hund bei 0,30 % liegt, ist sie beim Hunde mit u. E. F. bei 0,23 % zu finden (Mittel aus 7 Versuchen), beim Hunde mit E. F. ist sie dagegen kaum verändert, 0,29 % (aus 8 Versuchen). Ob die Erhöhung der physikalischen Resistenz der roten Blutkörperchen beim u. E. F.-Hund mit einem vermehrten Untergange von roten Blutkörperchen zusammenhängt, in dessen Gefolge ja häufig eine Resistenzvermehrung auftritt, wie MORAWITZ[2]) und PRATT, sowie PRATT und ITAMI[3]) nachweisen konnten, ist eine mögliche Erklärung für diese Beobachtungen, die bei dem Befunde von Jugendformen der Erythrocyten angenommen werden könnte. Wenn man

---

[1]) NASSAU, E.: l. c. S. 199, Nr. 1.

[2]) MORAWITZ, P. und PRATT, J.: Einige Beobachtungen bei exp. Anämien. Münch. med. Wochenschr. 55, 1817. 1908.

[3]) ITAMI, S. und PRATT, J.: Über Veränderung der Resistenz der Stromata roter Blutkörperchen bei exp. Anämien. Biochem. Zeitschr. 18, 302. 1909.

sich dazu erinnert, daß beim Eck-Hunde die Zahl der roten Blutkörperchen an der oberen Grenze der Norm steht, so könnte eine Wirkung der Leber auf die Zahl der roten Blutkörperchen und damit auf ihren Stoffwechsel immerhin in Erwägung gezogen werden. Ich verweise auf ältere Befunde, durch welche eine Einwirkung auch der Leberparenchymzellen durch Aufnahme von roten Blutkörperchen in toto oder als Zelltrümmer schon lange festgestellt ist (v. KUPFFER[1]), BROVICZ[2]), HEINZ[3])).

Sichern ließe sich ja diese Anschauung durch die quantitative Verfolgung des Bilirubingehaltes des Hundes mit E. F. und u. E. F. Die großen Schwierigkeiten einer wirklich exakten Durchführung einer solchen Bestimmung haben mich aber einstweilen davon abgehalten, dieses Problem in Angriff zu nehmen. Es ist aber nicht unwahrscheinlich, daß der Hund mit u. E. F. mehr Galle produziert, als der Hund mit E. F. und der normale, und man würde daraus ungezwungen eine Art hypertrophischer Funktion, einen Gewaltakt der Leberzellen auf den Hämoglobinhaushalt solcher Tiere ableiten dürfen. Tritt doch bei Phosphorvergiftung des E. F.-Hundes Icterus entschieden langsamer und weniger intensiv auf, als beim Normaltier, wofür die primäre Erklärung sicher darin zu suchen ist, daß zunächst weniger Phosphor in die Leber gelangt, wobei man sekundär aber auch noch die Möglichkeit heranziehen darf, daß die Verminderung der die Leber durchströmenden Blutmenge bei Tieren mit E. F. die Produktion der Galle ebenfalls einschränkt.

Der entwickelten Auffassung widerspricht die Tatsache nicht, daß sich beim Hunde mit u. E. F. keine Anämie entwickelt, auch nicht, daß eine Ablagerung von Eisen in der Leber und der Milz fehlt, denn alle diese Umsetzungen können ein beschleunigtes Tempo erfahren und durch Regeneration ausgeglichen werden. Denn die Möglichkeit der Beobachtung solcher Veränderungen hängt doch von einem Nichtausgleich pathologischen Geschehens gegenüber den normalen Regenerationsvorgängen ab, von denen wir gerade beim Tiere mit u. E. F. annehmen dürfen, daß sie voll tätig sind. Das geht vor allem aus dem stets auffallend guten Befinden dieser Tiere hervor, worauf ich ja schon wiederholt hingewiesen habe.

Ich muß noch hinzusetzen, daß wir weder beim E. F.-Hund, noch bei den Tieren mit u. E. F. eine Veränderung der Milz nachweisen konnten, deren Tätigkeit bei der Entstehung von Anämien ja augenscheinlich überaus wichtig ist. Weder makroskopisch noch mikroskopisch läßt sich an ihr bei unseren Tieren eine wesentliche Veränderung feststellen.

---

[1]) v. KUPFFER, C.: Über die sogenannten Sternzellen der Säugetierleber. Arch. f. mikroskop. Anat. 54. 1899.

[2]) BROVICZ: Über intravaskuläre Zellen in den Blutkapillaren der Leberacini. Ebenda. 55. 1900.

[3] HEINZ, R.: Über Phagocytose der Lebergefäßendothelien. Ebenda. 58. 1901.

Auch muß ich immer wieder darauf hinweisen, daß Tiere mit E. F. für Angriffspunkte von toxisch wirkenden Substanzen in der Leber durch die dauernd verminderte Blutmenge, die sie durchströmt, kein geeignetes Objekt zum Beweis eines veränderten Einflusses des Leberparenchyms auf das Blut sind. Dafür sprechen außer meinen[1]) und BARDACHs Befunden einer geringeren Toxizität des Phosphors unter diesen Verhältnissen auch die von ROTHBERGER und WINTERBERG[2]) erhobenen Befunde, daß bei der Toluylendiaminvergiftung der Icterus bei E. F.-Tieren weit später auftritt, als bei Normaltieren. Die Erklärung dafür ist ganz die gleiche, wie für die Phosphor-Eck-Tiere.

Die Produktion der Galle ist aber bei E. F.-Tieren nicht aufgehoben, wie dies BERNHEIM und VÖGTLIN[3]) angeben, das konnte ich nie bestätigen, auch STOLNIKOW[4]) hat das nicht gefunden. Ob ihre Menge aber normal ist, das wage ich nicht zu sagen, da genauere Vorstellungen über diesen Punkt sehr ausgedehnter Prüfungen bedürfen.

Es fällt aber unmittelbar auf, daß die Unterbindung und Durchschneidung des Ductus choledochus für Tiere mit Eckscher Fistel einen viel schwereren Eingriff bedeutet, als für normale Tiere, die monatelang dabei am Leben bleiben können. Bei E. F.-Tieren tritt bei der gleichen Operation aber schon in 3—6 Wochen oder noch früher regelmäßig der Tod ein. Die Obduktion erweist nun, daß eine enorme Ektasie der Gallenblase und Gallengänge besteht, sowie regelmäßig eine zentral angeordnete Nekrose der Leberzellen in den einzelnen Acinis, ganz ähnlich der zentralen Läppchennekrose, nur deutlich viel langsamer eingetreten und mit massenhaften Pigmentablagerungen verbunden. Eine Erklärung des Befundes ist mir einstweilen selbst noch nicht möglich. Aus dem ganzen Bilde geht aber hervor, daß trotz der Verminderung des Blutzuflusses noch ein sehr erheblicher Secretionsdruck für die Galle aufgebracht wird. Hierin liegt der Beweis für eine sehr große Selbständigkeit der Gallensecretion, denn wäre die Gallenproduktion tatsächlich nur abhängig von der Menge Blut, die die Leber in der Zeiteinheit durchströmt, so müßte sich dies in solchen Fällen manifestieren. Auch unterscheidet sich die Beschaffenheit der Galle nicht von der bei Tieren mit Choledochusunterbindung o h n e Anlegung der E. F. Sie ist dick, schwarzgrün und krümelig, wie bei diesen Tieren. Auch tritt beim E. F.-Tier selbst dabei keine Polyglobulie ein, die anzunehmen wäre, wenn der Blutuntergang vermindert wäre. NASSAU[5]) fand im Gegenteil eine starke Verminderung der roten Blutkörperchen, die inner-

---

[1]) FISCHLER, F. und BARDACH, K.: l. c. S. 53, Nr. 11.
[2]) ROTHBERGER und WINTERBERG: l. c. S. 53, Nr. 7.
[3]) BERNHEIM und VÖGTLIN: l. c. S. 53, Nr. 9.
[4]) STOLNIKOW: l. c. S. 53, Nr. 2.
[5]) NASSAU, E.: l. c. S. 199, Nr. 1.

halb von 2—6 Tagen ungefähr 2 Millionen beträgt, also etwas, was ganz gegen die Erwartungen eintrat. Doch läßt sich bei näherer Überlegung auch dieses Verhalten verstehen. Die Leber ist wichtig für die Verarbeitung der Gallensäuren, für welche, wie später nachgewiesen wird, eine Reabsorption und Verarbeitung nach ihrer Resorption aus dem Darme durch die Leber stattfindet. Bei Eckscher Fistel und Gallenabschluß kommen sie aber gar nicht in den Darm, sondern stauen sich im Gewebe. Das führt zu ihrer Anhäufung im Blute, und in unseren Fällen zu einer raschen deletären Wirkung auf die Blutkörperchen, da die Leber durch die Ecksche Fistel in ihren Funktionen gedrosselt ist und die Gallensäuren nicht mehr so richtig verarbeitet, wie bei gewöhnlichem Icterus, wo die Leber noch funktionstüchtiger zu sein pflegt. Die exakte Verifizierung dieser Vorstellung scheitert einstweilen noch an einer genauen Gallensäurebestimmung im Blute.

Wenn ein direkter Einfluß des Leberparenchyms auf die korpuskulären Elemente des Blutes nach allen diesen Versuchen nur wahrscheinlich gemacht werden konnte und ein derartiger Einfluß in größerem Umfange wohl auch nicht vorliegt, so ist es aber keineswegs mehr zweifelhaft, daß die Leber die nächsten Beziehungen zu gelöstem Hämoglobin hat. Die Konstatierung dieser Tatsache geht auf Untersuchungen von TARCHANOW[1]) zurück, der nach Injektionen von Hämoglobin den Bilirubingehalt der Galle bis zum 67fachen ansteigen sah. STADELMANN[2]) hat in ausgedehnten Untersuchungen diese Feststellungen bestätigt und in seinem Buche über den Icterus zusammengefaßt. Wenn die Menge des gelösten kreisenden Hämoglobins nicht zu groß ist, so ist die Leber imstande, den gelösten Blutfarbstoff sozusagen quantitativ aus dem Plasma aufzunehmen. Überschreitet die Menge aber einen gewissen Grad, so tritt unverändertes Hämoglobin in die Galle und alsbald auch in den Urin über und es kommt zur Hämocholie und Hämoglobinurie. Natürlich ist der Bilirubingehalt der Galle unter diesen Umständen aber ebenfalls vermehrt.

Bei den so interessanten Anfällen von paroxsymaler Hämoglobinurie findet man unausgeprägte Fälle — wobei es nicht zur Hämoglobinurie kommt —, bei denen sich die Farbstoffüberladung der Galle an einer Urobilinurie manifestiert, einem Symptome, das mit der Bilirubinumwandlung und der Lebertätigkeit in nächster Beziehung steht, wie wir später noch sehen werden. E. MEYER und E. EMMERICH[3]) haben Hämoglobinurie-Fälle mitgeteilt, bei deren Abklingen sie stets viel Urobilinogen im Urin fanden.

---

[1]) TARCHANOW: Über die Bildung von Gallenpigment aus Blutfarbstoff im Tierkörper. Pflügers Arch. f. d. ges. Physiol. 9, 53. 1874.

[2]) STADELMANN, E.: Der Icterus. Stuttgart: Enke 1891. S. 9 ff.

[3]) MEYER, E. und EMMERICH, E.: Über paroxysmale Hämoglobinurie. Dtsch. Arch. f. klin. Med. 96, 287. 1909.

Es ist nach den vielen späteren gleichlautenden Untersuchungen heute nicht mehr zweifelhaft, daß die Leber die Verarbeitung gelösten Hämoglobins stets besorgt und man muß unmittelbar auf die Frage eingehen, ob die Umwandlung von Hämoglobin zu Bilirubin eine für die Leber spezifische Tätigkeit darstellt.

Nach der allgemeinen Annahme trennt die Leber den Hämatinanteil vom Globin, spaltet dann das Eisen vom Hämatin ab und verarbeitet den Rest zu Gallenfarbstoff. Ich kann auch heute noch nicht entscheiden, ob die Aufnahme des Hämoglobins mit der von mir entwickelten Ansicht der Aufnahme von Eiweiß durch die Leber ganz allgemein zusammenhängt, oder ob hierbei noch eine speziellere Affinität zugrunde liegt. Das gelöste Hämoglobin hat jedenfalls bis zu einem gewissen Grade die Charakteristika körperfremden Eiweißes. Es wird wie solches möglichst rasch vernichtet, eventuell mit dem Urin ausgeschieden, wie das Hühnereiweiß Cl. Bernards[1]) und der Bence-Jonessche Eiweißkörper, und hat auch klinische Anklänge körperfremder Eiweißarten, die Fiebersteigerung und den Leukocytensturz, wie Meyer[2]) und Emmerich im paroxsymal-hämoglobinurischen Anfall festgestellt haben. Jedenfalls möchte ich am Beispiel des gelösten Hämoglobins auf die mögliche Wirkung der Leber auf zirkulierendes „fremdes" Eiweiß hinweisen.

Virchow[3]) hat gelehrt, daß Hämoglobin überall im Körper umgewandelt werden kann. In alten Blutextravasaten des Gehirns (apoplektischen Cysten) fand er krystallinische Gebilde, die sogenannten Hämatoidinkrystalle, die bei der großen chemischen Verwandschaft, welche zwischen Bilirubin und Hämatoidin besteht, den Gedanken nahe legten, daß dort dieselbe Umsetzung von Hämoglobin stattgefunden habe, wie in der Leber. Da diese Hämatoidinkrystalle auch sonst bei Blutuntergang gefunden werden können, so war die Annahme nicht von der Hand zu weisen, daß sich Blut überall im Körper in Bilirubin umwandeln könne. Immerhin scheint mir bei dieser Vorstellung der zeitliche Unterschied nie genügend gewürdigt. Die betreffenden Veränderungen des Blutes finden sich nie in frischen derartigen Cysten, sondern nur in alten und sehr alten. Das ist ein gewichtiger Unterschied gegenüber der Umwandlungsmöglichkeit von Hämoglobin zu Bilirubin in der Leber, die offenbar sehr rasch vor sich geht, natürlich auch gegen die Annahme eines einfachen Überganges gelösten Blutfarbstoffes zu Gallenfarbstoff anderswo im Körper, als in der Leber. Eine Identität von Hämatoidin und Bilirubin konnte H. Fischer[4]) aber chemisch nicht bestätigen.

---

[1]) Bernard, Cl.: Leçons de physiologie experimentale. Paris 1855.

[2]) Meyer, E. und Emmerich, E.: l. c. S. 203, Nr. 3.

[3]) Virchow, R.: Die pathologischen Pigmente. Sein Arch. 1, 379 und 407. 1848.

[4]) Fischer, H. und Reindel, F.: Über Hämatoidin. Münch. med. Wochenschr. 69, 1451. 1922.

Ich darf in diesem Zusammenhang auch daran erinnern, daß der Kliniker auch heute Icterus nur auftreten sieht, wenn er eine mehr oder weniger schwere Läsion der Leber anzunehmen berechtigt ist. Starker Icterus bei fehlender Lebererkrankung ist nicht zu beobachten.

Ich darf vor allem auch an die sehr alten Beobachtungen von KUNDE und MOLESCHOTT[1]) erinnern, die nach Exstirpation der Leber bei Fröschen nie eine Bildung von Gallenfarbstoff sahen, der doch auftreten müßte, wenn er wo anders, als in der Leber gebildet würde. Die experimentelle Begründung von der ausschließlichen Fähigkeit der Leber zur Bilirubinbildung durch die berühmten allerdings etwas spärlichen Versuche NAUNYNS und MINKOWSKIS[2]), sowie STERNS[3]), haben ja in den letzten Jahren sehr starke Angriffe erfahren, so von WHIPPLE und HOOPER[4]) und von MAC NEE[5]).

WHIPPLE und HOOPER injizierten einem Hunde mit Eckscher Fistel und Leberarterienunterbindung Hämoglobinlösung und fanden, trotzdem die Leber auf diese Weise funktionell sicher ausgeschaltet war, daß Icterus auftrat. Ich habe in meiner[6]) gemeinschaftlichen Arbeit mit GRAFE unter denselben Bedingungen ohne Injektion von Hämoglobin Icterus auftreten sehen, ohne denselben Schluß zu ziehen. Es ist nämlich möglich, daß Blut durch die Atembewegungen in die Lebervenen und die Leber selbst vorgetrieben werden kann und durch den negativen Druck in der Vena cava wieder weggesaugt wird und dabei sehr wohl Gallenfarbstoff, der in der Leber durch osmotische und andere Bedingungen abgegeben wird, damit in den Kreislauf gelangt. Bei der ungeheueren Färbekraft des Bilirubins und seiner feinen Nachweisbarkeit können sehr geringe Anteile, die der Leber entstammen, zu Täuschungen über den Ort der Bilirubinbildung Anlaß geben. Überzeugender ist der Versuch WHIPPLES und HOOPERS, daß nach völliger Absperrung der Leibeshöhle und erhaltener Zirkulation in Kopf und Lungen, Infusion von Hämoglobinlösungen Icterus hervorrufen. Doch erhebt RETZLAFF[7]) Bedenken gegen den Bilirubinnachweis nach der Methode HOOPERS. Aber es ist auch noch Bakterienwirkung möglich. So lange dürfen

---

[1]) MOLESCHOTT: Untersuchungen über die Bildungsstätte der Galle. Arch. f. wiss. Heilk. 11, 479. 1852.

[2]) NAUNYN, B. und MINKOWSKI, O.: Beiträge zu Pathologie der Leber usw. Arch. f. exp. Pathol. u. Pharmakol. 21, 1. 1886.

[3]) STERN, H.: Beiträge zu Phatologie der Leber und des Icterus. Ebenda 19, 89. 1885.

[4]) WHIPPLE, G. H. and HOOPER, C. H.: Icterus. Journ. of exp. med. 17, 612. 1913; desgl. 593.

[5]) MC NEE: Gibt es einen echten hämatogenen Icterus? Med. Klinik 1913, S. 1125.

[6]) FISCHLER, F. und GRAFE, E.: l. c. S. 194, Nr. 1.

[7]) RETZLAFF, K.: Experimentelle und klinische Beiträge zur Lehre vom Icterus. Verhandl. d. dtsch. Kongr. f. inn. Med. 34, 60. 1922.

aber diese an sich sehr interessanten Versuche Anspruch auf Beweiskraft kaum erheben. Dazu ist zu bemerken, daß RETZLAFF[1]), der die Versuche WHIPPLES und HOOPERS wiederholte und die Tiere mit Phenylhydrazin vergiftete, nicht einmal mit der feinen Methode von HIJMANNS VAN DEN BERGH Gallenfarbstoff im Blute nachweisen konnte.

Zu MAC NEES Versuchen ist zu bemerken, daß die völlige Exstirpation der Leber bei der Gans wirklich sehr schwierig ist. Ich kenne diese Schwierigkeiten durch häufige Operationen selbst sehr genau. MAC NEE schreibt aber selbst, daß Leberreste erhalten blieben und ich weiß, daß es gerade die sind, welche unmittelbar mit der Vena cava inferior verbunden sind und die man wegen der Blutungsgefahr sich scheut vollkommen zu entfernen. Es ist mir äußerst wahrscheinlich, daß die geringen erhaltenen Leberreste in den Experimenten MAC NEES bei Arsenwasserstoffvergiftung noch icterisches Pigment produziert haben und es bei ihrer innigen Verbindung mit der Vena cava inf. direkt ans Blut abgeben konnten. MAC NEE hat aber aus seinen Versuchen die Schlußfolgerung abgeleitet, daß die Leberzelle zur Erzeugung von Bilirubin nicht unbedingt nötig sei, sondern daß die Gefäßendothelien der Milz und Leber dazu genügten. ASCHOFF[2]) und seine Schule vor allem MAC NEE und LEPEHNE haben nun die Lehre der Bilirubinbildung durch den reticulo-endothelialen Apparat der Milz der Leber und des Knochenmarks aufgestellt. Die Leber fungiert nach dieser Lehre so zu sagen nur noch als Ausscheidungsorgan für das in den Endothelien gebildete Bilirubin.

Daß die Endothelien der Kapillaren Blutfarbstoff aufnehmen, ist an sich nicht gerade verwunderlich, und daß die KUPFFERschen Sternzellen, die mit den Kapillarendothelien der Leber identisch sind, dies in besonderem Maße tun, ist sicher. Was aber nehmen diese Zellen nicht alles auf? Wer je die KUPFFERschen Sternzellen genauer untersucht hat, der kennt ihre enormen resorptiven und phagocytären Eigenschaften. Fett, Eisen, Blutkörperchen, Zelltrümmer, Bakterien, Farbstoffe, kurz, es gibt fast nichts, was im Blute unter normalen oder pathologischen Verhältnissen zirkuliert und nicht von den KUPFFERschen Zellen aufgenommen würde! Immerhin muß betont werden, daß diese Fähigkeit der KUPFFERschen Sternzellen eine besonders auffallende ist, sie bedarf daher der genauesten Prüfung.

Die Umwandlung von Blut im Körper nach seiner Extravasation geschieht aber überall, und sicher wird dabei auch Eisen abgespaltet,

---

[1]) RETZLAFF, K.: l. c. S. 205, Nr. 7.
[2]) ASCHOFF, L.: Das reticuloendotheliale System und seine Beziehungen zur Gallenfarbstoffbildung. Münch. med. Wochenschr. 69, 1352. 1922 (dort Lit. der Frage!).

da man die Eisenablagerung noch nach Wochen, Monaten und noch später, an solchen Stellen nachweisen kann. Wer je eine subcutane Hauthämorrhagie, das bekannte „blaue Mal", mit medizinischem Blicke betrachtet hat, mit seinen bekannten Farbänderungen in blau, grün und gelb, wird keinen Zweifel an einer tiefgreifenden Veränderung des roten Blutfarbstoffes haben, ohne daß man unbedingt nun annehmen müßte, daß sich Bilirubin gebildet hat. Ich möchte dabei an eine Bemerkung von H. Fischer[1]) auf dem 34. Kongreß für innere Medizin anknüpfen. Fischer, einer der besten Kenner des Chemismus der Gallenfarbstoffbildung, wies darauf hin, daß der Übergang von Hämoglobin zu Bilirubin chemisch nicht so einfach ist, und daß er einen gänzlichen Zerfall in die Bausteine und dann die nachherige Synthese des Bilirubins im Tierkörper vom chemischen Standpunkt für sehr möglich hält. Ich glaube daher, daß man mit Schlüssen, die zum großen Teil nur auf die beobachtete Abspaltung von Eisen aus dem Hämoglobinmoleküle sich beziehen, sehr vorsichtig für eine mögliche Bilirubinbildung sein muß.

Lepehne[2]) hat nun in sehr ausgedehnten und schönen Versuchen die Angaben Mac Nees bestätigt und erweitert. Vor allem hat er auch für den Säuger (Kaninchen und Ratten) diese Untersuchungen wiederholt, aber feststellen können, daß bei Kaninchen der reticulo-endotheliale Apparat nicht die Rolle spielt, wie bei den Vögeln. Bei Ratten wirkt der reticulo-endotheliale Apparat an der Verarbeitung des Hämoglobins mit, und zwar in Leber und Milz, woran wohl auch niemand gezweifelt hat, da die Endothelien immer Blutfarbstoff aufnehmen. Für die Bildung von Bilirubin durch den reticulo-endothelialen Apparat setzt sich Lepehne in dieser Arbeit aber nur bedingt ein. Seine Versuche gipfeln vielmehr in der Feststellung eines vikariierenden Eintretens der Kupfferschen Zellen der Leber für den Ausfall der Milz. Ich glaube, daß die Mac Neeschen Versuche zu rasch verallgemeinert worden sind, wogegen allerdings die Autoren und Mitarbeiter auf diesem Gebiete ihre Ansichten nicht scharf genug präzisiert haben, vor allem auch Eppinger. Die Rolle der Endothelien wurde weiter durch den Versuch, ihre Funktionen durch Eisen- oder Collargolüberladung auszuschalten oder wenigstens möglichst einzuschränken, geprüft. Ein zwingender Beweis für die Blockierung dieser Zellen ist nur in den seltensten Fällen gelungen. Da man hierbei vor allem auf die mikroskopische Kontrolle angewiesen ist, so ist es auch äußerst schwierig bei der starken Vollpfropfung dieser Zellen mit fremdem gefärbten Materiale sonst noch etwas zu sehen. Die interessanten Versuche von

<hr>

1) Fischer, H.: Verhandl. d. dtsch. Kongr. f. inn. Med. 34, 123. 1922.
2) Lepehne, G.: Milz und Leber. Zieglers Beiträge 64, 55. 1917 (dort Lit.).

BIELING und ISAAK [1] [2] zeigen jedenfalls, daß zur Entstehung von Icterus die Milz nicht nötig ist. Wenn noch dazu nach der Milzexstirpation das gesamte Reticulo-Endothel mit Eisen blockiert wurde, so trat hämolytischer Icterus auf Injektion von hämolytischem Immunserum genau so ein, wie nach denselben Injektionen beim Normaltier. Aber die Leberzelle selbst zeigte dann starke Schädigungen. Für eine primäre Schädigung des Reticulo-Endothels als Voraussetzung zur Entstehung des Icterus spricht das nicht. Im gleichen Sinne sind die Versuche ROSENTHALS zu bewerten. ROSENTHAL [3] ging von der Voraussetzung aus, daß es möglich wäre, das Reticulo-Endothel mit Collargol zu blockieren. War das tatsächlich der Fall, so mußte sich die physiologische Bilirubinbildung vermindern lassen, wenn dem Endothelapparat eine primäre Wirkung bei der Bildung von Gallepigment zukommt. Das ist aber nicht der Fall. Auch diese Untersuchungen sprechen zugunsten einer spezifischen Tätigkeit der Leberzelle bei der Bilirubinbildung.

Wenn wir uns nun noch einmal ganz grob anatomisch makroskopisch daran erinnern, daß die Leber allein einen Apparat für die Ausführung der Galle hat — was mir angesichts der vielfältigen verwirrten Diskussion zu betonen gar nicht überflüssig erscheint — andere Organe aber nicht, wenn man sich weiter daran erinnert, daß das Reticuloendothel aber im ganzen Körper verbreitet ist, wenn man weiter überlegt, daß nach Leberexstirpation keine Bilirubinbildung, bzw. Anhäufung im Körper eintritt, obwohl außerhalb der Leber doch noch Reticulo-Endothel genug vorhanden ist, so scheinen mir gewichtige Gründe in diesen einfachsten Überlegungen genug zu liegen, die Bilirubinbildung nach wie vor der Leberzelle allein zuzuschreiben (s. a. S. 235/236).

Meine Auffassung der leberzellenspezifischen Funktion der Bilirubinbildung scheint sehr im Widerspruch zu stehen mit allen den Untersuchungen, die eine extrahepatische Bilirubinbildung durch den Reticulo-Endothelapparat dartun. Sie scheinen auch den so interessanten Untersuchungsergebnissen von HIJMANNS VAN DEN BERGH [4] nicht gerecht zu werden. Das ist aber nicht der Fall, wie sofort gezeigt werden soll. Was haben diese Untersuchungen tatsächlich ergeben? Doch nur, daß mittels der Diazoreaktion sich normal und in pathologischen Fällen

[1] BIELING, R. und ISAAK, S.: Untersuchungen über die Bedeutung von Milz und Leber für die Entstehung des hämolytischen Icterus. Verhandl. d. dtsch. Kongr. f. inn. Med. 34, 50. 1922.

[2] BIELING, R. und ISAAK, S: Intravitale Hämolyse und Icterus. Klin. Wochenschr. 1, Nr. 29. 1922.

[3] ROSENTHAL, F.: Untersuchungen über die Topik der Gallenfarbstoffbildung. Verhandl. d. dtsch. Kongr. f. inn. Med. 34, 77. 1922.

[4] HIJMANNS VAN DEN BERGH: Der Gallenfarbstoff im Blute. Leipzig: J. A. Barth. 1918.

im Blutserum Stoffe nachweisen lassen, welche diazotieren, und daß
das Bilirubin besonders leicht diazotiert. Sie haben ferner nachgewiesen,
daß eine extrahepatische Bilirubinbildung vorkommen **kann**, aber nicht
notwendigerweise vorzukommen **braucht**. Sie zeigen ferner, daß sich
das nur unter ganz bestimmten pathologischen Verhältnissen
ereignet, so z. B. im Rückenmarkskanal bei Blutaustritt in die
Cerbrospinalflüssigkeit nach den Untersuchungen von OBERMAYER und
POPPER[1]) und von HIJMANNS VAN DEN BERGH selbst. Das ist aber
meines Erachtens etwas Grundverschiedenes von dem Verhalten
der Leberzelle, wenn ich mir diese Bemerkung erlauben darf. Die
Leberzelle kann nicht nur stets **Bilirubin** produzieren, sondern sie ist so eingerichtet, daß sie unter normalen Umständen wenigstens gelöstes Hämoglobin zu Bilirubin verarbeiten **muß**, was m. E. etwas ganz anderes bedeutet, als die
nicht zu bezweifelnde Fähigkeit gewisser anderer Gewebe,
dies unter ganz bestimmten Bedingungen tun zu **können**. Man
hat bis jetzt kein Recht anzunehmen, daß die Endothelien der Leber,
die KUPFFERschen Sternzellen, andere Eigenschaften haben, als die
Endothelien in anderen Organen. Ihre Aufnahmetätigkeit für Hämoglobin, ja auch für rote Blutkörperchen ist schon sehr lange bekannt
(s. S. 201), aber auch die Tatsache, daß sie mit derselben Leichtigkeit
andere Stoffe aufnehmen. Eine spezifische Differenzierung der KUPFFER-
schen Sternzellen wäre erst noch nachzuweisen, ehe man ihnen die
ausschlaggebende Fähigkeit einer isolierten und stetigen Bilirubinbildung
zuschreibt und die Tätigkeit der Leberparenchymzelle dabei nahezu
für belanglos erklärt. Gegen eine solche Auffassung glaube ich schon
aus Gründen über das Gesetz der organspezifischen Funktionen Stellung
nehmen zu müssen. In den Nieren sind auch Endothelzellen, wenn
sie auch nicht so schön sind, wie die in der Leber. Kein Mensch behauptet aber, daß der Harn von den Endothelzellen abgesondert würde
und doch sehen wir unter den Bedingungen der Glomerulonephrites eine
Abschuppung des Endothelapparates der Glomeruli, die den Endothel-
abstoßungen in der Leber unter pathologischen Verhältnissen mindestens
gleichwertig sind. Freilich hinkt auch dieser Vergleich etwas, wie jeder
Vergleich. Erinnert man sich noch dazu, daß das Endothel überall
mesenchymaler Abkunft ist, daß aber nur vom Epithel spezifische Funktionen bekannt sind, so glaube ich, daß man auch an der leberspezifischen Funktion der Bilirubinbildung festhalten müssen
wird, daß also die Bilirubinbildung eine **notwendige** Funktion
der Leberzelle ist, eine Vorstellung, die sich für die Endothelzelle
oder den ganzen reticuloendothelialen Apparat aber **nicht** in gleicher

---

[1]) OBERMAYER, F. und POPPER, K.: Wien. med. Wochenschr. 44, 2592.
1910.

Weise stützen lassen wird. Müssen und Können sind zwei ganz verschiedene Dinge. Die Leberzelle aber muß Bilirubin bilden, der Reticuloendothel-Apparat kann es offenbar unter ganz besonderen und wohl stets krankhaften Bedingungen.

Nichts liegt mir ferner, als die so schönen Untersuchungen von HIJMANNS VAN DEN BERGH anzweifeln zu wollen, aber ich glaube, daß sich die Schlußfolgerungen anders ziehen lassen, als dies bisher geschieht. Man darf also wohl daran festhalten, daß die Leberzelle die endgültige Hämoglobinverarbeitung, wie auch die Bilirubinbildung unter normalen Verhältnissen spezifisch besorgt. Unter pathologischen Bedingungen sehen wir aber Störungen auftreten. Ich möchte da an eine Arbeit von HESS und SAXL[1] erinnern, die fanden, daß die normale Leber unter aseptischen Kautelen bei der Autolyse Hämoglobin sehr rasch zerstört. Ihr eigenes Hämoglobin war in wenigen Tagen nicht mehr nachweisbar, selbst spektroskopisch verschwanden die Blutfarbstoffabsorptionsstreifen. Wurden die Tiere aber vorher mit Phosphor, Arsen, Strychnin, Chloroform, Morphium, Diphterietoxin usw. behandelt, so behielt die Leber solche Fähigkeiten nicht, sondern die Lebern dieser Tiere blieben bei der Autolyse wochenlang rot und der Hämoglobingehalt nahm nur sehr langsam ab. Daß diese Verhältnisse auch für das Leben, nicht nur für die postmortale Autolyse bis zu einem gewissen Grade gelten, konnten dieselben Forscher[2] in einer weiteren Arbeit zeigen, wo sie an Selbstversuchen durch therapeutische Gaben von Arsen usw. eine relative Hyperglobulie hervorrufen konnten, die nach Aussetzen des Mittels wieder normalen Werten wich. Sie erklären die Wirkung dieser Therapie durch eine Beeinträchtigung der hämoglobinzerstörenden Fähigkeit der Leber. Ich führe solche Beispiele nur an, weil sie in unseren Zusammenhang sich ungezwungen einfügen. BAUER und SPIEGEL[3] konnten eine pharmakologische Beeinflussung des normalen Bilirubingehaltes des Serums finden, und zwar eine Herabsetzung durch Adrenalin, Atropin, Kokain, Extrakte der Hypophyse und des Hodens, eine Erhöhung durch Natrium salicylicum, Podophyllin, Agobilin. Hohe Bilirubinwerte wurden in Übereinstimmungen mit HIJMANNS VAN DEN BERGH u. a. bei Behinderung des Gallenabflusses, Herzmuskelschwäche, Stauungsleber usw., geringe Werte bei diffusen Nierenerkrankungen, Kachexie durch Carcinom und Inanition, Tuberkulose gefunden. Einen sehr wichtigen Beitrag zu unserer Frage bringt

---

[1] HESS, L. und SAXL, P.: Hämoglobinzerstörung in der Leber. Bioch. Zeitschr. 19, 274. 1909.

[2] HESS, L. und SAXL, P.: Über Hämoglobin-Zerstörung in der Leber. Dtsch. Arch. f. klin. Med. 104, 1. 1911.

[3] BAUER, J. und SPIEGEL, E.: Über das Bilirubin im Blute usw. Ebenda 129, 17. 1919.

Ylppö[1]). Er beschreibt einen schweren Zustand des Neugeborenen, der familiär vorkommt und unter schwerem Icterus in wenig Tagen regelmäßig zum Tode führt. Septische Zustände sind bei der nachgewiesenen Sterilität des Blutes nicht die Ursache dafür, wohl aber ein eigentümlicher pathologischer Zustand der Leber. In ihr wurden sehr viele kleine Blutbildungsherde nachgewiesen, wie das in ähnlicher Weise nur der Leber des frühen Embryonallebens zukommt. Ylppö glaubt das schwere Bild durch die Annahme erklären zu sollen, daß die Leber auf einem frühen Embryonalzustand verharrt, und da ein Teil des gebildeten Gallenfarbstoffes in dieser Zeit im Gegensatz zu der postfötalen Zeit stets ins Blut abgeschieden wird, so hält sich Ylppö für berechtigt, aus dem pathologisch anatomisch nachgewiesenen Zustand der Embryonalität der Leber dieselbe Genese für den nun postfötal auftretenden Icterus anzunehmen. Damit ließe sich sowohl die Raschheit, wie Schwere des Krankheitsbildes befriedigend erklären, wie auch aus seinem familiären Charakter die Berechtigung der Annahme gewisser funktioneller Unreifezustände weiterhin stützen. Von einer Erkrankung des Reticuloendothels berichtet Ylppö aber nichts.

Sehr ausgedehnte Beobachtungen verdanken wir auch noch den Arbeiten von Lepehne[2][3]). Er erörtert auch den physiologischen Bilirubingehalt des Serums, der ja zuerst von Hijmanns van den Bergh bestimmt wurde. Lepehne kommt zu ähnlichen Werten, wendet sich aber zum Teil gegen die Ergebnisse Bauers und Spiegels. Den Befund einer stärkeren Bilirubinämie der Milzvene, gegenüber dem sonstigen Venenblut, den Hijmanns van den Bergh feststellte, konnte Lepehne aber nicht bestätigen. In der Tat sind diese Untersuchungen noch zu sehr im Flusse, als daß man dazu endgültig Stellung nehmen könnte. Vor allem interessant wäre eine Erörterung der Möglichkeiten, die durch die sogenannte „verzögerte" Reaktion im Blutserum nach den Angaben Hijmanns van den Berghs sich über die ganze Frage des „Bilirubingehaltes" des Serums böten. Ich muß es mir versagen an dieser Stelle ausführlicher darauf einzugehen, da die Verhältnisse wohl noch nicht genügend geklärt sind. Denn die von H. Fischer[4]) aufgedeckte Uneinheitlichkeit der Urobiline, könnte sehr wohl verschiedenen „Bilirubinen" entsprechen, was für solche Befunde von ausschlaggebender Bedeutung wäre.

---

[1]) Ylppö, A.: Über das familiäre Vorkommen von Icterus neonat. gravis. Münch. med. Wochenschr. 65. 98. 1918 und Zeitschr. f. Kinderheilk. 19. 1918.

[2]) Lepehne, G.: Untersuchungen über Gallenfarbstoff im Blutserum des Menschen. Dtsch. Arch. f. klin. Med. 132, 96. 1920.

[3]) Lepehne, G.: Experimentelle Untersuchungen zum mechanischen und dynamischen Icterus. Ebenda 136, 88. 1921.

[4]) Fischer, H.: Zur Kenntnis der Gallenfarbstoffe. Hoppe-Seylers Zeitschr. f. physiol. Chem. 73, 204. 1911.

Überdies verweise ich auf die Kritik der Methodik der quantitativen Bilirubinbestimmung nach HIJMANNS VAN DEN BERGH durch THANN-HAUSER und ANDERSEN[1]). Die Verfasser kommen zu dem Schluß, daß es unzulässig sei, aus der Kuppelungsreaktion weitgehende Schlüsse auf die Art der Bilirubinentstehung im Organismus zu ziehen.

Die Hereinziehung des Reticuloendothels in diese Frage scheint mir aber eine sehr fruchtbringende Folge für die Erkenntnis der Korrelationen der Leber und Milz gebracht zu haben. Die hämolysierende Fähigkeit des Milzgewebes, sowie des Reticuloendothels scheint eine Vorbedingung für die richtige Verarbeitung von Blutfarbstoff in der Leber zu Bilirubin zu sein. Eine hypertrophische (krankhafte) Steigerung dieser Fähigkeit führt zu dem so interessanten Bild des hämolytischen Icterus und die Milzexstirpation ist in solchen Fällen ein wirklicher Heilfaktor. Daß auf dem Boden einer krankhaften Wirkung des Reticuloendothels (oder des Milzpulpagewebes?) auch noch sekundäre Veränderungen in der Leber entstehen können (Cirrhose), knüpft diese Beziehungen zwischen Leber und Milz nur noch fester. Eine gewisse Selbständigkeit des reticulo-endothelialen Apparates scheint mir aber auch noch dadurch bewiesen zu werden, daß von GOLDSCHMID und ISAAK[2]) eine isolierte Erkrankung dieses Systems in einem entsprechenden Falle beschrieben werden konnte, der mit Splenomegalie und Anämie einherging.

Versuchen des Nachweises einer Bilirubinbildung durch die überlebende Milz bei Zusatz von Hämoglobin oder auch ohne diesen, stehe ich sehr skeptisch gegenüber wegen der nicht ausschließbaren Möglichkeit einer etwaigen Mitwirkung von Bakterien bei solchen Versuchen, die dem Hämoglobin gegenüber besonders stark ausgebildet ist (hämolytisch wirkende Bakterien), so jüngst Versuchen, die von ERNST und SZAPPONYOS[3]) mitgeteilt wurden.

Zieht man nun die Summe aus allen vorgebrachten Feststellungen, so ergibt sich, daß die Verknüpfung der Lebertätigkeit mit der Gallenfarbstoffbildung also eine ganz unmittelbare und spezifische ist.

Das ergibt sich des weiteren vor allem daraus, daß bei der Weiterverfolgung der Schicksale des Bilirubins sich für die Lebertätigkeit unumgängliche und vor allem praktisch höchst wichtige Funktionsbetätigungen erkennen lassen.

---

[1]) THANNHAUSER, S. J. und ANDERSEN, E.: Methodik der quantitativen Bilirubinbestimmung. Dtsch. Arch. f. klin. Med. **137**, 179. 1921.

[2]) GOLDSCHMID, E. und ISAAK, S.: Endothelhyperplasie als Systemerkrankung des hämatopoetischen Apparates. Dtsch. Arch. f. klin. Med. **138**, 291. 1922.

[3]) ERNST, Z. und SZAPPONYOS, B.: Bilirubinbildung in der überlebenden Milz. Klin. Wochenschr. 1, Nr. 22. 1922.

Das Bilirubin wird im Anfange des Darmes nach seiner Entleerung dahin kaum verändert. Es mischt sich den Speiseanteilen unter entsprechender Anfärbung bei. Je stärker sich aber die Bakterienwirkung im Darme bemerkbar macht, desto mehr tritt auch eine Umwandlung des Bilirubins durch die stark reduzierende Wirkung der Bakterien ein. Es entstehen die Reduktionsprodukte Urobilin und Urobilinogen. Die Hauptumwandlung findet aber im Dickdarm statt, so daß unter normalen Umständen mit den Faeces nie unveränderter Gallenfarbstoff ausgeschieden wird. Sein Vorkommen wird nur bei pathologischer Beschleunigung des Darminhaltes oder abnormer Bakterienflora des Darmes beobachtet. In der Norm gelangt also nur Urobilin oder Urobilinogen zur Ausscheidung. Da es nach den Feststellungen von H. Fischer[1]) verschiedene chemische Urobiline gibt, werde ich häufig von ihrer Gesamtheit als von den Urobilinkörpern sprechen. Urobilin und Urobilinogen sind identisch mit dem unter pathologischen Verhältnissen im Harn auftretenden Harnurobilin und Harnurobilinogen. Die Annahme, daß das Harnurobilin nicht identisch wäre mit dem Darmurobilin, auch Hydrobilirubin genannt, und daß das Harnurobilinogen nicht identisch wäre mit dem Darmurobilinogen, auch Hydrobilirubinogen genannt, ist nach den Feststellungen, die von klinischer Seite erhoben werden konnten, nicht mehr haltbar. Neuerdings verdanken wir den Untersuchungen von Kämmerer und Miller[2]) eine genauere Kenntnis der Umwandlung des Bilirubins zu Urobilin im Darme, während früher manche widersprechenden Versuchsresultate vorlagen. Frd. v. Müller[3]) hatte nur unter anaeroben Verhältnissen eine Umwandlung von Bilirubin in Urobilin eintreten sehen, meine eigenen Versuche[4]) im Urin fielen in derselben Richtung aus. In reinen Bilirubinlösungen, die mir von Herrn Geh.-Rat Kossel zur Verfügung gestellt waren, konnte ich aber auch bei Luftzutritt Urobilinbildung sehen. Esser[5]) konnte ebenfalls nur unter anaeroben Bedingungen mit Stuhlaufschwemmungen die Umwandlung in Urobilin feststellen, Beck[6]), sowie Thomas[7]) wollen aber auch unter aeroben Bedingungen Urobilinbildung gesehen haben. Die

---

[1]) Fischer, H.: l. c. S. 211 d. Nr. 4.

[2]) Kämmerer, H. und Miller, K.: Zur enterogenen Urobilinbildung. Verhandl. d. dtsch. Kongr. f. inn. Med. 34, 85. 1922.

[3]) v. Müller, Frd.: Über Icterus. Verhandl. d. Schles. Gesell. f. vaterländ. Kultur. Breslau 1892.

[4]) Fischler, F.: s. 1. Aufl. dieses Buches S. 138 ff.

[5]) Esser, J.: Untersuchungen über die Entstehungsweise des Hydrobilirubins im menschlichen Körper. I.-D. Bonn. 1896.

[6]) Beck, A.: Über die Entstehung des Urobilins. Wien. klin. Wochenschr. 8, Nr. 35. 1895.

[7]) Thomas, K.: Urobilinogen usw. I.-D. Freiburg. 1907.

Versuche von KÄMMERER und MILLER kommen aber den tatsächlichen Verhältnissen im Darme am nächsten. Sie stellten fest, daß die Urobilinbildung aus Bilirubin ein kombinierter Vorgang ist, der der Mitwirkung der Aerobier ebenfalls bedarf. Sie steht der Eiweißfäulnis am nächsten, wie sie von BIENSTOCK[1]) geklärt wurde. Wie die Eiweißfäulnis durch Aerobier eingeleitet, aber durch strenge Anaerobier vollendet wird, so wird auch die Urobilinbildung durch aerobische Bakterien wesentlich verbessert. Ein Reihenversuch von KÄMMERER und MILLER beweist dies. Aerobier allein bewirken keine Urobilinbildung, anaerobe Stäbchen schwache Urobilinbildung, beide zusammen starke Urobilinbildung und dies auch unter aeroben Bedingungen. Es ist also ein Zusammenwirken beider Bakterienarten nötig. Weiterhin haben KÄMMERER und MILLER aber auch noch die Wasserstoffionenkonzentration berücksichtigt und gefunden, daß eine wirklich kräftige Urobilinbildung erst bei einer H-Ionenkonzentration von $p_H = 8{,}0$ eintritt.

Das Urobilin ist von JAFFÉ[2]) entdeckt worden und GARROD und HOPKINS[3]) machten auf Grund ihrer spektroskopischen Untersuchungen es schon sehr wahrscheinlich, daß es mit dem Darmurobilin identisch ist.

C. GERHARDT[4]) hat erstmals den Begriff des Urobilinicterus aufgestellt, d. h. einer icterischen Hautverfärbung geringen Grades, eines Subicterus, mit Ausscheidung von viel Urobilin im Urin bei fehlendem Bilirubin.

FRD. V. MÜLLER[5]) war es aber vorbehalten, den zwingenden Nachweis zu liefern, daß Harnurobilin wirklich vom Darmurobilin stammt. Bei völligem Verschluß des Ductus choledochus, also bei der Unmöglichkeit des Einströmens von Galle in den Darm, verschwindet in kurzer Zeit jede Spur von Urobilin oder seiner Vorstufe im Urin, und es ist dann nur Bilirubin darin nachweisbar. Bei einem Patienten mit völligem Choledochusverschluß wurde das von v. MÜLLER nun auch für längere Zeit festgestellt. Nun gab v. MÜLLER ihm frische Schweinegalle per Schlundsonde und konnte darauf schon am zweiten Tage im Urin dieses Patienten neben Bilirubin auch noch Urobilin nachweisen, das aber nach zwei weiteren Tagen verschwand, so daß der Urin jetzt wieder nur Bilirubin enthielt. Eine Wiederholung des Ex-

<hr>

[1]) BIENSTOCK: Über die Ätiologie der Eiweißfäulnis. Arch. f. Hyg. 36, 335. 1889.

[2]) JAFFÉ: Beitrag zur Kenntnis der Gallen- und Harnpigmente. Zentralbl. f. d. med. Wissenschaften. 1868.

[3]) GARROD und HOPKINS: On urobilin. Journ. of physiol. 20.

[4]) GERHARDT, C.: Über Urobilinicterus. Korresp.-Blätter d. allg. ärztl. Ver. v. Thüringen 11. 1878.

[5]) v. MÜLLER, FRD.: l. c. S. 213, Nr. 3.

perimentes ergab den gleichen Ausfall des Versuches. Da der Patient aber mit schweren Erscheinungen auf die Eingabe von Galle reagiert hatte, so mußte von weiteren Prüfungen Abstand genommen werden. Diese Beobachtung ist mir speziell nicht unwichtig und ich muß darauf an entsprechender Stelle zurückkommen (s. S. 224).

v. Müllers Versuche beweisen jedenfalls klar, daß Harnurobilin aus dem Darme stammen kann. Es erhob sich folgerichtig die Frage, ob der Darm stets die Quelle des Urobilins ist. Vor allem war zu prüfen, warum der normale Urin nur immer Spuren oder überhaupt kein Urobilin enthielt. Die Feststellungen für das Urobilin gelten genau so auch für das Urobilinogen, wie spätere Versuche dartaten, infolgedessen unterscheide ich beide Körper für die weitere Besprechung nicht immer besonders. In sehr ausgedehnten Versuchen habe ich[1]) den experimentellen Beweis dafür zu erbringen versucht, daß das Freisein des normalen Urins von Urobilin und seiner Vorstufe von einer normalen Funktion der Leber abhängt.

Geht man so vor, daß man bei einem Tiere eine komplette Gallenfistel anlegt, daß also keine Galle in den Darm einfließen kann, sorgt man ferner dafür, daß das Tier sicher seine Galle nicht auflecken kann, was sich nur durch einen sicher schließenden Occlusivverband aus Segelleinen und das dauernde Tragen eines Maulkorbes aus Siebdrahtgeflecht wirklich erreichen läßt, so findet man, daß die Galle, welche sich aus der Fistel entleert, 1—2 Tage nach Anlegung der kompletten Gallenfistel vollkommen frei von Urobilin und Urobilinogen wird. Die normale Hundegalle enthält aber stets bei ihrer Gewinnung bei der Operation große Mengen von Urobilin und Urobilinogen.

Unbedenklich darf man diese am Hunde gewonnenen Erfahrungen auch auf den Menschen übertragen, wie aus chirurgisch gewonnenem Gallenmaterial hervorgeht und weil ferner Kimura[2]) unter Frd. v. Müller zeigen konnte, daß Obduktionsgalle regelmäßig Urobilin und seine Vorstufe enthält, nur nicht bei völligem Verschluß des Choledochus, wenn er einige Zeit bestanden hatte.

Gibt man nun Hunden, deren Galle von Urobilin und Urobilinogen nach Anlegung der kompletten Gallenfistel unter obigen Kautelen frei ist, durch Aufleckenlassen ihrer eigenen Galle, Gelegenheit, daß Galle wieder in den Magendarmtractus gelangt, so tritt schon 1 bis 2 Tage später in ihrer Galle wieder Urobilin und seine Vorstufe auf.

Nach diesen Versuchen und den Erfahrungen am Menschen ist es sicher, daß die Leber normalerweise der Ort ist, bis zu dem nach der Resorption Urobilin und Urobi-

---

[1]) Fischler, F.: Das Urobilin. l. c. S. 3, Nr. 1.
[2]) Kimura, T.: Untersuchungen der menschlichen Blasengalle. Dtsch. Arch. f. klin. Med. 79, 274. 1904.

linogen gelangt und nun von ihr sozusagen quantitativ aufgenommen wird (genau wie wir dies bei nicht allzugroßen Mengen von gelöstem Hämoglobin sahen) und wohl teilweise eine Umwandlung oder Zerstörung erfährt (Zurückverwandlung in Bilirubin?), zum Teil aber mit der Galle wieder ausgeschieden wird.

Verschiedene Tatsachen müssen an diesem Versuchsergebnisse interessieren. Einmal die streng nachgewiesene Passage des Urobilins und seiner Vorstufe mit dem Blutstrom. Gingen sie auch mit dem Chyluslymphstrom, so müßte Urobilinurie auftreten, was unter normalen Verhältnissen nicht geschieht. Die Leber wird also trotz der Existenz dieses Seitenweges von den Urobilinkörpern nicht umgangen. Ob er unter pathologischen Verhältnissen nicht doch eine Rolle spielt, muß ich noch offen lassen. Weiter aber interessiert vor allem die so ausgeprägte Fähigkeit der Leber für eine Zurückhaltung der zugeführten Urobilinmengen mindestens für die normalen Mengen ihrer Zufuhr aus dem Darme, und endlich eine Anbahnung eines Verständnisses für das Auftreten einer Urobilinurie überhaupt, was das Allerwichtigste ist.

Voraussetzung für die nahezu quantitative Reabsorption des Urobilins und Urobilinogens ist der Gesundheitszustand der Leber. Bei bestehendem Icterus z. B. treten Urobilin und Urobilinogen mit dem icterischen Pigment in den allgemeinen Säftestrom des Körpers über und werden dann in der Niere ausgeschieden, es kommt zur Urobilinurie.

Schließlich kann in dem Ausfalle der Experimente eine Bestätigung der Ansicht gesehen werden, daß der Darm die Quelle des Harnurobilins und des Harnurobilinogens ist.

Kurz zusammengefaßt muß man sich nach dem Ausfall der bisher vorgebrachten Experimente die Weiterverarbeitung des Bilirubins so vorstellen: Erguß desselben mit der Galle in den Darm, seine Umwandlung namentlich im Dickdarm in Urobilin und Urobilinogen, teilweise Reabsorption beider Stoffe im Darm und Transport mit dem Blutstrom in die Leber, teilweise Abscheidung mit den Faeces als Sterkobilin. Der resorbierte Anteil wird durch die Tätigkeit der Leber, wenn sie normal ist, nahezu quantitativ festgehalten, muß aber auch eine Veränderung erfahren, da sich sonst diese Stoffe dort stauen würden (Zerstörung, Umwandlung in Bilirubin?), ein anderer Teil wird wieder mit der Galle in den Darm unverändert ausgeschieden.

Es besteht also für erhebliche Teile beider Substanzen ein Kreislauf vom Darme mit dem Blutstrom zur Leber und von ihr auf den Gallenwegen wieder zum Darme.

Die Leber ist also das ausschlaggebende Organ für die Regulierung des normalen Urobilinwechsels.

Wir werden sehen, daß für noch andere Stoffe dieselben Beziehungen vorliegen.

Bei der Eckschen Fistel ist stets Urobilin und Urobilinogen im Urin nachweisbar, wenn auch nie in beträchtlicher Menge. Nach dem bisher Vorgebrachten muß dies erwartet werden. Denn der Kreislauf für das Blut ist ja in diesen Experimenten ein prinzipiell anderer, da der Hauptanteil des Blutes an der Leber vorbeizieht und nicht in sie gelangt. Immerhin wirkt auch dabei die Leber noch regulierend, und zwar in dem Maße, als sie Urobilin und Urobilinogen durch die Art. hepat. zugeführt erhält. Aber auch — und das erscheint mir heute bedeutend mehr hervorhebenswert, als ich das in der ersten Auflage getan habe — um so weniger, eine je stärkere Schädigung die Leber sonst **noch** erlitten hat.

Die Beweise für diese Anschauung liegen in dem verschiedenen Verhalten des Auftretens von Urobilinurie bei der Vergiftung Eckscher Fistelhunde einerseits mit Phosphor, andererseits im Auftreten starker Urobilinurie bei der Hervorbringung der „glykopriven Intoxikation".

Im Verein mit BARDACH[1]) habe ich festgestellt, daß bei phosphorvergifteten Eck-Hunden die Urobilinurie erst gegen Ende der Versuche stärker wurde, dann als die Leber selbst ebenfalls stärker geschädigt war. Die Größe der Ausscheidung nahm mit fortschreitender Vergiftung zu. Bei der bei E. F. an sich unter Phosphorwirkung nie sehr erheblichen Bilirubinüberladung des Körpers muß dies entschieden auffallen. Starke Gelbsucht haben wir überhaupt nur bei einem Tiere gesehen.

Sehr starke Grade von Urobilinurie sahen wir[2]) aber bei der „glykopriven Intoxikation", wo ein komplizierender Icterus, wie bei den Phosphor-Eck-Tieren nicht vorhanden war und wo, was besonders betont sei, bei dem Hunger, welchem die Tiere unterworfen waren, auch die Bakterienflora des Darmes in dem Sinne von KÄMMERER und MILLER[3]) keine Rolle spielen konnte. Dagegen war die Leber ausweislich des Obduktionsbefundes schwer geschädigt und ihre Funktion so unterdrückt, daß der Tod der Tiere eintrat. Und dabei trat dann auch starke Urobilinurie auf.

Solche Beobachtungen lassen sich nicht anders deuten, als durch die infolge der spezifischen Leberschädigung verursachte Verminderung der Reabsorptions- und Umwandlungs- bzw. Zerstörungsfähigkeit der Leberzellen gegenüber früheren aus dem Darme zugeführten Mengen von Urobilin und seiner Vorstufe. Beim Versagen dieser Lebertätigkeit bzw. bei ihrer Verminderung können sich diese Stoffe im Blute stärker anhäufen und gelangen so im Urin zur Ausscheidung. Wir

---

[1]) FISCHLER, F. und BARDACH, K.: l. c. S. 53, Nr. 11.
[2]) FISCHLER, F. und ERDELYI, P.: l. c. S. 152, Nr. 3.
[3]) KÄMMERER, H. und MILLER, K.: l. c. S. 213, Nr. 2.

werden alsbald sehen, daß neuere experimentelle Ergebnisse diese Ansicht sehr zu stützen geeignet sind.

Schon aus allen diesen Untersuchungen geht hervor, daß, je **normaler die Leber funktioniert, desto sicherer das Urobilin und seine Vorstufe von ihr aus dem Blute herausgefangen wird und man versteht nun, daß Urobilinurie ein sehr feines Reagens auf Funktionsstörungen der Leber ganz allgemein ist.**

Denn bei Icterus kann man jederzeit sehen, ob der Gallenabschluß ein totaler ist oder nicht. Ist er vollkommen, so findet man, sofern er 1—2 Tage besteht, keine Urobilinurie neben der Bilirubinausscheidung, ist er nur partiell, so sind die Urobilinkörper jederzeit nachweisbar. Beide Substanzen verschwinden aus dem Urin, wenn der Icterus heilt, das Bilirubin aber bedeutend früher, als die Urobilinkörper. Eine ganz normale Funktion der Leber zeigt sich am sichersten am Fehlen der Urobilinkörper im Urin.

Schwierig ist ein Verständnis dafür zu gewinnen, warum in einer Reihe von Fällen ein reiner Urobilinicterus im Sinne C. GERHARDTs auftritt, d. h. wohl eine icterische Verfärbung der Haut und Skleren, aber ohne jede Ausscheidung von Bilirubin. Man kann sich dies nicht anders vorstellen, als daß eine Funktionsstörung des Leberparenchyms in dem Sinne besteht, daß die Leber dann eben nicht mehr die richtige Fähigkeit der Reabsorption der ihr vom Darme mit dem Blutstrom zugeführten Urobilinkörper hat, bzw. nicht mehr die Fähigkeit, sie zu zerstören. Ein Teil dieser Substanzen entgeht auf diese Weise seiner natürlichen Bestimmung und gelangt so in den Kreislauf des Gesamtblutes und damit in die Gewebe und auch in die Nieren und wird dann ausgeschieden.

Diese mangelhafte Funktiontätigkeit der Leber stellt eines der frühesten und sichersten Zeichen einer Lebererkrankung dar. Insofern ist Urobilinurie und Urobilinogenurie zu einem der wertvollsten diagnostischen Hilfsmittel zur Erkennung von Störungen der Leberfunktion geworden.

Bei ausgedehnten Parenchymerkrankungen der Leber, vorweg der LÄNNECschen Cirrhose ist meines Erachtens das Bestehen von Urobilinurie ein unerläßliches Zeichen zur Sicherung der Diagnose. Überdies tritt es sehr frühe auf. Bei allen Parenchymerkrankungen der Leber sieht man Urobilinurie ohne Ausnahme auftreten, ja man muß sie zur Sicherung der Diagnose geradezu fordern.

Die große Häufigkeit der Urobilinurie hat die Kliniker in der richtigen Verwertung dieses Zeichens verwirrt gemacht und man hat daher eine Zeitlang seinen, wie ich heute sagen kann, ganz überragenden Wert verkannt. Jetzt weiß man, daß sie ein sicherer Führer für die Annahme einer ungünstigen Beeinflussung der Lebertätigkeit durch alle nur möglichen pathologischen Prozesse ist.

Man versteht so, warum nicht nur direkt nachweisbare Parenchymschädigungen der Leber Urobilinurie hervorrufen, sondern auch fieberhafte Erkrankungen, also Infekte, wobei man eine Leberschädigung direkt durch den Infekt und durch die Arbeitsüberlastung infolge der im Fieber gesteigerten inneren Umsatztätigkeit der Leber annehmen muß, ferner warum Stauungen im Herz- und Lungenkreislauf mit ihrer auf die Leberzirkulation besonders ungünstigen Wirkung ihre Tätigkeit stören können, ferner warum auch zentrale Erkrankungen, Hirntumoren, schwere zentral wirkende Intoxikationen mit ihrer Beeinflussung des Atemzentrums und damit der Blutlüftung eine Rückwirkung auf die zwischen zwei Kapillarsysteme eingeschalteten Leberzellen besonders ausüben. Allen diesen Zuständen ist aber ein gewisser Sauerstoffmangel gemeinsam, der sich in der Leber am ehesten auswirken kann.

Endlich gehören aber noch die Arbeitsüberlastungen der Leberfunktion durch ein Übermaß von Hämoglobinzufluß oder seiner Bausteine hierher, da unter diesen Umständen eine übermäßig farbstoffreiche Galle gebildet wird und damit viel Material in den Darm gelangt, das zu den Urobilinkörpern umgewandelt wird. So verstehen wir, warum unvollkommene Fälle von Hämoglobinurie sich ebenfalls an Urobilinurie manifestieren, weil das Überangebot von Blutfarbstoff zu Überproduktion von Bilirubin führt und im Darme dann wieder eine übermäßige Urobilinkörperproduktion hervorruft, die von der· Leber nicht richtig verarbeitet und reabsorbiert werden kann.

Zweifellos stehen aber in allen diesen Beobachtungen die reinen Parenchymerkrankungen der Leber an der Spitze.

Über alle diese Verhältnisse würde sich eine Klärung erreichen lassen, wenn es mittels einer einfachen und sicheren Methode gelänge, Reihenuntersuchungen über die quantitative Verteilung der Urobilinkörper im Stuhle und dem Urin zu erhalten.

Ich habe mich bei meinen experimentellen Untersuchungen zur Frage der Bedeutung des Urobilins bemüht, eine quantitative Prüfung durch Verdünnung der nach SCHLESINGER angestellten Urobilinproben bis zum Verschwinden der Fluoreszenz zu erreichen. Doch gelingt es nicht, mit Sicherheit zu stets gleichen Zahlen zu gelangen und ich habe daher von weiteren Untersuchungen in dieser Richtung Abstand genommen. EPPINGER und CHARNASS[1] haben sich dann bemüht, für den Stuhl ein derartiges Verfahren auszuarbeiten, das sich auf die EHRLICHsche Paradimethylamidobenzaldehydprobe gründet. Mit dieser Methode wird aber nur Urobilinogen bestimmt und

---

[1] EPPINGER, H und CHARNASS, D.: Was lehren uns quantitative Urobilinbestimmungen im Stuhle. Zeitschr. f. klin. Med. 78, 1. 1913.

ich muß es entschieden bestreiten, daß diese Methode über die Urobilinkörper quantitativ zuverlässige Resultate abgibt, wie ich schon
an anderer Stelle[1]) ausgeführt habe. Auch A. ADLER[2]) teilt diese Bedenken. Im Darme wird nicht stets alles Bilirubin bis zum Urobilinogen
reduziert, wie EPPINGER und CHARNASS anzunehmen scheinen, sondern
ein wechselnd großer und gar nicht abzuschätzender Teil wird nur zu
Urobilin umgewandelt, wie die schon länger zurückliegenden Untersuchungen von A. SCHMIDT[3]) bewiesen. Es ist das große Verdienst
A. ADLERs[4]), trotz der bestehenden Schwierigkeiten von dem Problem
einer wenigstens approximativen quantitativen Bestimmung der Urobilinkörper im Stuhl nicht abgestanden zu sein und er kommt neuerdings mit einer Berechnung, die im Original nachzusehen ist, zu der
Vorstellung, daß die quantitative Bestimmung der Urobilinkörper im
Stuhle auf eine relativ einfache Methode nach der Extraktionsmethode
nach SCHLESINGER unter Zusatz von etwas Jodtinktur zur völligen
Überführung des Urobilinogens in Urobilin möglich ist. Mit Hilfe dieser
Methode ist er nun aufs Neue an die Probleme herangetreten und zu
sehr bemerkenswerten Resultaten gekommen. Vor allem war es nötig,
um sich über den quantitativen Stoffwechsel der Urobilinkörper ein
sicheres Urteil zu bilden, das Verhältnis der quantitativen Urobilin-
körpermenge im Harn und Stuhl zu vergleichen. Unter normalen
Verhältnissen verläßt stets mehr Urobilin den Körper mit den Faeces,
als mit dem Urin. Es ist klar, daß eine Verschiebung dieses Verhält-
nisses unmittelbar eine pathologische Funktion der Leber anzeigen
muß. ADLER hat mit seiner Methode den Quotienten der Ausscheidung von Urobilin im Harn, zu dem im Kote auf den normalen Wert
von $1:10 - 1:30$ festlegen können. An einer großen Reihe der verschiedensten Krankheitsfälle führte er nun weitere Bestimmungen aus.
In Fällen von Erkrankungen, die die Leber betreffen, wächst der Uro-
bilinquotient Harn/Kot von $1:10 - 1:1$, ja über 1 hinaus. Die höchsten Harnurobilinwerte findet er bei Lebercirrhosen, infektiösen Hepatitiden, Lues hepatis, akuter gelber Leberatrophie, die niedersten
bei perniziöser Anämie, wegen der übergroßen Urobilinausscheidung
durch die Faeces, ferner in einem Falle von Polycytämie. Der Quotient
zeigt an, ob Gallenfarbstoff im Körper zurückgehalten wird oder nicht,
also eine Insuffizienz der Lebertätigkeit. Die Funktion der Leber,

[1]) FISCHLER, F.: s. LÜDKE-SCHLAYER: Lehrbuch der patholog. Physiologie.
Leipzig: J. A. Barth, 1922. S. 33.

[2]) ADLER, A. und SACHS, M.: Über Urobilin. Zeitschr. f. d. ges. exp. Med.
31, 370. 1923.

[3]) SCHMIDT, AD.: Über Hydrobilinrubinbildung usw. Verhandl. d. dtsch.
Kongr. f. inn. Med. 1895.

[4]) ADLER, A. und SCHUBERT, E.: Über Urobilinbestimmung in den Faeces.
Biochem. Zeitschr. 134, 533. 1923.

gallefähige Substanzen durch die Galle auszuscheiden, scheint schon frühzeitig bei nur geringer Funktionsbeeinträchtigung des Organes zu leiden. Vor allem geht aber noch aus seinen Versuchen hervor, daß für die Urobilinurie die Farbstoffgröße im Darme in weitem Maße gleichgültig ist. So fanden ADLER und SACHS, daß der Hungerzustand regelmäßig mit Urobilinurie einhergeht, was vor ihnen schon von HILDEBRANDT an einer Hungerkünstlerin festgestellt wurde. Im Hunger nimmt die Gallenproduktion wohl nicht unbeträchtlich ab, trotzdem kommt es zur Urobilinurie. Die Urobilinausscheidung im Urin ist also auch nach diesen Feststellungen in weitem Maße unabhängig von dem Farbstoffangebot im Darme. Eine andere mir prinzipiell sehr wichtig erscheinende Abhängigkeit der Urobilinbildung wurde von BRUGSCH und RETZLAFF[1]) festgestellt und von ADLER und SACHS[2]) neuerdings genauer geprüft, nämlich die von der Nahrung. Eiweißzulagen verursachen nach ihnen eine Steigerung der Urobilinausscheidung in den Faeces, ohne daß es immer gleichzeitig zu parallelgehender stärkerer Urobilinurie kommt. Fett vermindert sie, Kohlenhydrat bewirkt nur eine relativ sehr geringe Steigerung. Auf die interessante Erklärung, welche die Autoren für das beobachtete Verhalten heranziehen, das auf den Vorstellungen SIEGFRIEDS[3]) über die negativ-katalytische Wirkung der Fette basiert, möchte ich nicht näher eingehen, da weitere Untersuchungen darüber erst einen Aufschluß versprechen. Es scheint mir auch näherliegend zu sein, daß man das Verhalten mit der Beteiligung der Leber an der Verwertung der Nahrungsstoffe erklären kann, die für Eiweiß und Kohlenhydrat eine unmittelbare ist, für Fette aber nicht, da der Hauptfettstrom einfach an der Leber vorbeizieht. Über den Einfluß der Ernährung auf die Urobilinbildung hatte früher schon GRIMM[4]) hingewiesen, ohne aber das prinzipiell Wichtige zu betonen.

Die Untersuchungen ADLERS und seiner Mitarbeiter haben aber noch einen wichtigen Punkt hervorgehoben, daß nämlich Untersuchungen über den Urobilinwechsel sich auf längere Zeit erstrecken müssen, wenn sie beweisend sein sollen. Man muß sich daran erinnern, daß sowohl die Umwandlung des Bilirubins in die Urobiline eine gewisse Zeit erfordert, wie auch ihr Wiedererscheinen und Verschwinden aus der Galle, wie die Untersuchungen FRD. v. MÜLLERS am Menschen und meine Untersuchungen an Gallenfisteltieren dargetan haben.

---

[1]) BRUGSCH, TH. und RETZLAFF, K.: Blutzerfall, Galle uud Urobilin usw. Zeitschr. f. exp. Path. u. Therap. 11, 568. 1912.

[2]) ADLER, A. und SACHS, M.: Über Urobilin. Zeitschr. f. d. ges. exp. Med. 31, 398. 1923.

[3]) SIEGFRIED, M.: Über die Beeinflussung der Reaktionsgeschwindigkeit durch Lipoide. Biochem. Zeitschr. 86, 98. 1918.

[4]) GRIMM, F.: Über Urobilin im Harn. Virchows Arch. f. pathol. Anat. u. Physiol. 132, 246. 1893.

Nach allen diesen neueren Ergebnissen muß daher wieder die Frage aufgeworfen werden, ob der Darm immer die Quelle der Urobilinsubstanzen ist. Ich selbst habe mich seit Jahren vergeblich bemüht, einen klinischen Fall zu finden, der eine einwandfreie Entstehung von Urobilinkörpern außerhalb des Darmes hätte erkennen lassen. Und ich mußte danach um so mehr fahnden, als ich nach meinen experimentellen Untersuchungen an der Möglichkeit, aber **nicht** an einer regelmäßigen Entstehung von Urobilinkörpern in der Leber selbst festhalten muß!

Aus früherer Zeit hatte nur D. GERHARDT[1]) einen Fall mitgeteilt, bei dem trotz völligem Gallenabschluß vom Darme noch Urobilinurie bestand. GERHARDT hat ihn anfänglich auch als Beweis einer hepatogenen Entstehungsmöglichkeit der Urobilinkörper verwertet. Später hat er diese Deutung aber zurückgezogen und das Vorkommen von Urobilin in jenem Urin mit bakteriellen Einwirkungen erklärt[2]). Die großen Bedenken, die ich gegen diese nachträgliche Interpretation des Falles durch D. GERHARDT habe, muß ich auch heute noch aufrecht erhalten. Wäre die bakterielle Zersetzung eines nur bilirubinhaltigen Urins ein Vorkommen, mit dem man jederzeit ernstlich zu rechnen hätte, so dürfte man nicht mit der Sicherheit, mit welcher man es tatsächlich kann, sich darauf verlassen, daß ein urobilinhaltiger Harn uns den absoluten Beweis für die mindestens teilweise Durchgängigkeit des Ductus choledochus gibt. Die vielfältigste klinische Erfahrung mit nachträglichem autoptischem Befunde zeigt uns regelmäßig, daß man mit dieser Annahme recht hat. Urobilinfreiheit des Urins findet man aber nur bei längerem mindestens ein- bis zweitägigen völligem Verschluß des Ductus choledochus. Mir gelang eine Urobilinbildung im bilirubinhaltigen Harne nur unter anaeroben Bedingungen. Es mag sein, daß in den Versuchen von KÄMMERER und MILLER[3]) der Zusatz von Eiereiweiß oder Pferdeserum für die Umwandlung von reinen Bilirubinlösungen in Urobilin unter aeroben Bedingungen nicht gleichgültig war. Jedenfalls spricht die Erfahrung nicht dafür, daß man rein bilirubinhaltige Urine, wie sie in der Klinik bei gewöhnlicher, also nicht aseptischer Auffangung zur Untersuchung kommen, besonders schützen muß, um eine Urobilinbildung in ihnen zu verhindern.

Alle diese Gründe sind meines Erachtens schwerwiegend genug, um D. GERHARDTs neue Interpretation seines Falles nicht ohne weiteres annehmbar erscheinen zu lassen und meine Bedenken dagegen wohl zu begründen.

---

[1]) GERHARDT, D.: Über Urobilinurie. Zeitschr. f. klin. Med. **32**, 303. 1897.

[2]) GERHARDT, D.: Diskussionsbemerkung. Verhandl. d. dtsch. Kongr. f. inn. Med. **25**, 549. 1908.

[3]) KÄMMERER und MILLER: l. c. S. 213, Nr. 2.

In der Zwischenzeit sind nun neuere Autoren so glücklich gewesen
Fälle zu finden, bei denen trotz Urobilinfreiheit der Exkremente, Urobilinurie beobachtet wurde. ADLER und SACHS[1]) konnten mehrfach
im Urin von Neugeborenen am vierten bis fünften Tage Urobilin nachweisen, ohne daß im Stuhle eine Spur dieses Pigments vorhanden war.
Bekanntlich ist das Meconium frei von Urobilinkörpern, weil keine
bakteriellen Zersetzungen im Darme des Fötus vor sich gehen. Es
scheint, daß sie nur langsam nach der Geburt auftreten. Icterus neonatorum mit Urobilinurie kann aber schon frühe auftreten. Der Befund
ist ein prinzipiell wichtiger. BRULÉ und GARBAN[2]) haben die gleichen
Befunde erhoben.

Unter diesen Umständen gewinnt der Fall D. GERHARDTs neues
Interesse. Vor allem aber auch meine früheren experimentellen Befunde.

Ich[3]) habe mich bemüht — und man wird die Belege in meiner
Hab.-Schrift finden —, die Fähigkeit der Leber, unter ganz besonderen Umständen von sich aus Urobilin und seine Vorstufe bilden zu können, zu beweisen.

Ich ging so vor, daß ich Tieren eine komplette Gallenfistel anlegte und sie durch einen Maulkorb aus Siebdrahtgeflecht und durch
einen Verband mit überschnallbarem Segeltuchbezug, der sein Abrut-
schen sicher verhinderte, davon abhielt, ihre Galle aus der Gallenfistel
abzulecken. Ich habe dann diese Galle mehrmals täglich wochenlang
auf die Urobilinkörper untersucht und konnte nachweisen, daß sie stets
vollkommen frei davon war. Dabei sei hervorgehoben, daß die Fluorescenzprobe mit Zinkacetat in Aufschwemmung in absolutem Alkohol unter Zusatz einiger Tropfen konzentrierter NH_3-Lösung zum Ge-
samtreagens eine überaus empfindliche Nachweismethode ist, namentlich wenn man zur Hervorrufung der Fluorescenz sich eines Lichtkegels
entweder im Dunkelzimmer oder unter Benutzung der Sonne als Lichtquelle bedient.

Man kann fluorescierende Lösungen enorm verdünnen und wird noch
immer eine schwache Fluorescenz finden. Bis in die Tausende von Verdünnungen muß man gehen, um den normalen Gehalt der Galle an
den Urobilinsubstanzen durch die Fluorescenzprobe verschwinden zu
sehen. Noch erheblicher ist sie bei erschöpfenden Alkoholauszügen des
normalen Menschenkotes. Auch der Hundekot enthält normal beträchtliche Mengen dieser Substanzen. Merkwürdig ist, daß weder beim Menschen noch beim Hunde, auch bei sehr lange bestehendem Abschluß der
Galle vom Darme, die Urobilinkörper, wenigstens an der Fluorescenz-

<hr>

[1]) ADLER, A. und SACHS, M.: l. c. S. 221, Nr. 2.
[2]) BRULÉ, M. et GARBAN, H.: La petite urobilinurie. La Presse méd. 29,
533. 1921.
[3]) FISCHLER, F.: l. c. S. 3, Nr. 1.

probe gemessen, aus dem Kote völlig verschwinden. D. Gerhardt[1]) hat dies am Menschen übrigens lange vor mir ebenfalls festgestellt. Eine Erklärung dafür könnte vielleicht durch eine Ausscheidung von Bilirubin in den geringen Mengen, wie sie normalerweise im Blute vorkommen, in den Darm hinein zu finden sein.

In der Galle solcher Tiere ist aber sicher nichts von Urobilin oder Urobilinogen enthalten.

Nach diesen Feststellungen ging ich so vor, daß ich das Parenchym der Leber lange Zeit durch eine Kombination von Phosphor- und Amylalkoholgaben intensiv schädigte. Man beobachtet im Anschluß an diese Vergiftungen, wenn sie nicht zu brüsk durchgeführt werden, lange Zeit an der Galle gar keine Veränderungen ihres Farbstoffgehaltes. Geht man aber mit der nötigen Geduld stets in derselben Weise vor, so findet man einen Zeitpunkt, an dem die Tiere im Anschluß an die Vergiftungen unmittelbar mit einer oft ganz enormen Produktion von Urobilinkörperbildung in der Galle antworten, und zwar derart, daß die Galle nun für 1—2 Tage sehr große Mengen dieser Körper enthält, die mit dem Abklingen der Vergiftungserscheinungen aber wieder daraus verschwinden. Es ist nicht ganz leicht, diesen Zeitpunkt zu finden, aber mit Aufmerksamkeit und Geduld kommt man sicher dahin. Unterstützt hat mich manchmal dabei eine Beobachtung, die in ähnlicher Weise der Patient Frd. v. Müllers darbot, s. S. 215. Läßt man nämlich Tiere, deren Galle sorgfältig durch die obigen Kautelen vom Magen-Darmkanal für etwa 4—6 Wochen abgeschlossen war, durch Weglassen des Verbandes ihre Galle wieder auflecken, so reagieren sie nicht selten darauf mit einem heftigen Krankheitszustand, Erbrechen, Durchfall, Kollaps, der sich aber meist in 1—2 Tagen wieder ausgleicht. Werden die Tiere nun aufs Neue wieder so verbunden, daß sie ihre Galle nicht mehr auflecken können, so läßt sich das Verschwinden der Urobilinkörper nach 2 Tagen in ihr sicher wieder feststellen. Gibt man ihnen nun wieder Phosphor- und Amylalkohol, so ist es nicht selten, daß diese Tiere den Zeitpunkt der Schädigung der Leber leichter erreichen, an dem sie von sich aus zur Urobilinkörperbildung befähigt ist. Ich hebe hervor, daß dies Verfahren nur eine Erleichterung für diese schwierigen Experimente zu sein scheint, wofür mir eine Erklärung noch mangelt, und daß selbstverständlich die Urobilinkörperfreiheit der Galle solcher Tiere mehrere Tage lang wieder festgestellt war, ja daß ich in der Regel gar nicht zu dieser Maßnahme schreiten mußte. Eppinger[2]) verkennt völlig meine Versuchsbedingungen, die er absolut fehlerhaft kritisiert. Bei genauerem Studium meiner Versuche wäre er wohl zu einer anderen Auffassung

---

[1]) Gerhardt, D.: l. c. S. 222, Nr. 1.

[2]) Eppinger, W.: Die hepato-lienalen Erkrankungen. Berlin 1920. S. 81.

gelangt. Diese Kritik kann ich daher nicht anerkennen, sondern nur zurückweisen.

In einer anderen Weise gelang mir in diesen Stadien der Leberschädigung ebenfalls noch der Nachweis der hepatogenen Urobilinkörperbildung. Bewirkte ich durch intravenöse Zufuhr von etwa 200 ccm Wasser eine experimentelle Hämoglobinämie, so trat im Anschluß an diese in der Galle, die vorher vollkommen urobilinkörperfrei war, nun ein oft sehr hoher Urobilinkörpergehalt auf. Ich habe Verdünnungen von 1500—1800 festgestellt, Werte, die nahe an die Urobilinkörperverdünnung der normalen Galle reichen. Es ist klar, daß die Leber durch die experimentelle Hämoglobinämie eine sehr starke Beanspruchung ihrer hämoglobinumwandelnden Fähigkeit erfährt. In dieser Zeit traten dann in der vorher völlig urobilinkörperfreien Galle dieser Tiere Urobilin und Urobilinogen auf, die wieder verschwanden, wenn die Hämoglobinverarbeitung durch die Leber erledigt war, also in 1—2 Tagen. Man sieht also, daß eine funktionelle Überlastung der Farbstoffumwandlungsfunktion der Lebertätigkeit ein Versagen der richtigen Verarbeitung hervorruft, aber nur unter ganz besonderen Bedingungen. Es ist dies ungemein interessant, weil wir gesehen haben, daß auch sonst das Versagen der Lebertätigkeit an ganz bestimmte Zustände gebunden ist, so z. B. an die Zuckerverarmung, wie die „glykoprive Intoxikation" lehrt. Da ich damals von alledem noch nichts wußte, weil ich diese Versuche erst viel später ausführte, habe ich auch keine Untersuchungen z. B. über den Glykogengehalt der Lebern in diesem kritischen Stadium gemacht.

Fährt man mit den Vergiftungen der Gallenfistelhunde fort, so erhält man schließlich eine Dauerausscheidung von Urobilinpigmenten in der Galle. Gleichzeitig kann man wahrnehmen, daß die Fähigkeit des Überganges der Gallenfarbstoffe in Biliverdin, wie sie zu Anfang der Versuche und noch lange Zeit später immer besteht, mehr und mehr verloren geht. Watte und Binden färben sich jetzt nicht mehr grün, sondern der Verband ist gelbrot, ziemlich hell und bleibt es größtenteils.

Untersucht man die Lebern dieser Tiere in den verschiedenen Stadien, so sind sie annähernd normal, solange die Leber nicht die Fähigkeit hat auf Phosphor- und Amylalkoholgaben mit Urobilinkörperproduktion zu reagieren. In den Stadien der zeitweisen Urobilinkörperproduktion auf die verschiedenen Einwirkungen, zeigen die Lebern leicht cirrhotische Prozesse. Im dritten Stadium endlich, in dem die Dauerausscheidung von Urobilinkörpern erfolgt, findet man regelmäßig beginnende oder sogar ausgesprochene Cirrhose.

Ich[1]) habe seiner Zeit diese Versuche mit ausführlichen Mikrophoto-

---

[1]) FISCHLER, F.: Über exp. erzeugte Lebercirrhose. Dtsch. Arch. f. klin. Med. 93, 427. 1908.

grammen publiziert, weil sie mir für das Verständnis des absolut konstanten Vorkommens der Urobilinurie bei der LÄNNECschen Lebercirrhose recht wertvoll erschienen. Anatomische und funktionelle Veränderungen gehen bei diesen Experimenten doch recht auffallend Hand in Hand. Ich muß noch nachholen, daß die Hunde zur Zeit des Erscheinens der Urobilinkörper in der Galle, auch welche im Urin ausscheiden, wenn auch nicht in erheblichem Umfange, aber doch stets nachweisbar, und daß sie mit dem Verschwinden in der Galle auch im Urin verschwanden.

Bei der Lebercirrhose ist daher die Annahme naheliegend, daß mindestens die Urobilin und Urobilinogen umwandelnde Fähigkeit der Leber notgelitten hat. Ich will nicht sagen, daß sie aus dem ihr zugeführten Hämoglobin an Stelle des Bilirubins Urobilinkörper bildet. Aber eine Störung muß angenommen werden, die wesentlich wohl auch von den quantitativen Verhältnissen abhängt. Und mit solchen Möglichkeiten hat man unter pathologischen Bedingungen zu rechnen, mag physiologisch und klinisch die rein enterogene Entstehung der Urobilinkörperbildung einstweilen als einzige Möglichkeit erscheinen. Man sieht an den neueren von klinischer Seite mitgeteilten Fällen, daß diese Möglichkeit, die ich vor 19 Jahren experimentell begründete und bisher allein verfocht, tatsächlich besteht.

Einwände gegen die Beweiskraft meiner Versuche sind nicht ausgeblieben.[1]) Daß etwa eine fehlerhafte Operationstechnik vorgelegen habe, läßt sich aus der Wirkung der Operation selbst widerlegen, da ihr regelmäßig ein Freiwerden der Galle von den Urobilinkörpern folgte. Es hat sich auch nie ein neuer Weg zwischen Darm und Gallenblase gebildet, das zeigten die Obduktionen.

Schwieriger ist dem Einwand zu begegnen, daß bakterielle Zersetzungen eine Rolle dabei gespielt haben. Eine Gallenfistel ist für längere Zeit natürlich nicht aseptisch zu erhalten, man muß sogar annehmen, das schon wenige Tage nach der Operation eine bakterielle Verunreinigung in größere Tiefen hineindringt. Aber gerade in diesem Punkte liegt m. E., der sicherste Beweis, daß Bakterien keine Rolle spielen. Wenn es wirklich der Fall wäre, so bliebe es unverständlich, daß nicht auch sofort damit Urobilinkörper in der infizierten Galle aufträten. Wir sahen aber, daß die Hervorbringung dieser Urobilinkörperpigmentausscheidungen eine lange Zeit und große Geduld und Konsequenz in der Anwendung der Mittel erfordert, und daß man ohne Parenchymschädigung der Leber nicht dazu gelangt. Schon diese Überlegung und Beobachtung macht eine Mitwirkung bakterieller Natur für die Genese der Leberurobiline recht unwahrscheinlich.

---

[1]) NEUBAUER, O.: Diskussionsbemerkung. Verhandl. d. dtsch. Kongr. f. inn. Med. 25, 551. 1908.

Der zweite Punkt, der dagegen spricht, ist aber die strenge Abhängigkeit des Auftretens der Pigmente im unmittelbaren Anschluß an eine Giftwirkung spezifischer Art auf die Leber oder an die Überanstrengung ihrer farbstoffbildenden Fähigkeit, wie man sie so deutlich an der experimentellen Hämoglobinämiewirkung sehen kann. Sind diese toxischen oder funktionell überlastenden Momente aber vorüber, so hört die fehlerhafte Produktion der Farbstoffbildung durch die Leber auch wieder auf. Allerdings konnte man bei den Phosphor- und Amylalkoholwirkungen auch an eine vorübergehende direkte Parenchymstörung denken im Sinne einer Herabsetzung seiner Widerstandsfähigkeit auf die Hemmung von Bakterienentwickelung, wobei ein explosionsartiges Bakterienwachstum erfolgen könnte. So hat wenigstens NEUBAUER meine Experimente gedeutet. Ich habe dagegen zu sagen, daß man wohl ein Auftreten solcher Bakterienwucherungen kennt, nicht aber ein Verschwinden, wie ich es in meinen Fällen nach Abklingen der Vergiftungserscheinungen gesehen habe. Haben Bakterien einmal in einem Gewebe, vor allem einem sezernierenden Hohlraum Fuß gefaßt, so wissen wir aus allen nur möglichen medizinischen Erfahrungen, daß es überaus schwierig ist, sie daraus wieder zu entfernen, so z. B. bei Colipyelitis.

Schon diese Überlegung zeigt, daß ich mit einem Bakterienwachstum in meinen Fällen nicht ernstlich zu rechnen habe; ganz unmöglich kann man aber annehmen, daß eine einfache Hämoglobinämie für die Leberzelle eine gleiche Schädigung bedeutet wie die kombinierte Phosphor-Amylalkoholwirkung. Die Verarbeitung des Hämoglobins ist ja ein physiologischer Vorgang für die Leberzelle. Und trotzdem sieht man nach der Erzeugung der Hämoglobinämie ein ebenso reichliches Auftreten von Urobilinkörpern in der Galle, wie nach der rein toxischen Wirkung der obigen Gifte und man sieht genau so, wie nach dem Abklingen der toxischen Wirkung, ein Verschwinden der Urobilinkörper aus der Galle nach genügender Verarbeitung des gelösten Hämoglobins. Und dann tritt wieder die nur normale Produktion der Gallepigmente ein. Diese Beobachtung dürfte mit einer bakteriellen Einwirkung unvereinbar sein.

Aber ich bin noch weiter gegangen. Ich habe Galle von Tieren mit Dauerausscheidung von Urobilinkörpern und auch von Tieren mit nur vorübergehender derartiger Ausscheidung gewonnen und sie mit Hilfe eines feinen Gummikatheters tief in die Gallenwege von Tieren mit kompletter Gallenfistel, die schon lange bestand, aber bei denen noch nie eine Urobilinkörperproduktion auf Vergiftung oder Blutdissolution eingetreten war, eingespritzt. Ich dachte hierdurch die Gallenwege dieser Tiere, wenn wirklich Bakterienwirkung das Wesentliche in meinen Experimenten wäre, sicher infizieren zu können und sofort die Ausscheidung von Urobilinkörpern in diesen Gallen hervorzurufen. Das geschah aber nicht, sondern nach wie vor ließen diese Tiere die Ausscheidung der Urobilinpigmente in ihrer Galle vermissen, sowie die eingespritzte fremde Galle abgeflossen war, was schon nach wenigen Stunden der Fall gewesen ist. Eine bakterielle Wirkung scheint danach völlig ausgeschlossen.

Als letzter Punkt, der noch zu bedenken wäre, kommt noch in Betracht, daß die etwa verschieden große Menge der produzierten Galle eine Entwicklung der Bakterien durch Fortschwemmung verhindert habe. Eine Verminderung der Galle, wie sie unter der toxischen Phosphorwirkung sicher vorkommen kann, genüge dann nicht mehr, die Bakterien restlos auszuschwemmen und sie fingen dann an überall zu wuchern und die Urobilinpigmente zu bilden. Dem widerspricht sofort, daß die Gallenmenge nach experimenteller Hämoglobinämie stark steigt, und daß die Hunde mit chronischer Urobilinkörperproduktion dauernd eine größe, häufig sogar eine enorme Gallenproduktion zeigen, also eine vermehrte Ausschwemmungsmöglichkeit.

Auch möchte ich noch zu bedenken geben, daß schwerlich eine rein anaerobe Einwirkung, wie man sie für eine Bakterieneinwirkung der bilirubinumwandelnden Bakterien doch in Analogie ihrer Wirkung im Darmkanal fordern muß, eine nur temporäre sein kann, und daß die Versuchsanordnung der Gallenfistel den Mangel an Sauerstoff nicht garantiert.

Kommt nun noch ein anatomischer Befund, wie der von Cirrhoseentwicklung, wie ich ihn oben geschildert habe hinzu, eine Affektion also, von der man erfahrungsmäßig weiß, daß mit ihr die regelmäßigste pathologische Entstehung von Urobilinkörpern verbunden ist, so stellt meines Erachtens die Summe der angeführten Gründe einen geradezu zwingenden Beweis für die Möglichkeit einer hepatogenen, und zwar krankhaft hepatogenen Entstehung von Urobilinkörpern dar.

Aus solchen Ansichten hat man mir supponiert, daß ich stets für eine rein hepatogene Entstehung der Urobilinurie eingetreten wäre. Ich verwahre mich auch hier noch einmal ausdrücklich gegen eine solche durch nichts begründete Unterstellung. Eine solche Annahme kann nur auf einer völligen Unkenntnis oder aber absichtlichen Verkennung meiner Arbeiten beruhen.[1] Ich bin stets nur für die **Möglichkeit** einer hepatogenen Entstehung des Urobilins eingetreten und die Zeit scheint dieser Anschauung recht zu geben. Ganz besondere Umstände können diese Bildung der Urobilinkörper nur in Erscheinung treten lassen. Ich

---

[1] HILDEBRANDT, W.: Dtsch. med. Wochenschr. 1908.

glaube mich wahrhaftig nicht mißverständlich ausgedrückt zu haben.

In welcher Weise die Leber aber regelnd, und zwar maßgebend regelnd in den Urobilinstoffwechsel eingreift, dafür habe ich die experimentellen Grundlagen zu erbringen versucht, ohne welche auch eine ausgedehnte klinische Erfahrung und Beobachtung notwendigerweise lückenhaft bleibt. Die jetzt einsetzenden quantitativen Bestimmungen werden alsbald das richtige Licht über die Beteiligung der Leber am Urobilinwechsel verbreiten. An meinen Ergebnissen halte ich fest. Falls man nicht nur mit Worten, sondern auch durch das Experiment nachprüft, wird man nur zu **meinen** Ergebnissen gelangen. Und auch ihre Deutung wird schwer anders möglich sein, als die, welche sie durch mich erfährt.

Übrigens bin ich mit der Feststellung solcher Tatsachen nicht mehr allein. Eine neuere Durchsicht der Literatur zeigt mir, daß A. BECK[1] schon 1895 etwas Ähnliches gesehen hat. Er spritzte seinen Hunden mit kompletter Gallenfistel subcutan 25—60 ccm Blut ein, und sah dann in der Galle dieser Hunde Urobilin auftreten. Ich habe früher den BECKschen Versuchen eine Beweiskraft deshalb nicht zusprechen können, da er nirgends berichtet, daß er seine Tiere so verbunden hat, daß sie ihre Galle nicht auflecken konnten. Da seine Versuche aber sonst mit den meinen übereinstimmen, muß ich sie jetzt besonders erwähnen. Nun hat aber auch neuerdings LEPEHNE[2] bei einem Kaninchen, dem er den Ductus choledochus unterbunden hatte und bei dem „jede Urobilinausscheidung bereits seit Tagen" aufgehört hatte, am Tage vor dem Exitus eine Urobilinogen- und Urobilinausscheidung gesehen. Die Leber dieses Tieres ist ausweislich der beigegebenen Photographie durch eine äußerst starke Gallenstauung mit enorm erweiterten Gallengängen und mikroskopisch durch Nekroseherde und eine cirrhotische Veränderung der Leber sehr stark geschädigt. LEPEHNE schreibt: „Bei demselben Tiere hatte man den Eindruck, daß hier eine biliäre Cirrhose im Entstehen begriffen war." Und weiter: „Es ist daher dieser Befund mit der enterogenen Theorie der Urobilinentstehung nicht vereinbar, sondern spricht zugunsten der FISCHLERschen Anschauung, daß geschädigte Leberzellen ihrerseits Urobilin bilden können." Von einer Infektion der Gallenwege berichtet LEPEHNE nichts. Die Urobilinreaktion war fraglich, die EHRLICHsche Aldehydreaktion

---

[1] BECK, A.: Über Entstehung des Urobilins. Wien. 'klin. Wochenschr. Nr. 35. 1895.

[2] LEPEHNE, G.: Exper.-Untersuchungen zum mechanischen und dynamischen Icterus. Dtsch. Arch. f. klin. Med. 136, 101ff. 1921.

war aber positiv. Die Erklärung des Befundes muß nach LEPEHNE offen bleiben. Mir scheint, daß sie nicht anders zu erklären ist, als wie ich meine Befunde am Hunde erklärt habe. Die besondere Schädigung der Leber in diesem Falle ist doch evident und bedarf keines weiteren Kommentars. Ich scheine also allmählich Bundesgenossen zu erhalten.

Vor allem hat mir A. ADLER[1]) mitgeteilt, daß er meine Versuche am Gallenfistelhund unter aseptischer Auffangung der Galle wiederholt hat, und daß er nach Injektion von urobilinkörperfreier Galle und von Blut, in der vorher urobilinkörperfreien Galle der Gallenblasenfisteltiere nun reichlich Urobilin hat auftreten sehen. Weiter teilte er[2]) zwei Beobachtungen am Menschen mit, wo er bei Gallenfisteloperation reichliche Mengen von Urobilin (bis mehrere Gramm) in der Galle feststellen konnte. Der Urin und die Exkremente dieser Menschen enthielten aber nur ganz geringe Spuren von Urobilin. Im ärztlichen Verein Köln wurde von HOFFMANN[3]) weiter vor kurzem ein Fall vorgestellt, in dem bei 9 tägiger totaler Acholie eine starke Urobilinurie bestand.

Besonders wichtig sind aber neuere Beobachtungen an Neugeborenen geworden. L. LANGSTEIN[4]) hat in der Festschrift für SALKOWSKI bei einem Neugeborenenurin wenige Stunden nach der Geburt deutlich positive Urobilinogenreaktion beschrieben. BRULÉ[5]) teilte ebenfalls derartige Beobachtungen mit. An einem großen Materiale hat aber A. ADLER[6]) die Frage erst ganz kürzlich wieder geprüft. Unter 70 Neugeborenen fand er am vierten Lebenstag in zwei Fällen Urobilin im Harn, ohne daß der Darminhalt Urobilin enthielt. Er konstatierte ferner, daß die Meconiumstühle, „die vor jeglicher Nahrungsaufnahme entleert wurden, und bei denen eine Bakterienflora sicherlich noch keine Rolle spielt, in den meisten Fällen urobilinhaltig waren, während häufig in den späteren Milchstühlen auch trotz vorhandenem Icterus ein Nachweis des Pigments nicht gelang". Bei 76% der Neugeborenen ist im Harn und Stuhl gleichzeitig Urobilin vorhanden. PASSINI[7]) fand in der Gallenblase von Kindern, die unter der Geburt gestorben waren, öfter Urobilin, ohne daß Fäulnis eingetreten war. WALZEL und WELTMANN[8]) sahen endlich bei einer Patientin mit komplettem Choledochus-

[1]) ADLER, A.: Briefliche Mitteilung.
[2]) ADLER, A.: Zur Theorie der Urobilinogenie. Klin. Wochenschr. 1, 2506. 1922.
[3]) HOFFMANN: Münch. med. Wochenschr. 71, 630. 1924.
[4]) LANGSTEIN, L.: Ein Beitrag zur Kenntnis des weißen Stuhles. Salkowski-Festschrift.
[5]) BRULÉ: l. c. S. 223, Nr. 2.
[6]) ADLER, A. und GOLDSCHMIDT-SCHULHOFF, L.: Zentralbl. f. Gynäkol. 1924, S. 1520.
[7]) PASSINI: Wien. klin. Wochenschr. 1922.
[8]) WALZEL, P. u. WELTMANN, O.: Studien zur Gallensecretion bei einer Leber-Gallenfistel usw. Mitt. a. d. Grenzgeb. d. Med. u. Chirurg. 37, 437. 1924.

verschluß bei Zufuhr von urobilinfreier Eigengalle keine Urobilinurie eintreten, wohl aber sofort bei Zufuhr urobilonogenhaltiger Schweinegalle. Sie zweifeln auf Grund dieses Versuches die Beweiskraft des FR. v. MÜLLERschen Grundversuches an.

Ganz neuerdings ist es mir[1]) aber bei meinen Studien über die glykoprive Intoxikation gelungen, einen weiteren Beweis für eine extraintestinale Urobilinentstehung zu gewinnen. Die glykoprive Intoxikation läßt sich beim normalen Kaninchen durch Hunger und Phlorrhizin erzielen und es lassen sich die Tiere nach Ausbruch der toxischen Erscheinungen mit Traubenzuckerinjektionen auch retten. Die glykoprive Intoxikation gelingt aber nur, wenn die Tiere alle Körperreserven an Fett usw. aufgebraucht haben, da die Leber aus diesem Materiale Zucker bildet. Es besteht also für solche Lebern die Aufgabe, durch Umwandlung anderen Materiales Zucker zu bilden; sie kommen dem auch nach bis zur Erschöpfung, werden dabei aber funktionell überaus beansprucht und schließlich selbst geschädigt, da sich bei der Mehrzahl dieser Tiere größere und kleinere Lebernekrosen entwickeln. Mit dem Eintritt der Schädigung tritt nun Urobilinurie auf, namentlich aber kommt es unmittelbar im Anschluß an die Rettung der Tiere zu sehr starker Urobilinurie. Die Regelmäßigkeit ihres Auftretens bei experimentell genau festliegenden Bedingungen legte den Gedanken nahe, dasselbe Experiment an Tieren zu wiederholen, die durch Unterbindung und Durchschneidung des Ductus choledochus keinen Gallenzufluß in den Darm mehr hatten, und bei denen folglich eine enterogene Urobilinentstehung nicht stattfinden konnte. Aseptische Operation und Nichtanlegung einer Gallenfistel schützte vor bakterieller Infektion. Bei dieser Vorbereitung des Versuches wurde dann ebenfalls die glykoprive Intoxikation erzeugt. Drei derartige Tiere konnten durch Traubenzuckerinjektionen gerettet werden. Es trat auch bei ihnen eine starke Urobilinausscheidung namentlich im Anschluß an die Rettung auf. Diese Urobilinurie kann nicht enterogenen oder bakteriellen Charakters sein, sondern nur hepatogenen.

Gerade der Kliniker sollte nicht vergessen, daß es eine Reihe von Tatsachen gibt, die mit der rein enterogenen Entstehung der Urobilinpigmente schwer vereinbar sind. Vor allem das häufige Auftreten der Urobilinurie bei vermindertem Gallenzustrom in den Darm, wie das zu Beginn des Icterus die Regel ist. Einen besonders instruktiven

---

[1]) FISCHLER, F.: Zur hypoglykämischen Reaktion und zur Zuckerverwertung im Organismus. Vortrag auf der Naturforscherversammlung Innsbruck 1924. — FISCHLER, F. und OTTENSOOSER, F.: Zur Theorie der Urobilinentstehung. Dtsch. Arch. f. klin. Med. 146, 305. 1925. Vortrag im ärztlichen Verein München. . Münch. med. Wochenschr. 71, 1702. 1924.

Fall dieser Art habe ich beschrieben.[1]   Ähnliches läßt sich aus den quantitativen Duodenanalysen von STRAUSS und HAHN[2] ableiten, ferner aus dem regelmäßigen Auftreten von Urobilinurie bei Cirrhosis hepatis, wobei weder von einem vermehrten Untergang des Blutes etwas bekannt ist, noch von vermehrtem Gallenzufluß, wobei aber eine Parenchymstörung der Leber wohl auch dem größten Zweifler nicht zweifelhaft sein kann.   Weiter aus der heute sicherstehenden Tatsache, daß ein Parallelgehen der Stuhlurobilinwerte mit gleichsinniger Stärke oder Schwäche der Urobilinurie in vielen Fällen nicht zu beobachten ist. Wohl aber liegt dann meist eine sehr deutliche Leberstörung vor. Das alles sind Momente, die der Aufklärung noch harren.

Ich habe mir natürlich auch weiterhin eine Meinung über alle diese widerspruchsvollen Befunde zu bilden versucht.   Man wird ja immer wieder von dem Argumente geschlagen, daß eine Freiheit des Darmes von Urobilinkörpern, mit ihrem gleichzeitigen Verschwinden sowohl im Harn, wie in der Gallenblase einhergeht.   Dort stutzte auch ich immer wieder, so viel ich selbst nach meinen Experimenten für die Möglichkeit der hepatogenen Urobilinbildung beizutragen versuchte.   Aber eine Erklärung dieser Befunde erscheint mir heute nicht mehr so sehr aus allem Bereich der Möglichkeit, wie früher. Ich möchte meinen jetzigen Erklärungsversuch allerdings mit aller Reserve geben.   Nehmen wir an, daß die urobilinumwandelnde Fähigkeit der Leber eine bestimmte Größe hat, so kann sie dieser genügen, sei es, daß das urobilinogene Material aus dem Darme, sei es, daß es aus dem Hämoglobin direkt entstammt, sei es aus beiden Quellen.   Verschwindet die Darmurobilinquelle, so hat die Leber noch eine bestimmte Restfähigkeit einer richtigen Verarbeitung des Blutanteils rein zu Bilirubin.   Harn, Galle und Darm sind dann frei von Urobilinkörpern.   Trifft die Leber aber in dieser Zeit eine neue Schädigung, in meinen Fällen Phosphorvergiftung, Amylalkoholvergiftung, Überlastung der richtigen Blutfarbstoffverarbeitung durch die Leber bei starker experimenteller Hämoglobinämie oder funktionelle Überbeanspruchug bei glykopriver Intoxikation, so leidet auch noch diese Restfähigkeit der Leber zu einer richtigen Verarbeitung des Hämoglobinanteiles darunter.   Nun kann sie unter diesen ganz bestimmten Bedingungen tatsächlich mit ihrem Restvermögen der richtigen Verarbeitung des Blutes wegen ihrer erneuten vermehrten funktionellen Schädigung dieser Funktion nicht mehr richtig genügen, es tritt Urobilinkörperbildung in der

____

[1] FISCHLER, F.: Über die Wichtigkeit der Urobilinurie für die Diagnose der Leberkrankheiten.   Münch. med. Wochenschr. 55, 1421. 1908.

[2] STRAUSS, H. und HAHN, L.: Über Urobilin im Duodenalsaft. Ebenda. 67, 1286. 1920.

Galle auf, verschwindet aber wieder, wenn die toxische Wirkung abgeklungen ist oder die Arbeitsüberlastung durch Verarbeitung des zugeführten Hämoglobins aufgehört hat.

Mit einer solchen Erklärung würden sich sehr wohl auch die klinischen Unstimmigkeiten der rein enterogenen Urobilinentstehung klären lassen, die doch für einen vorurteilsfreien Beobachter tatsächlich nicht zu leugnen sind!

Man wird in Zukunft höchst wahrscheinlich bei der klinischen Beurteilung der Urobilinurie mit zwei Faktoren zu rechnen haben, einmal mit ihrer sicher nachgewiesenen und beherrschenden enterogenen Entstehung, dann aber noch mit dem Verhalten der Leber. Die Leber ist dem doppelten Ansturm der Zufuhr der Urobilinkörper aus dem Darme und einer eventuell durch die geschädigte Leberfunktion herabgeminderten Fähigkeit einer richtigen Verarbeitung sowohl der Urobilinkörper, wie des der Leber zugeführten aufgelösten Blutfarbstoffes nicht stets gewachsen. Um so leichter kann es dann zu einer Insufficienz sowohl der Haftungsfähigkeit der Urobilinkörper in ihr, als auch zu einer unrichtigen Verarbeitung kommen. Das Resultat aus beiden Komponenten ist die Urobilinurie.

Ja es erscheint mir nicht unmöglich, daß solche Einwirkungen unter abnormen Bedingungen vielleicht imstande sind uns die tatsächlich im Körper verlaufenden Aufspaltungen des Hämoglobins näher zu bringen.

Die schönen Arbeiten von H. FISCHER[1]), neben denen von W. KÜSTER[2]) von PILOTY, R. WILLSTÄTTER und vielen anderen, auf die ich hier nicht näher eingehen kann, haben ja erst so recht deutlich die vielfältigen Möglichkeiten der chemischen Umsetzungen des Hämoglobins angebahnt. Wer weiß, ob nicht der letzte Aufbau des Bilirubins nur durch tiefgehende Spaltung des Hämoglobins und nachfolgende Synthese möglich ist? Weist doch die Reabsorption der Urobiline durch die Leber darauf hin, daß Umsetzungen in ihr stattfinden, da sonst eine Stauung dieser Körper in der Leber unvermeidlich wäre und hiermit eine Überschwemmung des Körpers mit ihnen, wie man sie unter pathologischen Verhältnissen tatsächlich bemerkt. BRUGSCH und RETZLAFF[3]) haben sogar eine Synthese des Hämoglobins unter Mitwirkung des Urobilins im Knochenmark diskutiert!

Mit einer gewissen Verwunderung muß man aber die Bestrebungen ansehen, die aus der Bestimmung des Koturobilins bzw. Urobilinogens

<hr>

[1]) FISCHER, H. und Mitarbeiter: Zeitschr. f. physiolog. Chem. **77**, 85. 1912; **81**, 6. 1912; **83**, 50. 1913; **84**, 262. 1913; **84**, 264. 1913; **87**, 285. 1913; **88**, 9. 1913.

[2]) KÜSTER, W. und Mitarbeiter: Ebenda **86**, 51. 1913: **86**, 185. 1913 (auch frühere Lit.).

[3]) BRUGSCH, TH. und RETZLAFF, K.: l. c. S. 221, Nr. 1.

allein — denn nur dieses soll in den Exkrementen vorkommen — eine Unrichtigkeit, auf die ich schon hinwies, einen Rückschluß auf die Größe der Zerstörung des Hämoglobins im Körper machen wollen.[1] Hier sehe ich nur Bedenken über Bedenken. Nach meinen Beobachtungen weiß ich, daß der normale Kot stets große Mengen von Urobilin enthält. Diese werden durch die EPPINGER-CHARNASS-Methode nicht mitbestimmt. Aber auch abgesehen von diesen prinzipiell methodischen Bedenken, muß man sich darüber doch ganz klar sein, daß ein quantitativ gar nicht abschätzbarer Teil der Urobilinkörper durch Reabsorption aus dem Darme verschwindet. Dieser einer noch so sicheren quantitativen Bestimmung stets entgehende Anteil der Urobilinkörper ist aber doch letzten Endes ebenfalls aus Hämoglobin entstanden, daher gibt eine Koturobilinbestimmung nie und nimmer ein richtiges Bild der tatsächlichen Blutmauserung. Dann wissen wir noch immer nicht, wie ich schon oben betonte, was die Leber eigentlich mit den von ihr reabsorbierten Urobilinkörpern macht. Sie werden zum Teil doch wieder in der Galle ausgeschieden. Es bleibt also auch unklar, ein wie großer Anteil der resorbierten Urobilinkörper wieder unverändert in den Darm gelangt. Sie könnten so zum zweiten Male als Blutmauserungsanteil gelten. Man kennt die Tatsache eines Kreislaufes der Urobiline zwischen Darm, Blut und Leber sehr genau, man kennt aber nicht die Abhängigkeitsverhältnisse dieses Kreislaufes.

Aus allen diesen Gründen habe ich auch davon Abstand genommen am Menschen die Blutmauserung an quantitativen Urobilinbestimmungen der Exkremente auszuführen. Man hätte solche Versuche nur an Tieren mit kompletter Gallenfistel durchführen können. Eine quantitative Gewinnung der gesamten Galle solcher Tiere ist aber sehr schwierig.

Die Verfolgung der Umwandlungsprodukte des Bilirubins haben für die Erkenntnis der gesamten Leberfunktionen eine ganz ungeahnte Bedeutung erhalten, wie ich[2] das schon früher aussprach, heute aber um so mehr betonen möchte.

Nochmals möchte ich auf die große Bedeutung der Wichtigkeit der Urobilinurie hinweisen, auf die W. HILDEBRANDT[3] mit Recht ebenfalls so großes Gewicht legt. Ich verkenne nicht die Förderung, die speziell diese Seite der Frage durch seine konsequente Arbeit auf unserem Gebiet erfahren hat. Man kann aber andererseits auch nicht

---

[1] EPPINGER, H.: Die hepato-lienalen Erkrankungen. Berlin: Julius Springer. 1920. 84 ff.

[2] FISCHLER, F.: Über die Wichtigkeit der Urobilinurie für die Diagnose der Leberkrankheiten. Münch. med. Wochenschr. 55, 1421. 1908.

[3] HILDEBRANDT, W.: Über Vorkommen und Bedeutung des Urobilin usw. Ebenda. 56, 710. 1909.

verkennen, daß er Dinge für sich in Anspruch nimmt, die ihm nie und nimmer zukommen. Andere haben sich um die Grundlagen unserer Vorstellungen über die Bedeutung des Urobilins schon weit vor ihm bemüht (Frd. v. Müller[1]), oder haben wie ich[2]) ganz andere Wege namentlich durch das Experiment dafür eingeschlagen. Ich glaube aussprechen zu dürfen, daß meine Anschauungen, wofür ich mich seit Jahren eingesetzt habe und noch einsetze, allmählich und sicher an Boden gewinnen.

Die Experimente ergaben mit aller Sicherheit, daß die Leber einen absolut maßgebenden Einfluß auf die Regelung des Urobilinkörperwechsels hat. Man besitzt daher an dem Auftreten einer Urobilinurie einen bisher durch keine andere Untersuchungsmethode übertroffenen Ausdruck für die Schädigung des Leberparenchyms. Die Beachtung dieses Zeichens wird einstweilen mangels anderer gleichwertiger, der Leitstern für die Überwindung der vielen Hindernisse in der Leberpathologie bilden. Besonders beachtenswert erscheint mir, daß die Beobachtungen über den normalen Urobilinkörperwechsel ausschließlich Beziehungen zu Leber und Darm ergeben haben. Ich hatte in meinen Experimenten noch andere Genesen in Betracht zu ziehen versucht und kann sagen, daß ich aus den in dieser Richtung angestellten Experimenten nur die Antwort erhalten habe, daß sonstige Modi der Urobilinkörperbildung offenbar nicht existieren.

Auch Magnus-Levy[3]) hat z. B. bei der postmortalen Autolyse nur bei der Leber ein reichliches Auftreten von Urobilin im Autolysenbrei gefunden. Mir ist dabei sogar noch fraglich, ob hier eine postmortale Leberenzymwirkung vorgelegen hat oder nur ein Freiwerden schon vorher in den Gallenwegen vorhandenen Urobilins.

Jedenfalls darf man mit Sicherheit aussprechen, daß alle bisher bekannten Tatsachen über Urobilinkörperbildung allein mit der Leber und dem Darme in Beziehung gesetzt werden können. Das ist auch noch für die Vorstellungen, die man sich neuerdings über die Entstehung des Icterus durch die Wirkung des Reticulo-Endothels gemacht hat und worauf ich ja ausführlich schon einging (s. S. 204 ff.) wichtig. Wenn man sieht, daß die Verarbeitung der Umwandlungsprodukte des Bilirubins eine ausschließliche Funktion der Leber ist, und daß sie allein von ihr im Gallenstoffwechsel wieder richtig verarbeitet werden können, so gestalten sich auch die Bilirubin-Leberbeziehungen ungezwungen zu leberspezifischen Funktionen. Hätte das Reticulo-Endothel die ausschließliche Funktion der Bilirubinbildung, so könnte bei seiner

---

[1]) v. Müller, Frd.: l. c. S. 213, Nr. 3.
[2]) Fischler, F.: l. c. S. 3, Nr. 1.
[3]) Magnus-Levy, A.: Über Säurebildung bei der Autolyse der Leber. Hofmeisters Beiträge **2**, 261. 1902.

Verbreitung im ganzen Körper sein vikariierendes Eintreten für die geschädigte Leber nicht verborgen bleiben. In Anbetracht der erwähnten Theorie von Aschoff, MacNee, Eppinger, Lepehne u. a. ist eine solche Feststellung nicht gleichgültig.

Fasse ich die Ergebnisse über die Betrachtung des Bilirubinwechsels in seinen Umwandlungen und seine Beziehungen zur Leber nochmals kurz zusammen, so sieht man die absolut konstanten Beziehungen zum Hämoglobin, das die Muttersubstanz des Bilirubins ist. Man muß heute daran festhalten, ich möchte sagen wieder daran festhalten, daß die Bilirubinbildung eine leberspezifische Funktion ist. Es ist möglich, daß die Leber auch direkte Wirkungen auf die roten Blutkörperchen hat. Die Umwandlung des Bilirubins zu Urobilinkörpern im Darme, ihre teilweise Resorption mit dem Blutstrom und Reabsorption in der Leber, die unter normalen Funktionsverhältnissen der Leber nahezu quantitativ ist, ihre weitere noch nicht übersehbare Umwandlung in der Leber (zu Bilirubin?) oder Zerstörung daselbst und ihre teilweise Wiederabscheidung durch die Galle, zeigen deutlich einen Kreislauf von Gallebestandteilen zwischen Darm, Blut, Leber, Galle, Darm. Eine völlige Unterbrechung des Abflusses der Galle in den Darm bewirkt eine Unterbrechung dieser Umwandlungen und ein Verschwinden der Urobilinkörper aus der Galle, womit dieser Kreislauf wohl am sichersten bewiesen ist. Eine abnorme Funktion der Leber ergibt sich am sichersten aus dem teilweisen Verluste ihrer Reabsorptions- und Zerstörungsfähigkeit für Urobilinkörper, die ihr zugeführt werden und stellt das feinste Reagens auf eine Funktionsstörung der Leber dar, das wir einstweilen besitzen.

Als Ausdruck dieser Funktionsstörung der Leber tritt Urobilinurie und Urobilinogenurie auf. Darauf beruht auch die große klinische Wichtigkeit dieses Zeichens und seine Häufigkeit gibt uns eine Vorstellung über die Häufigkeit von Leberstörungen bei allen möglichen Krankheitszuständen.

Unter ganz besonderen und seltenen Verhältnissen hat man aber auch mit einer teilweisen Entstehung der Urobilinkörper in der Leber selbst zu rechnen und es ist wahrscheinlich, daß erst besondere Bedingungen den Zustand der Leberparenchymzellen schaffen, die nicht nur die Haftungsfähigkeit der Urobilinkörper in der Leber verringern, sondern auch die Möglichkeit ihrer Umwandlung oder Zerstörung durch die funktionelle Tätigkeit der Leberzellen selbst. Eine Bestätigung dieser Ansichten liegt nach neueren klinischen und experimentellen Mitteilungen vor. Mehr, wie je muß daher der Leber bei bestehender Urobilinurie die größte Aufmerksamkeit geschenkt werden.

Über die tatsächliche Mitwirkung der Leber am Urobilinhaushalt werden nur vergleichende quantitative Untersuchungen von Harn- und Koturobilinwerten verläßliche Aufschlüsse geben.

Die Kombination einer entero-hepatogenen Theorie der Urobilinkörperentstehung entspricht wohl am weitgehendsten den tatsächlichen Verhältnissen.

Unsere nächste Betrachtung über die normalen Bestandteile der Galle muß den Gallensäuren und gallensauren Salzen gelten. Wie das Bilirubin und die Urobilinkörper sind sie regelmäßig in der normalen Galle zu finden. Auch bei ihnen erhebt sich sofort die Frage, ob sie leberspezifische Stoffe sind. Die Galle enthält sie hauptsächlich in Form der Natriumsalze der Glykocholsäure und Taurocholsäure.

Die Leberspezifität geht wiederum am sichersten aus der Tatsache hervor, daß die Exstirpation der Leber keine Anreicherung dieser Stoffe im Blut oder dem Urin verursacht. An Fröschen sind die Beweise dafür durch JOHANNES MÜLLER[1]), KUNDE[2]) und MOLESCHOTT[3]) meines Erachtens längst und mit Sicherheit erbracht. MOLESCHOTT, dessen Tiere bis zu 21 Tage am Leben blieben, dürfte besonders zur Sicherung dieser Frage beigetragen haben. Weder im Blute, noch den Geweben, noch dem Urin, noch der Lymphe, noch dem Magensaft konnte die PETTENKOFERsche Reaktion bei solchen Tieren festgestellt werden. Wenn die Leber rein als Excretionsorgan für die Gallensäuren wirkte, dann hätte eine Anreicherung dieser Stoffe irgendwo im Körper stattfinden müssen. Die am Frosche gewonnene Einsicht stimmt nun auch mit sonstigen Beobachtungen am Menschen und an Tieren überein, so daß die Schlüsse der am Frosche gewonnenen Ergebnisse allgemein für die Physiologie herangezogen werden dürfen. Einmal gelten für die Cholate genau dieselben Bedingungen eines Kreislaufes zwischen Leber, Darm, Galle, Portalblutstromgebiet, Leber, wie für die Urobilinkörper, nur mit dem Unterschiede, daß die Produktion der Gallensäuren, bei kompletter Gallenfistel natürlich, genau wie auch die Bilirubinproduktion anhält, sie also sicher in der Leber entstehen; weiter läßt sich auch an experimentellen und klinischen sicheren Gallenstauungen zeigen, daß die Leber unter diesen Umständen die Gallensäuren nicht mehr, wie in der Norm zurückhält, sondern ins Blut passieren läßt, wo sie dann

---

[1]) MÜLLER, JOHANNES: l. c. S. 49, Nr. 2.

[2]) MOLESCHOTT, J.: l. c. S. 49, Nr. 1.

[3]) KUNDE: De hepatis ranarum exstirpatione. Diss. inaug. Berolinensis 1850.

im Blute und dem Harn nachweisbar werden. Am nachdrücklichsten hat
STADELMANN[1]) sich für die Existenz des Kreislaufes dieser Gallenbestandteile eingesetzt. Aber auch SCHIFF[2]) und viele andere, die ich hier
nicht alle anführen kann, haben zu dieser Erkenntnis beigetragen.
NAUNYN[3]) fand eine Ausscheidung eingeführter Cholate zum größten
Teil durch die Galle, zu sehr geringem durch den Harn, ein anderer Teil
wird nach ihm im Organismus zerstört. Normalerweise überschreiten
also die Cholate wohl bis auf Spuren die Leber nicht. Sie hat die
Fähigkeit, sie vom allgemeinen Blutstrom fernzuhalten. Diese Fähigkeit der Leber ist unserem heutigen pathologisch-physiologischem Verständnis auch leichter begreiflich, weil wir wissen, daß die Cholate
schon in einer geringen Konzentration allerlei toxische Wirkungen auf
den Organismus haben. Wir kennen das vor allem aus den klinischen
Wirkungen länger dauernden Stauungsicterus, für den ja der Nachweis
von Gallensäuren im Blute und dem Urin gesichert ist. Daß die Gallensäuren hierbei eine besondere Rolle spielen, verdankt man vor allen
den Untersuchungen von RYWOSCH[4]) und NAUNYN[5]). Eine der kon-
stantesten Erscheinungen des länger dauernden stärkeren Stauungsicterus ist die bekannte Pulsverlangsamung. Welchen Grad der Kon-
centration die Gallensäuren im Blute dabei annehmen müssen, ist aber
nicht bekannt. Hierüber existiert eine ganze Literatur, die einzeln anzuführen, hier zu weit gehen würde, und die weit mehr von Interesse
für die Herzphysiologie ist. Es ist noch unentschieden, ob eine Schädigung des Herzmuskels oder eine Wirkung auf die Herzganglien vorliegt,
oder eine Reizung der herzhemmenden Fasern des Vagus, oder alle diese
Dinge in irgendeiner Kombination. FRERICHS[6]) weist darauf hin, daß
die Pulsverlangsamung verschwindet, sobald Entzündungen oder ander-
weitige akute Prozesse sich dem Icterus komplizieren.

Vor allem müssen aber die hämolytischen Einwirkungen der Cholate
hervorgehoben werden. Wir sahen schon, daß die Leber eine Fähigkeit zur Auflösung roter Blutkörperchen hat, man kennt aber den
Mechanismus dafür nicht. Hier begegnet uns ein leberspezifisches
Produkt, welches zweifellos hämolytische Eigenschaften hat, die sich
im Reagenzglas genau quantitativ verfolgen lassen. Die Möglichkeit

---

[1]) STADELMANN, E.: Über den Kreislauf der Galle im Organismus. Zeitschr.
f. Biol. 1896. 1. (Jubelband für Kühne.)

[2]) SCHIFF, J. M.: Über das Verhältnis d. Leberzirkulation zur Gallenbildung.
Schweiz. Zeitschr. f. Heilk. 1861.

[3]) NAUNYN, B.: Beiträge zur Lehre vom Icterus. Arch. f. Physiol. 1868.

[4]) RYWOSCH: Vgl. Untersuchungen über die giftige Wirkung der Gallensäuren.
Arb. d. pharm. Inst. in Dorpat. Von Kobert. 2, 102. 1888.

[5]) NAUNYN, B.: Die Gallensteinkrankheiten. Verhandl. d. dtsch. Kongr. f.
inn. Med. 10, 30. 1891.

[6]) FRERICHS, TH.: Klinik der Leberkrankheiten. 1, 116. 1861.

eines Zusammenwirkens läßt sich da nicht ohne weiteres von der Hand weisen.

Unter den Bedingungen der Eckschen Fistel bei gleichzeitiger Unterbindung des Ductus choledochus fand NASSAU[1]) innerhalb der ersten Tage dieser bestehenden Versuchsanordnung eine sehr beträchtliche Abnahme der roten Blutkörperchen um etwa 2 000 000. Später sank die Zahl der Erythrocyten nicht mehr. NASSAU nimmt eine Anhäufung von Cholaten im Blute deshalb an, weil unter den Bedingungen der E. F. weniger Blut in die Leber gelangt, sie also auch weniger Cholate ausscheiden oder anderweitig verarbeiten kann, wie das ihr sonst bei Icterus noch möglich ist. Man darf aus den Untersuchungen von NAUNYN[2]) annehmen, daß die Leber einen Teil der zugeführten gallensauren Salze wieder zerstört. Diese Zerstörung ist in gleichem Umfange beim E. F.-Hunde nicht mehr wahrscheinlich und daher erfolgt eine Anhäufung der Cholate, deren quantitative Bestimmung damals leider noch nicht ausführbar war. Daß die Zahl der roten Blutkörperchen nicht mehr weiter sank, ist wohl auf ihre erworbene größere Resistenz der Hämolyse gegenüber zurückzuführen, die ja im Icterus sichergestellt ist. Es ist nicht unmöglich, daß der Cholatspiegel des Blutes eine ausschlaggebende Wirkung bei der Blutkörperchenauflösung hat, allerdings neben anderen Einflüssen, auf die ich alsbald zu sprechen kommen werde.

Die hämorrhagische Diathese des schweren Icterus dürfte aber ebenfalls zum Teil einer erhöhten Cholatkonzentration zur Last zu legen sein.

Weiter kennt man noch Einwirkungen der Cholate auf das Zentralnervensystem, die für das Krankheitsbild der Cholämie nicht gleichgültig sein dürften, ebensowenig wie die Tatsache, daß Cholate auf die Produktion des Fibrinferments hemmend wirken. Endlich schreibt man den häufig so überaus quälenden Pruritus bei Icterus mit mehr oder weniger Recht der Anhäufung der Gallensäuren im Blute zu.

Wir sehen also, daß das Hineingelangen von gallensauren Salzen in den allgemeinen Körperkreislauf durch die Leber in einer Weise verhindert wird, die unser physiologisch-pathologisches Kausalitätsbedürfnis in einem wesentlichen Maße zu befriedigen imstande ist. Aber das sind sicher nur allererste Anfänge einer Erkenntnis. Man beobachtet auch Fälle von Icterus, wo man gar keine Gallensäurestauung im Blute und auch keine Ausscheidung im Urin findet. Hat man doch darauf eine Unterscheidung des mechanischen und hämatogenen Icterus aufgebaut.

Es wird heute allgemein angenommen, daß der hämolytische Icterus weder mit einer Anhäufung der Cholate im Blute, noch mit einer ver-

---

1) NASSAU: l. c. S. 199, Nr. 1.
2) NAUNYN, B.: l. c. S. 238, Nr. 5.

mehrten Gallensäureausscheidung im Urin einhergeht (EPPINGER)[1]. Unter welchen Umständen die Cholate durch eine krankhafte Funktion der Leberzellen, ähnlich den Urobilinkörpern, ins Blut übertreten, das entzieht sich einstweilen noch unseren Kenntnissen. Es ist nicht ausgeschlossen, daß Löslichkeitsbedingungen und andere physikalisch-chemische Einwirkungen dabei eine Rolle spielen.

Nachdem neuerdings vor allem durch die Untersuchungen von WINDAUS[2] und WIELAND[3] gezeigt werden konnte, daß eine weitgehende chemische Verwandtschaft zwischen Cholesterin und Gallensäuren besteht und sich der Stammkohlenwasserstoff des Cholesterins, das Cholestan, nur durch das Vorhandensein einer Isopropylgruppe von der Struktur der Cholsäure unterscheidet, lag es nahe, daran zu denken, ob nicht ein Zusammenhang zwischen Cholesterinaufnahme und Gallensäureausscheidung besteht. Nach den Untersuchungen von THANNHAUSER, V. MILLER, SCHABER und MONCORPS[4] ist das nicht der Fall, da der Stoffwechsel beider Körper unabhängig voneinander verläuft.

Es interessiert aber besonders im Glykokoll und Taurin, die sich bei der Spaltung dieser Säuren bilden, neben dem stickstofffreien Rest der Chol- bzw. Cholalsäure, Eiweißspaltprodukten zu begegnen. Man findet also wiederum eine Verknüpfung der Lebertätigkeit mit dem Eiweißstoffwechsel. Im Taurin, das dem Cystin sehr nahe steht, liegt ein schwefelhaltiges Eiweißspaltprodukt vor. Die genauere Bildung der Taurocholsäure durch die Lebertätigkeit verfolgte V. BERGMANN[5]. Er verfütterte die Vorstufen an Hunde mit kompletter Gallenfistel und fand regelmäßig ein Ansteigen der durch die Galle ausgeschiedenen Taurocholsäure. WOHLGEMUTH[6] hat die Versuche V. BERGMANNs bestätigt. Die Erklärung für die beobachteten Versuchsresultate ist einfach die, daß die Resorption der beiden Paarlinge, Cholsäure und Cystin, nach ihrer Resorption in der Leber zu Taurocholsäure synthesiert wurden, die dann durch die Galle ausgeschieden wird. Von

---

[1] EPPINGER, H.: Die Pathogenese des Icterus. Verhandl. d. dtsch. Ges. f. inn. Med. **34**, 13. 1922.

[2] WINDAUS, A.: Ber. d. Dtsch. Chem. Ges. **53**, 488. 1920.

[3] WIELAND, H. und Mitarbeiter: Hoppe-Seylers Zeitschr. f. physiol. Chem. 108—120.

[4] THANNHAUSER, S. J., V. MILLER, P., SCHABER, H. und MONCORPS, C.: Über den Cholesterinwechsel und seine Beziehungen zur Gallensäureausscheidung. Verhandl. d. dtsch. Ges. f. inn. Med. **34**, 68. 1922.

[5] V. BERGMANN, G.: Die Überführung von Cystin in Taurin im tierischen Organismus. Hofmeisters Beitr. **4**, 192. 1904.

[6] WOHLGEMUTH: Über die Herkunft der schwefelhaltigen Stoffwechselprodukte im tierischen Organismus. Hoppe-Seylers Zeitschr. f. physiol. Chem. **40**, 81. 1903.

KUNKEL[1] und von SPIRO[2] wurde schon früher nach Eiweißzufuhr eine Erhöhung der Schwefelausscheidung in der Galle festgestellt, so daß die Annahme berechtigt erscheint, das der Taurinanteil der Taurocholsäure in der Norm aus dem Schwefel der Nahrung stammt.

Diese älteren Befunde stehen also in Übereinstimmung mit den Untersuchungen von THANNHAUSER[3]), der die Gallensäuren als rein physiologisches Secret der Leber auch nach seinen Untersuchungen auffaßt.

Die physiologisch wesentlichste Funktion der Gallensäuren darf man aber sicherlich in ihrer besonderen Wirkung auf die Löslichkeitserhaltung einer Reihe von Stoffen im Darmkanal sehen. Von der Überführung der Fette in einen löslicheren Zustand habe ich ja schon beim Kapitel Leber und Fettstoffwechsel gesprochen. Aber auch das Bilirubin wird durch die Gallensäuren in Lösung gehalten, worauf FRD. v. MÜLLER[4]) schon vor Jahren aufmerksam machte. Bilirubin in etwas Natronlauge gelöst dem Urin zugesetzt fällt quantitativ aus, sowie man die Natronlauge durch HCl wieder absättigt. Dagegen gelingt die kolloidale Lösung von Bilirubin im Harn sofort nach Zusatz von Taurochol- oder Glykocholsäure.

Daß diese bemerkenswerte Eigenschaft der gallensauren Salze größtenteils auf ihrer Wirkung der Herabsetzung der Oberflächenspannung beruht, ist nicht zu bezweifeln. Macht man doch davon neuerdings einen Gebrauch für ihren Nachweis durch die HAYsche Schwefelblumenmethode, die darin besteht, daß man Sulfur depuratum oder resublimatum in kleiner Quantität auf Urin aufstreut. Sind nach 5—20 Minuten Körnchen auf den Boden des Gefäßes gesunken und hat sich ein Randschleier gebildet, so beweist dies, daß Stoffe im Urin vorhanden sind, die die Oberflächenspannung herabsetzen. Regelmäßig ist dies nach MÜLLER[5]), LEPEHNE[6]) und anderen, namentlich französischen Autoren beim Icterus durch Stauung oder durch Cholangitis zu finden, wo also Gallensäuren im Urin sicher auch durch sonstige Methoden nachweisbar sind. Aber die Probe ist gelegentlich auch positiv bei gewissen Leberstörungen, die ohne Icterus einhergehen, so nach Chloroformnarkose, bei der atrophischen Lebercirrhose, Lebertumoren und Leberlues. Die Gallensäuren sollen aber fehlen beim hämolytischen Icterus. Sehr wohl könnten

---

[1]) KUNKEL, A.: Über das Verhältnis der mit dem Eiweiß verzehrten zu der mit der Galle ausgeschiedenen Schwefelmenge. Verhandl. d. königl. sächs. Akad. d. Wiss. mathem.-phys. Klasse **27**, 232. 1877.

[2]) SPIRO, K.: Über die Gallenbildung beim Hunde. Du Bois Arch. f. Phys. Supl. Bd. **50**. 1880.

[3]) THANNHAUSER, S. J.: Über den Cholesterinstoffwechsel. Dtsch. Arch. f. klin. Med. **141**. 1922.

[4]) v. MÜLLER, FR.: l. c. S. 213, Nr. 3.

[5]) MÜLLER, HERMANN: Schweiz. med. Wochenschr. 1921, Nr. 36. 1922, Nr. 5.

[6]) LEPEHNE, G.: l. c. S. 2, Nr. 1.

solche Beobachtungen auf der verminderten Reabsorptionsfähigkeit der
Leber für gallensaure Salze beruhen und würden somit für die Beurteilung der Leberfunktion, auf eine Stufe mit der Urobilinurie zu stellen sein. Jedenfalls sind weitere Mitteilungen zu diesem Punkte abzuwarten, von dem ich vermute, daß er für die Erkenntnis der Leberfunktionen sehr wichtig werden wird, wie dies auch MÜLLER, vielleicht
aber etwas verfrüht, betont.

Von weiteren regelmäßigen Gallebestandteilen kommt nun vor allem
noch dem Cholesterin ein besonderes Interesse zu.

Als leberspezifische Substanz ist das Cholesterin nicht anzusprechen,
sondern die Leber dient dafür als Ausscheidungsorgan. Darin stimmen
alle Untersucher überein. Es besteht eine deutliche Abhängigkeit des
Cholesterinspiegels des Blutes von der Aufnahme mit der Nahrung.
Durch die sehr exakte Bestimmung des Cholesterins nach der Digi-
toninmethode von WINDAUS[1]) wird freies und gebundenes Cholesterin nebeneinander bestimmt. Sie ist sowohl für Gewebe, wie für
Flüssigkeiten geeignet. Eine für klinische Zwecke bedeutend einfachere
Bestimmungsmethode ist aber die nach AUTHENRIETH und FUNK[2]), die
auf kolorimetrischem Prinzip beruht. Durch diese schönen quantitativen Methoden ist man instand gesetzt, sich über Herkunft, Schicksal und Ausscheidung des Cholesterins schon recht genaue Vorstellungen machen zu können. Eine außerordentlich große Literatur liegt
über den Cholesterinwechsel unter normalen und pathologischen Bedingungen vor, die ich hier nicht anführe, und die vor allem schön
in dem Referat von PRIBRAM[3]) zusammengestellt ist, worauf ich verweise. Neuerdings haben STEPP[4]) und THANNHAUSER[5]) wesentliche
Beiträge zu diesem Forschungsgebiet geliefert. THANNHAUSER hat festgestellt, daß die Aufnahme von Cholesterin mit der Nahrung nur in
gelöstem Zustande möglich ist. Als Lösungsmittel dient Fett, wie durch
Bilanzversuche festgestellt ist. Diese Versuche taten auch dar, daß
der Organismus nicht von sich aus befähigt ist, Cholesterin zu bilden,
sondern daß er offenbar auf Nahrungszufuhr vorgebildeten Cholesterins
angewiesen ist. Das Minimum der Zufuhr schätzt THANNHAUSER beim
Erwachsenen auf etwa 30 mg pro Tag. Überschüsse, die durch die
Nahrung zugeführt werden, scheidet die Leber mit der Galle ziemlich

---

[1]) WINDAUS, A.: Über die quantitative Bestimmung des Cholesterins usw.
Hoppe-Seylers Zeitschr. f. physiol. Chem. 65, 110. 1910.

[2]) AUTHENRIETH, W. und FUNK, A.: Über kolorimetrische Bestimmungs-
methoden. Münch. med. Wochenschr. 60, 1243. 1913.

[3]) PRIBRAM, A.: Der heutige Stand unserer Kenntnisse über die Bedeutung
des Cholesterins. Med. Klinik 10, 1195. 1914.

[4]) STEPP, W.: Über Cholesteringehalt des Blutserums. Münch. med.
Wochenschr. 65, 781. 1918.

[5]) THANNHAUSER, S. J.: l. c. S. 241, Nr. 3.

rasch wieder aus. Im Duodenalsaft ist ein cholesterinesterspaltendes Ferment enthalten, auch in der Galle und im Pankreassaft. Im Blute scheint nur ein sehr schwach wirkendes derartiges Ferment vorhanden zu sein. Die Abhängigkeit des Cholesterinspiegels im Blute von der Nahrungszufuhr an Cholesterin bestätigt auch THANNHAUSER. STEPP verdanken wir namentlich Untersuchungen über den Gehalt des Blutes an Cholesterin bei verschiedenen Krankheiten. Die normalen Werte schwanken innerhalb 0,13—0,17 %. Die höchsten Werte zeigt der Diabetes mellitus. Man sollte daher beim Diabetes eher von einer Lipoidämie, nicht von einer Lipämie sprechen. Lebererkrankungen gehen nicht stets mit einer Erhöhung des Cholesterinspiegels im Blute einher. Ja sogar bei einer Erkrankung, bei der man darauf gefaßt sein müßte, beim Stauungsicterus, findet sich nicht regelmäßig eine Vermehrung des Blutcholesteringehaltes. Dagegen fand er sehr beträchtliche Werte bei WEILscher Krankheit. Doch müssen noch viele Untersuchungen abgewartet werden, bis man dem Verhalten des Blutcholesterinspiegels seine tatsächliche Bedeutung für die Erkenntnis der Leberfunktionen abgewinnen kann. Ist es doch z. B. nach den neuesten Untersuchungen THANNHAUSERs sehr möglich, daß die Verminderung des Cholesterinspiegels bei Gallenabschluß einfach davon abhängt, daß der unter Gallenabschluß veränderte Fettgehalt im Darm nicht das geeignete Lösungsmittel für Cholesterin darstellt, und daß deshalb zu wenig resorbiert wird. Anderseits weiß man, daß die Schwangerschaft physiologisch mit einer Erhöhung des Cholesterinblutspiegels einhergeht, ohne daß man sich dafür über das Warum eine exakte Vorstellung machen kann. Ferner wissen wir namentlich durch die Untersuchungen von WACKER und HUECK[1]) und anderen, daß Cholesterin von der Leber und anderen Organen gespeichert werden kann, was von einer späteren vikariierenden Mehrausscheidung gefolgt sein könnte, wie bei der Schwangerschaftshypercholesterämie.

Noch wäre der Einwirkung von Blutkrankheiten auf den Cholesterinstoffwechsel Beachtung zu schenken. Im allgemeinen fand STEPP einen verminderten Spiegel bei Anämien vom Typ der aplastischen bzw. sekundären Anämien, einen vermehrten bei einer perniziösen Anämie. Wir haben ja gesehen, daß beim Zerfall roter Blutkörperchen das Hämoglobin von der Leber soweit wie möglich quantitativ aufgenommen wird. Man ist nicht ebenso sicher darüber unterrichtet, daß auch das Stroma der Blutkörperchen, das ja zu einem erheblichen Teil aus Cholesterin besteht, dabei ebenfalls vollkommen absorbiert wird. Man findet zwar nicht selten neben roten Blutkörperchen auch Blutkörperchenschatten in den Leberzellen und den KUPFFERschen Sternzellen.

---

[1]) WACKER, L. und HUECK, W.: Über experimentelle Atherosklerose und Cholesterinämie. Münch. med. Wochenschr. 60, 2097. 1913.

Bei Toluylendiaminvergiftung ist von Röhmann und Kusomoto[1]) auch eine Vermehrung des Cholesteringehaltes der Galle selbst festgestellt worden. Wie weit aber gerade pathologische Zellzustände der Leber für alle solche Verhältnisse von spezifischer Bedeutung sind, das wird erst eine umfassende Untersuchung in Zukunft genügend klären können.

Sehr viel genauer sind wir über die Rolle des Cholesterins bei der Entstehung der Gallensteine orientiert. Über die Erkenntnisse dieser Vorgänge verdanken wir aus früherer Zeit Naunyn[2]) das Wesentliche, aus jüngerer Zeit aber Aschoff und Bacmeister[3]). Merkwürdig ist die Tatsache, daß die Gallensteinkrankheit offenbar noch nicht allzu alt in der menschlichen Pathologie ist. Die griechischen Ärzte berichten nichts davon und es wäre kaum denkbar, daß ihnen eine Cholelithiasis entgangen wäre, wenn sie damals einen häufigeren Befund dargestellt hätte.

In der recht komplizierten Frage der Gallensteinentstehung ist ein Punkt sicher, das ist die Wichtigkeit des Cholesteringehaltes der Galle für ihre Genese. Die weitaus überwiegende Zahl sämtlicher Gallensteine enthält große Mengen, nur selten geringe, in einigen Fällen aber fast reines Cholesterin. Nur ganz selten gibt es Gallensteine, die nur Spuren von Cholesterin enthalten.

Die Störungen der Lösungsbedingungen des Cholesterins in der Galle sind die wesentliche Ursache seines Ausfallens und damit des Auftretens der Gallenkonkremente. Es ist klar, daß ein zu großer Gehalt an Cholesterin dies auf der einen Seite bewirken kann, und daß anderseits jede Änderung des normalen Mischungsverhältnisses der Galle durch Auftreten abnormer Beimengungen oder Fehlen oder Verminderung normaler Substanzen eine weitere Ursache dafür abgeben wird.

Cholesterin ist in der Galle durch die Vermittelung der gallensauren Salze kolloidal gelöst. Man weiß ferner, daß der Ionengehalt, bzw. die elektrische Ladung einer derartigen Flüssigkeit für die Stabilität ihrer Lösung von ausschlaggebender Bedeutung ist.

Lichtwitz[4]) verdanken wir Untersuchungen über die Veränderung der elektrischen Kräfte in Gallenlösungen bei der Ausfällung von Cholesterin. Nach ihm bewirkt der Zusatz von Eiweiß zur Galle eine Ausfällung von Cholesterin wegen des Zuwachses von positiv geladenen Teilchen, denen ein Ausgleich nicht entgegensteht. Dieser Mechanis-

---

[1]) Röhmann und Kusomoto: Zit. nach Hoppe-Seyler-Quincke: Krankheiten der, Leber. II. Aufl., S. 53.

[2]) Naunyn, B.: Klinik der Cholelithiasis. 1892. S. 12.

[3]) Aschoff, L. und Bacmeister, A.: Die Cholelithiasis. Jena 1909.

[4]) Lichtwitz, L.: Experimentelle Untersuchungen über die Bildung von Niederschlägen in der Galle. Dtsch. Arch. f. klin. Med. 92, 100. 1907. — Derselbe: Über die Bedeutung der Kolloide für Konkrementbildung und die Verkalkung. Dtsch. med. Wochenschr. 36, 704. 1910.

mus dürfte für die meisten Fälle des Ausfallens von Cholesterin in der Galle Geltung haben, da sowohl durch bakterielle Zersetzung der Galle, wie durch veränderte Ausscheidung oder Rückresorption ein Ausfallen von Cholesterin möglich ist. Den Nachweis für letztere Möglichkeit verdankt man BACMEISTER, der hiermit das Verständnis für das Vorkommen reiner Cholesterinsteine erschlossen und die Unterscheidung des nicht durch Zersetzung der Galle entstandenen reinen Cholesterinsteins, wie es ASCHOFF mit ihm zusammen ausführte, begründet hat.

Das Bestehen echter erhöhter Cholesterinämie bei Schwangerschaft und die dabei noch häufig mechanisch hinzutretende Stauung in der Gallenblase in jener Zeit, dürften wohl mit als ätiologische Faktoren für die Häufigkeit der Cholelithiasis bei Frauen herangezogen werden.

Weitaus die Überzahl aller Gallensteinerkrankungen hat aber, wie dies NAUNYN[1]) als unumgänglich fordert, eine Zersetzung der Galle durch Infektion zur Voraussetzung.

Es unterliegt keinem Zweifel, daß sich in einer gestauten Galle viel leichter Zersetzungen einnisten, als in einer mit regelmäßigem Abfluß. Doch kommt dieser Faktor der Stauung wohl nur als unterstützendes Moment in Betracht. Durch Infektion werden aber katarrhalische Veränderungen bewirkt, die zur Epitheldesquamation mit „myeliniger" Degeneration führen können. Im „Myelin" der Anatomen ist stets Cholesterin in großen Mengen enthalten, und man sieht aus diesem Grunde eine Anhäufung von Cholesterin in der Galle nicht in der normalen Form der kolloidalen Lösung, sondern in anderer Weise. Wird dieses Cholesterin nicht noch nachträglich gelöst, so kann es als Krystallisationszentrum wirken und so zur Konkrementbildung Veranlassung geben. Durch die entzündlichen Veränderungen werden aber auch noch Salze, so Kalksalze, ausgeschieden, welche ja regelmäßig Bestandteile einer großen Anzahl von Gallensteinen sind. Weiß man doch auch sonst, daß entzündliche Exsudate nicht unerhebliche Mengen von Kalksalzen, vor allem Bikarbonate in Lösung führen.

Daß endlich noch das Bilirubin so häufig mit in die Fällung von Gallensteinen hineingezogen wird, hängt wohl einerseits mit der Eigenschaft vieler Farbstoffe zusammen, daß sie in Fällungen mit übergehen, anderseits wird auch für das Bilirubin eine Veränderung der Löslichkeitsbedingungen unter solchen Verhältnissen mitspielen.

Eine erhebliche Stütze für die Ansicht NAUNYNs ist die Tatsache, daß sich in sehr vielen Gallensteinen Bakterien nachweisen lassen, wofür er selbst Beispiele mitgeteilt hat. Die ganze Typhusgruppe der Bakterien hat eine besondere Affinität zur Galle. Wir können sie mit

---

[1]) NAUNYN, B.: l. c. S. 244, Nr. 2.

Gallennährböden electiv züchten, wir wissen, daß die Dauerausscheider von Typhusbazillen, die Bazillenträger sie hauptsächlich, oft ausschließlich, in der Galle beherbergen, worüber ja eine sehr große Literatur vorliegt. Sehr häufig ist es gelungen, noch nach vielen Jahren aus dem Inneren von Gallensteinen lebende Typhusbazillen zu züchten oder auch solche aus der Typhusbazillengruppe, ein biologisch vollkommenes Rätsel.

Nichts kann die bakterielle Genese der Gallensteine besser beweisen, als solche Vorkommnisse und man wird daher gut tun, die Ansichten NAUNYNS weiterhin sehr zu beachten.

Zahlreich sind die Fragen, welche sich uns bei der ganzen Gallensteinerkrankung aufdrängen. Die neuere Chirurgie hat da viel Aufklärung geschaffen und ich verweise auf eine Zusammenfassung von L. ARNSPERGER[1]) darüber. Es scheint der Sitz der Gallensteine mit der Art ihrer Zusammensetzung in gewissen Beziehungen zu stehen. Häufig ist wenigstens der sogenannte Verschlußstein im Halse der Gallenblase ein reiner oder fast reiner Cholesterinstein. Er kann ein Solitärstein sein.

Die facettierten Gallensteine sitzen meist multipel im Gallenblasengrund und -inneren. Die reinen Bilirubinkalksteine ohne viel Cholesterin haben ihren Sitz mehr in den Gallenwegen, die dunkeln Bilirubinkalkcholesterinsteine wieder mehr in der Blase, lieben aber auch das Hinabsteigen in die großen Gallenwege. Für alle diese so merkwürdigen Regelmäßigkeiten sind sicherlich bestimmte Gründe maßgebend, deren Erkenntnis uns Einblicke in die verschiedenen Funktionseinflüsse der Gallenblase und -wege und in die Möglichkeiten der funktionellen Veränderung der Gallenzusammensetzung durch die Lebersecretion gewähren könnten.

Man muß da vor allem auch noch die physiologischen und pathologischen Vorgänge in der Gallenblase selbst zu Erklärungsversuchen heranziehen. Wir wissen, daß in der Gallenblase eine starke Resorption von Wasser stattfindet, und daß hierdurch eine Eindickung der Galle erfolgt, die zu beträchtlichen prozentischen Differenzen in der Zusammensetzung der Gallenblasengalle und Lebergalle führen. Das lehrt ja jede Tabelle über die Verschiedenheit der Zusammensetzung von Fistelgalle und Blasengalle in einem physiologischen Lehrbuche.

Die Pathologie lehrt uns schließlich aber, daß alle Substanzen, welche in der Galle enthalten sind, von den Wandungen der Gallenblase resorbiert werden können. Denn man sieht bei obstruierendem Verschlusse der Gallenblase, z. B. durch einen Solitärcholesterinstein, sich den sogenannten Hydrops vesicae felleae entwickeln, eine meist

---

[1]) ARNSPERGER, L.: Der gegenwärtige Stand der Pathologie und Therapie der Gallensteinkrankheit. Albus' Sammlung, Heft 3. 1911.

beträchtliche, oft enorme Vergrößerung der Gallenblase, die nach längerem Bestande nur noch eine mucinös-eiweißhaltige Flüssigkeit enthalten kann, unter Umständen ohne jede Beimengung von Gallenfarbstoff und sonstigen Gallenbestandteilen, so daß eine Rückresorption der früher sicher vorhanden gewesenen Gallenanteile stattgefunden haben muß. Wovon diese Rückresorption abhängig ist, und ob sie nicht bis zu einem gewissen Grade mit einer Löslichkeitsmachung von ausgefallenen Gallenbestandteilen einhergehen kann, ist eine Frage von erheblichem klinischem und physiologischem Interesse.

NAUNYN hat entwickelt, daß der reine Cholesterinstein wohl größere Mengen von Salzen enthalten haben kann, daß diese aber eine Rückresorption bzw. eine Auslaugung erfahren haben könnten, eine Ansicht, die aber nicht streng gestützt ist, so möglich der Vorgang an sich auch sein kann. Mindestens bahnt er noch in anderer Weise ein Verständnis für die Möglichkeit an, daß ein Verschlußstein so häufig ein reiner oder fast reiner Cholesterinstein ist, so daß man nicht notwendig auf die entzündliche Genese auch dieses Konkrementes verzichten muß, wie dies ASCHOFF und BACMEISTER fordern. CHALATOW[1]) ist es gelungen, durch Cholesterinfütterung eine Ausfällung von Cholesterin in der Gallenblase von Kaninchen zu erzielen. Von einer bakteriellen Zersetzung dieser Gallenblasengalle konnte aber nichts nachgewiesen werden. Doch muß es als fraglich bezeichnet werden, ob eine einfache Übertragung solcher Versuche am Tier auf die menschliche Pathologie gestattet ist. Ich verweise auch auf die Stellung, die ROST[2]) dazu einnimmt, der eine Klärung dieser Verhältnisse ebenfalls noch nicht für erreicht hält. Es ist aber von allergrößtem praktischen Interesse, die Bedingungen einer Einwirkung der Gallenblasenwand auf die Möglichkeit einer Zusammensetzungsänderung des Inhaltes der Gallenblase überhaupt und der Konkremente im speziellen restlos zu erweisen, da sich daraus jederzeit therapeutische Winke ergeben können, die bei der Häufigkeit des Gallensteinleidens und seiner Gefahren und Beschwerden genauestens verfolgt werden sollten.

So hochentwickelt die chirurgische Technik auch ist, so wenig sicher verhindert sie, mit der Entfernung der Gallensteine, ihre Wiederkehr. Denn es wird ja nicht wegen der Gallensteine als solchen operiert, sondern wegen der entzündlichen Veränderungen der Gallenwege (ROST).

So führt uns die genauere Betrachtung des Cholesterinwechsels der Galle zu Fragen von ganz unmittelbar praktischer Bedeutung.

Noch sehr wenig geklärt sind die Fragen über den Lecithingehalt

---

[1]) CHALATOW: Zit. nach ROST. Patholog. Physiologie des Chirurgen. Leipzig 1920. S. 151.

[2]) ROST, F.: Pathologische Physiologie des Chirurgen. Leipzig: Vogel 1920. S. 151, 152.

der Galle und seine Abhängigkeiten. Die Verknüpfung des Lecithins mit der Phosphorsäure und ihre Bindung im Eiweiß lassen auch hier auf Beziehungen der Leber zum Eiweißstoffwechsel schließen. Auch ist anzunehmen, daß bei den physikalisch so ähnlichen Verhältnissen des Lecithins und Cholesterins weitgehende Parallelen im Ausscheidungsmechanismus dieser Stoffe in der Galle, wie auch ihrer Resorptionsverhältnisse vorausgesetzt werden dürfen. Ich muß da auf das verweisen, was im Kapitel Leber-Fettstoffwechsel angedeutet ist.

Was endlich den Salzgehalt der Galle anlangt, so hat er nur immer mehr beiläufige Bearbeitungen erfahren, die keineswegs als irgend abgeschlossen gelten können und dringend weiterer Untersuchung bedürfen.

Eines Krankheitssyndroms habe ich aber noch Erwähnung zu tun, das die große Wichtigkeit der Entfernung gewisser Bestandteile durch Vermittelung der Galle als Ausscheidungsort zeigt, das ist die Cholämie.

Die Cholämie ist eine Intoxikation schwerster Art, die man in Analogie zur Urämie auf Retention und Ansammlung übermäßiger Mengen gallefähiger Substanzen im Blute und den Geweben zurückführen muß. Sie ist nicht selten das Ende lange bestehender Icterusfälle bei komplettem Verschluß der großen Gallenwege. Warum und wann sie eintritt, ist noch nicht aufgeklärt, ebensowenig das Wie ihrer Wirkung. Es ist sicher, daß sie weder mit ·der „Fleischintoxikation", noch mit „Abbauintoxikosen in strengem Sinne" zu tun hat. Diese letzteren verlaufen viel rascher und stürmischer. Gewisse äußerliche Krankheitssymptome, wie Krämpfe und Bewußtseinsverlust bis zum Koma, sowie Delirien sind aber beiden Erscheinungen gemeinsam. Die ausschlaggebende Fähigkeit der Leber für eine Hintanhaltung solcher Zustände ergibt sich meines Erachtens sehr sicher aus der Tatsache, daß Ecksche Fistelhunde in viel kürzerer Zeit zugrunde gehen, wenn ihnen gleichzeitig der Ductus choledochus unterbunden wird, wie Tiere ohne die Portalblutableitung. Solche Tiere, welche gleichzeitig beiden Schädlichkeiten ausgesetzt sind, sterben relativ rasch unter cholämischen Erscheinungen.

Die Cholämie ist eine Ausfallserscheinung eigenster Art, welche uns die speziellen Funktionen des cholopoetischen Apparates vor Augen führt und gleichzeitig zeigt, wie weit wir noch von einer Erkenntnis aller seiner Aufgaben entfernt sind. Auf die mögliche Beteiligung der Lipoidanteile des Gehirns habe ich dabei schon früher hingewiesen.

Zusammenfassend läßt sich sagen, daß die Verfolgung der einzelnen normalen Gallenbestandteile eine Reihe der wichtigsten Funktionen der Leber enthüllt hat, vorweg ihre Unumgänglichkeit bei der normalen Fettresorption.

Weiter hat sie die Beziehungen der Leber zum Hämoglobin und ihre spezifische Fähigkeit der Bilirubinbildung daraus kennen gelehrt. Ferner ist es sicher, daß die im Darme

entstehenden Umwandlungsprodukte des Bilirubins, die Urobilinkörper, normalerweise mit dem Blutstrom der Leber
wieder zugeführt und von ihr reabsorbiert werden. Sie muß
sie aber auch noch irgendwie umwandeln oder zerstören,
denn sonst wäre eine Stauung dieser Körper im Blute und
Darme unvermeidlich. Einen Teil der Urobilinkörper scheidet sie wieder mit der Galle aus, womit ein Kreislauf dieser
Substanzen vom Darm über das Blut zur Leber und von da
wieder in die Galle und den Darm erwiesen ist.

Eine Störung der Reabsorption dieser Substanzen in der
Leber, sowie ihrer Umwandlung durch die Lebertätigkeit ist
das klassische Zeichen für funktionelle Leberparenchymstö-
rungen, das wir besitzen, und die dabei auftretende Urobilinurie ist ein äußerst wertvolles Diagnosticum hierfür. Durch
das Tierexperiment ist es sichergestellt, daß unter ganz besonderen seltenen Bedingungen die Leber selbst Urobilinkörper produziert. Durch die Befunde von Urobilinurie beim
Icterus neonatorum, die ohne Urobilinkörpergehalt des Darmes entstehen kann und andere ähnliche Beobachtungen, ist
dies neuerdings auch für die menschliche Pathologie sichergestellt.

Die Gallensäuren sind ebenfalls leberspezifische Substanzen. Es besteht für sie derselbe Kreislauf Darm, Blut,
Leber, Galle, Darm, wie für die Urobilinkörper. Die Hauptfunktion der Gallensäuren besteht sicher in ihrer überwiegenden Wichtigkeit für eine Vermittelung der Fettresorption durch Löslichkeitserhaltung der komplizierten
Mischung von Ingesta und Galle. Die toxische Wirkung der
Gallensäuren bei ihrer Anhäufung im Blute ist erwiesen.

Das Cholesterin endlich zeigt die konstanten Beziehungen
der Leber zum Lipoidwechsel. Es wird in der Galle ausgeschieden, im Körper anscheinend aber nicht gebildet, sondern mit der Nahrung zugeführt. Eine leberspezifische Substanz ist das Cholesterin nicht. Die Schwierigkeit seiner
Erhaltung in Lösung, die vorwiegend auf colloidchemischen
Verhältnissen zu beruhen scheint, deren Störung durch entzündliche und andere Vorgänge sichergestellt ist, verursacht
das leichte Ausfallen des Cholesterins in der Galle und stellt
die Hauptursache der Gallensteinbildung dar. Die Möglichkeit der Erschließung funktioneller Fähigkeiten der Gallenblasenwand aus dem verschiedenen Verhalten der Gallenblase in Krankheitszuständen und die sich daraus etwa ergebenden praktischen Folgen wurde angedeutet.

Das Krankheitsbild der Cholämie zeigt am sichersten
die große funktionelle Bedeutung der Ausscheidungstätig-
keit der Leber durch die Galle. Von einem Verständnis der
Cholämie sind wir aber noch sehr weit entfernt.

VII. Weitere Beziehungen zur äußeren Secretion der Leber.
(Inkonstante Gallenbestandteile.)

Nachdem wir im letzten Kapitel diejenigen Stoffe verfolgt haben,
die normalerweise in der Galle vorkommen und dabei ihre normalen
und pathologischen Beziehungen in Umrissen kennen lernten, gilt es
jetzt einen Blick auf die Substanzen zu werfen, die nur unter bestimmten Bedingungen in die Galle gelangen und damit ihre Affinität
zur Leber erweisen. Natürlich kann es nicht möglich sein, dieses
Kapitel zu erschöpfen, da die Zahl solcher Stoffe sehr groß ist und
unsere Kenntnisse darüber notwendigerweise lückenhaft sind.

Vor allem interessiert die Frage, ob nicht unter abnormen Ein-
wirkungen auf das Leberparenchym besondere, sonst nicht zu findende
Stoffe aus den Körpersäften mit einer gewissen Regelmäßigkeit in die
Galle übertreten.

Auf Grund solcher Vorstellungen habe ich die Galle auf Fermente
amylolytischer und tryptischer Natur geprüft, da mir ja die Leber als
Zentralort von allerlei fermentativen Umsetzungen gilt. Auch bei pathologisch starker Inanspruchnahme der Leber habe ich die Galle aber
stets frei davon gefunden. Nur im Falle extremer Phosphorvergiftung
konnte ich[1]), wie schon früher erwähnt, fermentativ tryptische Einwirkungen in der Galle auffinden (s. S. 185), nie aber amylolytische. Gleichzeitig ging damit aber auch eine sehr starke allgemeine Veränderung
der Galle einher. Ihr Zufluß wurde sehr gering und der Farbstoff-
gehalt war fast vollkommen verschwunden.

Die Secretion wenig gefärbter Galle ist ein Vorkommnis, das öfter
zu verzeichnen ist. In der chirurgischen Klinik Heidelberg sah ich
1913 konsultativ einen Fall, bei dem wegen eines durch Stein bedingten Obturationsicterus eine Gallenfisteloperation gemacht worden
war. Die aus der Fistel in den ersten Tagen abfließende Galle war
fast kaum gefärbt trotz hochgradigsten Gewebsicterus und Bilirubingehaltes des Urins. Nach zwei Tagen stellte sich zuerst eine mäßig gefärbte, dann sehr dunkel gefärbte Gallensecretion ein. Von chirurgi-
scher Seite sind mehrfach derartige Vorkommen berichtet. Man hat
dafür den Sammelnamen der Secretion von „weißer Galle" eingeführt.
Sie stellt meist eine schleimig-seröse eiweißhaltige Flüssigkeit mit Spu-

---

[1]) FISCHLER, F.: l. c. S. 3, Nr. 1.

ren von Gallenfarbstoff und Gallensäuren dar. Man könnte annehmen, daß die Secretion der spezifischen Gallenbestandteile dabei nur ins Blut erfolgt oder überhaupt ausbleibt. Für die Phosphorwirkung ist letzteres mir weitaus am wahrscheinlichsten. Es besteht einfach eine Unterdrückung der Funktion der Leberzellen infolge ihrer hochgradigen Schädigung. Ich möchte darauf hinweisen, daß auch solche Erfahrungen deutlich für eine rein hepatogene Entstehung des Gallenfarbstoffes sprechen.

Die Fälle mit „glykopriver Intoxikation" konnte ich noch nicht mit Gallenfistel kombinieren. Es wäre nicht unmöglich, daß man in den Endstadien dabei auch eine mangelhafte Secretion der Galle nachweisen könnte, denn die Gallenblasen von solchen Tieren zeigten öfter nur schwache und schlappe Füllung. Sie enthielten aber reichliche Mengen von Biliverdin, Bilirubin, Urobilinkörpern und cholsauren Salzen.

Weiter habe ich in fast allen den zur Obduktion gekommenen Tieren die Galle auf Zuckergehalt geprüft. Weder bei Phosphorintoxikation, noch bei Eckscher oder umgekehrter Eckscher Fistel, habe ich je etwas von Zucker in ihnen auffinden können. Nie auch bei Pankreas- oder Phlorrhizindiabetes, also bei Hyper- oder Hypoglykämien stärksten Grades.

CL. BERNARD[1]) hat die Galle seiner Tiere nach Zuckerstich regelmäßig auf Zucker untersucht und hat nichts davon finden können. Nach einem so reichen und vielfältig durchgeprüften Materiale bei Zuckermobilisation größten Umfanges im Körper sollte man erwarten, daß Zucker überhaupt nie in die Galle übertritt.

Nichts kann schlagender die Voreiligkeit von Verallgemeinerungen beweisen, als eine solche Annahme. Denn CL. BERNARD[2]) erbrachte den Beweis, daß die intravenöse oder subcutane Injection von Traubenzucker doch zu seiner Ausscheidung in der Galle führen kann, und zwar noch früher als im Urin, selbst unter einem Gehalt von 0,3% im Blute. Wie der Traubenzucker verhält sich auch Rohrzucker, nur daß er noch leichter in die Galle übertritt.

Bei dieser Traubenzuckerausscheidung in die Galle steht man vor einem jener Rätsel der Biologie, die schwere Bedenken auslösen, ob man wohl je imstande sein wird, den Vorgang einer Secretion überhaupt begreifen zu können. Im Falle der Hyperglykämie nach Zuckerstich handelt es sich um einen vermehrten Secretions- bzw. Umwandlungsprozeß des Leberglykogens in Zucker, denn das Blut enthält übergroße Mengen davon. In diesen Fällen und auch sonst bei Hyperglykämien geht aber offenbar nie Zucker in die Galle über. Bei der

---

[1]) BERNARD, CL.: Leçons d'hiver 1854—55, S. 289 ff.

[2]) BERNARD, CL.: Leçons sur les propriétés physiol. et les altérations pathol. des liquides de l'organisme. Paris 1859. T. II, S. 210/11.

Injektion von Dextrose, die mit der Blutdextrose nach unseren sonstigen Kenntnissen und bei ihrer Vergärbarkeit doch identisch ist, und wo durch die intravenöse Injektion doch ebenfalls eine Hyperglykämie geschaffen wird, tritt nun Zucker sofort in die Galle über, ja früher als in den Urin! Das sind zunächst ganz unverständliche Verschiedenheiten anscheinend derselben physiologischen Voraussetzung, nämlich der Hyperglykämie. Eine Erklärung ist hier eminent wichtig. Denn ein solches Verhalten zeigt unmittelbar die Möglichkeit, tiefer in den ganzen Zuckermechanismus des Körpers einzudringen, als durch irgendeine andere bisher beobachtete Tatsache. Aber eine Erklärung ist ungeheuer schwierig.

Sicher ist, daß man zunächst um einen Schritt weiter zurückgehen muß, und daß die Voraussetzung dieser Beobachtung nicht „Hyperglykämie" heißen kann. Denn nach dem Ausfall dieser Versuche über Hyperglykämie ist es sicher, daß die Hyperglykämien in bezug auf ihren Ablauf nicht mehr einheitlich aufgefaßt werden können. Notwendigerweise muß diese Verschiedenheit also mindestens an die Voraussetzung der Hyperglykämie gebunden sein. Als uns bekannte und wohlbegründete physiologische Voraussetzung einer Hyperglykämie hat man bis jetzt nur eine besondere Aktion der Leber, eine „Leberzellentätigkeit" kennen gelernt, nämlich ihre erhöhte Glykogenumwandlung. Wir haben gesehen, daß bis jetzt auch jeder dieser uns bekannt gewordenen pathologisch-physiologischen Zustände hepatogen aufgefaßt werden muß, da sie alle bei Glykogenmangel nicht zustande kommen. Man darf daher annehmen, daß jede Hyperglykämie des Körpers hepatogen ist. Mit anderen Worten, es ist bei Hyperglykämien die zuckermobilisierende Eigenschaft der Leberzelle in besondere Tätigkeit gekommen. Bei einer Hyperglykämie durch intravenöse Injektion haben wir aber keinen Anhalt für eine besondere Tätigkeit der Leberzelle in der Richtung einer Zuckermobilisation, sondern man kann sich ruhig vorstellen, daß die Leberzelle dabei qua mobilisierender Tätigkeit auf Zucker in Ruhe ist. Man weiß aber auch, daß, falls die Leberzellen zur Zuckermobilisation gereizt sind, sie einen Zuckersecretionsstrom nur ins Blut richten, der offenbar mit besonderer Sorgfalt von den Gallenwegen entfernt gehalten wird. All dies ist nicht vorhanden bei einer Hyperglykämie auf Grund einer einfachen intravenösen Zuckerinjektion. Die Zuckerverteilung in der Leber wird sich in diesem Falle daher nach anderen Gesetzen richten können, als in den hepatogen bedingten Hyperglykämien. Und so wird der Zucker in solchen Fällen auch in die Galle gelangen können, da kein Mechanismus in Tätigkeit ist, der den Übertritt des Zuckers in die Galle verhindert, bzw. dem Zuckerstrom, der nach der intravenösen Injektion durch die Gewebe zieht, eine besondere Richtung gibt. So ist es möglich, eine

Lösung der vorhandenen Schwierigkeit der paradox erscheinenden Beobachtung über den Übergang von Zucker in die Galle zu erhalten, und das Experiment an sich spräche eigentlich nur für die Richtigkeit der Vorstellung, daß jede Hyperglykämie, die durch pathologisch-physiologische Einflüsse ausgelöst wird, hepatogenen Ursprungs ist. Denn bei Hyperglykämien, welche durch Lebensvorgänge im Körper selbst ausgelöst werden, bleibt die Galle zuckerfrei, die Leber aber vermindert ihren Glykogengehalt. Eine Hyperglykämie anderen Ursprungs kann daher auch andere Folgeerscheinungen haben. So kann man das verschiedene Verhalten wohl verstehen.

In Analogie zu der Ausscheidung von Eiweiß bei Nierenerkrankungen muß man sich fragen, ob die Leber in der Galle nicht ebenfalls mit Eiweißausscheidung reagiert, wenn sie erkrankt.

Normalerweise enthält die Galle nichts von Bluteiweißkörpern oder sonstigem Eiweiß, sondern nur etwas Mucin oder ein mucinähnliches Nucleoalbumin. Erzeugt man aber z. B. durch Injektion von destilliertem Wasser eine experimentelle Hämoglobinämie, oder entsteht eine solche aus anderer Ursache, so tritt Hämoglobin schon $^1/_2 - ^3/_4$ Stunden später in die Galle über und verschwindet daraus nach 2—3 Stunden wieder. MOSER[1] hat darauf zuerst die Aufmerksamkeit gelenkt. Der Urin aber bleibt bei nicht zu starker Auflösung von Hämoglobin in der Blutbahn frei von Blutanteilen.

Weiter verdankt man BRAUER[2] Versuche über die Frage des Übertrittes von Eiweiß in die Galle. Er konnte feststellen, daß durch schädliche Einwirkungen auf das Parenchym der Leber sehr leicht ein Übertritt von Eiweiß in die Galle veranlaßt wird. Schon sehr geringe Gaben von Phosphor bewirken dies, weiter auch Intoxikationen durch Amyl- und Äthylalkoholgaben und auch ihrer Gemische. Dabei leidet auch die Struktur der Gallengänge. Es kommt zu Epithelabstoßungen einzeln oder in größeren Verbänden in Form von Cylindern, analog den Nierengebilden bei Störungen im Parenchym der Niere.

PILZECKER[3] dehnte diese Versuche auch auf Intoxikationen mit Arsen aus.

BRAUER meint, daß, wenn wir in der Lage wären Galle ebenso leicht zur Untersuchung zu erhalten wie Urin, wir dann unschwer an ihrem Gehalt an Eiweiß die Häufigkeit und Leichtigkeit der Miterkrankung der Leber bei allen möglichen Erkrankungen direkt beweisen könnten. BRAUER hat m. E. ganz recht mit dieser Ansicht, und ich

---

[1] MOSER: Zit. nach Cl. Bernard s. S. 251, Nr. 1.

[2] BRAUER, L.: Untersuchungen über die Leber. Hoppe-Seylers Zeitschr. f. physiol. Chem. **40**, 182. 1903.

[3] PILZECKER: Gallenuntersuchungen nach Phosphor- und Arsenvergiftung. Hoppe-Seylers Zeitschr. f. physiol. Chem. **41**, 157. 1904.

pflichte ihm vollkommen bei. Seine Vorstellungen werden durch das überaus häufige Auftreten von Urobilinurien auf das beste ergänzt und gestützt. Die Beachtung dieses Zeichens gewährt aber einen vollen Ersatz für die diagnostische Verwertung der Albuminausscheidung in der Galle und steht an Einfachheit dem Eiweißnachweiß im Urin nicht nach.

Das Interesse am Auftreten von Eiweiß in der Galle wird damit aber keineswegs vermindert. Ja, es scheint mir ein Studium ausgedehntester Art zu verdienen, wenn wir hören, daß intravenöse Injektionen von Eiweiß direkt zu seiner Ausscheidung in der Galle führen. Es ist noch nicht klargestellt, ob das injizierte Eiweiß dabei Veränderungen erleidet oder nicht, eine Frage, die wohl in Anbetracht der von mir geschilderten Einwirkungen intravenöser Eiereiweißinjektionen auf die sensibilisierenden Eigenschaften der Leber, von heute noch nicht abschätzbarer Bedeutung werden könnte. Für Kasein haben GÜRBER und HALLAUER[1]) nachgewiesen, daß seine intravenöse Injektion zu seiner veränderten Ausscheidung in der Leber führt. Diese Dinge sind noch im Flusse.

Recht wichtig wäre es darüber etwas in Erfahrung zu bringen, ob unter pathologischen Bedingungen Eiweißspaltprodukte in der Galle auftreten. Normalerweise ist dies ja nicht der Fall. Ich habe in dieser Richtung keine Versuche angestellt und kann auch in der Literatur darüber nichts auffinden. Harnstoff scheint sicher nicht in die Galle überzugehen. Bei Fällen von akuter gelber Leberatrophie ist nach Aminosäuren offenbar nicht gesucht worden. Es entspräche der prinzipiellen Scheidung zwischen Gallenweg und Blutweg der Leber, daß man keine Vermengung der beiden Gebiete findet, ähnlich wie dies ja auch für den Zuckerstoffwechsel gilt, der zu seiner Abfuhr aus der Leber allein auf den Blutweg angewiesen ist, falls nicht ganz unphysiologische Verhältnisse für den Körper eintreten, wie die parenterale Einverleibung von Zucker in größerer Menge.

Sehr groß ist die Anzahl derjenigen Stoffe, welche bei ihrer Aufnahme vom Verdauungstrakt aus in die Galle übergehen. Sie alle anzuführen würde hier viel zu weit führen. Einige erscheinen aber von prinzipieller Wichtigkeit, schon wegen ihrer toxischen oder therapeutischen Wirkungen.

Unter den toxisch wirkenden interessiert am meisten der Phosphor. Bei den zahlreichen P-Intoxikationen, die ich durchführte, habe ich einige Male Phosphor in der Galle sogar am Geruch nachweisen können. Es scheint für Phosphor ein ähnlicher Kreislauf vom Darm zur Leber und von da wieder zum Darme zu bestehen, wie wir ihn für die

[1]) GÜRBER und HALLAUER: Über Eiweißausscheidung durch die Galle. Zeitschr. f. Biol. 45.

gallensauren Salze und die Urobilinkörper kennen lernten. So erklärt sich auch das lange Verweilen des Giftes im Darme und die unter Umständen heilende Wirkung drastischer Abführmittel bei P-Intoxikationen. So versteht man auch, warum bei Eckscher Fistel die Hunde gegen vielfach größere Dosen von P widerstandsfähiger sind als normale Tiere und auch warum sie Ikterus nicht so leicht bekommen, wie normale Tiere. Auf alle diese Verhältnisse und die Notwendigkeit einer anderen toxikologischen Bewertung des Phosphors, wie sie bisher geschieht, habe ich[1]) ja in der gemeinschaftlichen Arbeit mit BARDACH ausführlich hingewiesen. Auch die elektive Wirkung des Phosphors auf die Leber gewinnt hierdurch einen Aufklärungsmodus.

Prinzipiell ist auch das von BRAUER[2]) nachgewiesene Übergangsvermögen von Amyl- und Äthylalkohol in die Galle wichtig. Diesen Verhältnissen habe ich[3]) ebenfalls große Aufmerksamkeit zugewendet und habe im Verein mit Phosphorwirkung sogar ausgesprochene Cirrhosen in der Hundeleber erzeugen können, worauf ich ja schon früher hingewiesen habe (s. S. 225).

Noch immer fehlen ja die Stimmen nicht, die an der Alkoholgenese der Cirrhose zweifeln. Dieser Widerstand ist mir zwar unbegreiflich, denn man findet die Cirrhose so ungleich häufiger bei Potatorium, wie bei sonstigen ätiologischen Momenten, daß eine ursächliche Beziehung zum Alkohol unabweisbar erscheint. Daß nicht jeder Potator ein Cirrhotiker wird, ja sogar nur ausnahmsweise, ist sicher. Es werden ja aber auch z. B. nur eine sehr kleine Anzahl von Syphilitikern, Tabiker oder Paralytiker, und doch wird an dem ursächlichen Zusammenhang zwischen Lues und Tabes oder Paralyse nach den grundlegenden Untersuchungen ERBS[4]) heute wohl kaum jemand noch ernstliche Zweifel hegen. Wie der Alkohol wirkt, weiß man noch nicht, daß sein Übergang in die Galle aber eine Schädigung des Leberparenchyms mit verursacht, ist vor allem auch aus dem Sitz der Veränderungen ersichtlich.

Sicher ist, daß man mit einer Summierung von Parenchymschädigung, wie ich sie durch die Kombination von Alkohol und Phosphorwirkung erzielte, bei der notwendigen Geduld und Konsequenz in der Anwendung der Noxen sicher auch zur typischen Cirrhose kommen kann, selbst bei einem Tiere wie dem Hund, bei dem sonst Cirrhose äußerst selten zu beobachten ist. Ich bin überzeugt, daß man an Stelle des Phosphors ebenso gut Arsen verwenden könnte, da es ebenfalls in die Galle übergeht und gleichzeitig auch das Leberparen-

---

[1]) FISCHLER, F. und BARDACH, K.: l. c. S. 53, Nr. 11.
[2]) BRAUER, L.: l. c. S. 253 Nr. 2.
[3]) FISCHLER, F.: l. c. S. 225, Nr. 1.
[4]) ERB, W.: Tabes. Deutsche Klinik am Ende des XIX. Jahrhunderts.

chym schädigt. Was durch solche Versuche aber noch besonders deutlich demonstriert wird, das sind die Wechselbeziehungen zwischen dem cholopoetischen System und dem Leberparenchym.

Eine Erklärung für die cirrhoseerzeugende Wirkung suche ich[1]) in der Schädigung der Gallengangsepithelien, von denen die Restitution zugrundegegangenen Lebergewebes hauptsächlich ausgeht. Hat diese Fähigkeit gleichzeitig mit der Parenchymstörung Not gelitten, so wird die entstandene Lücke bindegewebig ausgefüllt, und es resultiert die Cirrhose.

Sicher ist für das Übergehen verschiedener Stoffe in die Galle ihr physikalisches Verhalten neben der chemischen Struktur maßgebend, vor allem ihr Löslichkeitsvermögen in der Galle selbst. Alle die bis jetzt betrachteten Stoffe haben ein erhebliches Lösungsvermögen in Galle. Das gilt z. B. auch für Chloroform, das ebenfalls in der Galle nachweisbar wird, trotzdem sehen wir bei der Chloroformspätwirkung keine besonderen Schädigungen an den Gallengangsepithelien, wohl aber die typischen Nekrosen der Leberzellen im Zentrum des Acinus. Diese Lokalisation weist neben allen Umständen, die ich für das eigentümliche Zustandekommen der zentralen Läppchennekrose schon erörtert habe, ihrerseits darauf hin, daß das Chloroform nicht die direkte Ursache dieser Nekrotisierung sein kann. Wir sahen früher, daß Fermente nicht in die Galle überzugehen scheinen, außer in extremen und seltenen Verhältnissen bei P-Intoxikation. Die Fermente beschreiten für ihre Austauschvorgänge den Blutweg. Im Zentrum des Acinus kommt es aber zu einer Konzentration aller vom Blute aus wirksamen Bestandteile, und daher auch der Fermente.

Wie kommt es nun dazu, daß die vom Blute aus wirkenden Stoffe im Zentrum des Acinus leichter angreifen, als in der Peripherie? Das ist relativ einfach zu erklären. Es findet im Zentrum des Acinus eine erhöhte Einwirkung statt, weil in der Zeiteinheit an diesen Zellen mehr Blut vorbeifließt, wie an den Zellen der Peripherie. Die Blutmenge im Zentrum und der Peripherie muß doch ganz gleich sein, sonst könnte ja keine Zirkulation stattfinden. Nun ist aber ein beliebig großer Kreis von Zellen an der Peripherie vielmals größer als im Zentrum. Daraus geht hervor, daß dieselbe Blutmenge einmal auf viele, dann aber nur auf wenige Zellen trifft, oder mit anderen Worten, daß schädliche Einwirkungen, welche im Blute vorhanden sind, sich deutlicher an den zentral gelegenen Zellen äußern können, da diese in der Zeiteinheit mit einer größeren Blutmenge in Berührung kommen müssen.

---

[1]) FISCHLER, F.: Die Entstehung der Lebercirrhose nach experimentellen und klinischen Gesichtspunkten. Ergebn. d. inn. Med. u. Kinderheilkunde. 3, 240. 1909.

Die gegenteilige Überlegung gilt für Schädlichkeiten, welche vom
Gallensystem aus wirken, da die Gesamtmenge der produzierten Galle
im Acinus eine zentrifugale Richtung einhält und so an den peripher
gelegenen Zellen des Acinus mehr Galle vorbeifließt, als an den zentralen. Sie werden durch Schädlichkeiten, die von der Galle ausgehen
daher mehr in der Peripherie angegriffen werden können, und die
Phosphor-Alkoholwirkung, die schließlich zur Cirrhose führen kann,
scheint mir ein Beleg für diese Vorstellung zu sein.

Daß eine solche Auffassung nicht streng schematisch für alle Fälle
gilt, brauche ich wohl nicht besonders hervorzuheben.

Eine Reihe von Farbstoffen hat eine große Affinität zur Galle,
was schon lange bekannt ist, neuerdings aber wegen der Chromocholoskopie erhöht an Interesse gewonnen hat. Am längsten bekannt sind Farbstoffbeziehungen zur Galle für indigschwefelsaures Natrium (HEIDENHAIN)[1], Fuchsin, Cochenille und Methylenblau (BRAUER)[2].
Letzteres hat wegen seiner bakteriziden Fähigkeiten schon länger
besondere Aufmerksamkeit erregt, und man hat es als Antisepti-
cum bei Infektionen der Gallenwege verwendet. Doch haben sich
die Hoffnungen, welche man auf seine Anwendung setzte, nur teilweise verwirklicht; immerhin weisen solche Forschungen bestimmte
Wege, die in Zukunft einmal mit mehr Erfolg beschritten werden
könnten.

Neuerdings hat aber die Farbstoffausscheidung durch die Galle im
Verein mit der Einhornschen Duodenalsondierung zu einer Vertiefung
der diagnostischen Möglichkeiten der Leberfunktionsprüfung geführt.
Aber es ist noch nicht gelungen, ein abschließendes Urteil über den
Wert dieser Methoden zu gewinnen. Denn einmal ist die Ausschei-
dung der Galle nicht unerheblichen normalen Schwankungen ausgesetzt
(STADELMANN)[3], ferner verhalten sich nicht alle Farbstoffe gleich, und
ihr Wiedererscheinen in der Galle ist nicht allein von verschiedenen
Funktionszuständen der Leber selbst abhängig, sondern wohl auch
von den Veränderungen, die sie selbst bei ihrer Passage durch die
Leber erfahren und endlich nicht zuletzt durch die Schwierigkeit der
Methodik der Duodenalsondierung selbst, die mir nicht gleichgültig
für die verschiedenen Ausfälle solcher Versuche erscheint. LEPEHNE[4]
hat über die Resultate, die sich bisher mit der Methode erzielen lassen,
eine Übersicht gegeben und ist weit weniger skeptisch als ich. Doch
glaube ich, daß man erst noch weitere Untersuchungsresultate abwarten muß, bis sich ein genauerer Überblick ermöglichen läßt. Die

---

[1] HEIDENHAIN, R.: Studien d. phys. Inst. Breslau. 4, 233. 1868.
[2] BRAUER, L.: l. c. S. 253, Nr. 2.
[3] STADELMANN, E.: l. c. S. 203, Nr. 2, S. 58ff.
[4] LEPEHNE, G.: l. c. S. 2, Nr. 1.

Methode verdient aber sicherlich sowohl von klinischer wie physiologischer Seite betrachtet, größtes Interesse.

Noch wertvoller scheinen mir aber Versuche, die mit Farbstoffen angestellt werden, welche ein ähnliches Verhalten zeigen, wie die Urobilinkörper. Ein solcher Stoff ist das Phenoltetrachlorphthalein, das von ABEL und ROWNTREE[1]) und von ROWNTREE, HURWITZ und BLOOM-FIELD[2]) in die Diagnostik der Lebererkrankungen eingeführt wurde. Nach subcutaner und intravenöser Einverleibung wird der Farbstoff von der gesunden Leber aus dem Blute vollkommen eliminiert, die kranke Leber vermag das aber offenbar nur unvollkommen, so daß er teilweise in den Urin übergeht, also dasselbe Verhalten zeigt wie die Urobilinkörper. Aber auch über die Brauchbarkeit dieses Stoffes als Leberdiagnosticum müssen weitere Untersuchungen abgewartet werden, da Nachprüfungen nicht regelmäßig zu gleichem Resultate kamen (s. LEPEHNE).

Von therapeutischer Wichtigkeit ist das leichte Übergehen von Jodkalium in die Galle, sowie von einer Reihe von Metallen, darunter das Quecksilber. FRERICHS[3]) hat in Gallensteinen regulinisches Quecksilber gefunden. Der Übergang von Salicylsäure in die Galle ist so oft gefunden worden, daß die gegenteilige Beobachtung von LEPEHNE[4]) einer Nachprüfung bedarf. Auch das Hexamethylentetramin geht leicht in die Galle über und kann mit Erfolg bei infektiösen Prozessen daselbst angewendet werden, wie GROVE[5]) und andere berichten. Ebenso dürfte intravenösen Cholevalinjektionen, bekanntlich einer Silber-Gallensäureverbindung, nach den Mitteilungen von SINGER[6]) eine derartige Bedeutung zukommen.

Mit allen solchen Hinweisen ist aber nur ein Anfang auf diesem wichtigen Gebiete gemacht, dessen Studium bei der großen praktischen Bedeutung solcher Beobachtungen aber nicht genug gepflegt und ausgebaut werden kann.

EHRLICH[7]) hat bei seinen Untersuchungen über die Arsenwirkungen Verbindungen von exquisit toxischer Wirkung auf die Leber gefunden.

---

[1]) ABEL, F. E. and ROWNTREE, L. G.: On the pharm. action of some phthaleins and their derivates etc. The Journ. of pharmacol. a. exp. therap. 1, 231. 1910.

[2]) ROWNTREE, L. G., HURWITZ, S. H. and BLOOMFIELD, A. L.: An exp. a. klin. study of the value of Phenoltetrachlorphthalein etc. Bull. of Johns Hopkins hosp. 24, 327. 1913.

[3]) FRERICHS, TH.: Klinik der Leberkrankheiten. II. Aufl. 2, 533. 1861.

[4]) LEPEHNE, G.: l. c. s. S. 2, Nr. 1.

[5]) GROVE, I.: Bull. of Johns Hopkins hosp. 19, 1908.

[6]) SINGER, G.: Zur Chemotherapie der Erkrankung der Gallenwege. Verhandl. d. dtsch. Ges. f. inn. Med. 34, 94. 1922.

[7]) EHRLICH, P.: Über den jetzigen Stand der Chemotherapie. Ber. d. Dtsch. Chem. Ges. 42, 17. 1909.

Er nennt einen seiner Stoffe Icterogen, und GOLDMANN[1]) hat damit
eine Reihe von Studien über die Leber ausgeführt, aus denen' hervorgeht, daß es leicht damit gelingt Icterus zu erzeugen. Ich erwähne
diese Beobachtungen nur, da ich glaube, daß wir von ihnen unter
Umständen einen Gebrauch für die Anregung gewisser Funktionen,
hier der gallebereitenden, machen könnten. Eine Spezifizierung solcher
Möglichkeiten ist um so wichtiger, als offenbar die größte Unabhängigkeit aller möglichen Funktionen der Leberzellen voneinander besteht.
Das lehrt am exaktesten die prinzipielle Scheidung zwischen äußerer
und innerer Sekretion der Leber, und wir können sehr wohl die eine
mit unseren Maßnahmen treffen, ohne die andere zu berühren.

Als klinischen Ausdruck für solche Vorstellungen findet man ja auch
die Verschiedenheit der Insuffizienzerscheinungen der Leber, die Verschiedenheit der Genese der so mannigfachen Intoxikationen, welche
wir im Verlaufe dieser Besprechung kennen gelernt haben.

Diese kurzen Andeutungen mögen genügen einen Hinweis auf diese
wichtigen Gebiete der Leberpathologie und Lebertherapie zu geben,
deren wesentliche Grundlagen ja immer noch erst zu schaffen sein
werden. Ihre Anfänge sind aber schon in diesem, wenn auch nur sehr
kleinen Umfange unserer Kenntnisse deutlich.

Zusammenfassend möchte ich auch dieses Kapitel mit
einer kurzen Übersicht schließen, die uns zeigt, daß auch
die Verfolgung der inkonstanten Gallenbestandteile geeignet ist, besondere Funktionen der Leber aufzudecken. Wir
haben gesehen, daß in die Galle nie amylolytische Fermente
übergehen, und daß sie trytische nur in Fällen extremer
P-Vergiftung enthält, sonst ebenfalls nie. Dagegen konnte
der leichte Übergang von Eiweiß in die Galle schon bei geringen Störungen des Leberparenchyms gezeigt werden, ganz
in Analogie zu Eiweißausscheidungen im Urin und auch mit
Ausscheidung von „Gallenzylindern", ähnlich den Nieren-
cylindern bei Nierenerkrankung. Wir sahen ferner, daß eine
Reihe von Substanzen offenbar demselben Kreislauf Darm,
Leber, Darm unterliegt, wie die Urobilinkörper, so der Phosphor, wodurch für seine toxikologische Wirkung neue Ge-
sichtspunkte gewonnen werden konnten. Die Farbstoffausscheidung in der Galle hat einen hoffnungsvollen Weg für
diagnostische Funktionsprüfungen erwiesen, und die Therapie
der Gallenwege erfährt aus solchen und ähnlichen Beobachtungen klare Fingerzeige. Die prinzipiell andere Wirkung
gewisser Stoffe, die einerseits mit dem Blutweg der Leber

---

[1]) GOLDMANN: Die äußere und innere Sekretion des gesunden und kranken
Organismus im Lichte der „vitalen Färbung". Beitr. z. klin. Chirurg. 78, 1. 1912.

Schädlichkeiten zuführen, und die sich besonders in Schädigungen der zentralen Acinusteile markieren, während Schädlichkeiten, die in der Galle liegen, zu peripher sitzenden Störungen führen, wurde aufgeklärt.

VIII. Zur sogenannten entgiftenden Funktion der Leber.

Wenn man die entgiftenden Funktionen der Leber in ihrer Gesamtheit betrachten wollte, so müßte man vor allem das, was beim Eiweiß und seinen Beziehungen zu ihr gesagt ist und auch die Erkenntnis über die richtige Endverbrennung des Fettes und seine Voraussetzung, die Erhaltung eines bestimmten Blutzuckerspiegels, damit einbeziehen. Denn eine Reihe von Intoxikationen, die Fleischintoxikation oder Alkalosis, die glykoprive Intoxikation, die Acidosis, die Fermentabbauintoxikose (centrale Läppchennekrose) u. a. m., muß man auf eine unrichtige Tätigkeit der Leber zurückführen.

Unter der „sog. entgiftenden Funktion der Leber" versteht man aber allgemein speziellere Vorgänge, die sich auf Produkte der Darmfäulnis und ihre mögliche Verarbeitung durch die Leber beziehen, da der Körper ihre Wirkung wahrscheinlich nicht allzulange ohne eine Überführung in unschädliche Produkte ertrüge.

So werden Indol und Skatol, die regelmäßigen Begleiter der Darmfäulnis, oxydiert und dann wie Phenol und Kresol mit Schwefelsäure oder Glykuronsäure gepaart, als ungiftige Substanzen zum Teil im Urin ausgeschieden.

Die Verdienste, welche BAUMANN[1]) um die Klärung dieser Feststellungen hat, sind ja allgemein bekannt. So sicher nun der Darm die Ursprungsstätte dieser giftigen Anteile ist, wie RUBNER[2]) unwiderleglich durch Ausschluß der Eiweißfäulnis im Darme nach Verabreichung gewisser Brotsorten als alleiniger Nahrung bewiesen hat, wodurch sofort ein Verschwinden dieser Substanzen im Urin erreicht wird, so unklar ist noch heute der Ort, an dem die Paarung des Indols und Skatols mit dem Säureanteil stattfindet. Vieles spricht dafür, daß man die Leber als diese Stelle ansehen muß.

So haben EMBDEN und GLÄSSNER[3]) nur in der überlebend gehaltenen Leber eine Anlagerung von Schwefelsäure an Phenol finden

---

[1]) BAUMANN, E.: Die Sulfosäuren im Harn. Ber. d. Dtsch. Chem. Ges. 9, 54. 1876. — Derselbe: Über gepaarte Schwefelsäuren im Organismus. Pflügers Arch. f. d. ges. Physiol. 13, 285.

[2]) RUBNER, M.: Physiologie der Nahrung und Ernährung. Leydens Handbuch der Ernährungstherapie. Leipzig: Thieme. 1, 127. 1903 (dort Lit.).

[3]) EMBDEN, G. und GLÄSSNER, K.: Über den Ort der Ätherschwefelsäurebildung im Tierkörper. Hofmeisters Beiträge 1, 310. 1902.

können, nicht in anderen Organen. Weiter spricht dafür, daß die Leber auch dasjenige Organ im Körper ist, in dem die größten Mengen von Ätherschwefelsäure gefunden werden.

Die Ecksche Fistel erscheint nun für eine Aufklärung der noch strittigen Punkte sehr geeignet.

LADE[1]) hat auf meine Veranlassung diese Versuche ausgeführt. Es wurde dabei die Gesamtschwefelmenge im Urin unter Beachtung der Verteilung der Gesamt-S-Ausscheidung auf seine Komponenten, Sulfat-S, Ätherschwefelsäure-S, Neutral-S, verfolgt. Eine Beachtung der einzelnen Komponenten ist deshalb wichtig, weil damit gleichzeitig die Frage in Angriff genommen werden kann, ob die Leber bei der Oxydation des Schwefels eine ausschlaggebende Rolle mitspielt.

Nach Versuchen von TAUBER[2]) gelingt es nur mit Hilfe von Sulfiten eine Vermehrung der Ätherschwefelsäuren zu bewirken, nicht aber mit Sulfaten. Die Paarung der aromatischen Fäulnisprodukte mit dem Schwefelanteil erfolgt also in einem Stadium, in dem es noch nicht zu einer vollkommenen Verbrennung des Schwefelmoleküls gekommen ist.

Nun ist es interessant zu sehen, daß die Gesamt-S-Ausscheidung beim Eckhunde in bezug auf die Zusammensetzung ihrer oben einzeln genannten Komponenten, die größten Schwankungen aufweisen kann, während die Ätherschwefelsäurekurve fast vollkommen unbeeinflußt bleibt. Namentlich deutlich wird dies bei Erhöhung der Ausfuhr des Sulfatanteiles der Gesamt-S-Ausfuhr, wie er bei der Eiweißeinschmelzung unter der Wirkung einer Phosphor-Vergiftung zu erzielen ist. Danach wäre eine vollständige Oxydation des Schwefels auch beim Eckhunde für den Schwefelstoffwechsel noch in einem quantitativ sehr umfassenden Grade möglich. Es wird diese Schlußfolgerung noch sicherer, weil die E. F.-Tiere nun noch gleichzeitig Phosphor erhielten, wodurch die Leber zu der mechanischen Schädigung durch Blutstromverminderung auch noch direkt in ihrem Parenchym geschädigt wurde. Die Versuche stehen in Übereinstimmung mit Erfahrungen von LANG[3]), der nach Leberexstirpation bei Gänsen noch Ätherschwefelsäure-Ausscheidung fand. LANG kommt zu dem Schlusse, daß es daher nicht angängig ist, „die Synthese derselben als eine ausschließlich an die Leber geknüpfte Funktion zu betrachten". Aber LADES Versuche geben dar-

---

[1]) LADE, F: Untersuchungen über die Bildungsstätte der Ätherschwefelsäuren im Tierkörper. Hoppe-Seylers Zeitschr. f. physiol. Chem. **79**, 327. 1912 (dort Literatur).

[2]) TAUBER, S.: Studien über Entgiftungstherapie. Arch. f. exp. Pathol. u. Pharmakol. **36**, 197. 1895.

[3]) LANG, S.: Über die Schwefelausscheidung nach Leberexstirpation. Hoppe-Seylers Zeitschr. f. physiol. Chem. **29**, 305. 1900.

über keine sichere Auskunft, ob die Endoxydation des Schwefels, abgesehen von der Leber, auch an allen beliebigen Punkten des Körpers sonst stattfinden kann.

Weiter konnte festgestellt werden, daß auch beim Eck-Hunde eine Erhöhung der Ätherschwefelsäurekurve sofort eintritt, wenn man künstlich eine Vermehrung der Fäulnisprodukte hervorruft. Es wurden dazu Kresol und Methylindol verwendet.

Eine Paarung des Säureanteils mit den aromatischen Produkten erfolgt also nicht notwendig in der Leber, denn dann dürfte die Kurve ihrer Ausscheidung nicht prompt bei der Mehrzufuhr von aromatischen Paarlingen in die Höhe gehen, wie dies sofort, ganz wie beim Normalhund, geschieht. Es ist nicht unwahrscheinlich, daß die Darmwand der Ort des Zusammentrittes der beiden Komponenten ist, vielleicht auch nur mit unvollständig oxydierten Schwefelanteilen (Sulfiten), und daß die Oxydation dann weiter im Blute oder sonst in den Geweben verläuft, jedenfalls nicht notwendig an die Lebertätigkeit geknüpft ist.

In ganz anderer Weise, als wir erwarteten, hat sich aber bei diesen Experimenten doch eine entgiftende Tätigkeit der Leber gezeigt. Offenbar ist die Ätherschwefelsäurebildung nur ein ganz geringer Teil einer Entgiftung überhaupt, weitaus den größeren müssen wir tatsächlich in der Leber selbst suchen, aber in einer anderen noch nicht bekannten Form der Bindung der aromatischen Gifte durch die Leber selbst.

Auf diese Möglichkeit verwies uns der Ausfall der Versuche mit Zufuhr von Kresol vor und nach Anlegung der Portalblutableitung. Vor der Anlegung vertrug das Tier eine Dosis von 0,5 gr ohne Beschwerden, es war dabei ganz munter. Nach Anlegung der Fistel ging dieses selbe Tier aber an der gleichen Dosis von 0,5 gr Kresol zugrunde, und zwar nicht rasch, sondern im Verlaufe von drei Tagen. Es traten schwerste zerebrale Symptome, Krämpfe, Delirien, Temperatursteigerung ein, endlich Koma. Ein anderes Tier, das genau so behandelt worden war, wurde auf eine kleinere Dosis krank. LADE hat diese Erscheinungen ausführlich gewürdigt, und es sollten solche Experimente in größerem Umfange wiederholt werden, um das Krankheitsbild auf seine Konstanz und Bedingtheit genauer zu analysieren. Ergibt sich daraus doch die Möglichkeit die Verankerung dieser Körper in anderen Organen ungehindert durch die Lebertätigkeit zu bewirken, vielleicht auch ihren durch die partielle Leberausschaltung veränderten Abbau im Körper nachzuweisen. Sicher geht aus den Versuchen LADES hervor, daß Kresol auch noch in anderer Form, wie als Paarling von Schwefelsäure oder Glykuronsäure vom Körper und speziell von der Leber unschädlich gemacht werden kann. Die Form dieser Bindung ist noch völlig unbekannt. Den Anteil der Glykuronsäurepaarung haben wir nicht bestimmt, aber es ist wohl möglich, daß man bei darauf gerichteten Untersuchungen auf recht interessante Einzelheiten stößt.

Ähnlich dem Kresol verhalten sich noch eine Reihe von phenolähnlichen Substanzen. Das Kresol ist nur ein Prototyp dafür, und man darf annehmen, daß die Leber die gleiche oder eine ähnliche Rolle bei ihrer Unschädlichmachung spielen wird, wie dies soeben beim Kresol gezeigt wurde.

Wichtig erscheint mir, daß auch Paarungen mit Harnstoff von einer großen Anzahl aromatischer Substanzen ausgeführt werden können. So erscheint Amidobenzoesäure und o- und p-Amidosalicylsäure mit Harnstoff verbunden, als entsprechende Uramidosäure. Auch Taurin bindet sich zum Teil mit Harnstoff.

Das Glykokoll spielt ebenfalls eine Rolle in diesen chemischen Umsetzungen.

Die nahen Beziehungen des Harnstoffs zur Leber lassen es aber namentlich vermuten, daß es bei forcierter Leberschädigung möglich sein muß, auch auf diesem speziellen chemischen Gebiete starke Störungen zu finden.

Der verschiedene Ausfall der Experimente mit Kresolvergiftung vor und nach Anlegung der Eckschen Fistel hat seine Erklärung in der Stapelungsmöglichkeit des Kresols in der Leber. Ist die Leber partiell ausgeschaltet, so gelangt das resorbierte Kresol ungehinderter in den Kreislauf und bewirkt dadurch die Vergiftung.

Die Wirkung der Leber auf die Absorption einer ganzen Reihe von Giften haben wir ja schon kennen gelernt, vorweg auf die Alkaloide. Wie sehr alle Alkaloide von der Leber festgehalten werden — das wie entzieht sich ganz der Kenntnis — beweist die Tatsache, daß die von STASS ausgearbeitete Methode ihres Nachweises im Körper hauptsächlich auf die Verarbeitung der Leber dafür angewiesen ist. In ihr erhalten sich selbst sehr geringe Reste der Alkaloide lange, und daher gelingt bei Verarbeitung der Leber häufig noch ihr Nachweis.

Es ist ein Verdienst der Arbeiten von ROTHBERGER und WINTERBERG [1]), daß sie die Wirksamkeit der partiellen funktionellen Leberausschaltung mittels der Portalblutableitung aus der Wirkung dieser Gifte per os beim Ecktier ableiteten, die bei dieser Versuchsanordnung nahezu einer subcutanen Applikation gleichkommt, während normale Tiere eine vielfach größere Dosis bei stomachaler Verabfolgung ertragen. Die „Speicherung“ der Gifte in der Leber wird dafür als Ursache angesehen, und man leitet daraus ihre Schutzwirkung ab. Natürlich gelingt der Nachweis einer solchen Wirkung nur bei sehr plötzlich und schwer wirkenden Substanzen, wie es das Strychnin ist,

---

[1]) ROTHBERGER und WINTERBERG: l. c. S. 53, Nr. 7.

ganz unmittelbar. Andere Substanzen, welche langsamer wirken, werden durch die Eck-Leber in dem Maße, als sie wieder in sie gelangen können, noch absorbiert und vielleicht so auch bis zu einem gewissen Grade doch noch unschädlich gemacht. Doch zeigt gerade die späte Wirkung des Kresols, daß solche Reabsorptionen nicht ausschlaggebend die partielle Ausschaltung der Leber beeinflussen können, sonst wäre es nicht möglich, daß Kresol nach so langer Zeit noch tödlich wirkte.

Was für besondere Eigenschaften der Alkaloide die Affinität zur Leber hervorrufen, ist noch nicht genauer bekannt, doch suche ich sie in ihrer chemischen Konstitution und speziell in dem ihnen eigentümlichen N-Gehalt. Wir wissen, daß viele Alkaloide einen Pyrrolring enthalten, dem wir bei der Vorstufe des Urobilins, dem Urobilinogen, H. FISCHERS[1]) Hemibilirubin begegneten. Bei anderen Alkaloiden ist es der Pyridin- oder Chinolinring, der eine charakteristische N-Komponente für sie darstellt.

Zwar beweist ja auch eine nahe chemische Verwandtschaft noch nicht das Bestehen biologisch notwendiger Beziehungen. Immerhin darf ich in diesem Zusammenhange darauf hinweisen, wie sehr das Vorhandensein einer speziellen Gruppe organspezifische Affinitäten auslöst, so die der Benzoesäureabkömmlinge zu den peripheren Nerven, wodurch die Zusammensetzung zahlreicher Lokalanästhetica gefunden wurde, oder gewisser Alkylgruppen zum Zentralnervensystem, an welche hypnotische Wirkungen geknüpft sind.

In dieser ganzen Besprechung habe ich mich aber bemüht zu zeigen, daß die Leber eine zentrale Stellung im N-Umsatz hat, also wohl auch für die N-haltigen Alkaloide. Diese gehören ferner aber noch zu den Ammoniumbasen, d. h. substituierten Ammoniaken, und von da gibt es wieder Übergänge zu den Aminosäuren, von denen eine besondere Affinität zur Leber schon durch ihre Aufspaltung durch das Organ wohlbegründet ist.

Bei den Ammoniumbasen muß gewisser Pilzvergiftungen gedacht werden, von denen feststeht, daß sie zentrale Läppchennekrose in der Leber verursachen, so das Gift der Amanita phalloides. Auf die Mitteilungen von AUFRECHT[2]) hierüber habe ich schon hingewiesen. SCHÜRER[3]) beschrieb aus der KREHLschen Klinik Fälle mit Pilzvergiftung, die mit stärkster Fettdegeneration der Leber einhergingen, die ich selbst sah, wie einen Fall von zentraler Läppchennekrose bei einem Kinde mit Pilzvergiftung, den ich W. GROSS aus dem patho-

---

[1]) FISCHER, H.: l. c. S. 211, Nr. 4.
[2]) AUFRECHT: l. c. S. 175, Nr. 3.
[3]) SCHÜRER, J.: Kasuist. Beitrag z. Kenntnis d. Pilzvergift. Dtsch. med. Wochenschr. 38, 548. 1912.

logisch-anatomischen Institute in Heidelberg verdanke. Das Studium der Ammoniumbasen in ihrer Wirkung auf die Leber ist eine dringende Aufgabe, von der ich weitgehende Aufklärung verschiedener Funktionszustände der Leber mit Sicherheit erwarte.

Keineswegs ist man aber mit diesen besonderen Kenntnissen spezieller N-Affinitäten zufällig in den Leberstoffwechsel gelangender Substanzen zu Ende. Ein Diamin, das Toluylendiamin, hat eine ganze Leberliteratur hervorgerufen und ist namentlich von STADELMANN[1]), ROTHBERGER und WINTERBERG[2]) und vielen anderen genauer studiert. Man hat beim Toluylendiamin zwei Wirkungen zu unterscheiden, einmal seine hämolytische, dann seine icterogene, die zwar in einem inneren genetischen Zusammenhange stehen, woraus man aber vielleicht zu sehr die Wirkung auf das Blut in den Vordergrund gerückt hat. Konnten doch ROTHBERGER und WINTERBRRG zeigen, daß es bei Ecktieren bedeutend weniger stark toxisch wirkt, wie bei normalen, was eine vollkommene Parallele zu der geringeren Phosphorwirkung bei Portalblutableitung ist. Sicher geht aus diesen Versuchen aber auch eine besondere Affinität des Toluylendiamins zur Leber hervor. Ob man dafür einen Kreislauf, wie für die Urobilinkörper vom Darm zur Leber und wieder zum Darme annehmen muß, steht noch nicht fest.

In diesem Zusammenhange muß ich auch des Hydrazins gedenken, von dem wir ja ebenfalls eine spezifische Wirkung auf die Leber kennen lernten, die zentrale Nekrose. Das Hydrazin ist Diamin, sein Sulfatsalz ist leicht wasserlöslich und hat Leberaffinität, Icterus wird aber nicht so leicht erzeugt, wie vom Toluylendiamin. Auch das Phenylhydrazin wirkt neben seiner hauptsächlichen Blutbeeinflussung, die MORAWITZ[3]) vor allem studierte, auch auf die Leber[4]).

In so auffälligen Häufungen der Wirkung gewisser chemischer Gruppen steckt mehr als eine vereinzelte Beziehung, weshalb ich die Aufmerksamkeit weiterer Kreise darauf lenken möchte; ist es doch nicht unmöglich, daß eine therapeutische Beeinflussung sich daraus entwickeln könnte.

Eine Stapelung ganz anderer Substanzen findet in der Leber aber unter gewissen Einwirkungen pathologischer und therapeutischer Art statt. So kann fortgesetzter starker Blutzerfall in ihr zu sehr bedeutenden Ablagerungen von Eisen bis zu mehreren Grammen in noch nicht definierter chemischer Form führen, teils an Salz, teils an Nucleoproteide gebunden. Auch hierüber liegt eine große Literatur vor, die ich nicht einzeln anführen kann, doch ist das Studium dieser

---

[1]) STADELMANN, E.: l. c. S. 203, Nr. 2.
[2]) ROTHBERGER und WINTERBERG: l. c. S. 53, Nr. 7.
[3]) MORAWITZ, P. und PRATT, J.: l. c. S. 200, Nr. 2.
[4]) FISCHLER, F.: Unpubl. Versuche.

Verhältnisse durch die neueren Auffassungen über die Eisenwirkung im Organismus von erhöhtem Interesse (vgl. FISCHLER und PAUL[1])). Aber auch durch Fütterung kann man Eisenlebern erzielen, wie KUNKEL[2]) und GOTTLIEB[3]) gezeigt haben. GOTTLIEB wies auch nach, daß Injektionen von gelösten Eisensalzen in der Leber zur Absorption gelangen. Auch JACOBJ[4]), wie früher ZALESKI[5]) u. A. fanden eine erhebliche Absorption von Eisen bei gleicher Versuchsanordnung. Die Einlagerung des Eisens hat dabei einen vorwiegend axialen Sitz in den Leberzellen; auch in den KUPFFERschen Sternzellen findet man unter diesen Verhältnissen Eisen, offenbar aber mehr vorübergehend. Die Einlagerung geschieht in Form von Granulis, wie dies ARNOLD[6]) besonders genau studierte und damit als Zelllebensvorgang charakterisiert.

In pathologischer Hinsicht besonders wichtig sind die Beziehungen des Bleies zur Leber. Bei der Bleikolik beobachtet man regelmäßig starke Urobilinurie. Sie kann nicht allein aus der hochgradigen Obstipation hergeleitet werden. Es ließe sich daran denken, daß das Blei mit gewissen Fettverbindungen in der Galle oder Leber zusammentritt und schwerlösliche Bleisalze bildet und so schädigend wirkt. Die Affinität des Bleies zum Nervensystem (Encephalitis saturnina) weist vielleicht in dieselbe Richtung der Bindung des Bleies an Lipoide.

Auch der Übergang von Kupfer in die Leber ist gesichert. So konnte schon CL. BERNARD[7]) die besonders leichte Ausscheidbarkeit von Kupfersulfat durch die Galle nachweisen.

Endlich hat ein therapeutisches Interesse der Übergang von Kalomel in die Leber, und seine Ausscheidung durch die Galle wurde von LANGER[8]) verfolgt. Wer längere Zeit der Chologentherapie Aufmerksamkeit geschenkt hat, weiß, daß ihm eine unzweifelhafte Wirkung

---

[1]) FISCHLER, F. und PAUL, TH.: Zur Chemie und Therapeutik der med. Eisenpräparate. Zeitschr. f. klin. Med. 99, 447. 1924.

[2]) KUNKEL, A.: Zur Frage der Eisenresorption. Pflügers Arch. f. d. ges. Physiol. 50. 1891. — Derselbe: Blutbildung aus anorganischem Eisen. Ebenda 61, 596. 1895.

[3]) GOTTLIEB, R.: Über die Ausscheidungsverhältnisse des Eisens. Hoppe-Seylers Zeitschr. f. physiol. Chem. 15, 371. 1891.

[4]) JACOBJ, C.: Über das Schicksal der ins Blut gelangten Eisenpräparate. Arch. f. exp. Pathol. u. Pharmakol. 28, 256. 1891.

[5]) ZALESKI, ST.: Zur Frage über die Ausscheidung des Eisens im Tierkörper. Ebenda 23, 317. 1887.

[6]) ARNOLD, J.: Über feinere Struktur der Leber, ein weiterer Beitrag zur Granulalehre. Virchows Arch. f. pathol. Anat. u. Physiol. 166. 1901.

[7]) BERNARD, CL.: Leçons sur les propriétés physiolog. et les altérat. pathol. des liquides de l'organisme. Tome 2, 212. 1859.

[8]) LANGER, J.: Die Ableitung in den Darm usw. Zeitschr. f. exp. Pathol. 3, 691. 1906.

auf die Gallenausscheidung zukommt. GLASER und LÖWY[1] haben dies
ja auch direkt beobachtet. So erfreulich eine glückliche Komposition
des Kalomels im Chologen auch getroffen sein mag, so dürfte doch
dem Kalomelanteil die Hauptwirkung dabei zukommen. Die ältere
französische Schule hat bei Leberleiden schon immer kleinere und
kleinste Gaben von Kalomel gegeben, selbst bei Cirrhose, und hat
über Erfolge berichtet. Ich glaube, man kann ihr in dieser Therapie
nur beipflichten.

Auch das Antimon kann auf die Leber reizend wirken, und man
kann mit Antimonsalzen Fettlebern erzeugen, wie mit Phosphor und
Arsen.

Im vortoxischen Stadium darf man davon, wie von der Anwendung
der beiden Metalloide, eine Reizwirkung und eine Anregung der Lebertätigkeit in bestimmter Hinsicht (Steigerung des N-Umsatzes, Fettverbrennung) zu erzielen suchen. Man hat, so weit ich sehen kann, von
diesen Dingen in bezug auf eine Vermehrung der Lebertätigkeit noch
keinen Gebrauch gemacht. Doch liegt die Annahme sehr nahe, daß
eine Vermehrung der Lebertätigkeit bei Gicht z. B. wohl eine stärkere
Zerstörung von Harnsäure nach sich ziehen könnte. Ich verweise dabei auf das, was ich im Kapitel Leber und Eiweißstoffwechsel gesagt habe.

Endlich habe ich noch daran zu erinnern, daß eine übermäßige
Zufuhr von Kochsalz eine Anhäufung dieser Substanz in der Leber
hervorbringen kann. M. GROSS-SCHMITZDORF[2] hat bei Nierenschädigungen gefunden, daß der Gehalt der Lebersubstanz an Kochsalz bis
zu 1,67 % betragen kann. Eine solche Anhäufung, die hier allerdings
nur unter ganz bestimmten Bedingungen stattfindet, kann meines Erachtens nicht ohne eine Verschiebung der molekularen Gleichgewichts-
zustände in der Leberzelle vor sich gehen und bedeutet für sie wohl eine
nicht unerhebliche Reizung, endlich vielleicht auch toxische Wirkung.

Die immer noch unklare, klinisch aber sicher konstatierte Wirkung
gewisser Mineralwasserkuren bei Leberaffektionen (Gicht — Salzschlirf,
Gallenstauungen — Marienbad, Karlsbad, Mergentheim) könnte wohl mit
einer vorübergehenden Anhäufung der Salze in der Leberzelle und
einer damit bedingten Reizwirkung eine in den Rahmen dieser Betrachtungen fallende Erklärung finden.

So führen uns unsere Betrachtungen über die Affinitäten
gewisser Substanzen zur Leber unmittelbar in therapeu-

---

[1] GLASER, R. und LÖWY, AD.: Sind Gallensteine löslich usw. Korresp.-Blatt
f. schweizer Ärzte 38, Nr. 12. 1908.

[2] GROSS-SCHMITZDORF, M.: Experimentelle Untersuchungen über die Frage
der Nierenschädigungen durch Kochsalz, zugleich ein Beitrag zur Historetention
dieses Salzes. Ann. d. städt. allg. Krankenh. München. 14. 1906—1908.

tisches Gebiet, zeigen wenigstens die Möglichkeiten dafür. Wieviel aber hier noch zu tun übrig bleibt, ja daß mit diesen zum Teil auf Vermutung beruhenden Erklärungsversuchen nur die allerersten Anfänge getroffen sein können, sowie auch die notwendigerweise lückenhafte und sprungweise Behandlung des Gegenstandes, ist niemand fühlbarer, wie mir. Zum größten Teil liegt dies aber in der Unvollkommenheit der Erkenntnis unserer Materie überhaupt, zu einem anderen in der Schwierigkeit der stofflichen Gruppierung.

So kurz die Dinge nun auch behandelt sind, so wird die ungeheuer große Ausdehnung der Beziehungen der Leber zum Gesamtstoffwechsel doch nachdrücklich genug in Erscheinung getreten sein. Daß damit aber noch immer nur eine Skizze erreicht ist, ist jemand, der sich wie ich selbst jahrelang nur mit der Leberpathologie beschäftigt hat, besonders fühlbar.

IX. Über die praktische Auswertung der Erkenntnisse der Leberfunktionen.

In den bisherigen Kapiteln habe ich die Stellung der Leber im Organismus in physiologischer und pathologischer Beziehung zu begründen versucht. Unmittelbar drängt sich im Anschluß daran die Frage auf, ob die bisher gewonnenen Erkenntnisse als ausreichend angesehen werden können, um sie auch praktisch zu verwerten. Betrachtet man z. B. die Begründung der Therapie der Leberkrankheiten, so dürfte es kaum zweifelhaft sein, daß für ein rationelles ärztliches Handeln bei Funktionsbeeinträchtigungen der Leber bisher kaum mehr als die ersten Anfänge vorliegen, ein Umstand, der aber lediglich die Folge der Schwierigkeiten einer Erkenntnis der Störungen der notwendigen Leberfunktionen ist.

Bei kritischer Erwägung der in Betracht kommenden Verhältnisse erscheinen mir Möglichkeiten einer Beeinflussung der Leberfunktionen unter bestimmten Bedingungen auf Grund der theoretisch und praktisch darüber entwickelten Erkenntnisse aber doch bis zu einem gewissen Grade vorhanden zu sein, sei es im Sinne der Anregung der Leberfunktionen oder ihrer Abschwächung, weshalb ich auch einen Versuch über die praktische Auswertung der Erkenntnisse der Leberfunktionen wagen möchte.

Eine Erkenntnis erscheint mir dafür vor allem wichtig, nämlich die, die Leber als Zentralort physiologischer und pathologischer intermediärer Stoffwechselumsetzungen anzusehen und in dieser Tätigkeit der Leber ihre hauptsächlichste Funktion zu erblicken. Diesen Standpunkt habe ich ja auch in der ganzen Behandlung des Gegenstandes in den Mittelpunkt meiner Ausführungen zu stellen versucht. Davon wird auch weiterhin auszugehen sein, wenn man die Funktionen der Leber beeinflussen will.

Nun könnte man sagen, daß weitaus der größte Teil der experimentell gewonnenen Vorstellungen über die Leberfunktionen sich auf eine Pathologie der Extreme aufbaut, wenn ich mich so ausdrücken darf, und daß man in der Praxis zu spät kommt, wenn sich die beschriebenen Erscheinungen der Insuffizienz der Leber entwickelt haben. Und man könnte fernerhin sagen, daß sich sehr selten solche experimentell hervorgerufenen Störungen in der Pathologie auch wirklich finden, und daß damit ihr Wert ausschließlich auf rein theoretischem Gebiete liegt und liegen bleiben wird. Und endlich ließe sich sagen, daß die weniger intensiven Störungen der Leberfunktionen trotzdem für uns heute noch gar nicht faßbar sind.

Selbstverständlich sind solche Einwendungen zu berücksichtigen, wenn es zu zeigen gilt, daß der Praktiker in die Lage versetzt werden kann, von Erkenntnissen Gebrauch zu machen, die anscheinend auf rein theoretischem Gebiete liegen. Von vornherein möchte ich dabei betonen, daß darüber kein Zweifel möglich sein kann, daß die Mehrzahl der experimentell erschlossenen Leberfunktionen physiologischen Tatsächlichkeiten nur sehr bedingt entsprechen. Das gilt von den Erkenntnissen, die am überlebenden Organe gewonnen werden konnten vorweg, es gilt aber auch bis zu einem erheblichen Grade von den Experimenten, die nur mit extremen Ansprüchen an die funktionelle Leistungsfähigkeit der Leber zu erschließen waren, so für die weitgehende mechanische Drosselung der Leber durch Portalblutableitung, die sich an den verschiedenen Intoxikationszuständen, der glykopriven Intoxikation, der Fleischintoxikation, der Leberabbauintoxikose (zentrale Läppchennekrose) usw. äußern. In noch höherem Grade gilt dies von Versuchen der völligen Leberausschaltung durch E. F. mit gleichzeitiger Unterbindung der Art. hep. propria, oder der Leberexstirpation, oder für die bisher angewendete Methode der gleichzeitigen Gewinnung von Blut diesseits und jenseits der Leber. Daß in allen solchen Fällen eine „Pathologie der Extreme" vorliegt, geht am sichersten daraus hervor, daß die Mehrzahl aller dieser Experimente mit dem Leben entweder überhaupt nicht verträglich ist oder es mindestens in äußerste Gefahr bringt.

Aber ebenso selbstverständlich, wie diese Tatsachen ist es auch, daß eine Abgrenzung der möglichen Leberfunktionen nur zu gewinnen ist, wenn man bis zu diesen äußersten Grenzen der funktionellen Leistungsfähigkeit des Organes geht. Denn seine mögliche Reaktionsbreite läßt sich nur auf eine solche Art und Weise erkennen und erst daraus können die **notwendigen** Funktionen des Organes erschlossen werden. Der Aufbau einer Erkenntnis der Leberfunktionen hat solche Experimente also überhaupt zur Voraussetzung. Sie sind keineswegs nur von theoretischem Werte, sondern haben es erst zum Teil ermöglicht oder werden es weiter ermöglichen, daß die Aufmerksamkeit der Ärzte auf Grund solcher Versuche auf ein krankhaftes Verhalten der Leber gelenkt wird, nachdem die bisherige klinische Beobachtung verwertbare Krankheitszeichen der Leber nur in sehr geringem Maße beizubringen vermochte. Um diese Behauptungen zu stützen, muß ich einige Beispiele anführen, an denen sie sofort zu prüfen sind, zumal es möglich wäre, daß bei der Erkenntnis des pathologischen Verhaltens der Leber der Weg des Fortschrittes nicht in der üblichen Weise von der Praxis zur Theorie geht, sondern daß hier einmal der seltene Weg eines umgekehrten derartigen Verhaltens sich eröffnete.

Wir haben in den Kapiteln über die Beziehungen der Leber zum Kohlenhydrat-Fett- und Eiweißstoffwechsel gesehen, zu welch bedeutenden Eingriffen die überlebende Leber gegenüber bestimmten, dem Durchströmungsblute zugesetzten Substanzen befähigt ist. Am weitgehendsten ist dies an der Hervorbringung der Acetonkörper durch die überlebende Leber erschlossen worden. Einmal konnte eine sehr große Anzahl von Substanzen festgestellt werden, aus denen die Leber im Durchströmungsversuch die Acetonkörper bildet, so z. B. die normalen Fettsäuren mit gerader Kohlenstoffzahl von vier C-Atomen bis zu zehn und es ist im Verfolg dieser Versuche im höchsten Grade wahrscheinlich geworden, daß auch die höheren Fettsäuren, aus denen die eigentlichen Fette bestehen, zur Acetonkörperbildung befähigt sind. Die dazwischen liegenden Fettsäuren mit ungeraden C-Ketten sind es z. B. aber nicht. Man ist aus diesen und anderen Vorstellungen sogar zu den chemischen Gesetzmäßigkeiten gelangt, die für die Acetonkörperbildung in solchen Fällen maßgebend sind, worauf ich ja im Kapitel über die Beziehungen der Leber zum Fettstoffwechsel näher eingegangen bin (s. S. 92 ff.). Aber nicht nur Fettsäuren sind zur Ketonkörperbildung imstande, sondern auch eine Reihe alipathischer und aromatischer Aminosäuren, die schon länger als Eiweißbausteine bekannt sind (s. S. 94). Damit ergeben sich ungezwungen Beziehungen der Acetonkörperbildung zum Eiweißstoffwechsel, was uns die Verstärkung mancher Ketonurie unter gewissen Bedingungen verständlich macht (Diabetes). Ja, es besteht vielleicht sogar eine Möglichkeit der Entstehung von Acetonkörpern aus Traubenzucker. Wir lernten ja die Milchsäure als eines seiner Spaltprodukte kennen. Diese kann ihrerseits wieder in Acetaldehyd übergehen, der über eine Aldolkondensation durch Oxydation zu β-Oxybuttersäure führen kann (s. S. 95).

Wir sehen also, daß bei der Verarbeitung von intermediären Spalt-produkten der drei großen Nahrungsklassen durch die Leber, eine Acetonkörperbildung vor sich gehen kann, und daß offenbar nur die überlebende Leber von den bisher untersuchten Organen des Körpers zu solchen chemischen Einwirkungen in nachweisbarem Grade befähigt scheint. Dabei ist die besondere Bedeutung der Fettsäuren als Haupt-quelle der Acetonkörperbildung nicht zweifelhaft. Ein Teil dieser Prozesse wird aber in der künstlich diabetisch gemachten Leber erheb-lich gesteigert. Weiter wurde festgestellt, daß die Leber, aber auch andere überlebende Organe, Acetessigsäure zerstören können. Das erscheint uns heute, wo man die Reversibilität so vieler chemischer Prozesse genauer kennt und verfolgt hat, nicht wunderbar und er-laubt sogar in das bis vor kurzem ganz rätselhaft erscheinende che-mische Geschehen des Körpers noch weitere Einblicke.

Das Wesentliche der Ergebnisse aller dieser mühevollen Unter-suchungen liegt m. E. hauptsächlich darin, daß uns damit exakte Vor-stellungen über die außerordentlich umfangreichen chemischen Ein-griffe an intermediären Spaltprodukten des Stoffwechsels durch direkte Einwirkung der Leberzellen gezeigt wurden. Und hierbei muß ich vor allen Dingen auf die Gesamtheit dieser Vorgänge Wert legen, wenn sie im einzelnen wohl auch noch manche Berichtigung erfahren mögen.

Was diese Erkenntnisse am überlebenden Organe aber unmittelbar über einen auf den ersten Blick anscheinend rein theoretischen Wert erhebt, sind zwei Tatsachen: 1. nämlich die Möglichkeit, eine bestehende pathologische Acetonkörperbildung des Körpers beim experimentellen oder natürlichen Diabetes durch Verfütterung solcher als ketogen er-kannter Stoffe tatsächlich zu steigern (Versuche von SCHWARZ, BAER und BLUM, GEELMUYDEN u. A. s. S. 95), 2. der Beweis, daß auch die mit dem Körper noch durchaus in physiologischer Verbindung stehende, aber in ihrer Funktionsbreite veränderte Leber, eine Acetonkörper-bildung entweder in geringerem oder in größerem Maße hervorbringt, je nach den Bedingungen, denen man sie unterwirft. So läßt sich beim Hunde eine Verminderung der Acetonkörperbildung erreichen bei einer in ihren Funktionen gedrosselten Leber (E. F.), eine Erhöhung aber an einer Leber, die in erheblicherem, als normalem Umfange, im Blutkreislauf liegt (u. E. F.), wenn besondere Tätigkeitsansprüche an solche Lebern gestellt werden (Versuche von FISCHLER und KOSSOW s. S. 97 ff.). Mit diesen Versuchen ist gezeigt, daß die Leber tatsäch-lich auch im Zusammenhang mit dem Organismus die Acetonkörper-bildung ganz vorwiegend beeinflußt, und daß es damit erlaubt ist die Schlüsse am überlebenden Organe auch auf seine Tätigkeit im Gesamt-organismus beziehen zu dürfen.

Es erhebt sich damit die Frage nach der Art und Weise, wie die Leber diese Beeinflussung ausübt, genauer nach den Funktionszuständen, unter denen Ketonurie auftritt. Denn nur mit dieser Kenntnis werden wir imstande sein, die Lebertätigkeit so beeinflussen zu können, daß ein therapeutischer Nutzen daraus gezogen werden kann. Hier sind wir nun in der glücklichen Lage, daß sich Experiment und praktische Erfahrung in sehr erfreulichem Maße ergänzen. Das Syndrom der Ketonurie sehen wir im stärkeren Hunger, im Fieber und vor allem bei den schwereren Formen des Diabetes mellitus und bei der Zuckerverarmung des Körpers unter Phlorrhizinwirkung auftreten. Durch mehr oder weniger reichliche Gaben von Kohlenhydraten kann es in der Mehrzahl der Fälle beseitigt werden. Etwas Ähnliches sahen nun auch EMBDEN und WIRTH (s. S. 96), indem die Acetessigsäurebildung in überlebenden aber stark glykogenhaltigen Lebern bei Zusatz von Substanzen, die sonst leicht eine Acetonkörpervermehrung verursachen, stark gehemmt war. Der Glykogengehalt der Leber ist es also, der die Acetonkörperbildung verhindert. Ähnlich wirken eine Reihe anderer Substanzen, so die Glutarsäure, Milchsäure, Weinsäure usw. oder auch das Alanin und das Glykokoll (s. S. 96). Für eine richtige Endverbrennung der an sich normalen Zwischenprodukte β-Oxydbuttersäure, Acetessigsäure und Aceton kommt es also vorwiegend auf einen gewissen Mindestgehalt der Leber an zuckerhaltigem Materiale (Glykogen) an, wodurch sie befähigt wird, in richtiger Weise die Endverbrennungen durchzuführen. Damit ist aber auch der Weg gekennzeichnet, der in praxi für die Beseitigung der pathologischen Acidosis beschritten werden muß, nämlich die Sorge für einen bestimmten Glykogengehalt der Leber.

Niemand wird bestreiten, daß durch die experimentellen Untersuchungen über die Bedingungen der Bildung, des Auftretens und Verschwindens der Acetonkörper und die Lokalisation aller dieser Vorgänge in der Leber die Kenntnisse über die Acidosis bedeutend gefördert worden sind. Und damit erlauben sie ganz unmittelbar praktische Konsequenzen mit viel größerer Sicherheit, als noch vor nicht langer Zeit. Dafür wollte ich ja aber ein Beispiel geben.

Allerdings muß zuerst noch die Frage beantwortet werden, ob die Ketonurie überhaupt als ein Zeichen einer krankhaft funktionierenden Leber angesehen werden darf, oder ob man darin nur eine Art Umstellung der Funktion der Leber in anderer, aber noch physiologischer Richtung sehen soll. Ich stehe persönlich auf dem Standpunkte, daß das Auftreten der Acetonkörper ein sicheres Zeichen einer im weiteren Sinne krankhaft funktionierenden Leber ist. Für eine solche Auffassung sind für mich mehrere Beobachtungen maßgebend geworden, die auf der Koinzidenz von Ketonurie und Urobilinurie fußen.

So gehen bekanntlich leichtere Fälle von Diabetes nicht mit Urobilinurie einher. Diese tritt nur in den schweren Fällen auf, namentlich aber dann, wenn die Gefahr der Acidosis besteht. Nun lernten wir die Urobilinurie als das Zeichen einer pathologisch funktionierenden Leber kennen, was durch theoretische und praktische Erfahrung gleichermaßen gestützt ist. Die Ketonurie findet sich hier also unter Bedingungen, die sonstige Zeichen einer krankhaften Funktion der Leber nicht vermissen lassen. Neuerdings sind diese Anschauungen durch die Untersuchungen von A. ADLER[1]) bestätigt worden, der den Grad der Urobilinurie bei den schweren Diabetesfällen quantitativ verfolgte und zu dem Schlusse kam, daß man an der Urobilinurie einen direkten Maßstab des Grades der diabetischen Störung habe. ADLER konnte fernerhin zeigen, daß Zuckergenuß bei Diabetes mellitus die Urobilinurie direkt steigern kann. Da aber eine Vermehrung von Zuckerzufuhr für die diabetische Leber nach klinischer Erfahrung einen pathologischen Reiz bedeutet, so darf man sich über das Auftreten vermehrter Urobilinkörper im Urin in diesen Fällen nicht wundern.

In einem ähnlichen Sinne spricht ferner das gleichzeitige Auftreten von Urobilinurie und Ketonurie im schweren Hunger. ADLER hat zeigen können, daß Hunger regelmäßig eine Steigerung der Urobilinkörperausfuhr nach sich zieht. Ihre Zurückführung auf eine durch den Zuckermangel überlastete Funktion der Leber, die unter diesen Verhältnissen Zucker aus anderem Material erst bilden muß, dürfte nicht zweifelhaft sein.

Ferner läßt auch die Fieberketonurie die Urobilinurie nicht vermissen, wobei durch die Vermehrung der intermediären Umsetzungen unter der Wirkung des Fiebers und meist auch durch toxische Einwirkungen eine Überbeanspruchung der Lebertätigkeit sichersteht.

Endlich spricht auch die Ketonurie bei Hunger-Phlorrhizinanwendung, bei der es zu Urobilinurie kommt, in diesem Sinne.

Man darf also ohne Zweifel eine Ketonurie als Ausdruck einer krankhaften und nicht einer physiologisch anders gerichteten Lebertätigkeit ansehen.

Übrigens läßt sich auch an diesen Beispielen zeigen, daß die theoretisch gewonnene Erkenntnis der Bewertung der Urobilinurie als des zur Zeit feinsten Reagenses für eine pathologische Lebertätigkeit, von der Praxis viel mehr, als dies geschieht, benützt werden könnte und den Wert der theoretischen Forschungen für sie dartut.

An dem Beispiel der glykopriven Intoxikation (s. S. 154 ff.) möchte ich aber noch ableiten, wie die rein auf theoretischer Basis gewonnene

---

[1]) ADLER, A.: Über Urobilinurie. Dtsch. Arch. f. klin. Med. 140, 302. 1922.

Erkenntnis über einen schwersten Funktionsausfall der Leber durch die therapeutische Großtat der Entdeckung der Insulinwirkung unmittelbar von praktischem Interesse werden kann. Wir sahen, daß die notwendige Funktion der Leber gegenüber dem Zuckerstoffwechsel in der Aufrechterhaltung eines bestimmten Blutzuckerspiegels besteht (s. S. 65 ff.). Wird mit der Nahrung nicht genügend Zucker beigeschafft, oder wird der Zucker durch besondere Einwirkungen im Organismus ungenügend oder nicht verwertet, oder wird er durch die Niere verschleudert (Phlorrhizinwirkung), so bildet die Leber wieder Zucker aus anderem Materiale (Eiweiß, Fett). Ist sie in ihrer Reaktionsbreite durch starke funktionelle Drosselung, wie durch die E. F., daran verhindert, so tritt rasch eine Verarmung des Blutes und der Leber an Zuckermaterial ein, die bei einem gewissen Grade zu den schweren glykopriven Intoxikationszuständen führt. Die hypoglykämische Reaktion des Insulins ist nichts anderes als diese glykoprive Intoxikation. Damit ist ein Verständnis solcher Zustände angebahnt, das in seiner vollen Auswertung noch gar nicht ganz übersehen werden kann und sehr deutlich zeigt, von welchem Werte die theoretischen Erkenntnisse für die Praxis werden können. In einem anderen Zusammenhange werde ich darauf zurückkommen müssen. Hier gilt es nur an einem weiteren klaren Beispiel zu zeigen, daß ein theoretisch erschlossener schwerster Funktionsausfall der Leber von ganz unmittelbar praktischer Bedeutung werden kann. Ferner ergibt sich daraus aber auch der Beweis, daß sich solche Zustände in der Pathologie auch tatsächlich finden.

Man wird aus solchen Beispielen, die ich noch vermehren könnte, ersehen, wie eng sich Theorie und Praxis berühren können. Und ich wollte ja zeigen, daß sich manche derartige Zustände erst durch die Theorie richtig begreifen lassen.

Ich kann an diesem Beispiele aber auch zeigen, daß man bei richtiger Kenntnis der krankhaften Zusammenhänge in der Praxis mit geeigneten Gegenmaßregeln nicht zu spät zu kommen braucht. Denn die glykoprive Intoxikation entwickelt sich nicht, wenn man für eine genügende Zufuhr von Zucker sorgt, und die hypoglykämische Reaktion läßt sich auf dieselbe Weise vermeiden, und beide Zustände lassen sich durch Zufuhr von Zucker auch beseitigen.

An dem Beispiel der zentralen Läppchennekrose endlich möchte ich aber noch im besonderen nachweisen, daß sich die Möglichkeit einer Verhütung dieser schweren Zufälle wenigstens bis zu einem gewissen Grade erreichen läßt. Ich habe früher auseinandergesetzt, daß die Selbstverdauung der Leber besonders leicht eintritt, wenn sie von wiederholten Schädlichkeiten getroffen wird und gleichzeitig auch eine Läsion des Pankreas vorliegt (s. S. 170 ff.). Die Vermeidung einer Läsion des Pankreas bei dem operativen Eingriff der E. F. sowie eine vorhergehende Trypsinimmunisierung haben das mit aller Deutlichkeit bewiesen. Aber auch jene Einflüsse, welche mit einer Schädigung des Parenchyms der Leber allein einhergehen, die Chloroformnarkose, die Vergiftung mit Amanita phalloides, die Phosphorvergiftung, die temporäre Blutabsperrung, die Einwirkung von Hydrazin usw., haben gezeigt, daß eine Parenchymschädigung der Leber jene fatalen Zufälle hervorrufen kann, die in der sogenannten Spätwirkung des Chloroforms, und wie ich hinzufügen möchte, in der akuten gelben Leberatrophie die prägnantesten klinischen Ausdrücke finden. Wie man bei Operationen, namentlich bei Krankheitssitz in der Bauchhöhle, durch Vermeidung von Chloroformnarkose und Schonung des Pankreas, vorzugehen hat, ist danach klar. Nicht genügend beachtet wird der Vorschlag von v. BRACKEL, womöglich durch eine ausreichende Zufuhr von Kohlenhydrat die Leber mit Glykogen anzureichern, somit günstigere Arbeitsbedingungen für das Organ zu schaffen und so etwaigen Schäden entgegen zu arbeiten, worauf ich noch näher zurückkomme.

Und wenn es bisher auch nicht gelingt, das ausgeprägte Bild der zentralen Läppchennekrose rückgängig zu machen, so liegt in der möglichen Verhütung dieser infausten Erkrankung ein um so wichtigeres und dankbareres Feld der praktischen ärztlichen Betätigung.

Eine klare Erkenntnis des wirksamen Mechanismus für die Entstehung der autolytischen Leberdigestion erscheint hierfür von höchstem Werte. Das primär Wirksame kann kaum anders als in einer mehr oder minder elektiven Schädigung des Leberparenchyms erblickt werden, wodurch seine Widerstandsfähigkeit notleidet. Wiederholte Chloroformeinwirkung, Phosphorvergiftung, Hydrazineinwirkung, das Gift der Amanita phalloides, temporäre völlige Blutabsperrung, Herabsetzung der Vitalität der Leberzellen in direktem Anschluß an die Anlegung einer Eckschen Fistel, sind solche koordinierte primäre Voraussetzungen für eine Leberparenchymschädigung, deren Zahl sich schon heute sicher vermehren ließe und weiterhin sicher vermehrt werden wird. Auf dieser Basis treten dann erst die fermentativen Einflüsse, die von einem normalen Organe ohne Schwierigkeit überwunden werden, als sekundäre, unter Umständen absolut infauste Einwirkungen auf. Denn je nach dem Grade der Schädigung der Leberzellen verursachen diese fermentativen Einwirkungen reparable oder irreparable Läsionen, die schließlich in dem Bilde der zentralen Läppchennekrose oder der sogenannten akuten gelben Leberatrophie gipfeln. Es wird hiernach auch verständlich, daß anscheinend dieselben Einwirkungen so verschiedene Resultate haben können, daß einmal ein „sogenannter katarrhalischer Icterus" als eine durchaus gutartige Krankheit verläuft, und daß sich an ein anscheinend harmloses Vorstadium eines solchen Icterus plötzlich eine akute gelbe Leberatrophie anschließen kann. Dies ist nicht anders zu begreifen, als durch die Annahme einer sehr erheblichen Schädigung des Lebergewebes in der Zeit des „harmlosen" Icterus, dessen pathologisch-physiologisches Gepräge wir weit entfernt sind, heute schon zu übersehen. Die Beweise für eine solche Anschauung liefern uns sowohl experimentelle, wie pathologisch-anatomische Befunde. Ich[1] habe zeigen können, daß es bei mit Phosphor oder Hydrazin vergifteten Tieren durch intravenöse Trypsineinspritzungen gelingt, die durch die ersteren Gifte verursachten mehr oder minder spezifischen Leberläsionen bedeutend zu verstärken und sogar direkte Nekrosen an den geschädigten Zellen hervorzurufen, je nach Wahl peripher oder zentral einwirkend, je nachdem das Gift angreift. Die durch die Giftwirkung schon geschädigten Leberzellen verfallen sekundär der Trypsineinwirkung und gehen so rasch völlig zugrunde. Bei langsamerer Einwirkung, wie z. B. bei chronischer Phosphorvergiftung, treten dann Regenerationserscheinungen zutage, die abgestorbenen Zellen werden durch Bindegewebe ersetzt, und es kommt zum Bilde der Cirrhose, wie ich es u. a. in ausgeprägtem Maße durch eine kombinierte Schädigung der Leberzellen durch Phosphorvergiftung und Amylalkoholwirkung erzielen konnte[2]. Daß aber auch akutere derartige Schädigungen noch zum Stillstand kommen können, zeigen die Ausgänge von Fällen mit sogenannter akuter gelber Leberatrophie in Heilung, die einen meist sehr erheblichen Schwund des Lebergewebes aufweisen, sowie starke Regenerationserscheinungen mit Umbau der Leberstruktur, woraus sich das Bild der knotigen Leberatrophie entwickelt (Fälle von Marchand, Meder u. A). Man findet also alle Übergänge von reparablen bis zu irreparablen Zuständen. Es ist mir in hohem Grade wahrscheinlich, daß für einen sehr großen Teil der klinischen Cirrhosen der Leber hierin der pathologisch-physiologische Entstehungsmechanismus liegt. Und in dieser Erkenntnis liegt auch ihre Bedeutung für die Praxis. Die innere Verwandtschaft dieser verschiedenen Degenerationsformen der Leber ist auch den pathologischen Anatomen nicht mehr zweifelhaft. Symptomatisch dafür ist das Referat: „Über akute gelbe Leberatrophie und verwandte Veränderungen" auf der Tagung der südwestdeutschen Pathologen in Mannheim, das kürzlich in erweiterter Form von G. Herxheimer[3] den derzeitigen Standpunkt der Pathologen präzisiert. Wenn Herxheimer dabei die akute gelbe Leberatrophie von der Phosphorwirkung, der Amanitavergiftung und der Chloroformspätwirkung einstweilen auch noch prinzipiell abtrennt, so mag dies aus gewissen anatomischen Eigentümlichkeiten vielleicht noch berechtigt sein. Nach dem pathologisch-physiologischen Entstehungsmechanismus gehört sie

---

[1]) Fischler, F. und Wolf, C. G. L.: l. c. S. 175, Nr. 1.
[2]) Fischler, F.: Das Urobilin usw., l. c. s. S. 3, Nr. 1.
[3]) Herxheimer, G.: l. c., s. S. 179, Nr. 3.

meines Erachtens ganz sicher zu den Abbautoxikosen der Leber, nur mit einem anderen Angriffspunkt, nämlich am äußeren Secretionsmechanismus der Leber (Icterus!), während die zentrale Läppchennekrose dem inneren Secretionsmechanismus der Leber angehört (kein Icterus!). Darüber wird ja die Zukunft entscheiden. Ich glaube aber nach allen diesen Befunden meine Ansicht hierüber in der vorliegenden Form schon heute aussprechen zu dürfen und daran zu zeigen, in welcher Weise die theoretische Forschung eine unmittelbare Berührung mit der Praxis erhält. Denn es gilt für den Praktiker die Schlußfolgerungen zu ziehen, wie man das Organ bei eingetretener Schädigung unterstützen kann, oder wie man die Schädigungen verhütet.

Die große Wichtigkeit autolytischer Vorgänge für Erkrankungen der Leber unter pathologischen Einwirkungen geht meines Erachtens aber noch aus den so interessanten Versuchen von PICK und HASIMOTO[1]), sowie von v. FENYVESSY und J. FREUND[2]), ganz neuerdings von H. FREUND und RUPP[3]) hervor. Ist doch hierdurch der Nachweis erbracht worden, daß die Verarbeitung parenteral zugeführten Eiweißes für die Leber mit Verlust aus ihrer Substanz verbunden ist, denn es ist Lebereiweiß, was abgebaut wird. MANWARING[4]), DENECKE und mir[5]) ist es aber gelungen zu zeigen, daß die Haftung körperfremden Eiweißes mindestens für bestimmte Eiweißarten an die Leber gebunden ist. Ich glaube, daß mit solchen Befunden sich unsere Vorstellungen über das pathologische Geschehen in der Leber erheblich befestigen, und daß klinische Beobachtung, pathologisch-anatomischer Befund und experimentelle Begründung in dem eben berührten Kapitel der Leberfunktionen schon eine große Annäherung erfahren haben. Die künftigen Aufgaben der Klinik und Praxis ergeben sich hieraus meines Erachtens von selbst, so für das Verständnis der Einwirkung infektiöser Momente auf die Leber.

Daß wir aber trotz mancher schönen Anfänge von einer systematischen Leberpathologie noch sehr weit entfernt sind, ist mir selbst trotz alledem wohl bewußt. Und wenn ein Praktiker einwendet, daß die weniger intensiven Störungen der Leberfunktionen einstweilen für uns noch nicht sicher faßbar sind, so muß ich unumwunden zugestehen, daß er da nicht Unrecht hat. Doch sind auch da mehr Anfänge vorhanden, als im allgemeinen wohl angenommen wird.

---

[1]) PICK, E. und HASIMOTO, M.: l. c. S. 144, Nr. 3.

[2]) v. FENYVESSY, B. und FREUND, J.: l. c. S. 184, Nr. 1.

[3]) FREUND, H. und RUPP, F.: Über den Reststickstoffgehalt der Leber nach unspezifischer Vorbehandlung. Arch. f. exp. Pathol. u. Pharmakol. **99**, 137. 1923.

[4]) MANWARING: l. c. S. 183, Nr. 1.

[5]) DENECKE, G.: l. c. S. 144, Nr. 2 und FISCHLER, F.: Vortrag. Münch. med. Wochenschr. **61**, 101. 1914.

Es liegen nämlich in der Literatur ältere und neuere Mitteilungen vor, welche geeignet sind, weitere Hinweise in dieser Richtung zu geben. Diese Mitteilungen sind insofern gerade für die Praxis von erheblichem Werte, als sie größtenteils unter weit weniger eingreifenden Versuchsbedingungen durchgeführt werden konnten, als die vorstehend behandelten experimentellen, den natürlichen Bedingungen einer Leberpathologie also mehr entsprechen, als diese.

Wenn solche Mitteilungen nicht so zur Geltung kamen, wie sie es tatsächlich müßten, so mag dies hauptsächlich darauf zurückzuführen sein, daß eine genauere Umgrenzung und Festlegung der notwendigen Leberfunktionen immer noch nicht ärztliches Allgemeingut sind, womit eine Eingliederung dieser Ergebnisse in einen größeren Zusammenhang bisher auf Schwierigkeiten stieß. Um so nötiger ist es, sie jetzt heranzuziehen. Überdies haben gerade die neueren diesbezüglichen Untersuchungen das Material bedeutend vergrößert, wodurch sich die Schlußfolgerungen sicherer gestalten lassen, zumal im Zusammenhalt mit den bisher vorgebrachten experimentellen Untersuchungen, aus denen ja mit aller wünschenswerten Sicherheit ein sehr erheblicher Einblick in die Lebertätigkeit unter physiologischen und pathologischen Bedingungen gewonnen werden konnte.

Immer wieder muß von dem Gesichtspunkt ausgegangen werden, daß die Hauptfunktion der Leber in ihren Beziehungen zum intermediären Stoffwechsel zu suchen ist, und daß dieses Organ regelnd und vikariierend eingreift, wenn der Stoffwechsel zu erliegen droht.

Gerade diese letztere Funktion wird, wie mir scheint, nirgends deutlich genug hervorgehoben. Und doch gehört die Aufrechterhaltung eines genügenden Stoffumsatzes in der Leber für die Homoiothermen zu den unerläßlichen Lebensbedingungen, da die Wärmebildung im Tierkörper zu einem sehr erheblichen Teile von den stofflichen Umsätzen in der Leber abhängt, namentlich im Hunger.

Schon die normale Wärmetopographie des Körpers ergibt, daß die Lebervenen stets die höchste Temperatur, die im Körper zu beobachten ist, aufweisen. CL. BERNARD hat darauf zuerst hingewiesen. Wenngleich die vor Wärmeverlust besonders geschützte Lage der Leber hierbei eine Rolle mitspielen mag, so darf man hierin keineswegs allein die Ursache für das regelmäßige Vorkommen der Höchsttemperatur an dieser Stelle des Körpers sehen, sondern die Ursache muß zum ganz überwiegenden Teil in den besonders lebhaften stofflichen Umsetzungen, welche in der Leber erfolgen, gesucht werden. Und schon DUBOIS hat die Vermutung ausgesprochen, daß die Verbrennung der Kohlenhydrate hierbei die Hauptrolle spielt. Bei meinen Versuchen über die glykoprive Intoxikation konnte ich auch regelmäßig einen oft sehr beträchtlichen Temperatursturz feststellen, und die neueren von mir im Verein mit F. OTTENSOOSER angestellten Versuche bestätigen die Abhängigkeit der Erhaltung einer normalen Körpertemperatur im Hunger von dem Vorhandensein einer gewissen verfügbaren Menge von Kohlenhydrat in der Leber und im Blute (s. S. 162).

Aber auch bei erhöhter Wärmeproduktion des Körpers im Fieber haben KREHL und KRATSCH[1]) die Temperatur der Leber stets höher gefunden, als die des Aortenblutes. C. HIRSCH und O. MÜLLER[2]) haben dann in sehr genauen Experimentalstudien gezeigt, daß im Fieber die gleiche Wärmetopographie gilt, wie unter normalen Temperaturverhältnissen des Körpers. Die ausschlaggebende Rolle des Kohlenhydratgehaltes der Leber für die Entwicklung der fieberhaften Wärmesteigerung des Körpers geht aber besonders klar aus den Versuchen von ROLLY[3]) hervor. Er konnte zeigen, daß die Wärmestichhyperthermie ausblieb, wenn die Tiere glykogenfrei gemacht waren. Es ist nicht wahrscheinlich, daß die Kohlenhydrate allein als Quelle der Wärmeproduktion in Betracht kommen, sondern, daß das Fett und das Eiweiß sich entsprechend beteiligen. Für eine Eiweißmitbeteiligung sprechen neuere Versuche von H. FREUND[4]), der nach Halsmarkdurchschneidung, wodurch die Tiere bekanntlich geradezu poikilotherm werden, eine Erhöhung des nichtkoagulablen Anteiles des Stickstoffes in der Leber fand, woraus sich Unregelmäßigkeiten in der Verwertung des N-Stoffwechsels in der Leber erkennen lassen.

Endlich zieht die Ausschaltung der Leber aus dem Kreislauf, oder die Exstirpation des Organes eine oft äußerst beträchtliche Herabsetzung der Wärmebildung des Körpers nach sich, wie ich im Verein mit E. GRAFE[5]), und GRAFE und DENECKE[6]) im Verfolg dieser Arbeit zeigen konnten. Im Maximum war dabei die Wärmebildung bis auf ein Fünftel der normalen Produktion herabgesetzt, woraus die Größe und Wichtigkeit der Leberumsetzungen für die normale Bildung der tierischen Wärme am sichersten zu entnehmen ist.

Die Regulation der Wärmebildung in der Leber erfolgt in der Hauptsache wohl auf dem Nervenweg. KESTNER und PLAUT[7]) sahen,

---

[1]) KREHL, L. und KRATSCH: Untersuchungen über die Orte der erhöhten Wärmeproduktion im Fieber. Arch. f. exp. Pathol. u. Pharmakol. 41, 185.

[2]) HIRSCH, C. und MÜLLER, O.: Experimentelle Untersuchungen zur Lehre vom Fieber. Dtsch. Arch. f. klin. Med. 75, 287.

[3]) ROLLY, FR.: Experimentelle Untersuchungen über Wärmestichhyperthermie usw. Ebenda, 78, 250.

[4]) FREUND, H.: Über exp. Beeinflussung des Reststickstoffgehaltes der Leber. Verhandl. d. Deutschen pharmak. Ges. 1922.

[5]) FISCHLER, F. und GRAFE, E.: l. c. S. 194, Nr. 1.

[6]) GRAFE, E. und DENECKE, G.: l. c. S. 194, Nr. 2.

[7]) PLAUT: Zeitschr. f. Biol. 76, 183. 1922.

daß eine Entnervung der Leber bei Hunden die chemische Wärme-
regulation sozusagen völlig ausschaltet.

Aus allen diesen mitgeteilten Befunden geht die Wichtigkeit der
Leber für die Wärmeproduktion und damit für die chemisch-stoff-
lichen Umsetzungen wohl mit aller Sicherheit hervor. Es ist aber
klar, daß bei den Kompensationsmöglichkeiten, die in der Leber durch
gegenseitige Vertretung der verschiedenen Nahrungsklassen vorausgesetzt werden müssen, klinisch nur selten ein Versagen der Wärmeproduktion infolge von Leberschädigung in Erscheinung treten kann.
Immerhin mag darauf hingewiesen werden, daß bei der akuten gelben
Leberatrophie ein Sinken der Körpertemperatur unter 35° nicht zu
den Seltenheiten gehört, wenn sich die schweren Symptome der Krankheit entwickelt haben. Wie infaust dieses Symptom ist, dürfte allgemein bekannt sein.

Wenn wir nach dem Gesagten nun auch genügende Anhaltspunkte
gewonnen haben, um die überragende Stellung der Leber unter allen
Organen des Körpers für die Erhaltung und Regulierung der stofflichen Umsetzungen in ihrer Gesamtheit, also rein summarisch, zu erkennen, so muß es doch unser Bestreben sein, einmal weitere Anhaltspunkte für die Art und Weise dieser Beteiligung des Organes aus-
findig zu machen und weiterhin zu suchen, diese summarisch erkannte
Beteiligung in ihre einzelnen Komponenten zu zerlegen.

Dazu wird es nötig sein, sowohl die besonderen Verhältnisse bestimmter Ernährungseinflüsse auf die normale Leber zu verfolgen als
sie dann auch an solchen Lebern zu wiederholen, bei denen mit einem
bestimmten pathologischen Zustand des Organes gerechnet werden
kann. Erst so wird sich die Funktionsbeeinträchtigung, welche das
kranke Organ verursacht, erkennen lassen. Doch muß schon jetzt
darauf hingewiesen werden, daß der zweite Teil dieser proponierten
Betrachtung einstweilen noch völlig lückenhaft ist und daher kaum
zu beantworten sein dürfte. Ja auch für die erste Frage ist das vorliegende Material äußerst knapp.

Wenden wir uns also vorerst den Erfahrungen zu, die über die
Einflüsse besonderer Ernährungsbedingungen auf die Leberfunktionen
bisher bekannt wurden. Die Schwierigkeiten dieser Untersuchungen
liegen vor allem darin, daß es nach den bisherigen Versuchen noch
nicht mit Sicherheit gelingt, von einem jeweils gleichen Zustand der
Leber auszugehen, daß man also noch nicht in der Lage ist, über
Standardzahlen der Zusammensetzung der Leber zu verfügen. Die
überaus große Zahl der möglichen Reaktionen und Variationen der
chemischen Umsetzungen in der Leber läßt es schon primär unwahrscheinlich erscheinen, daß ein auch nur annähernd gleicher Funktionszustand der Leber mit einiger Sicherheit zu erreichen ist. Am

einfachsten scheint es ja zu sein, dabei vom Hungerzustand auszugehen. Überlegt man aber an Hand der bisher vorgebrachten Tatsachen, daß der Hungerzustand für die Leber eigentlich sehr erhebliche Anforderungen an ihre Tätigkeit stellt, so darf es uns nicht
wundernehmen, wenn gerade im Hunger über sehr verschiedenartige
Zusammensetzung der Leber berichtet wird. In der Tat muß sie sich
dabei auf ganz verschiedene Zufuhr von Nahrungsmaterial einstellen.
Zuerst sind noch gewisse Glykogenvorräte vorhanden, die ihr zugeführt
werden. Mit deren Erschöpfung tritt aber die Aufgabe an sie heran,
Glykogen bzw. Traubenzucker aus anderem Material zu schaffen. Inwieweit dazu das Fett anfänglich allein, inwieweit das abgebaute Eiweißmaterial dafür schon gleich zu Beginn des Hungers herangezogen
wird, wie sich die Mischungsverhältnisse beider Substanzgemenge hierbei noch besonders beeinflussen, entzieht sich einstweilen unserer Kenntnis noch nahezu völlig. Nur unter gleichzeitiger Heranziehung des
respiratorischen Quotienten, der dauernd kontrolliert werden müßte,
ließe sich ein Einblick in diese verwickelten Stoffwechselvorgänge gewinnen. Die Schwierigkeiten einer solchen Untersuchung, vor allem
die exakte wissenschaftliche Verifizierung an einem ausreichend großen
Materiale stellt aber Anforderungen, die nicht ohne großen Aufwand
durchführbar sind.

JUNKERSDORF[1]) hat sich neuerdings wieder die Aufgabe gestellt,
Einwirkungen des Hungers auf die Leber zu untersuchen. Er stellte
dabei fest, daß die Lebergewichtsabnahme individuell sehr verschieden
ist, der Glykogenabnahme aber im allgemeinen proportional verläuft.
Dagegen bestand in seinen Versuchen keine Proportionalität zwischen
der Abnahme des Lebergewichtes und dem Verluste des Körpergewichtes.
Der in der Leber verbleibende Glykogengehalt ist im Hunger ebenfalls
ein wechselnder und schwankte nach 11 Hungertagen von 0,8 — 1,74 %.
Weniger ausgeprägt sind die Schwankungen des Fettgehaltes der
Hungerleber. Die Leber scheint das Fett im Hunger bedeutend zäher
festzuhalten, als das Glykogen. Eine Abhängigkeit der Hungerleber
bezüglich ihrer beiden Reservestoffe, Fett und Kohlenhydrat, glaubt
JUNKERSDORF nicht nur von der Menge, sondern hauptsächlich auch
von der Art der dem Hungerzustand voraufgegangenen Ernährung
abhängig machen zu sollen. Es erscheint mir sehr wahrscheinlich,
daß auch noch der gesamte augenblickliche Ernährungszustand hierbei eine sehr maßgebende Rolle spielt, wie mich meine Versuche[2])
bei der Hervorbringung der glykopriven Intoxikation vornehmlich be-
lehrt haben, die bei sehr wohlgenährten Tieren sich nur schwer erzielen ließ, bei mageren aber leicht.

---

[1]) JUNKERSDORF, P.: l. c. S. 69, Nr. 1.
[2]) FISCHLER, F.: l. c. S. 152 ff.

JUNKERSDORFS Versuche stehen in guter Übereinstimmung mit älteren Mitteilungen über das Verhalten der Leber im Hunger, wie er ausführlich in seinen diesbezüglichen Literaturnachweisen begründet. Sicher geht aus allen diesen Untersuchungen hervor, daß der Hungerzustand ein sehr wenig geeigneter Faktor zur Erzielung einer Standardzusammensetzung der Leber ist, was nach den bisherigen Ausführungen auch zu erwarten war, da der Hungerzustand eigentlich für die Leber nichts anderes bedeutet als besonders gesteigerte Tätigkeit.

Aber auch eine überreichliche Ernährung oder eine einseitige Nahrungszufuhr ist nicht geeignet, eine so konstante Zusammensetzung der Leber zu schaffen, wie sie Voraussetzung für einen gleichartigen Funktionszustand sein müßte. Folgen wir wieder zunächst JUNKERSDORF[1]), der seine Versuche nach dieser Richtung sowohl für eine einseitige Ernährung mit Eiweiß, weiter mit Kohlenhydraten und endlich für Eiweißfütterung nach voraufgegangener Glykogenmast ausgedehnt hat.

Einseitige Eiweißfütterung bewirkt nach ihm einen Glykogenansatz, der aus einer teilweisen Umsetzung des Eiweißes in Glykogen stammen muß. Weiterhin ist es aber in hohem Grade wahrscheinlich, daß Eiweiß auch entweder als solches oder wenigstens in einer eiweißartigen Form hierbei in der Leber gespeichert wird, worauf ich ja in einem früheren Kapitel (s. S. 112ff.) ausführlicher eingegangen bin. Wichtig ist weiter, daß der Fettgehalt der Leber nicht unbeträchtlich bei dieser Ernährung abnimmt, womit der schon länger bekannte Antagonismus zwischen Fett- und Glykogengehalt der Leber erneut bestätigt wurde. Großer Glykogengehalt — wenig Fett, geringer Glykogengehalt — viel Fett. Auf die Deutung dieses Antagonismus wird noch in einem späteren Zusammenhang zurückzukommen sein (s. S. 285). Besonders hervorzuheben ist ferner noch die durchschnittliche Gewichtszunahme von 3,3% auf 4,2%, welche die Leber unter Eiweißmast erfährt. Gerade aus diesem Befunde leitet JUNKERSDORF ja auch die Anreicherung der Leber mit „Eiweiß" in Form von Reservestoff ab, weil auch nach Abzug des Glykogens ein Plus über das mittlere Lebergewicht bleibt. Daß eingelagerte Reservestoffe das relative Lebergewicht ganz besonders beeinflussen können, geht vor allem aus dem Verhalten dieses Lebergewichtes bei Kohlenhydratmast hervor. Im allgemeinen trifft man die höchsten relativen Lebergewichte bei starkem Glykogengehalt der Leber an. Bis zu 12,34% kann es dabei ansteigen. Doch darf auch hier die relative Gewichtszunahme des Organes nicht allein auf eingelagertes Glykogen bezogen werden, sondern es spielen auch hierbei noch andere noch nicht völlig überseh-

---

¹) JUNKERSDORF, P.: l. c. S. 116, Nr. 1.

bare Einflüsse eine Rolle. Denn eine vollkommene Proportionalität zwischen relativem Lebergewicht und Glykogengehalt besteht nicht. Auch das Quellungswasser des Glykogens erklärt das hohe Lebergewicht in solchen Fällen nicht vollständig.

Endlich sind noch die so interessanten Ergebnisse der Versuche JUNKERSDORFs mit Eiweißfütterung nach voraufgegangener Glykogenmast heranzuziehen. Er fand, daß eine „unphysiologische", also übergroße Eiweißzufuhr den Glykogenbestand der Leber (und auch der Muskulatur) wesentlich vermindert. Der Glykogenvorrat des Organes sinkt nach diesen Versuchen bis auf etwa 3,5 % gegen etwa 12 % bei reiner Glykogenmast, erreicht also Werte, wie sie im Durchschnitt nur bei ungenügender Nahrungsaufnahme bestehen.

Dieser von JUNKERSDORF erhobene Befund ist prinzipiell wichtig, da hiermit einwandfrei bewiesen ist, daß eine spezielle Beeinflussung der Zusammensetzung der Leberzellen durch die Resorption von Eiweiß möglich ist, und daß der momentane Zellzustand der Leberzellen dabei eine Rolle spielt. Denn eine Hungerleber reagiert auf Eiweißzufuhr mit Glykogenansatz, eine Glykogenmastleber aber mit einem sehr erheblichen Verluste dieses Reservemateriales. Das sind Feststellungen, welche die Annahmen über das Zusammenspiel und die gegenseitige Beeinflussung der intermediären Stoffwechselprodukte bezüglich der Zusammensetzung der Leberzellen und damit auch ihrer Funktion, auf einen durchaus realen Untergrund stellen.

Damit gewinnen aber auch frühere Befunde, welche in ähnliche Richtung wiesen, aber in ihrer Vereinzelung nur sehr schwierig und mit großer Zurückhaltung so verwertet werden konnten, wesentlich an Beweiskraft. Ich denke hier vor allem an die Untersuchungen ASHERs und seiner vielen Mitarbeiter. In dem eben berührten Zusammenhang möchte ich vor allem die Mitteilung von ASHER und PLETNEW[1]) herausgreifen. PLETNEW ging so vor, daß er bei Hunden, die mit einer bestimmten Nahrung und Zuckerzufuhr auf die Assimilationsgrenze des Zuckers eingestellt waren, nach Zulage von Pepton, Albumosen, Aminosäuren und Zufuhr übergroßer Eiweißmengen die nunmehr auftretende Ausscheidung des Zuckers verfolgte. Er fand sie infolge aller dieser Veränderungen der Versuchsbedingungen erheblich vermehrt, am meisten durch Peptonzulagen. Daraus, daß die Zuckerausscheidung nicht selten auch noch am nächsten Tage andauerte, schließt er auf einen Reizzustand der Zellfunktionen, die mit der Zuckerausschüttung zu tun haben. Da dies nach allen Erfahrungen die Leberzellen sind, so dürfen diese Versuche wohl als Beitrag zur Pathologie der Leber gelten. Die Möglichkeit, die Leber aber

---

[1]) ASHER, L. und PLETNEW, D.: l. c. S. 115, Nr. 4.

noch mehr in den Mittelpunkt der beobachteten Erscheinungen zu stellen, geht ferner aus der oft gleichzeitig auftretenden Bilirubinurie hervor, wobei allerdings darauf hinzuweisen ist, daß der Hund besonders leicht Gallenfarbstoff ausscheidet. Im Verein mit den neueren Versuchen JUNKERSDORFs werden die Schlüsse PLETNEWS aber noch wesentlich sicherer.

Man darf aus solchen Tatsachen wohl mit großer Bestimmtheit Beziehungen sowohl des Zellzustandes der Leber, wie auch der jeweiligen Beeinflussung bestimmten Ernährungsmateriales für die Funktion der Leberzelle ableiten, wobei ich die Deutung ASHERs, die letzteren Einflüsse als „Leberzellgifte" aufzufassen, vorläufig noch in suspenso lassen möchte. Betrachtet man die Eiweißfütterung im Hungerzustande und nach Glykogenmast, so wirken sie nicht in gleichem Sinne. In einem Falle wird Glykogen in der Leber gebildet, im anderen zerstört. Warum aber, wenn Eiweißzufuhr einmal als „Leberzellgift" wirken soll, sie es nicht immer tut, ist meines Erachtens mit der Vorstellung einer reinen „Giftwirkung" schwer vereinbar. Wahrscheinlicher ist es, daß diese Verschiedenheiten mit der spezifischen Zerstörung des Eiweißes im Körper zusammenhängen, wenn es im Überschuß zugeführt wird. Daß Eiweißschlacken für den Körper giftig sind, habe ich an Hand der Fleischintoxikation und der glykopriven Intoxikation ausführlich auseinandergesetzt (s. S. 121 ff. und 153 ff.). Deshalb sind Vorkehrungen im Organismus vorhanden, um sie zu zerstören. Daß diese Zerstörung mit dem Abbau von Kohlenhydrat verknüpft ist, geht am klarsten aus der glykopriven Intoxikation hervor, die bei Verlust oder starkem Mangel an Kohlenhydrat eintritt und dann auch zu mangelhafter Eiweißverarbeitung führt (Verminderung der Harnstoffbildung bei niederer NH_3-Ausscheidung). Die normale Endverarbeitung des vom Körper nicht unmittelbar gebrauchten Eiweißes ist also an eine gewisse Menge disponiblen Kohlenhydrates gebunden, genau wie die normale Endverarbeitung des Fettes, da sich die Acetonkörper ja auch nur bei Mangel von Kohlenhydrat bilden. Muß viel Eiweiß zerstört werden, so ist auch der Kohlenhydratverbrauch in der Leber ein entsprechender, das Glykogen nimmt ab, wie die Versuche JUNKERSDORFs mit Eiweißfütterung nach Glykogenmast dartun. Ganz ebenso lassen sich PLETNEWS Befunde verstehen. Zufuhr von Eiweißmaterial bei fortdauernd gefüllten (funktionell gefüllten laut Assimilationsgrenze für Zucker!) Glykogendepots wird für einen erheblicheren Glykogenansatz keinen Platz mehr lassen, der Überschuß wird bei der überdies bestehenden Möglichkeit einer Zuckerbildung aus Eiweiß selbst, soweit er nicht sonst im Körper verbraucht wird, als Zucker abfließen. Wichtig ist noch die Frage, ob unter solchen Bedingungen ein Reiz auf die Zellen ausgeübt werden kann. Die intensive Arbeit bei der restlosen physiologischen Endverarbeitung von im Übermaß zugeführtem Eiweiß läßt sich zwar im Sinne eines Reizes noch nicht streng beweisen, doch ist eine derartige Wirkung höchst wahrscheinlich. Denn eine unter diesen Bedingungen auf Höchstleistung eingestellte Funktion kann ohne eine solche Annahme nicht gedacht werden, da der spezifische Reiz auf eine Drüse, die wie die Leber auf Einflüsse des inneren Stoffwechsels eingestellt ist, solchen Stoffwechseleinwirkungen adäquat ist.

Das prinzipiell Wichtige an solchen Befunden muß meines Erachtens darin erblickt werden, daß die Bedingungen einer solchen Reizwirkung hierdurch festgelegt worden sind. Bei dem nachgewiesenen Gesundbleiben der Tiere, das sogar mit Gewichtszunahme einhergeht, darf angenommen werden, daß ein solcher Reiz die ertragbaren Grenzen nicht übersteigt, wenigstens nicht in so kurz dauernden Einwirkungen. Es wäre höchst interessant, wie eine pathologisch in bestimmter Weise veränderte Leber auf eine ebensolche Versuchsanordnung reagiert. Hier setzt meines Erachtens eine neue Möglichkeit klinischer Beobachtungen ein und ein Hinweis, auf solche Möglichkeiten unter pathologischen Bedingungungen genauer zu achten als bisher, kann therapeutische Handhaben abgeben.

Eine Beeinflussung der Zusammensetzung der Leberzelle durch bestimmte Ernährungseinflüsse scheint aber nicht auf das Beispiel des Glykogenschwundes der Kohlenhydratmastleber beschränkt zu sein, da ja eine ähnliche Beziehung für das Vorkommen größerer Glykogen- und Fettmengen in der Leber zu bestehen scheint — der bekannte Antagonismus Fett-Glykogengehalt der Leber, auf dessen Interpretierung ich jetzt zurückzukommen habe. Aber hier bewegt man sich auf noch weniger sicherem Boden der Erkenntnis, als bei der soeben versuchten Erklärung über das Verschwinden angehäuften Glykogens bei nachfolgender beträchtlicher Eiweißzufuhr. Immerhin läßt sich doch erkennen, daß eine übermäßige Fettanhäufung in der Leber weit häufiger unter pathologischen Bedingungen zu bemerken ist, als unter solchen, die noch als in normale Breiten fallend anzusehen sind. JUNKERSDORF[1]) stellte fest, daß die Hungerleber das Fett mit größerer Zähigkeit festhält, als das Glykogen. ROSENFELD[2]) aber fand früher, daß unter Phlorrhizinwirkung Fett in größtem Umfange in die Leber einwandert, so lange es überhaupt noch in den Fettlagern vorhanden ist. Ich selbst[3]) sah toxische Wirkungen der Kohlenhydratverschleuderung des Organismus nur bei mageren Tieren eintreten und neuere Versuche, auf die ich schon hinwies, beweisen, daß das Fett das

---

¹) JUNKERSDORF, P.: l. c. S. 69, Nr. 1.
²) ROSENFELD, G.: l. c. S. 84, Nr. 5.
³) FISCHLER, F.: l. c. S. 152ff. u. S. 162.

Reservefeuerungsmaterial für die Leber darstellt, wenn es an Kohlenhydrat dafür mangelt. Erst wenn auch das Fett nicht mehr in erheblicherem Maße verfügbar ist, treten die Vergiftungserscheinungen der glykopriven Intoxikation ein. Darüber besteht ja kein Zweifel, daß die normalen intermediären Endverbrennungen durch Kohlenhydratverbrauch bestritten werden. Die Leber ist mit ihren zwei Hauptreservestoffen Glykogen und Fett also offenbar auf zwei verschiedene „Feuerungsarten" eingestellt, wenn ich mich so ausdrücken darf, und es ist nicht undenkbar, daß die beiden Mechanismen, unter denen sie erfolgen, sich gegenseitig bis zu einem gewissen Grade ausschließen. In einer solchen Auffassung, für welche die eben erwähnten Voraussetzungen in dem verschiedenen Auftreten von Glykogen und Fett in der Leber gegeben sind, dürfte der Antagonismus Glykogengehalt — Fettgehalt der Leber immerhin eine mögliche Erklärung finden.

Für die Praxis ergeben sich aber aus der Beeinflussung der Zusammensetzung der Leber durch die verschiedenartige Ernährung bezüglich ihrer Funktion eine ganze Reihe wohl zu beachtender Hinweise, vor allem die Möglichkeit einer Beeinflussung der Leberfunktion durch besondere Ernährung, wovon bislang kaum Gebrauch gemacht wurde.

Ganz besonders wichtig erscheint die Rolle der Kohlenhydrate für die Funktion der Leber. Der normale Ablauf der intermediären Umsetzung ist integrierend an ihr Vorhandensein gebunden, und es ist unmittelbar einleuchtend, daß alle jene Momente, die eine Entblößung der Leber von einem gewissen Mindestgehalt von Kohlenhydrat zur Folge haben, zu schweren Störungen des Stoffwechsels führen müssen. Das klassische Beispiel hierfür ist die Ketonurie, ein weiteres die glykoprive Intoxikation. Die Praxis hat damit einerseits in den schweren und schwersten Fällen von Diabetes zu tun, anderseits in der hypoglykämischen Reaktion bei Überdosierung von Insulin. Die vorsichtige Anwendung von Zuckerzufuhr beseitigt die Gefahren. Aber damit ist das Wirkungsfeld der Anwendung von Kohlenhydrat in der Praxis bei Funktionsbeeinträchtigungen der Leber bei weitem noch nicht erschöpft. Das Prinzip, eine Erleichterung der Aufgaben der Leber durch Kohlenhydratzufuhr zu versuchen, sollte eine weit größere Anwendung finden, namentlich auch in Fällen, in denen die Leber schwer zu vermeidenden Schädlichkeiten, wie z. B. der Chloroformnarkose ausgesetzt werden muß. v. BRACKEL[1]) hat für solche Fälle die praktische Konsequenz schon gezogen. Ich glaube nicht fehl zu gehen, wenn ich in Fällen mit Verdacht auf akute gelbe Leberatrophie oder Amanitaver-

---

1) v. BRACKEL, A.: 1. c. S. 177, Nr. 1.

giftung intravenösen Dextrosegaben das Wort rede. Über günstige Beeinflussung der Amanitavergiftung durch Traubenzuckerinjektionen ist überdies in der neueren Literatur schon berichtet, so von TREUPEL und REHORN[1]) und von BLANK[2]). Wenn WELSMANN[3]) ganz neuerdings diese günstige Wirkung anzweifeln zu müssen glaubt, weil er sie nicht gesehen hat, so beruht dies wohl auf einer völligen Verkennung der tatsächlichen Zusammenhänge. Die Dinge liegen offenbar so, daß man bei Phalloidesvergiftung mit zwei prinzipiell verschiedenen Zuständen zu rechnen hat. Einmal mit einer rein toxischen Wirkung des Phalloidesgiftes auf die Gefäße und das Vasomotorenzentrum und dadurch hervorgebrachtem Tode. Zweitens aber außerdem mit einer Wirkung des Giftes auf die Leber, Niere und Muskulatur. Den ersten Punkt hat WELSMANN offenbar mit Recht mehr betont, als dies bisher geschah und so das klinische Bild der Phalloidesvergiftung klarer gestaltet. Den zweiten Punkt hat er aber völlig verkannt. Man kann WELSMANN darin nicht beipflichten, daß er eine Wirkung des Giftes auf die Leber für die Todesursache bei Phalloidesvergiftung einfach in Abrede stellt. Wenn er die Ausbildung einer zentralen Läppchennekrose in seinen Fällen nicht gesehen hat, andere aber sicher (ich verweise auf die Zusammenfassung von G. HERXHEIMER, s. S. 179), so zeigt dies nur, daß WELSMANN seine Fälle unvorsichtigerweise zu rasch verallgemeinert. Denn wenn die Vergifteten zu rasch an Vasomotorenlähmung zugrunde gehen, so braucht sich die Nekrose natürlich nicht zu entwickeln. In protrahierteren Fällen scheinen Nekrosen aber häufiger zu sein (KLEMPERER[4])). Entwickelt sich aber die Nekrose, so sieht man auch das Bild der Abbauintoxikose. Daß die Leber bei Phalloidesvergiftung aber stets beteiligt ist, geht aus den Mitteilungen WELSMANNs selbst hervor, da er über Schwellung der Leber, Druckschmerz usw. berichtet. Warum er keine Urobilinurie gefunden hat, über die von anderer Seite stets berichtet wird, weiß ich nicht.

Ganz unverständlich ist mir aber, wie WELSMANN auf Grund meiner Mitteilungen über die glykoprive Intoxikation einen Zusammenhang mit Phalloidesvergiftung überhaupt nur in Erwägung ziehen kann. Er will das Bild der Hypoglykämie und der Phalloidesvergiftung in Parallele gesetzt wissen. Mit keinem Worte und keiner Zeile habe

---

[1]) TREUPEL, G. und REHORN, E.: Über Knollenblätterschwammvergiftung. Dtsch. med. Wochensch. Nr. 19 u. 20. 1920.

[2]) BLANK, G.: Über Knollenblätterpilzvergiftung. Münch. med. Wochenschr. 67, 1032. 1920.

[3]) WELSMANN, L.: Vergiftung mit Amanita phalloides. Dtsch. Arch, f. klin. Med. 145, 151. 1924.

[4]) KLEMPERER: Virchows Arch. f. pathol. Anat. u. Physiol. 237, 399. 1922.

ich jemals eine solche Andeutung gemacht und werde mich auch davor hüten. Wenn jemand dann einen solchen Zusammenhang abweisen zu müssen glaubt, so zeigt das nur, daß er das Ganze völlig verkennt. Über solche Äußerungen ist eine Diskussion natürlich nicht möglich.

Jedenfalls wäre es sehr unrichtig, wenn man sich bei den Phalloidesvergiftungen auf Grund solcher Mitteilungen davon abhalten lassen wollte, von Traubenzuckerinfusionen Gebrauch zu machen, durch die eine Erleichterung der Leberarbeit und damit eventuell die Möglichkeit der Überwindung bestimmter Vergiftungserscheinungen gegeben ist. Auch für gewisse länger bestehende Fälle von Icterus „catarrhalis", unter dessen Namen sich ja schwere Hepatitiden verstecken können, dürfte eine solche Therapie begründet sein.

Die Schädlichkeit der Zufuhr von größeren Eiweißmengen in ähnlich gelagerten Fällen erscheint mir ebenfalls recht naheliegend.

Da aber jede einseitige Ernährung für die Leber besondere Schwierigkeiten schafft, so muß eine Schonungdiät der Leber von einer Zusammensetzung der Nahrung ausgehen, die eine möglichst geringe Anstrengung für den Ablauf der intermediären Umsetzungen durch hauptsächlichste Verabfolgung von Kohlenhydrat mit wenig Eiweiß und geringen Mengen von Fett sich zur obersten Richtschnur macht. Daß man in schweren Fällen von Diabetes mit der Zufuhr von Kohlenhydrat auf die Leber gegenteilig wirkt, ist nach den Untersuchungen A. ADLERS[1]) aus der Vermehrung der Urobilinurie wohl ersichtlich und braucht wohl nicht besonders hervorgehoben zu werden. Im übrigen kann ich nur nochmals betonen, daß eine Verwendung des Traubenzuckers bei Leberfunktionsstörungen weitestgehende Anwendung verdient. Die Gefahr, daß die Leber die ihr angebotene Dextrose nicht mehr verwerten kann, ist in Anbetracht der Schwierigkeiten, die Leber völlig von Kohlenhydrat frei zu machen, relativ gering anzuschlagen. Doch muß es Aufgabe der klinischen Beobachtung und des Experimentes weiterhin sein festzustellen, unter welchen Umständen die Glykogenfixierung in der Leber besonders gefährdet ist. Von neueren Untersuchungen liegt darüber die Mitteilung von GIGON[2]) vor, der bei Pflanzenfressern das Glykogen aus der Leber völlig schwinden sah, wenn sie lange Zeit im Übermaß mit Dextrose oder Lävulose bei im übrigen sonst ausreichender Nahrung gefüttert wurden.

Auf die sparsame Verwendung von Fettgaben bei Abschluß oder Verminderung des Gallenzuflusses, brauche ich hier nicht näher einzu-

---

[1]) ADLER, A.: l. c. S. 273, Nr. 1.
[2]) GIGON, A.: Langdauernde Zuckerzufuhr und Glykogenbildung im Tierkörper. Zeitschr. f. d. ges. exp. Med. 40, 1. 1924.

gehen. Darüber liegt ja eine ausführliche und relativ wohlbegründete Übung bei der empirisch erschlossenen Therapie des Icterus vor, worauf ich hiermit verweise.

Ganz wenig beachtet scheint mir dagegen die Beziehung der Leber zum Purinstoffwechsel zu sein. Nach den Versuchen am Hunde mit E. F. und nach Leberexstirpation liegen ganz einstimmige Beobachtungen über eine Vermehrung der Harnsäureausscheidung vor (FISCHLER, ABDERHALDEN, LONDON und SCHITTENHELM, MANN und MAGATH u. A.). Die empirisch begründete Therapie der Gicht steht vollkommen im Einklang mit einer Schonungsdiät der Leber, wie ich sie soeben auf Grund der experimentell festliegenden Daten zu entwickeln versucht habe. Unmittelbar geht aus den Experimenten auch hervor, daß die wiederholten Schädlichkeiten, denen der Gichtiker durch das Übermaß von Nahrungsaufnahme besonders auch seine Leber auszusetzen pflegt, auf eine ätiologische Rolle auch dieses Organes bei der Genese der Gicht hinweisen. Es erscheint mir auf der Basis solcher Überlegungen eine besondere Aufgabe der Praxis, mehr als bisher bei der Gicht auf die Leber zu achten. Dabei erscheint mir die Möglichkeit einer Reizung der Leberfunktion auf dem von ASHER und PLETNEW angegebenen Wege, vielleicht aber auch durch die therapeutisch wirksamen Gaben von Colchicum oder gelbem Phosphor noch mit in Erwägung gezogen werden zu dürfen, da ein Teil der Störungen wohl auch als Erschöpfung der Leberfunktion zu deuten ist, analog einer Erschöpfung z. B. bei Nachlassen der Herzkraft usw.

Gerade in einem solchen Zusammenhang wäre es verlockend, auf die sicher bestehenden, aber bis jetzt wissenschaftlich noch nicht begründeten Einwirkungen der Trinkkuren der bekannten Quellen von Karlsbad, Mergentheim und Marienbad usw. einzugehen. Aber davon abgesehen, daß ich das, was sich darüber vielleicht sagen läßt, bereits S. 267 gestreift habe, spielen so viele gänzlich unbekannte Faktoren hierbei mit, daß ich von einem Eingehen auf diesen Punkt Abstand nehmen muß, vor allem auch deswegen, weil dabei noch Einflüsse der Korrelation durch Wirkungen dieser Wässer auf andere Organe eine Rolle mitspielen dürften, die vielfach übersehen oder unterschätzt werden. Es wäre aber eine Forderung nötigster Art, das Gute, das in der Anwendung der Trinkkuren bei Leberkrankheiten tatsächlich durch die Empirie gefunden wurde, auf eine exaktere Basis zu stellen, womit die Indikationen zur Anwendung solcher Kuren zum Nutzen der Kranken und Bäder nur gehoben werden könnten, nicht zuletzt auch das Ansehen des ärztlichen Wissens und Könnens.

Wenn soeben die Möglichkeiten korrelativer Einwirkungen angeschnitten wurden, so muß dieses Kapitels bei der praktischen Auswertung der Erkenntnisse der Leberfunktionen noch besonders gedacht

werden. Nachdem PUGLIESE und LUZATTI[1]) festgestellt hatten, daß
nach Milzexstirpation weniger Galle gebildet wird, lag es nahe, engere
Beziehungen zwischen Milz und Leber anzunehmen. Die Erfolge in
der Heilung des Morbus Banti nach Milzexstirpation und des familiären hämolytischen Icterus nach derselben Operation, haben die Vorstellungen über die engen Beziehungen der Milz und Leber erheblich befestigt und bilden ein erfreuliches Kapitel in den bis jetzt so
schwierigen therapeutischen Maßnahmen bei Leberaffektionen. Daß
man nicht ohne weiteres in der Verfolgung dieses Effektes so weit
geht, wie das EPPINGER tut (Exstirpation der Milz bei akuter gelber
Leberatrophie usw.), dürfte für die Praxis einstweilen noch am ge-
eignetsten sein.

Auf die korrelativen Beziehungen der Leber zum Pankreas habe
ich[2]), besonders im Hinblick auf die Entstehung der zentralen Läppchennekrose, schon lange hingewiesen und die Zerstörung der normalerweise in die Leber gelangenden Fermente daraus abzuleiten versucht. Die Verfolgung dieser Gedanken wird sich in der Therapie insofern auswirken, als eine Verhütung der Anregung pankreatischer
Funktion, also nur minimale Nahrungsaufnahme, darunter hauptsächlich Kohlenhydrat, bei akuten Leberschädigungen am Platze sein dürfte,
eine Maßnahme, die der Körper durch die bestehende Appetitlosigkeit
allerdings meist schon an sich bewirkt. Es ist hier auch noch darauf
hinzuweisen, daß Diabetes nach Pankreasexstirpation mit gleichzeitiger
Ausschaltung der Leber beim Frosche nicht mehr zustande kommt
(MARKUSE[3]), wodurch ebenfalls engere korrelative Beziehungen der Leber
mit dem Pankreas nahegelegt werden.

Endlich wäre noch der korrelativen Beziehungen zwischen Darm
und Leber zu gedenken, die vielfach angenommen werden, bis jetzt
aber recht wenig greifbare Form haben. Was für die Praxis dabei
wichtig erscheint, läßt sich in zwei Richtungen genauer verfolgen. Einmal haben die Experimente ergeben, daß der Darm des Neugeborenen,
solange er noch nicht seine volle Funktionstüchtigkeit erlangt hat,
für höhere Spaltprodukte des Eiweißes, ja für Eiweiß selbst durchgängig ist, und daß hierdurch manche Schädigungen zu erklären sind;
weiter haben experimentelle Befunde aber auch gelehrt, daß ein un-
physiologisch großes Angebot bestimmter Nahrungsarten, darunter
hauptsächlich wieder Eiweiß, unter diesen Bedingungen ebenfalls zur Aufnahme abnormer Resorptionsprodukte führen kann (vgl. S. 119ff. und
111). Die Praxis wird insofern ihr Augenmerk auf solche Vorkommnisse zu richten haben, als wiederum in der Möglichkeit einer Ver-

---

[1]) PUGLIESE und LUZATTI: Arch. ital. di biol. 33. 1900.
[2]) FISCHLER, F.: l. c. S. 173, Nr. 1.
[3]) MARKUSE, J.: Zeitschr. f. klin. Med. 26, 225. 1894.

meidung eine Ausschaltung solcher krankmachender Faktoren zu sehen ist. Eine relativ gut funktionierende Leber ist allerdings imstande, einen Teil der auf diesem Wege dem Körper einverleibten Schädlichkeiten auszuschalten. Darauf beruht ja die m. E. allerdings klinisch überschätzte „entgiftende" Funktion der Leber. Der vorsichtige und erfahrene Praktiker wird sich solche Feststellungen aber immerhin ad notam nehmen. Wie weit eine solche Beeinflussung unter Umständen geht, zeigt eine Arbeit von HOFF[1]), der nach Eingabe von Tinctura ferri sesquichlorati bei Eckschen Fistelhunden Krankheitsbilder auftreten sah, die an WILSONsche Krankheit oder postencephalitische Affektionen erinnerten. Allerdings wird man einem einzelnen derartigen Befunde noch keine völlige Beweiskraft beimessen dürfen, sondern Weiteres abwarten müssen, aber diesen Befund immerhin hier rubrizieren dürfen.

Ein sehr wichtiges und noch nahezu gänzlich unbearbeitetes Feld für sicher vorhandene, aber noch viel zu wenig beachtete Störungen der Gesundheit, liegt in der Beeinflussung der Leberfunktion auf nervösem Wege. Die grundlegende Tatsache dafür, die wir wiederum dem Forschergenie CL. BERNARDS verdanken, ist mit der Entdeckung des Zuckerstiches durch ihn erkannt worden. Aber es ist im Laufe der Zeit nur wenig Greifbares dazugekommen. Mir[2]) ist seiner Zeit bei meinen Studien über die Bedingtheiten der Urobilinurie aufgefallen, daß ungewöhnlich häufig starke Urobilinurie bei zentralen schweren Hirnaffektionen aufzutreten pflegt. Ich registriere diese Tatsache nur ohne weiteren Kommentar, ebenso wie die WILSONsche Krankheit selbst.

Die ausgedehnten Untersuchungen L. R. MÜLLERS[3]) haben eigentlich erst den richtigen Einblick in den Nervenreichtum der Leber gebracht und zeigen die Wichtigkeit dieses noch so sehr in Dunkel gehüllten Kapitels der Leberpathologie. Beim Wärmehaushalt, insoweit er von der Tätigkeit der Leber mitbeherrscht wird, habe ich ja ebenfalls auf die Wichtigkeit der nervösen Einflüsse der Leber für den geregelten Ablauf des Stoffwechsels hinweisen können (s. S. 278 ff.). Man wird nicht fehl gehen, wenn man in Zukunft die Erkenntnis besonderer Störung auch von dieser Seite erwartet.

Aber auch im Wasserhaushalt scheint die Leber eine hervorragende Stellung einzunehmen. Darauf schließen neuere Untersuchungen von A. ADLER.[4])

<hr>

[1]) HOFF: Arb. a. d. neurol. Inst. a. d. Wiener Univ. 25. 1924.
[2]) FISCHLER, F.: l. c. S, 3, Nr. 1.
[3]) MÜLLER, L. R.: Die Lebensnerven. Berlin: Julius Springer 1924.
[4]) ADLER, A.: Der Einfluß der Leber auf die Wasserausscheidung. Klin. Wochenschr. 2, 1981. 1923.

Sicher wird man aber, wenn man sich das vorliegende
Material über den Einfluß der Leber, dieses größten und in
seiner Funktion noch so wenig geklärten Drüsenorganes,
auf den gesamten Stoffwechsel hier auch nur in einem sehr
kleinen und wie ich weiß recht unvollständigem Umfange
vergegenwärtigt, mit mir die Empfindung haben, daß die
Praxis weit mehr als dies bisher geschieht, auf Störungen
von dieser Seite achten muß.

Es wäre mir Belohnung für die von mir dabei aufgewen-
dete Arbeit genug, wenn es mir durch diese Schrift gelänge,
das Interesse für die Erkennung der Leberfunktionen und
ihrer Störungen auf physiologischem und klinischem Gebiete
zu vertiefen. Nur die ausgedehnte Arbeit Vieler kann zu
diesem Ziele führen.

Die Anlegung der Eckschen Fistel beim Hunde nach Fischler.

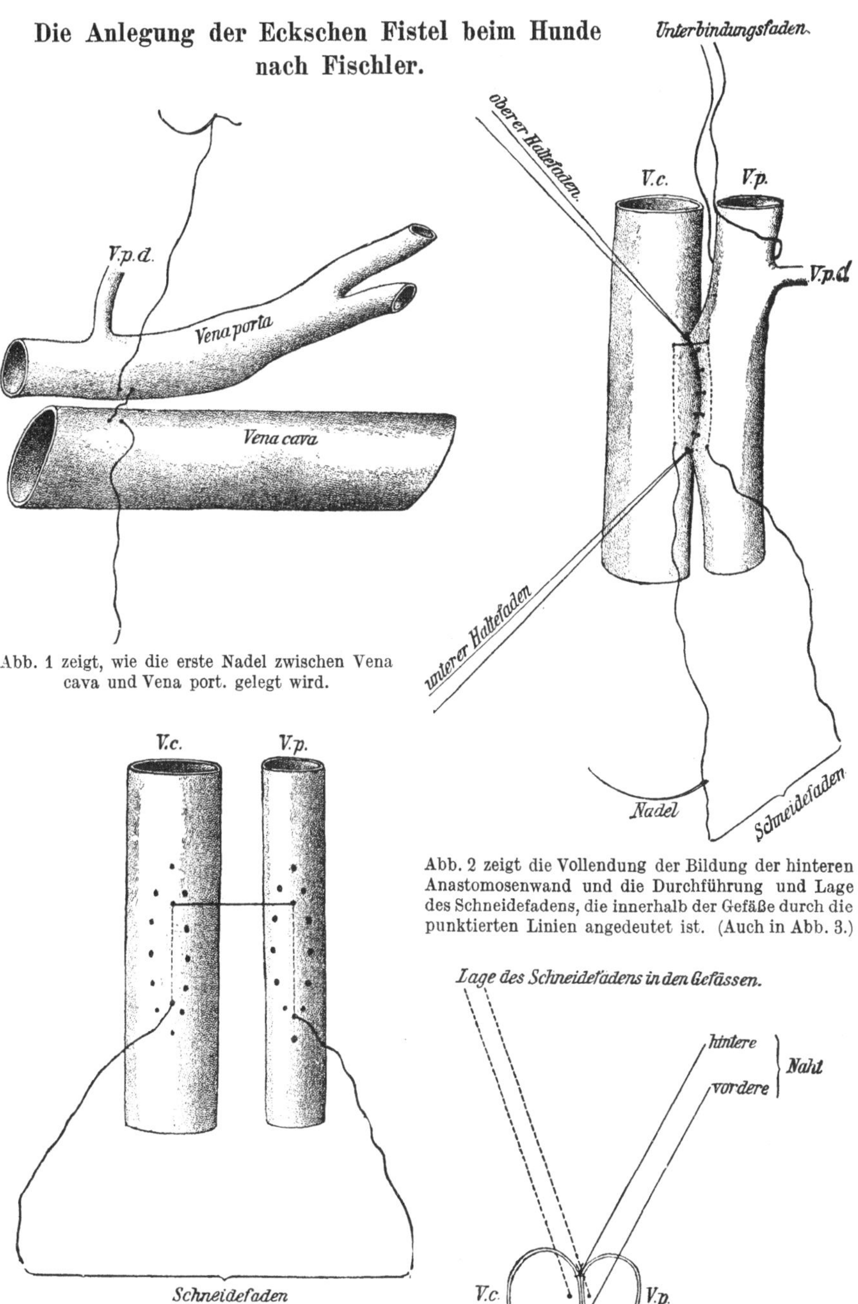

Abb. 1 zeigt, wie die erste Nadel zwischen Vena cava und Vena port. gelegt wird.

Abb. 2 zeigt die Vollendung der Bildung der hinteren Anastomosenwand und die Durchführung und Lage des Schneidefadens, die innerhalb der Gefäße durch die punktierten Linien angedeutet ist. (Auch in Abb. 3.)

Abb. 3 zeigt die Nahtstellen der hinteren und vorderen Anastomosenwand — das Oval — sowie die Lage des Schneidefadens dazwischen. Das Bild ist ein gedachtes und ideell nach Vollendung der ganzen Naht auseinandergenommen.

Abb. 4 zeigt einen Querschnitt durch die Mitte der künftigen Anastomose nach vollendeter Naht. Der Schneidefaden hat noch nicht durchgesägt und liegt punktförmig im Lumen beider Gefäße.

Namenverzeichnis.

Sachverzeichnis.